工控技术精品丛书

PLC 模拟量与通信控制应用实例详解

李江全　主　编
张荣华　鲁　敏　李亚萍　副主编

U0335688

電子工業出版社
Publishing House of Electronics Industry
北京 · BEIJING

内 容 简 介

本书从应用的角度系统地介绍了三菱 FX 系列 PLC、西门子 S7-200 系列 PLC 模拟量输入/输出及其与 PC 的数据通信技术。其内容包括计数制与编码、PLC 模拟量控制概述、PLC 模拟量扩展模块、PLC 数据通信基础、PC 串行通信概述、PLC 与 PC 数据通信协议、PLC 模拟量输入与 PC 通信控制、PLC 模拟量输出与 PC 通信控制、PLC 温度检测与 PC 通信控制，其中 PC 与 PLC 通信程序同时采用 VB、VC++、LabVIEW 和组态软件实现。

为方便读者学习，本书提供配套光盘，内容包括实例源程序、程序运行录屏、系统测试录像等。

本书内容丰富，可供各类自动化、计算机应用、机电一体化等专业的大学生、研究生学习 PLC 数据通信技术，也可供计算机控制系统研发的工程技术人员参考。

图书在版编目（CIP）数据

PLC 模拟量与通信控制应用实例详解 / 李江全主编. —北京：电子工业出版社，2014.6
（工控技术精品丛书）
ISBN 978-7-121-23192-6

Ⅰ. ①P… Ⅱ. ①李… Ⅲ. ①plc 技术－应用－通信控制器 Ⅳ. ①TN919.5②TM571.6

中国版本图书馆 CIP 数据核字（2014）第 095818 号

策划编辑：陈韦凯
责任编辑：王凌燕
印　　刷：北京虎彩文化传播有限公司
装　　订：北京虎彩文化传播有限公司
出版发行：电子工业出版社
　　　　　北京市海淀区万寿路 173 信箱　邮编 100036
开　　本：787×1 092　1/16　印张：22.25　字数：569.6 千字
版　　次：2014 年 6 月第 1 版
印　　次：2023 年11月第15次印刷
定　　价：59.00 元（含 DVD 光盘 1 张）

凡所购买电子工业出版社图书有缺损问题，请向购买书店调换。若书店售缺，请与本社发行部联系，联系及邮购电话：（010）88254888，88258888。

质量投诉请发邮件至 zlts@phei.com.cn，盗版侵权举报请发邮件至 dbqq@phei.com.cn。

本书咨询联系方式：chenwk@phei.com.cn，（010）88254441。

前　　言

可编程序逻辑控制器（简称PLC）主要是为现场控制而设计的，其人机界面主要是开关、按钮、指示灯等，因其良好的适用性和可扩展能力而得到越来越广泛的应用。采用 PLC 的控制系统或装置具有可靠性高、易于控制、系统设计灵活、能模拟现场调试、编程使用简单、性价比高、有良好的抗干扰能力等特点。但是，PLC 也有不易显示各种实时图表、曲线和汉字，无良好的用户界面，不便于监控等缺陷。

现代 PLC 的通信功能很强，可以实现 PLC 与计算机、PLC 与 PLC、PLC 与其他智能控制装置之间的通信联网。PLC 与计算机联网，可以发挥各自所长。PLC 用于现场设备的直接控制，作为下位机，执行可靠有效的分散控制。计算机作为上位机可以提供良好的人机界面，进行系统的监控和管理，进行程序编制、参数设定和修改、数据采集等，既能保证系统性能，又能使系统操作简便，便于生产过程的有效监督。因此，要求 PLC 与计算机之间具有稳定、可靠的数据通信。

本书从应用的角度系统地介绍了三菱 FX 系列 PLC、西门子 S7-200 系列 PLC 模拟量输入/输出及其与 PC 的数据通信技术。其内容包括计数制与编码、PLC 模拟量控制概念、PLC 模拟量扩展模块、PLC 数据通信基础、PC 串行通信概述、PLC 与 PC 数据通信协议、PLC 模拟量输入与 PC 通信控制、PLC 模拟量输出与 PC 通信控制、PLC 温度检测与 PC 通信控制，其中 PC 与 PLC 通信程序同时采用 VB、VC++、LabVIEW 和组态软件实现。

本书内容丰富，可供各类自动化、计算机应用、机电一体化等专业的大学生、研究生学习 PLC 数据通信技术，也可供计算机控制系统研发的工程技术人员参考。

为方便读者学习，本书提供配套光盘，内容包括实例源程序、程序运行录屏、系统测试录像等。

本书由石河子大学鲁敏编写第 1、2 章，李亚萍编写第 3、4 章，张荣华编写第 5、6 章，李树峰编写第 7、8 章，李江全编写第 9、10 章，西安航空职业技术学院党媚编写第 11、12 章，全书由李江全担任主编并统稿，张荣华、鲁敏、李亚萍担任副主编。参与编写工作的人员还有田敏、朱东芹、郑瑶、刘恩博、邓红涛、李宏伟、郑重、汤智辉、胡蓉等老师。

由于编者水平有限，书中难免存在不妥或错误之处，恳请广大读者批评指正。

编　者

2014 年 4 月

目　　录

第 1 章　计数制与编码

数制是人们利用符号来计数的科学方法。数制可以有很多种，但在计算机的设计与使用上常使用的为二进制、十进制、八进制和十六进制。

计算机的最重要的功能是处理信息，如数值、文字、符号、语言、图形和图像等。在计算机内部，各种信息都必须采用数字化编码的形式被传送、存储和加工。因此掌握信息编码的概念与处理技术是至关重要的。

1.1　计数制

1.1.1　计数制概述

凡是用数字符号排列，按由低位向高位进位计数的方法称为进位计数制，简称计数制或进位制。在人们的社会生产活动和日常生活中，大量使用着各种不同的进位计数制，不仅有应用十分普遍的十进制，还有六十进制（如分、秒的计时）、十二进制（如 12 个月为一年）等。在现代计算机中，数的表示则采用了二进位计数制。

数据无论使用哪种进位制，都包含两个基本要素：基数与各位的“位权”。

1. 基数

一种计数制允许选用基本数字符号的个数称为基数。在基数为 J 的计数制中，包含 J 个不同的数字符号，每个数位计满 J 就向高位进 1，即“逢 J 进一”。例如，最常用的十进制数，每一位上允许选用 0,1,2,…,9 共 10 个不同数码中的一个，则十进制的基数为 10，每位计满 10 时向高位进 1。

2. 位权

一个数字符号处在数的不同位时，它所代表的数值是不同的。每个数字符号所表示的数值等于该数字符号值乘以一个与数码所在位有关的常数，这个常数称为“位权”，简称“权”。位权的大小是以基数为底、数字符号所在位置的序号为指数的整数次幂。

注意，对任何一种进制数，整数部分最低位位置的序号是 0，每高一位位置，序号加 1，而小数部分位置序号为负值，每低一位位置，序号减 1。

将一个 J 进制数 N_j 按权展开的多项式和的一般表达式为

$$N_j=K_{n-1}\cdot J^{n-1}+K_{n-2}\cdot J^{n-2}+\cdots+K_1\cdot j^1+K_0\cdot J^0+K_{-1}\cdot J^{-1}+K_{-2}\cdot J^{-2}+\cdots+K_{-m}\cdot J^{-m}=\sum_{i=n-1}^{-m}K_i\cdot J^i$$

可见，J 进制数相邻两个数位的权相差 J 倍，如果小数点向左移一位，则数值缩小 J 倍，反之，小数点向右移一位，数值扩大 J 倍。

1.1.2 十进制数与二进制数

1. 十进制数

十进制数是日常生活与科研最常用的一种书写形式。采用十进制数书写时，基数为 10，有 10 个数字符号，即 0,1,2,3,4,5,6,7,8,9。

十进制数运算时“逢十进一”，十进制数每位的值等于该位的权与该位数字符号值的乘积，一个十进制数就可以写成按权展开的多项式和的形式。

对于任意一个十进制数 N，设整数部分有 n 位，小数部分有 m 位，于是可以写出一个十进制数的一般表达式如下：

$$(N)_{10}=K_{n-1}\cdot 10^{n-1}+K_{n-2}\cdot 10^{n-2}+\cdots+K_1\cdot 10^1+K_0\cdot 10^0+K_{-1}\cdot 10^{-1}+K_{-2}\cdot 10^{-2}+\cdots+K_{-m}\cdot 10^{-m}=\sum_{i=n-1}^{-m}K_i\cdot 10^i$$

式中，K_i 是 0,1,…,9 中的一个。

例如，$296.4D=2\times10^2+9\times10^1+6\times10^0+4\times10^{-1}+8\times10^{-2}$。

2. 二进制数

计算机中用得最多的是基数为 2 的计数制，即二进制数。二进制数只有 0 和 1 两种数字符号，计数“逢二进一”，第 i 位上的位权是 2 的 i 次幂。

一个二进制数展开成多项式和的表达式是

$$(N)_2=K_{n-1}\cdot 2^{n-1}+K_{n-2}\cdot 2^{n-2}+\cdots+K_0\cdot 2^0+K_{-1}\cdot 2^{-1}+\cdots+K^{-m}\cdot 2^{-m}=\sum_{i=n-1}^{-m}K_i\cdot 2^i$$

式中，K_i 是 0 或 1。

通常把表示信息的数字符号称为代码。现代计算机对各种各样的数据甚至操作命令、存储地址等都使用二进制代码表示。

与十进制数相比，引入二进制数字系统后计算机结构和性能具有如下的优点：

（1）物理上最容易实现。因为许多组成计算机的电子的、磁性的、光学的基本器件都具有两种不同的稳定状态，如高、低两个电位，脉冲的有无，脉冲的正、负极性等，可以用来表示二进制数位上的“0”和“1”，并且易于进行存放、传送等操作，而且稳定可靠。

（2）单编码、计数、加减运算规则简单。由于二进制数运算规则较十进制数简单，从而简化了计算机内部运算器寄存器的线路，提高了机器的预算速度，可用开关电路实现，简便易行。

（3）二进制数的 0、1 代码也与逻辑代数中逻辑量 0 与 1 吻合，所以二进制数同时可以使计算机方便地进行逻辑运算。

（4）二进制数和十进制数之间的对应关系也不复杂，如表 1-1 所示，其相互转换也易于实现。

表 1-1　二进制数与十进制数的对应关系

二进制数	十进制数	二进制数	十进制数
0000	0	1000	8
0001	1	1001	9
0010	2	1010	10
0011	3	1011	11
0100	4	1100	12
0101	5	1101	13
0110	6	1110	14
0111	7	1111	15

1.1.3　八进制数与十六进制数

20 世纪 40 年代，导致计算机技术飞跃发展的原因之一，是二进制数字系统引入计算机。但是二进制数也有不足之处。它在绝大多数情况下，比同等数值的十进制数占用更多的位数。比如，十进制数 1 位数字 9，它的二进制数表示需要 4 位，即 1001，而 99 需要 7 位二进制数表示，即 1100011。二进制数书写很长，也很容易读错。因此，计算机使用者常用缩写的十六进制数或八进制数来弥补这个缺点。为了清晰方便起见，常在数字后面加一个缩写的字母作进位制的标识，如表 1-2 所示。

表 1-2　几种进位制的标识

进位制	标志字母	英文	注释
二进制数	B	Binary	
八进制数	O（Q）	Octal	为避免字母 O 误认作数字 0，标志可改为字母 Q
十进制数	D	Decimal	
十六进制数	H	Hexadecimal	

例如，35D、110B、75Q 和 36H，从其最后一个标志字母就可以知道它们分别是十进制数、二进制数、八进制数和十六进制数。通常不加标志时默认是十进制数。

1. 八进制数

八进制数常作为二进制数的一种书写形式，其基数是 8，有 0,1,2,3,4,5,6,7 共 8 个不同的数字符号， 运算时“逢八进一”。一个八进制数可以表示成：

$$(N)_8=K_{n-1}\cdot 8^{n-1}+K_{n-2}\cdot 8^{n-2}+\cdots+K_0\cdot 8^0+K_{-1}\cdot 8^{-1}+\cdots+K_{-m}\cdot 8^{-m}=\sum_{i=n-1}^{-m} K_i\cdot 8^j$$

式中，K_i 是 0,1,⋯,7 中的一个。

1 位八进制数与 3 位二进制数表示，它们的对应关系如表 1-3 所示。

表 1-3　八进制数与二进制数的对应关系

八 进 制 数	0	1	2	3	4	5	6	7
二 进 制 数	000	001	010	011	100	101	110	111

2. 十六进制数

十六进制数是计算机最常用的一种书写形式，用十六进制数既可简化书写，又便于记忆。十六进制数的基数为 16，有 16 个数字符号，即 0,1,2,3,4,5,6,7,8,9,A,B,C,D,E,F。

十六进制数运算时“逢十六进一”，一个十六进制数 N 可表示为

$$(N)_{16}=K_{n-1}\cdot 16^{n-1}+K_{n-2}\cdot 16^{n-2}+\cdots+K_1\cdot 16^1+K_0\cdot 16^0+K_{-1}\cdot 16^{-1}+K_{-2}\cdot 16^{-2}\cdots+K_{-m}\cdot 16^{-m}=\sum_{i=n-1}^{-m} K_i\cdot 16^j$$

式中，K_i 是 0,1,…,9,A,B,C,D,E,F 中的一个。

每 4 位二进制数可用 1 位十六进制数表示，8 位二进制数可用 2 位十六进制数表示，十六进制数在串口通信程序设计中应用十分普遍。1 位十六进制数与十进制数及二进制数的对应关系如表 1-4 所示。

表 1-4　十六进制数与十进制数、二进制数的对应关系

十六进制数	十 进 制 数	二 进 制 数	十六进制数	十 进 制 数	二 进 制 数
0	0	0000	8	8	1000
1	1	0001	9	9	1001
2	2	0010	A	10	1010
3	3	0011	B	11	1011
4	4	0100	C	12	1100
5	5	0101	D	13	1101
6	6	0110	E	14	1110
7	7	0111	F	15	1111

1.2　计数制转换及其程序设计

在进行串口通信程序设计时经常遇到不同数制的相互转换，如智能仪器传回到计算机的数据是十六进制数，要在程序画面显示温度值需要转换成便于理解的十进制数。这种进位制间的转换工作将由计算机按照规定的算法自动完成。本节介绍了二进制数、十进制数、八进制数及十六进制数之间的相互转换算法，并给出了 VB 转换程序。

1.2.1　二进制数与十进制数的转换

现在，除了一些专用的数据处理计算机采用十进制数外，绝大多数计算机用二进制数进行算术逻辑运算。但是人们仍然依传统习惯往计算机输入十进制的原始数据，要求计算机也以

十进制数形式打印、显示运算结果，这就必须在输入数据后，计算机将十进制数转换成二进制数再进行计算，而且送出结果前也必须把二进制数转换成十进制数再进行输出。

1. 二进制数转换成十进制数

利用二进制数按权展开成多项式和的表达式，取基数为 2，逐项相加，其和就是相应的十进制数。

例：将二进制数 110010.1B 转换成十进制数。

解：$110010.1\text{B}=1\times2^5+1\times2^4+0\times2^3+0\times2^2+1\times2^1+0\times2^0+1\times2^{-1}$

$=32+16+2+0.5$

$=50.5\text{D}$

2. 十进制数转换成二进制数

十进制数转换成二进制数时，整数部分与小数部分换算算法不同，需要分别进行。整数部分用除基取余法转换，小数部分用乘基取整法转换。

1）除基取余法

除基取余法是十进制整数转换成二进制数的方法。需要转换的整数除以基数 2，取其商的余数就是二进制数最低位的系数 K_0，将商的整数部分继续除以基数 2，取其商的余数作为二进制数高一位的系数 K_1，……，这样逐次相除直到商为 0，即得到从低位到高位的余数序列，便构成对应的二进制整数。

例：把十进制整数 233 转换成二进制数。

解：设转换后的 n 位二进制整数是 $K_{n-1}K_{n-2}\cdots K_1K_0$，$K_i$ 是二进制数位上的系数。

转换过程用竖式表达如图 1-1 所示。

十进制整数	余数	系数K	位
2 | 233			
2 | 116	1	K_0	最低位
2 | 58	0	K_1	
2 | 29	0	K_2	
2 | 14	1	K_3	
2 | 7	0	K_4	
2 | 3	1	K_5	
2 | 1	1	K_6	
2 | 0	1	K_7	最高位

图 1-1 十进制整数转二进制数

从最后一次余数开始向上顺序写出，得到换算结果：233D=11101001B。

2）乘基取整法

乘基取整法是将十进制小数转换成二进制数的方法，这种方法把要转换的小数乘以基数 2，取其积的整数部分作为对应二进制小数的最高位系数 K_{-1}，将积的小数部分继续乘以基数 2，新得到积的整数部分作为二进制数下一位的系数 K_{-2}，……，这样逐次乘基数，直到积的小数部分为 0，即得到从高位到低位积的整数序列，便构成对应的二进制小数。

例：把十进制小数 0.8125 转换成二进制小数。

解：设转换后的 m 位二进制小数是 $0.K_{-1}K_{-2}\cdots K_{-m}$，转换过程用竖式表达如图 1-2 所示。

十进制小数	积的整数部分	系数K	位
0.8125			
× 2			
1.6250	1	K_{-1}	最高位
0.6250			
× 2			
1.250	1	K_{-2}	
0.250			
× 2			
0.50	0	K_{-3}	
× 2			
1.0	1	K_{-4}	最低位

图 1-2　十进制小数转二进制数

将乘积的整数部分从上到下顺序写出，得到换算结果：0.8125D=0.1101B。

需要指出的是，并不是所有的十进制小数都能转化成有限位的二进制小数，有时整个过程会无限进行下去。例如，0.3D 转换成二进制小数时，从小数点后第 3 位开始出现无限循环的情况：0.3D=0.0011001100…B，此时，可以根据精度的要求并考虑计算机字长位数取一定位数后，“0 舍 1 入”，得到原十进制数的二进制数近似值。

一个既有整数又有小数部分的十进制数被送入计算机后，转换将分三步进行：

（1）由机器把整数部分按除基取余法进行转换。

（2）小数部分按乘基取整法进行转换。

（3）将已转换的两部分合在一起就是所求的二进制数值。

例：把十进制数 14.4375 转换成二进制数。

解：因为 14D=1110B，0.4375D=0.0111B

所以 14.4375D=1110.0111B

十进制数与任意进制数之间的转换和十进制数与二进制数之间的转换方法完全相同。即把任意进制数按权展开成多项式和的形式，再把各位的权与该位上系数相乘，乘积逐项相加，其和便是相应的十进制数。十进制数转换成任意进制数时，整数部分用“除基取余”的算法，小数部分用“乘基取整”的算法，然后将得到的任意进制的整数与小数拼接，即为转换的最后结果。

3. 二进制数与十进制数的转换程序设计

1）将二进制数转换成十进制数

```
Dim m As Integer, b As Long
s = 0
b = Val(Text1.Text)                    '文本框中输入二进制数
n = Len(Text1.Text)
For i = 1 To n
    m = Mid(b, n - i + 1, 1)
```

```
    s = s + m * 2 ^ (i - 1)
    Next i
    Text1.Text = s                       '显示十进制数
```

2）将十进制数转换成二进制数

（1）方法 1。

```
Dim t As String
d = Val(Text1.Text)                  '文本框中输入十进制数
Do                                   '对 2 取余，直至商为 0
    s = Int(d / 2)
    y = d Mod 2
    t = y & t
    d = s
Loop While s <> 0
Text1.Text = t                       '显示二进制数
```

（2）方法 2。

```
Data = Text1.Text                    '文本框中输入十进制数
lngip = Val(Data)
Do
    strBin = (lngip Mod 2) & strBin  '将输入的数不断除以 2 后组合得到余数
    lngip = lngip \ 2                '循环除以 2 并返回除后的整数
Loop Until lngip = 0                 '如果数被 2 循环整除后为 0，则退出循环
If Len(strBin) < 8 Then
    For i = 1 To 8 - Len(strBin)
      strBin = "0" & strBin
    Next i
End If
Text1.Text = strBin                  '显示二进制数
```

1.2.2 二进制数与八进制数的转换

1. 二进制数转换成八进制数

八进制数中的 1 位数对应于二进制数的 3 位数，所以，从二进制数转换成八进制数时，以小数点为分界线，整数部分从低位到高位，小数部分从高位到低位，每 3 位二进制数为一组，不足 3 位的，小数部分在低位补 0，整数部分在高位补 0，然后用 1 位八进制数的数字来表示，这就是一个相应八进制数的表示。

采用八进制数书写二进制数，位数约减少到原来的 1/3。

例：将二进制数 110110.1011B 转换成八进制数。

解：110110.1011 B=110 110 . 101 100 B

```
                   ↓   ↓    ↓   ↓
                   6   6 .  5   4
```

这里小数部分最低位要补两位 0，转换后才能与原二进制数值相符。

结果：110110.1011B=66.54Q

2. 八进制数转换成二进制数

直接将数值中的每位八进制数转换成对应的 3 位二进制数即可。

例：将八进制数 36.24Q 转换成二进制数。

```
解：  3      6  .  2      4
      ↓      ↓     ↓      ↓
     011    110   010    100
```

结果：36.24Q=11110.0101B

表达二进制数结果时，整数部分最高位的 0 不写入，小数部分最低位的 0 不写入。

3. 二进制数与八进制数的转换程序设计

1）将二进制数转换成八进制数

```
Dim m As Integer, t As String, bb As Variant
bb = Text1.Text                                '文本框中输入二进制数
n = Len(Text1.Text)
y = n Mod 3
If y = 1 Then                                  '根据输入二进制的位数补 0
    bb = "00" & Text1.Text
ElseIf y = 2 Then
    bb = "0" & Text1.Text
End If
n = Len(Text1.Text)
For i = 1 To n Step 3                          '从前至后，按照每 3 位分割
      s = Mid(bb, i, 3)
      Select Case s                            '逐个判断
           Case "000"
                ob = 0
           Case "001"
                ob = 1
           Case "010"
                 ob = 2
           Case "011"
                 ob = 3
           Case "100"
                 ob = 4
           Case "101"
                 ob = 5
           Case "110"
                 ob = 6
           Case "111"
                 ob = 7
      End Select
      t = t & ob
Next i
Text1.Text = t                                 '显示八进制数
```

2）将八进制数转换成二进制数

```
Dim t As String, oct As String
  oct = Text1.Text                          '文本框中输入八进制数
n = Len(Text1.Text)
For i = 1 To n                              '取出每一位数字，转换成相应的八进制数
    Text1.Text = ""
    s = Mid(oct, i, 1)
    Select Case s                           '逐个判断
      Case "0"
        If i = 1 Then
            t = ""
        Else
            t = "000"
        End If
      Case "1"
        If i = 1 Then
            t = "1"
        Else
            t = "001"
        End If
      Case "2"
        If i = 1 Then
            t = "10"
        Else
            t = "010"
        End If
      Case "3"
        If i = 1 Then
          t = "11"
        Else
            t = "011"
        End If
      Case "4"
          t = "100"
      Case "5"
          t = "101"
      Case "6"
          t = "110"
      Case "7"
          t = "111"
    End Select
    y = y & t
Next i
Text1.Text = y                              '显示二进制数
```

1.2.3 二进制数与十六进制数的转换

1. 二进制数转换成十六进制数

十六进制数中的 1 位需要用 4 位二进制数表示。所以，从二进制数转换成十六进制数时，以小数点为分界线，整数部分从低位到高位，小数部分从高位到低位，每 4 位二进制数为一组，不足 4 位的，小数部分在低位补 0，整数部分在高位补 0，然后用 1 位十六进制数的数字来表示，这就是一个相应的十六进制数的表示。

采用十六进制数书写二进制数，位数可以减少到原来的 1/4。

例：将二进制数 101101011010.100111B 转换成十六进制数。

```
解：101101011010. 100111B=1011   0101   1010 . 1001  1100 B
                           ↓      ↓      ↓      ↓     ↓
                           B      5      A      9     C
```

结果：101101011010.100111B=B5A.9CH

2. 十六进制数转换成二进制数

直接将数值中的每位十六进制数转换成对应的 4 位二进制数即可。

例：将十六进制数 AB.FEH 转换成二进制数。

```
解：  A      B   .   F      E
      ↓      ↓       ↓      ↓
    1010   1011    1111   1110
```

结果：AB.FEH=10101011.1111111B

表达二进制数结果时，整数部分最高位的 0 不写入，小数部分最低位的 0 不写入。

3. 二进制数与十六进制数的转换程序设计

1）将二进制数转换成十六进制数

（1）方法 1。

```
Dim m As Integer, t As String
bb = Text1.Text                          '文本框中输入二进制数
n = Len(Text1.Text)
y = n Mod 4
If y = 1 Then                            '根据输入的二进制位数补 0
    bb = "000" & Text1.Text
ElseIf y = 2 Then
    bb = "00" & Text1.Text
ElseIf y = 3 Then
    bb = "0" & Text1.Text
End If
n = Len(Text1.Text)
For i = 1 To n Step 4                    '从前向后，按照 4 位分割
     s = Mid(bb, i, 4)
     Select Case s                       '逐个判断
```

```
            Case "0000"
              ob = 0
            Case "0001"
              ob = 1
            Case "0010"
              ob = 2
            Case "0011"
              ob = 3
            Case "0100"
              ob = 4
            Case "0101"
              ob = 5
            Case "0110"
              ob = 6
            Case "0111"
              ob = 7
            Case "1000"
              ob = 8
            Case "1001"
              ob = 9
            Case "1010"
              ob = "A"
            Case "1011"
              ob = "B"
            Case "1100"
              ob = "C"
            Case "1101"
              ob = "D"
            Case "1110"
              ob = "E"
            Case "1111"
              ob = "F"
        End Select
        t = t & ob
    Next i
    Text1.Text = t                                  '显示十六进制数
```

（2）方法 2。

```
    B_data = Text1.Text                             '文本框中输入二进制数
    If Len(B_data) < 8 Then                         '二进制数不足 8 位前面补 0
      For i = 1 To 8 - Len(B_data)
        B_data = "0" + B_data
      Next i
    End If
    For i = 1 To Len(B_data)
       H_data = H_data + CLng(Mid$(B_data, i, 1)) * 2 ^ CLng(Len(B_data) - i)
      Next i
      If H_data < 16 Then
```

```
      H_data = 0 & Hex(H_data)
    Else
      H_data = Hex(H_data)
    End If
    Text1.Text = H_data                          '显示十六进制数
```

2）将十六进制数转换成二进制数

（1）方法 1。

```
Dim t As String, hex As String, y As String
    hex = Text1.Text                             '文本框中输入十六进制数
    n = Len(Text1.Text)
    For i = 1 To n
        s = Mid(hex, i, 1)
        Select Case s                            '逐个判断
          Case "0"
              t = "0000"
          Case "1"
              t = "0001"
          Case "2"
              t = "0010"
          Case "3"
              t = "0011"
          Case "4"
              t = "0100"
          Case "5"
              t = "0101"
          Case "6"
              t = "0110"
          Case "7"
              t = "0111"
          Case "8"
              t = "1000"
          Case "9"
              t = "1001"
          Case "A", "a"
              t = 1010
          Case "B", "b"
              t = 1011
          Case "C", "c"
              t = "1100"
          Case "D", "d"
              t = 1101
          Case "E", "e"
              t = 1110
          Case "F", "f"
              t = 1111
        End Select
```

```
      y = y & t
    Next i
    Text1.Text = y                                '显示二进制数
```

（2）方法 2。

```
lngip = Val("&H" & Text1.Text)                    '文本框中输入十六进制数
Do
  strBin = (lngip Mod 2) & strBin                 '将输入的数不断除以 2 后组合得到余数
  lngip = lngip \ 2                               '循环除以 2 并返回除后的整数
Loop Until lngip = 0                              '如果数被 2 循环整除后为 0，则退出循环
If Len(strBin) < 8 Then                           '二进制数不足 8 位前面补 0
  For i = 1 To 8 - Len(strBin)
    strBin = "0" & strBin
  Next i
End If
Text1.Text = strBin                               '显示二进制数
```

1.2.4 八进制数与十进制数的转换

1. 八进制数转换成十进制数

利用八进制数按权展开成多项式和的表达式，取基数为 8，逐项相加，其和就是相应的十进制数。

例：将八进制数 7402Q 转换成十进制数。

解：$7402Q=7\times8^3+4\times8^2+0\times8^1+2\times8^0$

$=3584+256+0+2$

$=3842D$

2. 十进制数转换成八进制数

十进制数转换成八进制数时，整数部分与小数部分换算方法不同，需要分别进行。整数部分用“除基取余”法转换，小数部分用“乘基取整”法转换，与十进制数转换成二进制数方法完全相同。这里只介绍十进制整数转换成八进制整数的方法。

将需要转换的整数除以基数 8，取其商的余数就是八进制数最低位的系数 K_0，将商的整数部分继续除以基数 8，取其商的余数作为八进制数高一位的系数 K_1，……，这样逐次相除直到商为 0，即得到从低位到高位的余数序列，便构成对应的八进制整数。

例：把十进制整数 233 转换成八进制数。

解：设转换后的 n 位八进制整数是 $K_{n-1}K_{n-2}\cdots K_1K_0$，$K_i$ 是八进制数位上的系数。

转换过程用竖式表达如图 1-3 所示。

从最后一次余数开始向上顺序写出，得到换算结果：233D=351Q

另外，由于数的二进制表示和八进制表示有简单的对应关系，故在进行十进制数和八进制数相互转换时，可利用二进制数表示作为媒介，即若把一个十进制数转换为八进制数，只要先把该十进制数转换为二进制数，然后再把所得的二进制数转换为八进制数即可。相反的过程，同样可利用二进制数作为媒介。

十进制整数	余数	系数K	位
8 | 233			
8 | 29	1	K_0	最低位
8 | 3	5	K_1	
0	3	K_2	最高位

图 1-3　十进制整数转八进制数

3. 八进制数与十进制数的转换程序设计

1）将八进制数转换成十进制数

（1）方法 1。

```
Dim m As Integer
b = Val(Text1.Text)                   '文本框中输入八进制数
n = Len(Text1.Text)
For i = 1 To n                        '每位乘该位权重，累加
    m = Mid(b, n - i + 1, 1)
    s = s + m * 8 ^ (i - 1)
Next i
Text1.Text = s                        '显示十进制数
```

（2）方法 2。

```
Data = Text1.Text                     '文本框中输入八进制数
q = Val("&O" & Data)                  '使用 Val()函数转换
Text1.Text = q                        '显示十进制数
```

2）将十进制数转换成八进制数

（1）方法 1。

```
d = Val(Text1.Text)                   '文本框中输入十进制数
Do                                    '对 8 取余，直至商为 0
    s = Int(d / 8)
    y = d Mod 8
    t = y & t
    d = s
Loop While s <> 0
Text1.Text = t                        '显示八进制数
```

（2）方法 2。

```
Data = Text1.Text                     '文本框中输入十进制数
d = Oct(Val(Data))                    '使用 Oct()函数转换
Text1.Text = d                        '显示八进制数
```

1.2.5　十六进制数与十进制数的转换

1. 十六进制数转换成十进制数

利用十六进制数按权展开成多项式和的表达式，取基数为 16，逐项相加，其和就是相应

的十进制数。相乘时，如果各位数字是 A，B，C，D，E，F，需先转换成十进制数。

例：将十六进制数 2A 转换成十进制数。

解：$2AH=2\times16^1+10\times16^0=32+10=42D$

2. 十进制数转换成十六进制数

十进制数转换成十六进制数时，整数部分与小数部分换算方法不同，需要分别进行。整数部分用“除基取余”法转换，小数部分用“乘基取整”法转换，与十进制数转换成二进制数方法完全相同。这里只介绍十进制整数转换成十六进制整数的方法。

将需要转换的整数除以基数 16，取其商的余数就是十六进制数最低位的系数 K_0，将商的整数部分继续除以基数 16，取其商的余数作为十六进制数高一位的系数 K_1，……，这样逐次相除直到商为 0，即得到从低位到高位的余数序列，便构成对应的十六进制整数。

如果余数是大于 9 的数，需要转换成对应的十六进制数。

例：把十进制整数 414 转换成十六制数。

解：设转换后的 n 位十六进制整数是 $K_{n-1}K_{n-2}\cdots K_1K_0$，$K_i$ 是十六进制数位上的系数。

转换过程用竖式表达如图 1-4 所示。

十进制整数	余数	系数 K	位
16 | 414			
16 | 25	E	K_0	最低位
16 | 1	9	K_1	
0	1	K_2	最高位

图 1-4　十进制整数转十六进制数

从最后一次余数开始向上顺序写出，得到换算结果：414D=19EH

另外，由于数的二进制表示和十六进制表示有简单的对应关系，故在进行十进制数和十六进制数相互转换时，可利用二进制数表示作为媒介，即若把一个十进制数转换为十六进制数，只要先把该十进制数转换为二进制数，然后再把所得的二进制数转换为十六进制数即可。相反的过程，同样可利用二进制数作为媒介。

3. 十六进制数与十进制数的转换程序设计

1）将十六进制数转换成十进制数。

（1）方法 1。

```
Dim m As Variant
bb = Text1.Text                          '文本框中输入十六进制数
n = Len(Text1.Text)
For i = 1 To n
    m = Mid(bb, n - i + 1, 1)
    Select Case m                        '逐个判断
            Case "A", "a"
                m = 10
            Case "B", "b"
                m = 11
            Case "C", "c"
```

```
            m = 12
        Case "D", "d"
            m = 13
        Case "E", "e"
            m = 14
        Case "F", "f"
            m = 15
        Case Else
            m = m
    End Select
    s = s + m * 16 ^ (i - 1)                  '每位数字乘该位权重，累加
Next i
Text1.Text = s                                '显示十进制数
```

（2）方法 2。

```
Data = Text1.Text                             '文本框中输入十六进制数
q = Val("&H" & Data)                          '使用 Val()函数转换
Text1.Text = q                                '显示十进制数
```

2）将十进制数转换成十六进制数

（1）方法 1。

```
d = Text1.Text                                '文本框中输入十进制数
Do
    s = Int(d / 16)
    y = Int(d Mod 16)
    Select Case y                             '逐个判断
      Case 10
          y = "A"
      Case 11
          y = "B"
      Case 12
          y = "C"
      Case 13
          y = "D"
      Case 14
          y = "E"
      Case 15
          y = "F"
    End Select
    t = y & t
    d = s
 Loop While s <> 0
Text1.Text = t                                '显示十六进制数
```

（2）方法 2。

```
data= Text1.Text                              '文本框中输入十进制数
d = Hex(Val(data))                            '使用 Hex()函数转换
If Len(d) <> 2 Then                           '十六进制数不足 2 位前面补 0
```

```
        d = "0" & d
      End If
    Text1.Text = d                                  '显示十六进制数
```

1.2.6 八进制数与十六进制数的转换

八进制数和十六进制数的相互转换需通过二进制数来实现。

1. 八进制数转换成十六进制数

先把八进制数转换成二进制数，再按规则把二进制数转换成十六进制数。

例：将八进制数 7402.45Q 转换成十六进制数。

解：7402.45Q=111 100 000 010 .100 101B

=1111 0000 0010 .1001 0100B

=F02.94H

2. 十六进制数转换成八进制数

先把十六进制数转换成二进制数，再按规则把二进制数转换成八进制数。

例：将十六进制数 AB.FEH 转换成八进制数。

解：AB.FEH=1010 1011 . 1111 111B

=010 101 011 . 111 111 100B

=253.774Q

3. 八进制数与十六进制数的转换程序设计

1）将八进制数转换成十六进制数

```
Dim data As Variant
data = Text1.Text                          '文本框中输入八进制数
h= Hex("&O" & data)                        '使用 Hex()函数转换
Text1.Text=h                               '显示十六进制数
```

2）将十六进制数转换成八进制数

```
Dim data As Variant
data = Text1.Text                          '文本框中输入十六进制数
q= Oct("&H" & data)                        '使用 Oct()函数转换
Text1.Text=q                               '显示八进制数
```

1.3 字符编码

不同事物的状态与各种消息称为信息，可用语言、文字等表达。通信就是信息的传递。由于计算机、PLC 等都是数字设备，所以要把信息变成数字设备能识别的二进制数据。数据通信的任务就是将信息进行数据编码后，以适当的物理信号在传输介质上传送。

所谓编码就是用少量简单的基本的符号，选用一定的组合规则，以表示出大量复杂多样的信息。基本符号的种类和这些符号的组合则是一切信息编码的两大要素。例如，用 10 个阿拉伯数码表示数字，用 26 个英文字母表示英文词汇等，这就是编码的典型例子。

计算机中数据的概念是广义的，机内除了有数值的信息之外，还有数字、字母、通用符号、控制符号等字符信息，有逻辑信息，有图形、图像、语音等信息。这些信息进入计算机都转变成 0、1 表示的编码，所以称为非数值数据。

1.3.1 BCD 码

计算机中还有一种数值数据的表示方法：每一位十进制数用 4 位二进制数表示，称为二进制编码的十进制数——BCD 码（Binary Coded Decimal）或称二—十进制编码。它具有二进制数形式，又具有十进制数的特点。许多计算机备有 BCD 码运算指令，有专门的线路在 BCD 码运算时使每 4 位二进制数之间按十进位处理。

4 位二进制数可以表达 16 种状态，BCD 码只需要 10 种，所以有 6 种冗余，从 16 种状态中选取 10 个状态表示十进制数 0～9 的方法很多，可以产生多种 BCD 码，表 1-5 列出了最常用的 8421 BCD 码。

表 1-5　8421 BCD 编码表

十进制数	8421 BCD 码	十进制数	8421 BCD 码	十进制数	8424 BCD 码
0	0000	6	0110	12	1100
1	0001	7	0111	13	1101
2	0010	8	1000	14	1110
3	0011	9	1001	15	1111
4	0100	10	1010		
5	0101	11	1011		

8421 BCD 码是计算机中使用最广泛的一种 BCD 码，8421 是指这种编码的各位所代表的“权”。最高位的权是 8，以下依次是 4、2、1。知道了每位的权，就能方便地得到表 1-5 中每个 8421 BCD 码所代表的十进制数值。

例：计算 8421 BCD 码 0110 的十进制数。

解：0110 BCD=$0\times8+1\times4+1\times2+0\times1=6$

BCD 码总是以 4 位二进制数为一组来表示一位十进制数，所以 8421 BCD 码与十进制数之间的转换直接以组为单位进行。

8421 BCD 码的编码规则是依据每位上“权”的数值获得编码值，每位上的权值是固定的，属于有权码。因为每位上权值 8、4、2、1 和通常的二进制数位上的权完全一致，所以是最自然、最简单明了的一种有权码。

1.3.2 格雷码

定位控制是自动控制的一个重要内容。精确地进行位置控制在许多领域中都有着广泛的引用，如机器人运动、数控机床的加工、医疗机械和伺服传动控制系统等。

编码器是一种把角位移或直线位移转换成电信号（脉冲信号）的装置。按照其工作原理，可分为增量式和绝对式两种。增量式编码器是将位移产生周期性的电信号，再把这个电信号转换成计数脉冲，用计数脉冲的个数来表示位移的大小；而绝对式编码器则是用一个确定的二进制码来表示其位置，其位置和二进制码的关系是用一个码盘来传送的。

如图 1-5 所示为一个 3 位纯二进制码的码盘示意图。

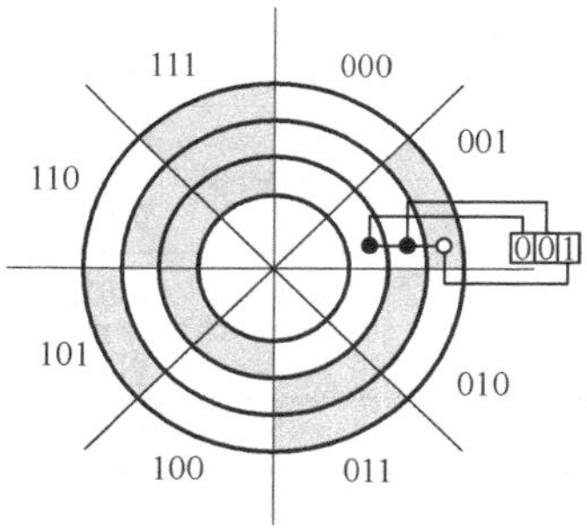

图 1-5　3 位纯二进制码码盘

一组固定的光电二极管用于检测码盘径向一列单元的反射光，每个单元根据其明暗的不同输出相当于二进制数 1 或 0 的信号电压。当码盘旋转时，输出一系列的 3 位二进制数，每转一圈，有 8 个二进制数（000～111），每个二进制数表示转动的确定位置（角位移量）。图中是以纯二进制编码来设计码盘的。但是这种编码方式在码盘转至某些边界时，编码器输出便出现了问题。例如，当转盘转至 001 到 010 边界时（如图 1-5 所示），这里有两个编码改变，如果码盘刚好转到理论上的边界位置，编码器输出多少？由于是在边界，001 和 010 都是可以接收的编码。然后由于机械装配得不完美，左边的光电二极管在边界两边都是 0，不会产生异议，而中间和左边的光电二极管则可能会是 1 或 0。假定中间是 1，左边也是 1，则编码器就会输出 011，这是与编码盘所转到的位置 010 不相同的编码；同理，输出也可能是 000，这也是一个错码。通常在任何边界只要是一个以上的数位发生变化，都可能产生此类问题，最坏的情况是 3 位数位都发生变化的边界，如 000～111 边界和 011～100 边界，错码的概率极高。因此，纯二进制编码是不能作为编码器的编码的。

格雷码解决了这个问题。如图 1-6 所示为格雷码编制的码盘。

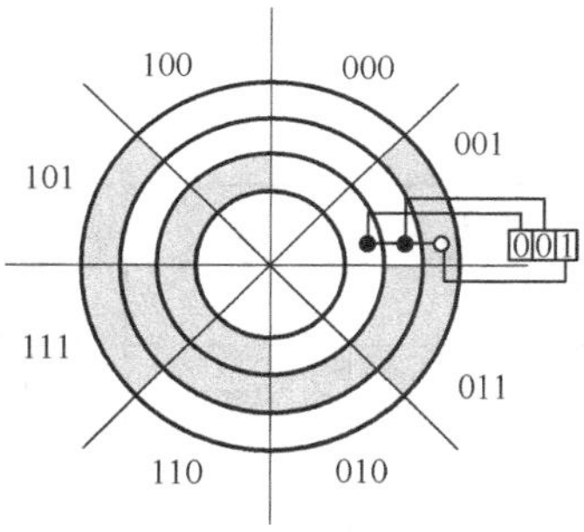

图 1-6　格雷码编制的码盘

与上面纯二进制码相比，格雷码的特点是：任何相邻的码组之间只有一位数位变化。这就大大减少了由一个码组转换到相邻码组时在边界上产生的错码的可能。因此，格雷码是一种错误最少的编码方式，属于可靠性编码，而且格雷码与其所对应的角位移量是绝对唯一的，所以采用格雷码的编码器又称为绝对式旋转编码器。这种光电编码器已经越来越广泛地应用于各种工业系统中的角度、长度测量和定位控制中。

格雷码是无权码，每一位码没有确定的大小，因此不能直接进行比较大小和算术运算，要利用格雷码进行定位，还必须经过码制转换，变成纯二进制码，再由上位机读取和运算。但是格雷码的编制还是有规律的，它的规律是：最后一位的顺序为 01、10、01…，倒数第二位为 0011、1100、0011…，倒数第三位为 00001111、11110000、00001111…，倒数第四位为 0000000011111111、1111111100000000…，依此类推。

表 1-6 是 4 位编制的格雷码对照表。

表 1-6　4 位编制的格雷码对照表

十进制数	二进制数	格雷码	十进制数	二进制数	格雷码
0	0000	0000	8	1000	1100
1	0001	0001	9	1001	1101
2	0010	0011	10	1010	1111
3	0011	0010	11	1011	1110
4	0100	0110	12	1100	1010
5	0101	0111	13	1101	1011
6	0110	0101	14	1110	1001
7	0111	0100	15	1111	1000

1.3.3　ASCII 编码

1. ASCII 编码简介

字符信息在计算机里必须以一组能够识别的二进制编码形式存在，这些字符信息以什么样的规则进行二进制 0、1 组合，完全是人为规定的。可以有各种各样的编码方式，已经被国际上普遍接受的是美国国家信息交换标准委员会制定的一种编码，称为美国标准信息交换码（American Standard Code for Information Interchange），简称 ASCII 码，如表 1-7 所示。ASCII 码占 7 位二进制位，选择了 4 类国际上用得最多的字符共 128 种。

表 1-7　ASCII 代码表

十六进制代码	0	1	2	3	4	5	6	7
0		DLE	SP	0	@	P		p
1	SOH	DC1	!	1	A	Q	a	q
2	STK	DC2	”	2	B	R	b	r
3	ETX	DC3	#	3	C	s	c	s
4	EOT	DC4	S	4	D	T	d	t
5	ENQ	NAK	%	5	E	U	e	u
6	ACK	SYN	&	6	F	V	f	v
7	BEL	ETB	'	7	G	W	g	w
8	BS	CAN	(	8	H	X	h	x
9	HT	EM	)	9	I	Y	i	y
A	LF	SUB	*	:	J	Z	j	z
B	VT	ESC	+	;	K	[	k	{
C	FF	FS	,	<	L	\	l	|

续表

十六进制代码	0	1	2	3	4	5	6	7
D	CR	GS	-	=	M	]	m	}
E	SO	RS	.	>	N	^	n	～
F	SI	US	/	?	O	-	o	DEL

ASCII 码是由 128 个字符组成的字符集。其中编码值 0～31 不对应任何可印刷（或称有字形）字符，通常称它们为控制字符，用于通信中的通信控制或对计算机设备的功能控制；编码值为 32 的是空格（或间隔）字符 SP；编码值为 127 的是删除控制 DEL 码；其余的 94 个字符称为可印刷字符，有人把空格也计入可印刷字符时，则称有 95 个可印刷字符。

（1）数字 0～9。这里 0～9 是 10 个 ASCII 的数字符号，与它们的数值二进制码形式值不同。

（2）字母。26 个大写英文字母和 26 个小写英文字母。

（3）通用符号，如“↑”、“+”、“{”等。

（4）动作控制符。如 ESC、CR 等，其中个别字符因机型不同，表示的含义可能不一样，比如表中“↑”，也有表示为“∧”或“Ω”的，“-”也有表示为“↓”的。

一个字符在计算机内实际是用 8 位表示。正常情况下，最高一位为“0”。在需要奇偶校验时，这一位可用于存放奇偶校验的值，此时称这一位为校验位。

例：查表写出字母 A、数字 1 的 ASCII 码。

查表得知字母 A 在第 1 行第 4 列的位置。行指示 ASCII 码第 3、2、1、0 位的状态，列指示第 6、5、4 位的状态，故字母 A 的 ASCII 码是 100 0001B = 41H。同理可以查到数字 1 的 ASCII 码是 0110001B＝31H。

ASCII 码字符排列有一定的规律。数字 0～9 的编码是 011 0000～011 1001，它们的高 3 位均是 011，后 4 位正好与其对应数值的二进制代码相符；英文大写字母 A～Z 的 ASCII 码从 100 0001B（41H）开始顺序递增，小写字母 a～z 的 ASCII 码从 110 0001 开始顺序递增，这样排序对信息检索十分有利。

计算机的一些输入设备如键盘，它们均配有译码线路，在输入字符时，每个被敲击的字符键将由译码电路产生相应的 ASCII 码，然后送入计算机。同样，一些输出设备如打印机，从计算机得到的输出结果也是 ASCII 码，再经译码后驱动相应的打印字符的机构。

2. ASCII 码值与十六进制数的相互转换

十六进制数的 16 个数字符号，即 0,1,2,3,4,5,6,7,8,9,A,B,C,D,E,F 可用 ASCII 码表示。如 1,2,3 对应的 ASCII 码为 31H,32H,33H,A,B,C 对应的 ASCII 码为 41H,42H,43H。

为什么要进行 ASCII 码转换呢？因为在 PLC 与变频器的通信控制中，某些变频器只能接收以 ASCII 码编制的字符、数字、字母数据，而 PLC 则是以十六进制数来存储数据的，所以在数据传输前必须要将十六进制数据转换成 ASCII 码数据后才能发送。同样 PLC 接收到的变频器所回传的数据也是 ASCII 码形式存放的，必须转换成十六进制数才能进行监控和处理。

为方便十六进制数与 ASCII 码之间的转换，FX2N 有专门的转换指令 ASCI 和 HEX。例如，从变频器传回数据后，马上就可应用 HEX 指令将数据转换成十六进制数保存在指定的存储单元。

1）将 ASCII 码值转换成十六进制数

根据二者数值大小的对应关系，当 ASCII 码值小于 40 时，该值减 30 就是其十六进制数（如

ASCII 码是 32H，32 减 30 为 2，十六进制数为 2）；当 ASCII 码值大于等于 40 时，该值减 31 就是其十六进制数的十进制形式（如 ASCII 码值是 45，45 减 31 为十进制数 14，14 的十六进制数为 E）。

```
Data = Text1.Text                                    '输入 ASCII 码值
If Val(Data) < 40 Then
  h_data = Val(Data) - 30
Else
  h_data = Val(Data) - 31
End If
Text1.Text = Hex(Val(h_data))                        '显示十六进制数
```

也可直接使用 Chr()函数将 ASCII 码值转换为十六进制数。

2）将十六进制数转换成 ASCII 码值

首先将输入的十六进制数转换成十进制数，当十进制数为 0～9 时，该值加 30 就是十六进制数的 ASCII 码值；当十进制数为 10～15 时，该值加 31 就是十六进制数的 ASCII 码值。

```
Data = Text1.Text                                    '文本框中输入十六进制数
q = Val("&H" & Data)                                 '使用 Val()函数转换成十进制数
If q >= 0 And q <= 9 Then
  asc_data = q + 30
End If
If q >= 10 And q <= 15 Then
  asc_data = q + 31
End If
Text1.Text = asc_data                                '显示对应的 ASCII 码值
```

以上程序只适应于一位十六进制数与 ASCII 码的转换。

第 2 章　PLC 模拟量控制概述

PLC 是继电控制引入微处理器技术后发展而来的，可方便、可靠地用于逻辑量控制。然而，由于模拟量可转换成数字量，数字量只是多位的逻辑量，故经转换后的模拟量，PLC 也完全可以方便、可靠地进行处理。

本章主要介绍关于 PLC 模拟量控制中的一些基本知识，包括模拟量控制、A/D 与 D/A 转换、采样、滤波、标定等。

2.1　模拟量与模拟量控制

2.1.1　模拟量与数字量

在工业生产控制过程中，特别是在连续型的生产过程（如化工生产过程）中，经常会要求对一些物理量如温度、压力、流量等进行控制。这些物理量都是随时间而连续变化的。在控制领域，把这些随时间连续变化的物理量称为模拟量。

与模拟量相对的是数字量。数字量又称为开关量。在数字量中，只有两种状态，相对于开和关一样。而开关随时间的变化是不连续的，像是一个一个的脉冲波形，所以又称为脉冲量，如图 2-1 所示为模拟量和开关量随时间而变化的图示。

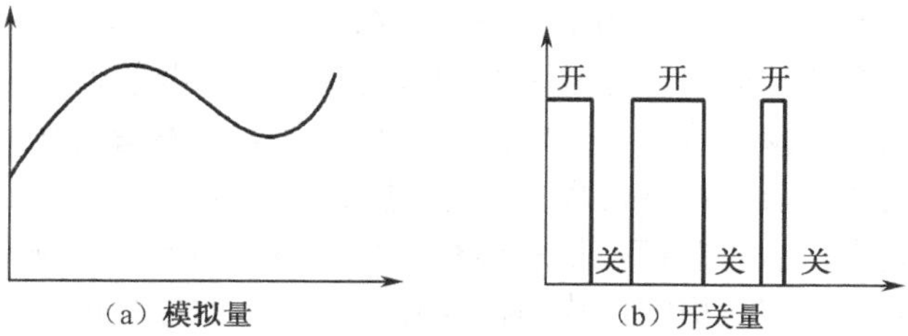

图 2-1　模拟量与开关量

模拟量和开关量是完全不同的物理量，它们之间没有多大关联，研究的方法和应用领域也都不相同。但是通过对二进制数和十进制数的研究却把它们联系了起来。二进制数只有两个数码：0 或 1，正好用开关量的开和关来表示。一个二进制数由多个 0 或 1 组成，也可以用一组开关的开和关来表示。在数字技术中，存储器的状态不是通就是断，相当于开关的开和关。因此，一个多位存储器组（如 16 位存储器）可以用于表示一个 16 位二进制数。模拟量虽然是连续变化的，但在某个确定的时刻，其值是一定的。如果按照一定的时间来测量模拟量的大小，并想办法把这个模拟量（十进制数）转换成相应的二进制数送到存储器中，便把这个由二进制数所表示的量称为数字量，这样模拟量就和数字量有了联系。如图 2-2 所示为模拟量如何变成数字量。

由图 2-2 可以看出，数字量的幅值变化与模拟量的变化是大致相同的。因此，用数字量的幅值（它们已被寄存在存储器中）来处理模拟量，可以得到与模拟量直接被处理时的相同效果。但是也可以看出，模拟量在时间上和取值上都是连续的；而数字量在时间上和取值上都是不连续的（称为离散的）。因此，数字量仅是在某些时间点上等于模拟量的值。

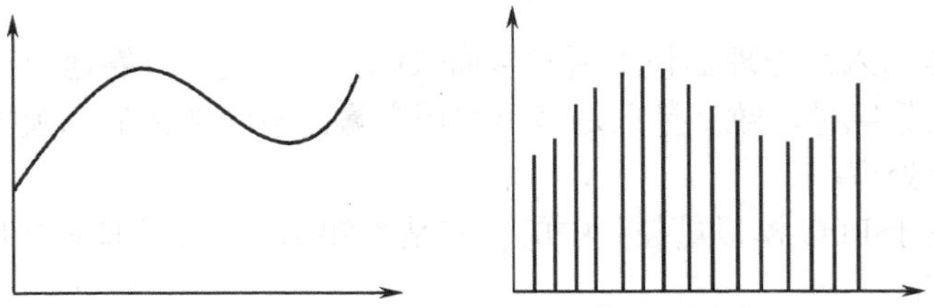

（a）模拟量　　（b）数字量

图 2-2　模拟量与数字量

2.1.2　模拟量控制系统简介

模拟量控制是指对模拟量所进行的控制。模拟量控制大都出现在生产过程中，所以又称为过程控制。

1. 模拟量控制系统组成

从信息的角度来看，所有的控制系统都是一个信息的采集和处理的过程，如图 2-3 所示。

图 2-3　控制系统框图

对模拟量控制来说，图中的信息输出就是控制系统的被控制模拟量，称为被控制量或被控制值。而信息采集则包含两部分：一部分是控制系统为控制需要的输入信息，称为控制量或控制值，它可以是开关量、模拟量或事先设定的值；另一部分是不请自来的各种干扰信息，简称干扰。其来源神秘，成分复杂，对控制系统起到干扰破坏的作用。

在模拟量控制系统中，被控制模拟量总要有一个载体，如温度控制，是电炉温度还是房间空调的温度，这个载体（电炉、房间）称为被控对象。在工业生产过程中，被控对象是指各种装置和设备。作为被控对象，其本身并不具备控制被控制量的能力，而是由某个元器件来执行的。电炉的温度是由电炉内的电阻丝通电发热而引起上升的，房间的温度是由空调器工作来完成温度的上升或下降的。其中，电阻丝、空调器起到了执行控制输出模拟量的功能，称为执行器。输入信息控制量经过信息处理向执行器发出控制信号，指挥执行器工作对被控对象进行调节，使被控制量达到所期望的变化。这个进行信息处理的环节就称为控制器。这样，对模拟量控制系统来说就有了如图 2-4 所示的系统组成框图。

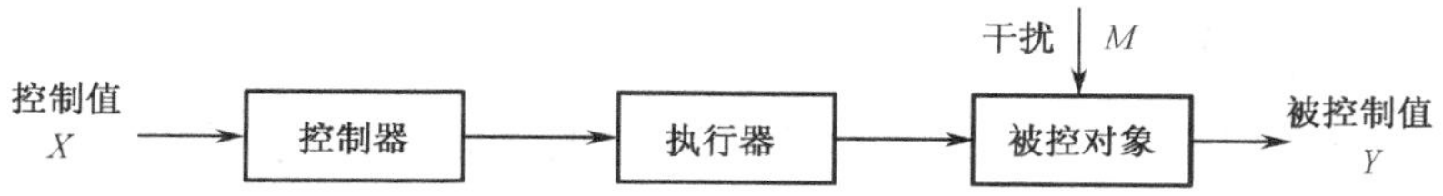

图 2-4　模拟量开环控制系统组成框图

在图 2-4 中，仅示意性地把干扰信息画在被控对象上。实际上在整个系统的组成中，每个部分（包括控制器、执行器）都会产生干扰信息。

从数学角度来分析图中的关系，则被控制值 Y 是控制值 X 和干扰 M 的函数：

$$Y=f(X,M)$$

在没有干扰的情况下，Y 是 X 的函数，控制系统就是按照这个关系进行控制的。当发生干扰后，被控制值就会受到 M 的影响而偏离原来的期望值。而且，干扰常常是随机的，也不便检测。图 2-4 所示的控制系统能否对干扰进行自动调节呢？显然是不可能的，因为这个系统不对被控制值进行检测，只根据控制值进行控制，发生干扰后，只能听任被控制值偏离期望值，使控制质量下降，干扰严重时系统甚至不能正常工作。这就是图 2-4 所示的控制系统的严重缺陷。

在实际生产中，干扰是不可避免的。所以必须找到一种办法使干扰发生后，控制系统本身能对被控制值进行自动调节，使之回到正常的期望值上来。

通过对图 2-3 所示的控制系统进行人工调节的启发，只要把被控制值的变化送到控制系统的输入端，与控制值 X 比较，根据比较的结果来修改控制器的输入值，使已经偏离的被控制值朝期望值的方向变化，经过一定时间后，又回到期望值。这就形成了如图 2-5 所示的模拟量闭环控制系统组成框图。

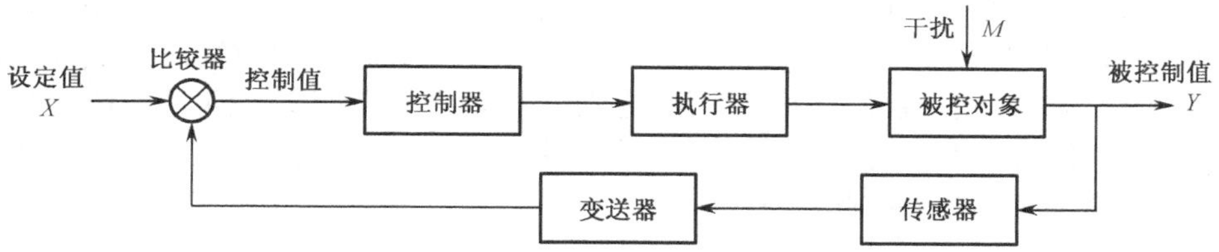

图 2-5　模拟量闭环控制系统组成框图

在图 2-5 中，传感器是一种检测元件，其主要功能是将非电物理量（温度、压力、流量等）转换成电量（电流、电压），送到由电子电路构成的控制器中。而变送器则用于将传感器所转换的电量转化成统一的标准电压、电流再送到控制器中。

观察一下图中的信号流向：信号从输出被控制值 Y 通过传感器、变送器又回到输入端。这种输出返回到输入端而影响到控制器的输入的做法称为反馈，其信号通路称为反馈通路，而把从输入到输出的信号通路称为正向通路。由信号正向通路和反馈通路构成了一个闭合的环，闭环控制由此而来。图 2-4 所示的没有反馈的控制系统称为开环控制。

闭环控制是将输出量直接或间接反馈到输入端形成闭环，所以又称为反馈控制系统。反馈控制是自动控制的主要形式，在工程上常把在运行中使输出量和期望值保持一致的反馈控制系统称为自动调节系统，而把用于精确地跟随或复现某种过程的反馈控制系统称为伺服系统或随动系统。

闭环控制系统由控制器、受控对象和反馈通路组成。在闭环控制系统中，只要被控制量偏离规定值，就会产生相应的控制作用消除偏差。因此，它具有抑制干扰的能力，对元件特性变化不敏感，并能改善系统的响应特性。闭环控制具有较强的抗干扰能力。

2. 模拟量控制系统分类

模拟量控制分类的方法很多，不同的角度有不同的分类。下面仅从输出值的变化对模拟量控制分类做简要介绍。

1）定值控制系统

若系统输入量为一定值，要求系统的输出量也保持恒定，此类系统称为定值控制系统。这类控制系统的任务是保证在扰动作用下被控制量始终保持在给定值上，生产过程中的恒转速控制、恒温控制、恒压控制、恒流量控制、恒液位高度控制等大量的控制系统都属于这一类系统。

对于定值控制系统，着重研究各种扰动对输出量的影响，以及如何抑制扰动对输出量的影响，使输出量保持在预期值上。

2）随动控制系统

若系统的输入量的变化规律是未知的时间函数（通常是随机的），要求输出量能够准确、迅速跟随输入量的变化，此类系统称为随动控制系统，如雷达自动跟踪系统、刀架跟踪系统、轮舵控制系统等。随动控制系统可以是开环系统，也可以是闭环系统。

如图 2-6 所示是在工业生产中经常用到的随动比例控制原理图。生产上要求将物料 Q_B 与物料 Q_A 配成一定比例送往下一工序。物料 Q_A 代表生产负荷，经常发生变化。如果 Q_A 发生变化，要求 Q_B 也需随之按比例发生变化，使 Q_A/Q_B 的值保持不变。图 2-6（a）所示为开环控制系统。当 Q_A 发生变化时，经传感变送，以一定的比例 K 放大后，作为 Q_B 的输出值，控制 Q_B 调节阀。图 2-6（b）所示为闭环控制系统。Q_A 经传感器变送比例放大后，作为 Q_B 控制器的设定值。如果 Q_A 发生变化，则 Q_B 的设定值也发生变化，控制器会随之动作，改变 Q_B 输出使之保持 Q_A/Q_B 的比例不变；如果 Q_A 不变，则 Q_B 本身发生变化，由传感变送后送至控制器，同样控制器动作，使 Q_B 的输出恢复原值而且保持此值不变。

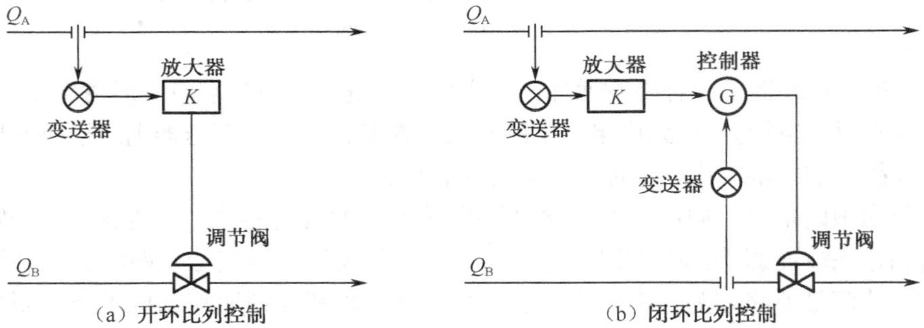

（a）开环比列控制　（b）闭环比列控制

图 2-6　随动比例控制原理图

对于随动控制系统，由于系统的输入量是随时变化的，所以研究的重点是系统输出量跟随输入量的准确性和快速性。

3）程序控制系统

若系统的输入量不为常值，但其变化规律是预先知道和确定的，要求输出量与给定量的变化规律相同，此类系统称为程序控制系统。例如，热处理炉温度控制系统的升温、保温、降温过程都是按照预先设定的规律进行控制的，所以该系统属于程序控制系统。此外，数控机床的工作台移动系统、自动生产线等都属于程序控制系统。程序控制系统可以是开环系统，也可以是闭环系统。

除了以上的分类方法外，还有其他一些方法，如按照系统输出量和输入量间的关系分为线性控制系统、非线性控制系统；按照系统中的参数变化对时间的变化情况分为定常系统、时变系统；按系统主要组成元件的类型分为电气控制系统、机械控制系统、液压控制系统、气动控制系统；按控制方式分为开环控制系统、闭环控制系统、无静差控制系统及复合控制系统；按控制方法分为单回路反馈控制、串级控制、前馈控制、比值控制等。

对 PLC 模拟量控制应用来说，大多数是线性定常定值控制。

3. 模拟量控制系统要求与性能指标

模拟量控制是自动控制的一种，因此对自动控制系统的要求和性能指标分析也适用于模拟量控制系统。

1）模拟量控制要求

模拟量控制系统不管是属于哪种类型，其控制要求都是一样的，即稳定性、准确性和快速性，简称稳、准、快。

（1）稳定性。所谓稳定性，是指系统的被控制量一旦受到某种干扰而偏离控制要求的期望值时，能够在一定时间后利用系统的自身调节作用波动较小地恢复到期望值。对定值控制系统，就要回到设定值所对应的期望值。对于随动系统，输出值应随着设定值的变化而变化。对于程序控制系统。其输出必须按照预定设计的规律进行输出。

稳定性对控制系统的重要性是不言而喻的。它是首要指标，是决定系统正常工作的先决条件。一个系统不稳定，精度再高、响应再快都没有用。

（2）准确性。准确性实际上是系统的精度。一个系统由于受到各种因素的影响，如结构、所用硬件误差或机械、气动、液动等元件的损耗、精度误差等，在偏离期望值后再回到稳态值，总会和期望值有误差。这种稳态误差在实际中是必定存在的，完全消除是不可能的。而系统准确性的要求是这个误差应尽可能小一些。误差越小，则表示系统的精度越高。和稳定性不同的是，稳定性是越稳定越好，在连续生产的控制线上，甚至会花费巨大代价去求得控制系统的稳定。但准确性并不是越精越好，一般情况下，以满足生产产品质量和产量要求为度。超过这个度，必须要考虑经济成本和性价比。

（3）快速性。快速性是指控制系统的响应速度，即当控制系统受到某种原因而使输出偏离期望值时，系统的自动调节作用在多长时间里、以什么样的方式回到期望值。快速性要求系统能很快且又非常平稳地回到期望值。响应速度快是很多模拟量控制系统所追求的。特别是随动系统中，如果输入值变化很快，而输出值不能及时跟上，变成马后炮，那么会影响系统的控制质量。当然，平稳地过渡到期望值，也是所要求的，在回到期望值的过程中，如果波动太大（振荡幅度很大）、波动时间太长（振荡时间长），对系统的稳定性会产生影响。

快速性虽然重要，但也和准确性一样，以满足控制要求为度，在经济成本及其他方面相同时，当然是越快越好。

2）模拟量控制系统性能指标

衡量一个模拟量控制系统的性能可以从静态和动态两方面特性来考虑。

（1）静态特性。以定值系统为例，当输入设定值不变时，控制系统能够有稳定的输出期望值。这时就说系统处于稳定状态，也叫静态，而输入和输出之间的关系称为系统的静态特性。当然必须说明，静态只是系统对外所呈现的状态，而在系统内部仍然处于运动的状态，静态也可以说是一种动态平衡状态。

系统的静态特性是模拟量控制系统的重要品质指标。它涉及如何确定控制方案、设计控制装置、进行扰动分析。

（2）动态特性。一个系统原本处于静态，但是当出现了干扰，使输出发生变化时，系统原来的平衡就受到破坏。这时系统的调节作用就会动作，克服干扰，力图使系统恢复原有的平衡或建立新的平衡。这种从一种静态到另一种新的静态的过程称为过渡过程，也叫动态。此时系统的输出随时间而变化的关系称为系统的动态特性。

在控制系统中，了解动态特性比静态特性更重要。静态特性可以说是动态特性的一种极限情况。例如，在定值控制中，干扰是不断地产生的，控制系统在不断地自我调节，整个系统总是处于动态过程中。

关于控制系统动态特征的一些性能指标，读者可参看相关资料。

2.2 模拟量信号处理

2.2.1 A/D 与 D/A 转换

在计算机、单片机、PLC 等数字控制器控制的模拟量控制系统中，系统输入的是连续变化的模拟量（电压、电流），而数字控制器只能接收数字量信号。因此，数字控制器要能够处理模拟量信号，必须首先将这些模拟信号转换成数字信号；而经数字控制设备分析、处理后输出的数字量往往也需要将其转换为相应模拟信号才能为执行机构所接收。这样就需要一种能在模拟信号与数字信号之间起桥梁作用的电路——模数（A/D）和数模（D/A）转换器。

1. 模数（A/D）转换

1）概述

模数（A/D）转换器也称为“模拟数字转换器”（ADC）。其功能是对连续变化的模拟量进行量化（离散化）处理，转换为相应的数字量。

A/D 转换包含三个部分：采样、量化和编码。一般情况下，量化和编码是同时完成的。采样是将模拟信号在时间上离散化的过程，量化是将模拟信号在幅度上离散化的过程，编码是指将每个量化后的样值用一定的二进制代码表示。

模数转换电路是一种集成在一块芯片上能完成 A/D 转换功能的单元电路。A/D 转换芯片的种类繁多、性能各异，但按其转换原理可分成逐次逼近式、双积分式、并行式等多种。

2）A/D 转换的主要性能参数

衡量一个 A/D 转换器性能的主要参数有以下几项。

（1）分辨率：指 A/D 转换器能够转换的二进制数的位数。分辨率反映 A/D 转换器对输入微小变化响应的能力，位数越多则分辨率越高，误差越小，转换精度越高。在 PLC 模拟量控制特点的叙述中曾经讲到，可以通过增加 A/D 转换的位数来控制精度，位数越多，精度越高。但是，增加 A/D 的位数会大大增加硬件的成本；另外，位数较多时 PLC 对数据量运算和处理的时间都要加长，从而会影响控制系统的响应速度。因此，这里也有一个合适的“度”的问题，精度够用就好，在保证精度的前提下，位数越少越好。

（2）转换时间：指模拟量输入到完成一次转换 A/D 所需的时间。转换时间的倒数为转换速率。并行式 A/D 转换器，转换时间最短为 20～50ns，逐次逼近式 A/D 转换器的转换时间为 30～100μs。

（3）精度：有绝对精度和相对精度两种表示方法。

- 绝对精度：指对应于一个数字量的实际模拟输入电压和理想的模拟输入电压之差的最大值，通常以数字量的最小有效位（LSB）的分数值来表示。
- 相对精度：指整个转换范围内，任意数字量所对应的模拟输入量的实际值与理论值之差，用模拟电压满量程的百分比表示。

（4）量程：指所能转换的模拟量输入范围。

2. 数模（D/A）转换

1）概述

模拟量经 ADC 转换成数字量，在 PLC 等数字控制器中进行各种运算和处理后，还必须送到执行器去执行，以达到自动控制的目的。但是大多数执行器都要求输入模拟驱动信号，因此，往往需要把数字控制器处理后的数字量重新转换成模拟量，以便驱动各种执行器。这种能把数字量转换成模拟量的电子电路称为数模转换器（DAC）。

数模转换器的基本原理是用电阻网络将数字量按每位数码的权值转换成相应的模拟信号，然后用运算放大器求和电路将这些模拟量相加就完成了数模转换。常用的有权电阻网络、T 形和倒 T 形电阻网络等。

2）D/A 转换的主要性能参数

衡量一个 D/A 转换器性能的主要参数有以下几项。

（1）分辨率：指单位数字量变化引起模拟量输出变化值，通常定义为满量程电压与最小输出电压分辨值之比。分辨率显然与数字量的二进制位数有关，一般分辨率用下式表示：

$$分辨率 = 1/(2^n - 1)$$

例如，8 位 D/A 转换，其分辨率为 $1/(2^8-1)=1/255=0.0392$。10 位 D/A 转换为 $1/1023=1/(2^{10}-1)=0.0009775$。同样是满量程 10V 电压，则 8 位 D/A 转换只能分辨出 10× 0.0392=39.2mV 电压；而 10 位能分辨出 10×0.000975=9.775mV 电压，分辨率提高了 4 倍多。

（2）转换时间：指数字量输入到模拟量输出完成一次转换 D/A 所需的时间。

（3）转换精度：由分辨率和 D/A 转换器的转换误差共同决定，表示实际值与理想值之间的误差。

2.2.2 采样和滤波

1. 采样

1）采样和采样定理

在模拟量控制系统中，生产过程所处理的都是连续变化的物理量，这些物理量经过传感器和变送器的变换，变成了标准的连续变化的电量（0～10V、4～20mA 等）。这些电量可以直接送到由电子电路组成的模拟量控制器中进行处理。如果要送到计算机、PLC 等数字量控制器中进行处理，则必须经过 A/D 转换成数字量才能送到数字控制器中。A/D 转换是需要一定时间的，相应时间内的模拟量则不能连续进行转换。同时对数字控制器来说，对输入的 A/D 转换后的数字量进行处理也是需要一定时间的，如 PLC 的扫描时间。在 PLC 扫描时间内，只能通过指令读取相应的数值，而下一个数值必须等到下一个扫描周期内才能进行。由此可知，在时间上、取值上都是连续的模拟量，转换成的数字量在时间上、取值上都不是连续的，这种不连续的数字量称为离散量。因此，有时又把数字控制称为离散控制，而把计算机、PLC 等控制系统称为离散控制系统。

什么叫采样？对模拟量按规定的时间或时间间隔取值，就称为模拟量的采样。采样后得到的量即为离散量。显然，离散量在时间上是离散的，即只能代表采样瞬间的模拟量的值。采样的离散量是一个模拟量，必须经过 A/D 转换才能变成与离散的模拟量最接近的二进制数字量，这个过程又称为量化。量化后的离散量为数字量，数字量在时间上与取值上都是离散的。

离散控制系统常用的有 3 种采样形式。

（1）周期采样：以相同的时间间隔进行采样，采样的时间间隔是一个常数 T_s，称为采样周期。周期采样是用得最多的采样形式。在 PLC 控制系统中，基本上都采用周期采样。

（2）多阶采样：也是一种周期采样，它是对不同的时间间隔进行周期性重复采样，用得很少。

（3）随机采样：采样周期是随机的、不固定的，可在任意时刻进行采样。

一个模拟量信号经过采样变成一列离散的数字量信号，如何使采样信号能较少失真地反映原来的连续信号就成为一个需要解决的问题。

如图 2-7 所示为不同采样周期采样后的波形图。

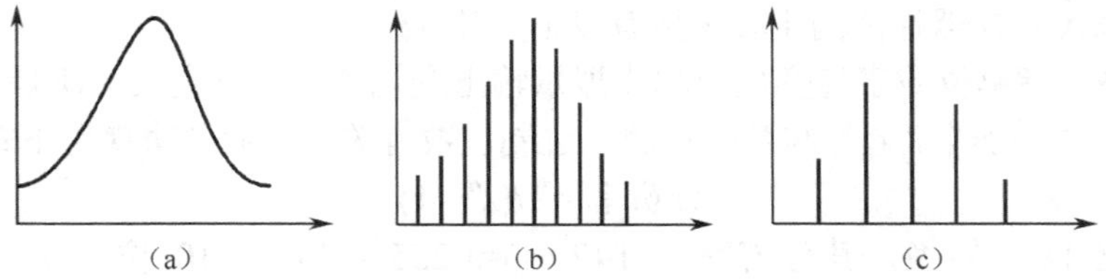

图 2-7　不同采样周期采样后的波形图

设采样周期为 T_s，则采样频率 $f_s=1/T_s$。一个连续变化的信号，如果采样频率不同，其离散数字量幅值变化波形也不同。采样频率越高，则数字量幅值变化越接近于连续变化的模拟量信号。但如果采样频率太高，在实时控制中，将会把许多宝贵的时间用在采样上，而失去实时控制的机会，这也不是控制系统所希望的。因此，如何确定采样频率，使得采样结果既能不失真于输入模拟信号，又不致因为采样频率过高而失去控制的机会，是采样频率的确定原则。

采样定理告诉我们：在进行模拟量/数字量信号的转换过程中，当采样频率 f_s 大于等于模拟信号中最大频率 f_{max} 的 2 倍时，即 $f_s \geqslant 2f_{max}$，则采样后的数字信号能完整地保留模拟量输入信号的信息。也就是说，为了不失真地恢复原始信号，采样频率至少应是原始信号最高有效频率的 2 倍。

但在实际应用中，不能根据采样定理去确定采样频率，因为它的应用受到很大的限制。例如，它要求模拟信号是有限宽带，实际上所有信号并非都是有限宽带，信号的最大频率是非常难以用理论计算出的。所以，在实际应用中，采样频率（或采样周期）大都采用经验法确定。

2）采样周期的选择

从采样定理可知，采样频率越高，即采样周期越小，则信号失真越小。但是，周期越小，则系统消耗在采样的时间上越多。而且，当采样周期太小时，此时所产生的偏差信号也会过小，数字控制器将会失去调节作用。但如果采样周期过长，则会引起信号失真，产生很大的控制误差。因此，采取周期必须综合考虑。

影响采样周期的因素有如下几项。

（1）扰动频率：若干扰信号的频率高，则采样周期小。

（2）控制对象的动态特性：若控制对象的滞后性大，则采用周期可大一些。

（3）数字控制器的执行时间：若执行时间越长，则采样周期不能小于其执行时间。

（4）控制对象所要求的控制质量：一般来说，控制精度要求越高，则采样周期越短。

（5）控制回路数：控制回路越多，则采样时间越长。

采样周期的选择有两种方法：一种是计算法，由于计算复杂，计算所需的参数很难确定，所以几乎没有人采用；另一种是经验法，这是在实际应用中用得最多的方法。

经验法实际上是一种试凑法，即人们根据在工作实践中累积的经验及被控制对象的特点，大概选择一个采样周期 T，然后进行试验，根据实际控制效果，再反复修改 T，直到满意为止。经验法所采用的周期如表 2-1 所示。

表 2-1　采样周期的经验数据

被调参数	采样周期 T	备　注
流量	1～5s	优先选用 1～2s
压力	3～10s	优先选用 6～8s
液位	6～8s	
温度	10～20s	
成分	15～20s	

表中所列采样周期仅供参考。实际采样周期必须经过现场调试后才能确定。在现场调试时，采样周期可作为稍后调节参数进行调试，在不影响其他调节的情况下，可以把采样周期逐步缩短，直到不影响调节质量为止。

2. 滤波

1）滤波和滤波方式

滤波，顾名思义就是对波形的过滤作用。一个频率为 f 的正弦波通过某种电路时，由于频率不同，会产生不同的衰减。这种对不同频率会产生不同衰减的电路称为滤波电路。

如图 2-8（a）所示是一个 RC 低通滤波器电路。由电路分析知识可知，当 RC 电路输入信号电压为 U_1，输出信号电压为 U_2 时，其幅频特性曲线如图 2-8（b）所示。

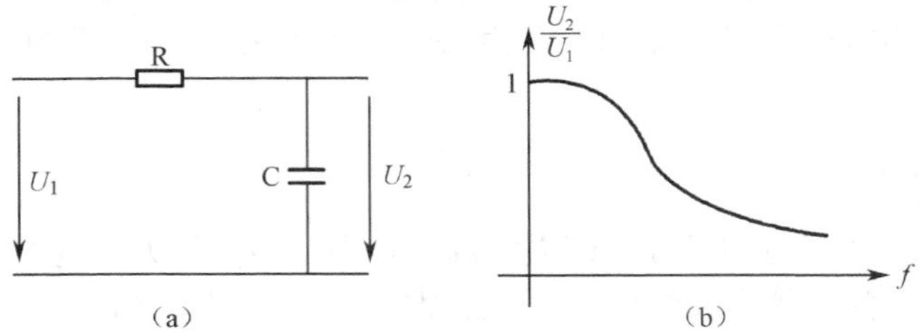

图 2-8　RC 低通滤波器

幅频特性说明，当 RC 为常数且输入电压 U_1 一定时，输出电压 U_2 的大小与正弦波频率 f 有关。f=0 时（直流），U_2=U_1，电压传输没有衰减。而随着 f 的增大，输出电压 U_2 也越来越小。这就是说，该电路对较低的 f 的正弦波衰减较小，而对较高频率的正弦波则有较大的衰减。换句话说，如果输入信号电压 U_1 为多种频率正弦波的叠加，则输出信号电压将含有较多的低频成分正弦波，而高频成分的正弦波被过滤掉，这就是 RC 电路的滤波作用。

什么是滤波？在电子技术中，滤波是对信号的一种处理。其处理功能是：让有用的信号尽可能无衰减地通过，而让无用的信号尽可能衰减掉。完成这种功能的电子电路就称为滤波电路或滤波器。

上述分析虽然是对正弦波而言的，但对非正弦周期信号或非周期连续变化信号也是适用的。信号的频域分析指出，非正弦周期信号可以展开为一系列频率不同的正弦波的叠加；而非周期信号则可以展开为频率连续的无限多个正弦波之和。这就使滤波和滤波器在模拟量（连续变化的信号）控制中获得了广泛应用。

在模拟量控制中，由于工业控制对象的环境比较恶劣、干扰较多，如环境温度、电场、磁场，所以为了减少对采样值的干扰，对输入的数据进行滤波是非常必要的。

在计算机、单片机、PLC 等数字控制器引入到模拟量控制系统后，模拟量控制的滤波就有了硬件滤波和软件滤波两种方式。

硬件滤波又分为模拟滤波器和数字滤波器两大类。模拟滤波器是由电子元器件 R、L、C 和集成运算放大器等组成的有源或无源模拟电路。按所通过的信号频段可分为低通、高通、带通、带阻 4 种滤波器。

随着计算机技术和集成电路技术的发展，后来又出现了由数字集成电路组成的数字滤波器，又称为数字信号处理器。数字滤波器与模拟滤波器完全不同，它处理的对象是由采样器件将模拟信号转换而得到的数字信号。它是通过数字运算电路对输入数字信号进行运算和处理而完成滤波功能的。和模拟滤波器相比，数字滤波器无论在精度、信噪比还是可靠性上都远远优于模拟滤波器。此外，数字滤波器还具有可编程改变特性及复用和便于集成等优点。数字滤波器在语言信号处理、图像信号处理、医学生物信号处理及其他领域都得到了广泛应用。

软件滤波又称为数字滤波。它是利用数字控制器的强大而快速的运算功能，对采样信号编制滤波处理程序，由计算机对滤波程序进行运算处理，从而消除或削弱干扰信号的影响，提高采样值的可靠性和精度，达到滤波的目的。

2）数字滤波

和硬件滤波相比，数字滤波的特点如下：

（1）数字滤波不需要硬件，只要在采样信号进入后附加一段数字滤波程序即可。这样可靠性高，不存在阻抗匹配问题，尤其是数字滤波可以对频率很高或很低的信号进行滤波，这是模拟滤波器做不到的。

（2）模拟滤波器不能共用，一个滤波器只能供一个采样信号使用，而数字滤波是用软件算法实现的，多输入通道可共用一个软件"滤波器"，从而降低系统成本。

（3）只要适当改变软件滤波器的滤波程序或运行参数，就能方便地改变其滤波特性，这个对于低频、脉冲干扰、随机噪声等特别有效。

数字滤波是通过运行滤波程序而进行的，从而带来了占用程序容量和速度响应的问题，是数字滤波的缺点。因此，如果因为运算滤波程序而影响了模拟量的响应速度，从而进一步影响了控制质量，就必须考虑采用硬件滤波的方式来代替软件滤波。

目前，在工业控制上常用的数字滤波程序设计方法有两类。一类为静态数字滤波程序设计，其方法是对采样值进行平滑加工处理，用以消除随机脉冲干扰和电子噪声。常用的处理方法有限幅、平均值计算等。另一类为动态数字滤波程序设计。它是用软件算法来模拟硬件模拟滤波器的功能，达到模拟滤波器的滤波功能。其特点是当前滤波值输出都与上次滤波值输出有关。常用的是一阶惯性滤波法。

3）常用数字滤波方法

非线性滤波法：克服由外部环境偶然因素引起的突变性扰动或内部不稳定造成的尖脉冲干扰，是数据处理的第一步。通常采用简单的非线性滤波法，有限幅滤波、中位值滤波等。

线性滤波法：用于抑制小幅度高频电子噪声、电子器件热噪声、A/D 量化噪声等。通常采用具有低通特性的线性滤波法，有算术平均值滤波法、加权平均滤波法、滑动平均滤波法、一阶滞后滤波法等。

复合滤波法：在实际应用中，有时既要消除大幅度的脉冲干扰，又要做到数据平滑。因此，常把前面介绍的两种以上的方法结合起来使用，形成复合滤波法，有中位值平均滤波法、限幅平均滤波法等。

（1）限幅滤波（又称程序判断滤波法）。限幅滤波法是通过程序判断被测信号的变化幅度，从而消除缓变信号中的尖脉冲干扰。其方法是把两次相邻的采样值相减，求出其增量（以绝对值表示）。然后与两次采样允许的最大差值ΔY进行比较，ΔY的大小由被测对象的具体情况而定，若小于或等于ΔY，则取本次采样的值；若大于ΔY，则取上次采样值作为本次采样值，即

$$\begin{cases} |Y_n - Y_{n-1}| \leqslant \Delta Y，\text{则 } Y_n \text{ 有效} \\ |Y_n - Y_{n-1}| > \Delta Y，\text{则 } Y_{n-1} \text{ 有效} \end{cases}$$

式中 Y_n——第 n 次采样的值；

Y_{n-1}——第 $n-1$ 次采样的值；

ΔY——相邻两次采样值允许的最大偏差。

限幅滤波法的优点是能有效克服因偶然因素引起的脉冲干扰（随机干扰）和采样信号不稳定引起的失真；缺点是无法抑制那种周期性的干扰平滑误差。它适用于变化比较缓慢的被测量值。

（2）中位值滤波。中位值滤波是一种典型的非线性滤波，它运算简单，在滤除脉冲噪声的同时可以很好地保护信号的细节信息。

其方法是连续采样 N 次（N 取奇数），把 N 次采样值按大小排列，取中间值作为本次采样的有效数据。

中位值滤波的优点是能有效克服因偶然因素引起的波动（脉冲）干扰；缺点是对流量、速度等快速变化的参数不宜。它对温度、液位等变化缓慢的被测参数有良好的滤波效果。

（3）算术平均值滤波法。算术平均值滤波法是对 N 个连续采样值相加，然后取其算术平均值作为本次测量的滤波值。

N 的取值对滤波效果有一定影响，当 N 取值较大时，信号平滑度较高，但灵敏度较低；当 N 取值较小时，信号平滑度较低，但灵敏度较高。N 值的选取：流量，N=12；压力，N=4。

算术平均值滤波的优点是对滤除混杂在被测信号上的随机干扰信号非常有效。被测信号的特点是有一个平均值，信号在某一数值范围附近上下波动。其缺点是不易消除脉冲干扰引起的误差。算术平均值滤波法无法在采样速度较慢或要求数据更新率较高的实时系统中使用。它比较浪费内存。

（4）滑动平均滤波法。对于采样速度较慢或要求数据更新率较高的实时系统，应采用滑动平均滤波法。滑动平均滤波法是把 N 个测量数据看成一个队列，队列的长度固定为 N，每进行一次新的采样，把测量结果放入队尾，而去掉原来队首的一个数据（先进先出原则），这样在队列中始终有 N 个“最新”的数据。对这 N 个数据进行算术平均值运算，然后取其结果作为本次测量的滤波值。N 值的选取：流量，N=12；压力，N=4；液面，N=4～12；温度，N=1～4。

滑动平均滤波法的优点是对周期性干扰有良好的抑制作用，平滑度高，适用于高频振荡的系统。其缺点是灵敏度低，对偶然出现的脉冲性干扰的抑制作用较差，不易消除由于脉冲干扰所引起的采样值偏差，不适用于脉冲干扰比较严重的场合。它占用内存较多。

以上介绍的各种平均滤波算法有一个共同点，即每取得一个有效采样值必须连续进行若干次采样，当采样速度较慢（如双积分型 A/D 转换）或目标参数变化较快时，系统的实时性不能保证。

（5）加权平均滤波法。算术平均值滤波法存在前面所说的平滑和灵敏度之间的矛盾。采样次数太少，平滑效果差；采样次数太多，灵敏度下降，对参数的变化趋势不敏感。协调两者关系，可采用加权平均滤波法，对连续 N 次采样值，分别乘上不同的加权系数之后再求累加和。加权系数一般先小后大，以突出后面若干采样的效果，加强系统对参数的变化趋势的辨识。各个加权系数均为小于 1 的小数，且满足总和等于 1 的约束条件。这样，加权运算之后的累加和即为有效采样值。为方便计算，可取各个加权系数均为整数，且总和为 256，加权运算后的累加和除以 256 后便是有效采样值。

加权平均滤波法的优点是适用于有较大纯滞后时间常数的对象和采样周期较短的系统。其缺点是对于纯滞后时间常数较小、采样周期较长、变化缓慢的信号不能迅速反映系统当前所受干扰的严重程度，滤波效果差。

（6）中位值平均滤波法。中位值平均滤波法（又称防脉冲干扰平均滤波法）相当于“中位值滤波法”+“算术平均值滤波法”。

中位值平均滤波法是连续采样 N 个数据，去掉一个最大值和一个最小值后计算 $N-2$ 个数据的算术平均值。N 值的选取：3～14。

它的优点是融合了两种滤波法的优点，这种方法既能抑制随机干扰，又能滤除明显的脉冲干扰。其缺点是测量速度较慢，和算术平均值滤波法一样，比较浪费内存。

2.2.3 标定和标定变换

1. 标定

在模拟量控制中，A/D 转换和 D/A 转换是必不可少的环节。当模拟量通过 A/D 转换器转换成数字量后，数字量和模拟量之间存在一定对应关系，这种对应关系称为转换标定。同样，当数字量被转换成模拟量后，它们之间的对应关系也称为标定。标定是指转换前后的两种量的对应关系，这种对应关系一般用函数关系曲线或表格来表示，所以标定又称为输出/输入特性、I/O 特性、输出特性等。

如图 2-9 所示为三菱 FX_{2N} PLC 的模拟量输入模块 FX_{2N}-4AD 的标定图示（仅画出其中两种标定关系）。

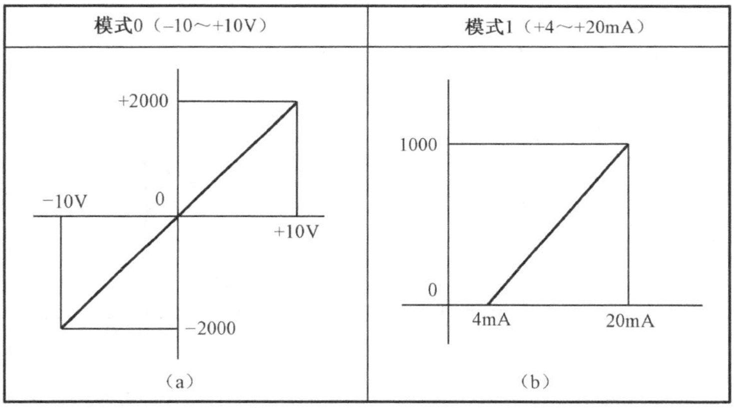

图 2-9 FX_{2N}-4AD 标定图示

由图 2-9 可以得到下面一些信息：

（1）模拟量和数字量之间的函数关系。由图 2-9 中可以看出，无论是电压输入还是电流输入，输出数字量和它们呈线性关系，而电压输入还是正比例关系。

（2）输入模拟量和输出数字量的量程范围。标定不但规定了输入和输出的转换关系，同时还给出了输入和输出的最大、最小模拟量范围。图 2-9 中电压输入为−10～+10V，转换后数字量为−2000～+2000；电流输入为 4～20mA，转换后数字量为 0～1000。

（3）分辨率。标定还显示了对模拟量转换的分辨率。这里的分辨率是指单位数字量所表示的最小模拟量的值。分辨率的计算公式是：分辨率=最大模拟量÷最大数字量。

例如，图 2-9（a）所示的最大模拟电压为 10V，转换后最大数字量为 2000，则分辨率=10V/2000=5mV。同样，图 2-9（b）所示的分辨率为 20mA/1000=20μA。

分辨率 5mV 的含义是只有当电压变化达到 5mV 时，数字量才增加 1。换句话说，模拟量 50～54mV 转换成数字量都是 10，达到 55mV 才为 11。转换后的数字量所表示的模拟量都是 5mV

的整数倍。

2. 标定变换

标定变换有两种情况：一种是用新的线性标定代替原来的线性标定，三菱 FX_{2N} 的模拟量模块属于这种情况；另一种是用非线性关系代替原有的线性标定。这里仅讨论第一种情况。

由代数知识可知，只要知道直线上任意两点的坐标（x_1，y_1）、（x_2，y_2），根据两点式直线方程式就可写出过这两点的直线方程表达式：

$$y=\frac{(y_2-y_1)}{(x_2-x_1)}\cdot(x-x_1)+y_1$$

如果想把原来的直线 L_1 变换成 L_2，如图 2-10 所示。最基本的方法是，找到直线 L_2 的两个坐标点，再代入上述公式得到 L_2 的直线方程。

在 PLC 中，知道直线 L 的表达式后，把该直线编制成运算程序，然后每输入一个 x 值就会通过运算得到一个 y 输出。在程序中，x_1、y_1、x_2、y_2 都要占用一个存储器，如果要变换标定，则要重新输入 4 个存储器值。为了减少重新输入的值，可以把其中的两个点的 x 值固定不动，这时只要重新输入两个 y 值，就可以确立一个新的线性关系式了，如图 2-11 所示。L_1 的两个点是 $A(x_1, y_1)$、$B(x_2, y_2)$。要把标定 L_1 变换成新的标定 L_2，则只需要重新设置 y_1 和 y_2 的值即可。

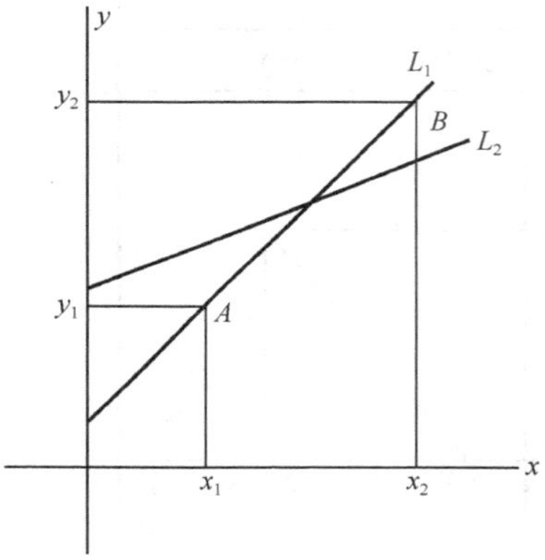

图 2-10　标定变换示意图（一）

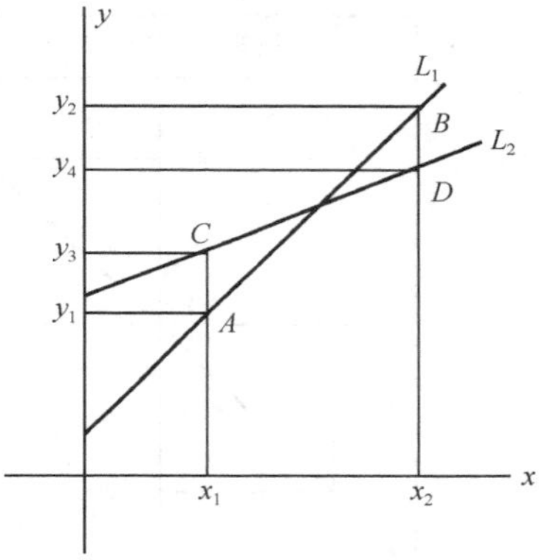

图 2-11　标定变换示意图（二）

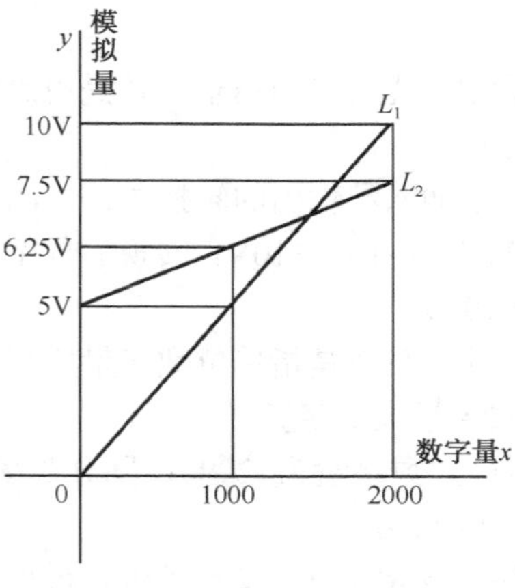

图 2-12　FX_{2N}-4AD 标定

三菱 FX_{2N} 模拟量模块就是根据这个原理进行标定变换的。如图 2-12 所示为三菱 FX_{2N}-4DA 的标定。

定义：零点——数字量为 0 时的模拟量值。

增益——数字量为 1000 时的模拟量值。

在进行具体标定变换时，只要将新的零点和增益的值送入相应的存储器，标定就已经进行了变换。

例如，如图 2-12 所示，图中 L_1 为某模拟量输出模块的输出标定。L_2 为进行标定变换后的新标定。试通过对标定的分析，指出原来的标定零点与增益是多少？变换后的零点与增益是多少？

根据两点式直线方程，可推导出 L_1、L_2 的方程式为

$$L_1: y_1=\frac{1}{200}x$$

$$L_2: y_2 = \frac{1}{800}x + 5$$

分别用 x=1000 代入，得 y_1=5V，y_2=6.25V

所以，原来的标定时 L_1 的零点为 0，增益为 5V；变换后的标定时 L_2 的零点为 5V，增益为 6.25V。

2.3　PLC 模拟量控制

2.3.1　PLC 模拟量控制系统的组成与特点

1. PLC 模拟量控制系统的组成

可编程控制器（PLC）是基于计算器技术发展而产生的数字控制型产品。它本身只能处理开关量信号，可方便可靠地进行逻辑关系的开关量控制，不能直接处理模拟量。但其内部的存储单元是一个多位开关量的组合，可以表示为一个多位的二进制数，称为数字量。

只要能进行适当的转换，可以把一个连续变化的模拟量转换成在时间上是离散的，但取值上却可以表示模拟量变化的一连串的数字量，那么 PLC 就可以通过对这些数字量的处理来进行模拟量控制了。同样，经过 PLC 处理的数字量也不能直接送到执行器中，必须经过转换变成模拟量后才能控制执行器动作。这种把模拟量转换成数字量的电路称为“模数转换器”，简称 A/D 转换器；把数字量转换成模拟量的电路称为“数模转换器”，简称 D/A 转换器。PLC 模拟量控制系统组成框图如图 2-13 所示。

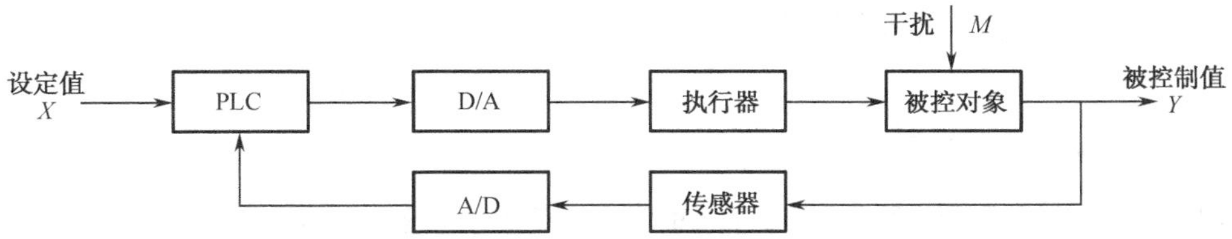

图 2-13　PLC 模拟量控制系统组成框图

为方便 PLC 在模拟量控制中的运用，许多 PLC 生产商都开发了与 PLC 配套使用的模拟量控制模块。三菱 FX_{2N} PLC 模拟量控制模块有输入模块、输出模块、输入/输出混合模块及温度控制模块。

2. PLC 模拟量控制系统的特点

PLC 是一个数字控制设备，用它来处理模拟量是否能满足模拟量控制的稳定、准确、快速的要求呢？要回答这个问题还必须了解一下 PLC 处理模拟量的过程和特点。

一个在时间和取值上都是连续的模拟量可以用一个在时间和取值上都是离散的数字量来代替，这个数字量仅仅是在某些时间点上等于模拟量的值。在 PLC 模拟量控制系统中是通过 A/D 转换器来完成转换功能的。这个转换过程由两部分组成：一是在指定时间点上向模拟量取值，这个过程叫采样；二是取出模拟量后，通过 A/D 转换器转换成相应的二进制数字量，这个过程叫量化。采样和量化是所有数字控制设备处理模拟量所必需的过程。

采样和量化使得 PLC 处理模拟量时存在如下特点：

（1）经过量化后的数字量与采样的模拟量的原值一定存在误差，而且这个误差的大小可以通过 A/D 转换后的二进制位数进行控制。也就是说，A/D 转换模块的位数决定了转换的精度，位数越多，分辨率越高，精度也越高，与模拟量原值的误差就越小。模拟电路控制实际上也是存在误差的，但它的误差比较难于控制。可以说，PLC 的量化误差可以控制是 PLC 模拟量控制一个优点。它可以通过增加 A/D 转换的位数来控制精度，数控机床的精度要高于普通机床就是这个道理。PLC 处理模拟量的这个特点影响到控制系统的准确性。

（2）采样是一个时间上不连续的控制动作。它受到 PLC 工作原理的约束，仅当 PLC 在对 I/O 点进行刷新时才把采样值数字量读入 PLC，把上次采样值运算处理结果通过 D/A 模块作为控制信号送给系统。PLC 模拟量控制的这个特点所带来的问题是如何才能保证所采样的不连续的取值能够较少失真地恢复原来的模拟量信号。只有失真较少，才能保证控制的稳定性和准确性。

（3）PLC 模拟量控制中，不论是采样、量化、信息处理（程序运行），还是控制输出，都需要一定的时间。一个采样后的量不能像模拟电路那样马上通过电路作用将输出送到系统，而是要延迟一定时间才能将输出送至系统。这种延时作用的特点是 PLC 模拟量控制的不足之处。在响应速度要求非常好的系统中，PLC 控制不能够担当重任。PLC 的响应速度与其程序扫描时间关系很大。因此，确定控制算法、设计控制程序和选择合适的控制参数就显得非常重要。

（4）PLC 的一个优点是采取了一系列硬件和软件抗干扰措施，具有很强的抗干扰能力，控制的可靠性也得到极大提高，这对控制系统的稳定性是极其重要的。

综上所述，PLC 模拟量控制的稳定性和准确性基本上是可以保证的，能满足大部分模拟量控制系统的要求。但它的控制响应滞后性也是明显的，这一点在扫描时间较长和通信控制中比较突出。可以说，PLC 控制的稳定性和准确性是用其响应滞后得到的。

2.3.2 PLC 模拟量控制过程与目的

1. PLC 模拟量控制过程

模拟量是连续量，多数是非电量。而 PLC 只能处理数字量、电量。为此，一般来讲，要有传感器，把模拟量转换成电量；如果这个电量不是标准的，还需要有变送器，把电量变换为标准的电信号，如 4～20mA、1～5V 等；要有模拟量到数字量转换的模拟量输入单元（模块），把这些标准的电信号变换成数字信号；要有数字量到模拟量转换的模拟量输出模块，把 PLC 处理后的数字量变换成模拟量；要有执行器，根据模拟量的大小执行相应的模拟输出控制动作。

当然，如同处理逻辑量一样，PLC 的 CPU、内存、相应的程序等也是必需的。只是这里多了以上提到的信号的采集、转换、变换及执行等环节。

所以，一个完整的模拟量 PLC 控制过程是：用传感器采集信息，并把它变换成标准电信号，进而送给模拟量输入模块；模拟量输入模块把标准电信号转换成 CPU 可处理的数字信息；CPU 按要求对此信息进行处理，产生相应的控制信息，并传送给模拟量输出模块。

模拟量输出模块得到控制信息后，经变换，再以标准信号的形式传给执行器；执行器对此信号进行放大和变换，产生控制作用，施加到受控对象上。

如图 2-14 所示为以上介绍的模拟量控制过程。

图 2-14　模拟量控制过程

这里“基于信息采集和处理”的信息，可能是调节量，也可能是干扰量。如信息为调节量，则要用反馈控制。它是一种模拟量最基本的控制方式。它依据系统的实际输出与预期输出间的偏差来进行控制，以期逐步缩小这一偏差。如图 2-15 所示为模拟量反馈控制。

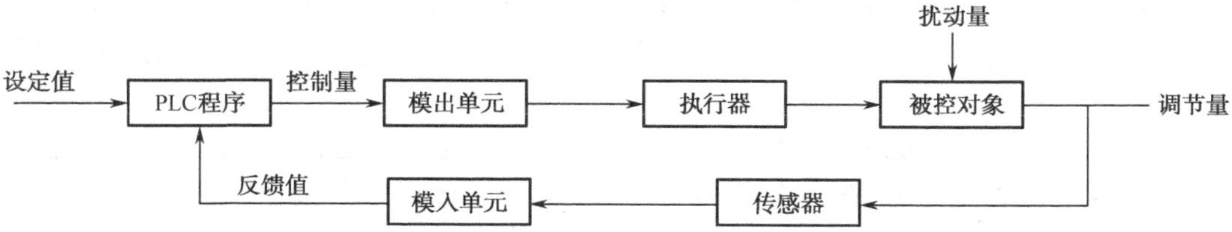

图 2-15　模拟量反馈控制

如图 2-15 所示，传感器不断地监测被控对象的调节量，接着把它送给模拟量输入单元。

PLC 程序把模入单元送来的反馈值与系统预定的设定值进行比较，进而产生控制量。控制量再经模出单元、执行器作用到被控对象上，其目的是尽快地缩小这个差值。可知，这里的信息流是闭合的，所以反馈控制又称闭环控制。

如信息为干扰量，也可用前馈控制。它基于扰动补偿原理，根据扰动的情况做相应控制。如图 2-16 所示为模拟量前馈控制。

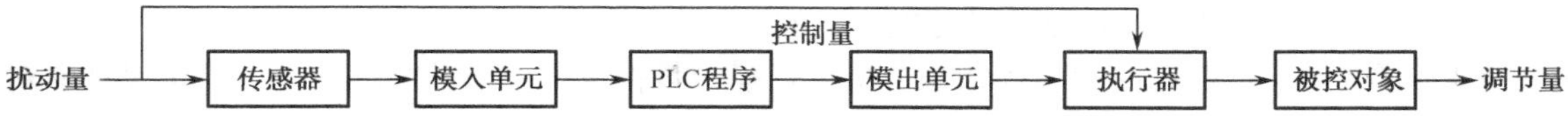

图 2-16　模拟量前馈控制

从图 2-16 可知，传感器监测的是扰动量。PLC 程序根据扰动量、控制量与调节量间的关系产生相应的控制量，再通过模拟量输出单元、执行器作用到被控对象上，其目的是在干扰量作用于系统的同时，这个控制量也作用于该系统，以补偿干扰对系统的不利影响。可知，这里的信息流是开路的，所以前馈控制又称开环控制。

开环控制使系统在偏差即将发生之前就注意纠正偏差，这是它的优点。但要弄清有多少扰动量，以及它与调节量间的关系，即控制量随扰动变化的规律，是不易的。这也是它用得不多的原因。

以上讨论的是完整的模拟量控制过程，是较复杂的，既有模入（AI），又有模出（AO）。有时为了简单，可不用那么完整的模拟量控制，如有的只用模入，而输出用逻辑量（DO）。例如，控制电炉温度，简单的办法是不停地读入温度值，并与设定值比较，如实际温度小于设定值，则控制一个逻辑量 ON，使加热器得电；反之，如实际温度大于设定值，则控制这个逻辑量 OFF，使加热器失电。再如，也可能不用模入，而用逻辑量入（DI），但用模拟量输出。再就是，由于脉冲技术的发展，模拟量控制也可运用有关脉冲控制技术。

2. PLC 模拟量控制的目的

模拟量控制的目的是多种多样的，具体为：

（1）使系统的某个量保持恒值，即要求可控系统在受到扰动时，其调节量仍能保持在设定值附近，基本上不变。这种控制称为定值控制，或者称自动调节。

（2）使系统的状态按预先给定的方式随时间或按预定的程序变化，这种控制称为程序控制。

（3）使系统的状态按外来信号的变化而变化，这种控制称为随动控制。随动控制在实施控制以前不知道控制程序所需要的全部信息，但可以在控制系统运行期间获得这些必要的信息。

（4）使控制系统在满足一组约束条件下，目标函数值取极大值或极小值，即使系统的某一参数达到最优值，这种控制称为最优控制。

（5）使系统适应内外环境的变化，始终处于最有利的状态下运行，这种控制称为自适应控制。自适应控制往往需要一个学习和记忆的过程，通常采用搜索法来选择系统最有利的运行状态。

（6）使系统在对抗中取胜。在军事、经济、生态等系统中存在竞争现象。这种系统往往出现两个受控部分的交互作用。在实施控制时要考虑对方的反作用。因而控制策略由两部分组成：要对竞争中出现的情况迅速作出反应；采用最优策略使系统在对方施加最不利的影响时也能处于尽可能好的地位。

虽然以上介绍了模拟量控制的 6 种目的，但最基本的、最常用的只是自动调节。在自动调节的基础上，如设定值是随时间按要求变化的，则变为程序控制系统；如设定值是本系统外的物理量随机确定的，则变为随动控制系统；如这些系统的控制规律或控制参数是可变的，并追求在满足一组约束条件下，目标函数值取极大值或极小值，则可能变为最优控制系统或自适应控制。

由于 PLC 是基于计算机技术的控制器，有很强的数字处理与逻辑处理功能，所以，只要有合适的算法，以上讲的多数控制总是可以实现的。

因为算法设计得有相应的自控知识，所以，模拟量控制程序设计与其说是取决于设计者对 PLC 的了解，不如说是取决于设计者对自控知识的掌握。它的难点似乎不在于 PLC 程序本身，而在于要很好地运用好有关自控知识。

2.3.3 PLC 模拟量输入/输出方式

1. PLC 模拟量输入方式

有以下两种输入模拟量的方式。

1）用模拟量输入单元输入模拟量

把模拟量输入给 PLC 最简单的方法是，用模拟量输入单元（模块），简称 AD 单元。它不仅可完成从模拟量到数字量的转换，有的还可做相应处理，如滤波、求平均值、保持峰值、按比例转换等。

模拟量一般指标准电信号（电流或电压）。电流为 4～20mA，电压为 0～10V 或 1～5V 或±10V 等。具体是什么，又是多少，可依型号情况及设定开关设定。

转换后的数字量可以为二进制 8 位、10 位、12 位、16 位或更高。对应的分辨率分别为量程的 1/255、1/1023、1/4095 及 1/32767 或更小。分辨率高，精度也高。大、中型机的精度高，多为 12 位；小型机稍差，但不少于 8 位。

AD 自身有输入电路、多路选择器、A/D 转换器、范围选择器、光耦合器、CPU、内存、看门狗定时器、电源及总线接口。它可接电流信号，也可接电压信号。

一个 AD 单元一般只有一个 A/D 转换器。但有了多路选择器的依次切换，则可实现多路模拟信号处理。转换后，再经光耦合器转储到它自身的内存中。这样做，当然要耽误一些时间，但节省了器件与空间，算是以时间换取空间。

有的 AD 单元，可在存储之前进行相应的处理，处理后才存储；存储后的数据，再经 PLC 的 I/O 总线接口，在 PLC I/O 刷新或通过执行相应指令（对某些三菱 PLC）时，被读入到 PLC 内部继电器或 I/O 继电器的相应通道中。

由于这里用了光耦合器，故与普通的 I/O 单元一样，抗干扰的能力也很强。但有的公司为了降低成本，也生产无隔离的 AD 单元。当然，它的抗干扰能力就差了。

常用的 AD 单元有 4 路、8 路的，还有多达 16 路的。也有少的，如有 1 路、2 路等。

使用 AD 单元时，要了解它的性能，主要有以下几项。

（1）模拟量规格：指可接受或可输出的标准电流或标准电压的规格，一般多些好，便于选用。

（2）数字量位数：指转换后的数字量，用多少位二进制数表达。位多的好，精度高。

（3）转换路数：指可实现多少路的模拟量转换，路多的好，可处理多路信号。

（4）转换时间：指实现一次模拟量转换的时间，时间短的好。

（5）功能：指除了实现数模转换时的一些附加功能，有的还有标定、平均、峰值及开方功能。

使用 AD 单元时：

第一步是选用。选性能合适的单元，既要与 PLC 的型号相当，规格、功能也要一致，而且配套的附件或装置也要选好。

第二步是接线。按要求接线，端子上都有标明。用电压信号，只能接电压端；用电流信号，只能接电流端。接线要注意屏蔽，以减少干扰。

第三步是设定。有硬设定及软设定。硬设定用 DIP 开关，软设定则用存储区或运行相应的初始化 PLC 程序。设定后才能确定要使用哪些功能，选用什么样的数据转换，数据存储于什么单元等。一句话，没有进行必要的设定，如同没有接好线一样，单元也是不能使用的。

2）用采集脉冲输入模拟量

PLC 可采集脉冲信号。可用高速计数单元（中、大型机）或特定输入点（小型机）采集，也可用输入中断的方法采集，都较为方便。

把物理量（如电压）转换为脉冲信号也比较方便，还有转速也可很容易转换为脉冲信号。

2. PLC 模拟量输出方式

PLC 模拟量输出方式有以下 3 种。

1）用开关量 ON/OFF 比值控制输出

改变开关量 ON/OFF 比例，进而用开关量去控制模拟量，是模拟量控制输出的最简单的办法。如图 2-17 所示，输出的为某开关量，改变输出周期，即可调整这个输出点 ON/OFF 的时间比例。如电源通过这个触点，加载到某模拟量控制对象，则该对象所接收的能量将与 ON/OFF 比例相关。显然，这里改变输出周期，即控制了相关的模拟量。

这个方法不用模拟量输出模块，即可实现模拟量控制输出。不足的是，该方法的控制输出是断续的，系统接收的功率有波动，不很均匀。如系统惯性较大（它对波动有滤波作用）或要求不高，允许不大的波动时，还是可用的。

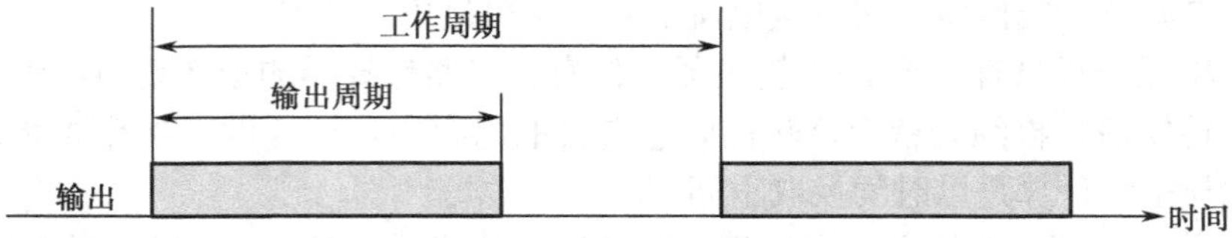

图 2-17　ON/OFF 时间比例输出

为了减少波动，可缩短工作周期。但如用的 PLC，其输出点是继电器，则这个缩短是有限的。因为继电器触点通断过于频繁，将影响它的工作寿命。

2）用可调制脉宽的脉冲量控制输出

在很多情况下，模拟量输出还可以采用占空比可调的脉冲序列信号输出。如图 2-18 所示为一周期为 T 的脉冲序列信号。

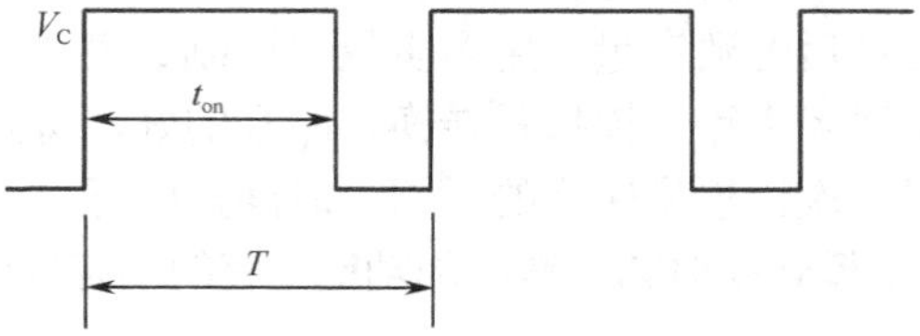

图 2-18　脉冲序列信号占空比

设 T 为脉冲周期，t_{on} 为一个周期内脉冲导通时间，则其占空比 D 为 $D=t_{on}/T$。而脉冲序列平均值 V_L 为

$$V_L=\frac{V_C\times t_{on}}{T}=V_C\times D$$

可见，调节占空比 D 可调节输出平均值 V_L，且与 D 成正比例。这种模拟量输出方法经常用于调节电炉温度，设定一个脉冲序列周期 T 和给定温度值电压，由测温传感器检测到的炉温通过 A/D 模块送入 PLC，与给定温度值进行比较，其偏差在 PLC 内进行 PID 控制运算，运算的结果作为脉冲序列输出的 t_{on} 控制占空比，从而控制电阻丝的加热电压平均值，也可以说是控制其加热时间与停止加热时间之比来达到控制炉温的目的。当炉温温升高时，则 t_{on} 会变小，这样，其加热时间变短，而停止加热时间变长，炉温会回落。也可以说输出平均值 V_L 变小，平均电流变小，炉温回落。

3）用模拟量输出单元控制输出

为使所控制的模拟量能连续、无波动地变化，最好的办法是用模拟量输出单元（模块）。它是把数字量转换成模拟量的 PLC 工作单元，简称 DA 单元。多数 PLC 的 DA 单元是单独的模块，但也有集成到 CPU 模块中的。

转换前的数字量可以为二进制 8 位、10 位、12 位、16 位或更高。对应的分辨率分别为量程的 1/255、1/1023、1/4095 及 1/32767 或更小。分辨率高，精度也高。

转换后的模拟量都是标准电信号（电流或电压）。电流为 4～20mA，电压为 0～10V 或 1～5V 或±10V 等。具体是什么，又是多少，可依型号情况及设定开关设定。

模拟量输出单元在 PLC I/O 刷新是，通过 I/O 总线接口，从总线上读出 PLC I/O 继电器或内部继电器指定通道的内容，并存于自身的内存中；经光耦合器传送到各输出电路的存储区；再分别经 D/A 转换向外或输出电流，或输出电压。

由于用了光耦合器，其抗干扰能力也很强。

DA 单元有 2 路的，还有 4 路、8 路的，少的还有 1 路的。

有的模拟量输出单元还有一些特殊功能，即输出限定、输出限定报警及脉冲输出。

使用 DA 单元时：

第一步是选用。选性能合适的单元，既要与 PLC 的型号相当，规格、功能也要一致，而且配套的附件或装置也要选好。

第二步是接线。按要求接线，端子上都有标明。用电压信号，只能接电压端；用电流信号，只能接电流端。接线要注意屏蔽，以减少干扰。

第三步是设定。有硬设定及软设定。硬设定用 DIP 开关，软设定则用存储区或运行相应的初始化 PLC 程序。设定后才能确定要使用哪些功能，选用什么样的数据转换，数据存储于什么单元等。一句话，没有进行必要的设定，如同没有接好线一样，单元也是不能使用的。

3. PLC 其他模拟量输入/输出方式

随着 PLC 模拟量控制应用的增多，除了模入、模出单元，还有模入与模出混合在一起的单元，这更便于用户使用。选用一个混合模块，就可实现对若干路的模拟量控制。

此外，还有可进行温度检测、流量检测、称重检测等单元。可把检测这些物理量的传感器接入这些单元，不用变送器，即可直接实现这些物理量到数字量间的转换。有了这些模块，对这些模拟量的检测就更方便了。

再进一步，还有种种模拟量或某个物理量控制模块。不仅能检测这些物理量，还可按一定算法产生模拟量输出，不通过 PLC 的 CPU 就可实现对控制对象的控制。如 PID 控制、模糊控制模块就是这样。再如温度控制模块，实质上，它就是挂接在 PLC 上的一块温度控制表。这时，PLC 的作用只是与其交换数据与实施必要的监控。

4. 模拟量数据访问与处理

多数 PLC 模拟量输入、输出模块都有自己实际地址，一般按这些地址，都可对其进行读/写访问。但有以下两个问题还需考虑：

（1）数据格式。一般地讲，模拟量输入、输出都使用二进制数，有的还可带符号位，有 8 位、12 位、16 位或更多。但有的可自动转换为 BCD 码。有的一个地址字，存了两路的数据，如 CPM1A 的模拟量输入单元。还有的一个字虽存放一路数据，但最低的 3 位不用，如 S7-200 的 EM231（模拟量输入）、EM235（模拟量输出）模块，实际数据是左端对齐，存在模拟量输入、输出地址字的高 12 或 13 位之间，最高（左）位是符号位。为此，如使用这样的模拟量输入单元，数据读入后，要先进行处理，然后才可使用；如使用这样的模拟量输出单元，写数据前，要先进行处理，然后才可输出。具体细节一定要按有关模块的说明书操作。

（2）访问方法。对模拟量输入、输出模块数据（有的称缓冲存储区）区的访问，多数 PLC 使用数据处理指令，如传送（MOV）、数据运算（ADD、SUB 等）指令，都可直接实现。只是三菱 PLC 只能使用特定指令才能访问。

2.4 PLC 控制系统设计与可靠性措施

2.4.1 PLC 控制系统设计过程

1. 系统设计

PLC 控制系统的设计调试过程如图 2-19 所示。

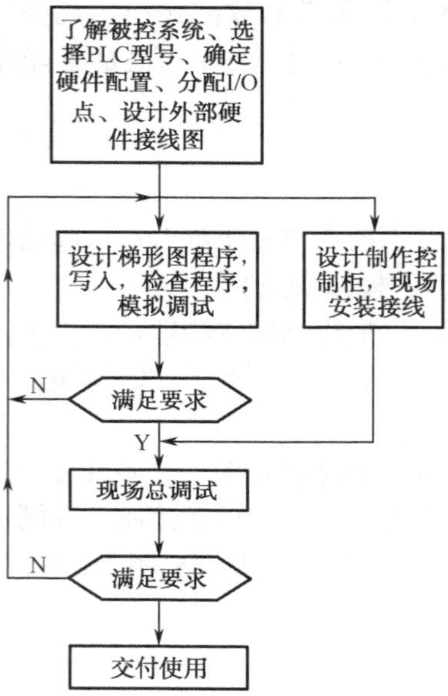

图 2-19 设计调试过程示意图

1）深入了解被控系统

这一步是系统设计的基础，设计前应熟悉图纸资料，深入调查研究，与工艺、机械方面的技术人员和现场操作人员密切配合，共同讨论，解决设计中出现的问题。应详细了解被控对象的全部功能，如机械部件的动作顺序、动作条件、必要的保护与连锁，系统要求哪些工作方式（如手动、自动、半自动等），设备内部机械、液压、气动、仪表、电气几大系统之间的关系，PLC 与其他智能设备（如别的 PLC、计算机、变频器、工业电视、机器人等）之间的关系，PLC 是否需要通信联网，需要显示哪些数据及显示的方式等，电源突然停电及紧急情况的处理，以及安全电路的设计。有时需要设置 PLC 之外的手动的或机电的联锁装置来防止危险的操作。

对于大型复杂的控制系统，需要考虑将系统分解为几个独立的部分，各部分分别用单独的 PLC 或其他控制装置来控制，并考虑它们之间的通信方式。

2）人机接口的选择

人机接口用于操作人员与 PLC 之间的信息交换。使用单台 PLC 的小型数字量控制系统一般用指示灯、报警器、按钮和操作开关来作为人机接口。PLC 本身的数字输入和数字显示功能较差，可以用 PLC 的数字量 I/O 点、拨码开关和 LED 七段显示器来实现数字的输入和显示，但是占用的 I/O 点多，可能还需要用户自制硬件。

人机界面（Human Machine Interface，HMI）一般指用于操作人员与控制系统之间进行对话和相互作用的专用设备。

现在的人机界面几乎都使用液晶显示屏，小尺寸的人机界面只能显示数字和字符，称为文本显示器，大一些的可以显示点阵组成的图形，有单色、8 色、16 色、256 色或更多颜色的显示器。人机界面的组态软件使用方便、易学易用，用它们可以生成各种静态的和动态的文字和画面。

对于要求较高的大、中型控制系统，可以选用能显示图形的操作员面板或触摸屏。它们的功能强、工作可靠，但是价格较高。

也可以用计算机来作为人机接口，普通台式机的价格便宜，但是对工作环境的要求较高，一般在控制室内使用。如果要求将计算机安装在现场的控制屏上，可以选用有触摸键功能的液晶显示器。

上位计算机的程序可以用 VB、VC 等软件来开发，也可以用组态软件来生成控制系统的监控程序。用组态软件可以很容易地实现计算机与现场控制设备（如 PLC）的通信和生成用户需要的有动画功能的各种人机接口画面，组态软件的入门也很容易。但是组态软件的价格较高，一套软件只能在一个系统中使用。

3）通信方式的选择

选择通信方式时，应考虑通信网络允许的最大节点数、最大通信距离和通信接口是否需要光电隔离等问题。选择通信速率时应考虑网络中单位时间内可能的最大信息流量，并应留有一定的余地。通信速率与通信线路的长度有关，通信距离增大时最大通信速率降低。

如果需要实现同一厂家的控制产品之间的通信，应优先采用厂家提供的专用通信协议或专用指令，只需要简单的编程或用组态的方法设置好通信的参数，就可以实现周期性的自动数据交换。例如，可以用网络读/写指令向导方便地实现 S7-200 之间的通信。

实际系统中最常见的是计算机与 PLC 之间的通信，用户如果用 VB 或 VC 编写计算机的通信程序，使用 Modbus 从站协议比使用自由端口方式简单方便得多，并且不需要用户编写 PLC 的通信程序，响应帧是 PLC 的操作系统自动生成的。

如果上位机使用组态软件，上位机和 PLC 都不需要编程，通信是自动完成的，可以减少系统开发的时间，但是增加了购买组态软件的费用。

S7-200 的自由端口模式可以用于 PLC 与计算机或其他 RS-232C 设备的通信。这种通信方式最为灵活，可以使用用户自定义的通信规约，但是 PLC 的编程工作量较大，对编程人员的要求较高。

如果 PLC 需要连接其他厂家的设备，可以根据具体情况选用开放式的通信网络，如 PROFIBUS 或 AS-i 等，这种方案的编程工作量很少，但是通信硬件的价格较高。

2. PLC 硬件选型

1）CPU 型号的选择

不同的 CPU 模块的性能有较大的差别，在选择 CPU 模块时，应考虑数字量模块和模拟量模块的扩展能力、程序存储器与数据存储器的容量、通信接口的个数、本机 I/O 点的点数等，当然还要考虑性价比，在满足要求的前提下尽量降低硬件成本。

2）I/O 模块的选型

选择 I/O 模块之前，应确定哪些信号需要输入给 PLC，哪些负载由 PLC 驱动，是数字量还是模拟量，是直流量还是交流量，以及电压的等级；是否有特殊要求，如快速响应等，并建立相应的表格。

选好 PLC 的型号后，根据 I/O 表和可供选择的 I/O 模块的类型，确定 I/O 模块的型号和块数。选择 I/O 模块时，I/O 点数一般应留有一定的裕量，以备今后系统改进或扩充时使用。

数字量输入模块的输入电压一般为 DC 24V 和 AC 220V。直流输入电路的延迟时间较短，可以直接与接近开关、光电开关和编码器等电子输入装置连接。交流输入方式适合于在有油雾、粉尘的恶劣环境下使用。

继电器型输出模块的工作电压范围广，触点的导通压降小，承受瞬时过电压和瞬时过电流的能力较强，但是动作速度较慢，触点寿命（动作次数）有一定的限制。如果系统的输出信号变化不是很频繁，建议优先选用继电器型的输出模块。

场效应晶体管型与双向晶闸管型输出模块分别用于直流负载和交流负载，它们的可靠性高，反应速度快，不受动作次数的限制，但是过载能力稍差。

选择时应考虑负载电压的种类和大小、系统对延迟时间的要求、负载状态变化是否频繁等，相对于电阻性负载，输出模块驱动电感性负载和白炽灯时的负载能力降低。

选择 I/O 模块还需要考虑下面的问题：

（1）输入模块的输入电路应与外部传感器或电子设备（如变频器）的输出电路的类型配合，最好能使二者直接相连。例如，有的 PLC 的输入模块只能与 NPN 管集电极开路输出的传感器直接相连，如果选用 NPN 管发射极输出的传感器，则需要在两者之间增加转换电路。

（2）选择模拟量模块时应考虑变送器、执行机构的量程是否能与 PLC 的模拟量输入 / 输出模块的量程匹配。模拟量模块的 A/D、D/A 转换器的位数反映了模块的分辨率，12 位模块的分辨率较高。模拟量模块的转换时间反映了模块的工作速度。

（3）使用旋转编码器时，应考虑 PLC 的高速计数器的功能和工作频率是否能满足要求。

3. 硬件、软件设计与调试

1）系统硬件设计与组态

（1）首先给各输入、输出变量分配地址。因为梯形图中变量的地址与 PLC 的外部接线端子号是一致的，这一步为绘制硬件接线图做好了准备，也为梯形图的设计做好了准备。

（2）画出 PLC 的外部硬件接线图，以及其他电气原理图和接线图。

（3）画出操作站和控制柜面板的机械布置图和内部的机械安装图。

2）软件设计

软件设计包括设计系统初始化程序、主程序、子程序、中断程序、故障应急措施和辅助程序等，小型数字量控制系统一般只有主程序。

首先根据总体要求和控制系统的具体情况，确定用户程序的基本结构，画出程序流程图或数字量控制系统的顺序功能图。它们是编程的主要依据，应尽可能地准确和详细。

较简单的系统的梯形图可以用经验法设计，复杂的系统一般用顺序控制设计法设计。画出系统的顺序功能图后，根据它设计出梯形图程序。有的编程软件可以直接用顺序功能图语言来编程。在编程软件中，可以用符号表和局部变量表给用户程序中的各个变量命名，变量名称可以在程序中显示，便于程序的阅读和调试，变量名称的定义应简短和易于理解。

3）软件的模拟调试

设计好用户程序后，一般先做模拟调试。当前在网上流行的 S7-200 的仿真软件可以对 S7-200 的部分指令和功能仿真，可以作为学习和调试较简单的程序的工具。

用 PLC 的硬件来调试程序时，用接在输入端的小开关或按钮来模拟 PLC 实际的输入信号，如用它们发出操作指令；或者在适当的时候用它们来模拟实际的反馈信号，如限位开关触点的接通和断开。通过输出模块上各输出点对应的发光二极管，观察输出信号是否满足设计的要求。

调试顺序控制程序的主要任务是检查程序的运行是否符合顺序功能图的规定，即在转换实现的两个条件都满足时，该转换所有的前级步是否变为不活动步，所有的后续步是否变为活动步，以及各步被驱动的负载是否发生相应的变化。

在调试时应充分考虑各种可能的情况，对系统各种不同的工作方式、顺序功能图中的每一条支路、各种可能的进展路线，都应逐一检查，不能遗漏。发现问题后及时修改程序，直到在各种可能的情况下输入信号与输出信号之间的关系完全符合要求。

即使是用经验法设计的梯形图，或者是根据继电器电路图设计的梯形图，为了调试程序的方便，有时也需要根据用户程序画出对应的顺序功能图，根据它来调试程序。

如果程序中某些定时器或计数器的设定值过大，为了缩短调试时间，可以在调试时将它们减小，模拟调试结束后再写入它们的实际设定值。

在编程软件中，可以用程序状态监控功能或状态表来监控程序的运行。

4）硬件调试与系统调试

在对程序进行模拟调试的同时，可以设计、制作控制屏，PLC 之外其他硬件的安装、接线工作也可以同时进行。完成硬件的安装和接线后，应对硬件的功能进行检查，观察各输入点的状态变化是否能送给 PLC。在 STOP 模式用编程软件将 PLC 的输出点强制为 ON 或 OFF，观察对应的 PLC 的负载（如外部的电磁阀和接触器）的动作是否正常。

对于有模拟量输入的系统，可以给模拟量输入模块提供标准的输入信号，通过调节模块上的电位器或程序中的系数，使模拟量输入信号和转换后的数字量之间的关系满足要求。

完成上述的调试后，将 PLC 置于 RUN 状态，运行用户程序，检查控制系统是否能满足要求。在调试过程中将暴露出系统中可能存在的硬件问题，以及程序设计中的问题，发现问题后在现场加以解决，直到完全符合要求。

5）整理技术文件

系统交付使用后，应根据调试的最终结果整理出完整的技术文件，供本单位存档，部分资料应提供给用户，以利于系统的维修和改进。技术文件应包括：

（1）PLC 的外部接线图和其他电气图样。

（2）PLC 的编程元件表，包括程序中使用的输入位、输出位、存储器位、定时器、计数器、顺序控制继电器等的地址、符号、功能，以及定时器、计数器的设定值等。

（3）带注释的梯形图和必要的总体文字说明。

（4）如果梯形图是用顺序控制法编写的，应提供顺序功能图。

2.4.2　PLC 控制系统的可靠性措施

PLC 是专门为工业环境设计的控制装置，一般不需要采取什么特殊措施就可以直接在工业环境使用。但是如果环境过于恶劣，电磁干扰特别强烈，或者安装使用不当，都不能保证系统的正常安全运行。干扰可能使 PLC 接收到错误的信号，造成误动作，或者使 PLC 内部的数据丢失，严重时甚至会使系统失控。在系统设计时，应采取相应的可靠性措施，以消除或减少干扰的影响，保证系统的正常运行。

干扰主要来自控制系统供电电源的波动和电源电压中的高次谐波，以及因为线路和设备之间的分布电容和分布电感产生的电磁感应。

实践表明，系统中 PLC 之外的部分（特别是机械限位开关和某些执行机构）的故障率，往往比 PLC 本身的故障率高得多，因此在设计时应采取相应的措施，如用可靠性高的接近开关代替机械限位开关，才能保证整个系统的可靠性。

1. 电源的抗干扰措施

电源是干扰进入 PLC 的主要途径之一，电源干扰主要是通过供电线路的阻抗耦合产生的，各种大功率用电设备是主要的干扰源。

在干扰较强或对可靠性要求很高的场合，可以在 PLC 的交流电源输入端加接带屏蔽层的隔离变压器和低通滤波器。

高频干扰信号不是通过变压器绕组的耦合，而是通过一次、二次绕组间的分布电容传递的。在一次、二次绕组之间加绕屏蔽层，并将它和铁芯一起接地，可以减少绕组间的分布电容，提高抗高频共模干扰的能力，屏蔽层应可靠接地。

可以在互联网上搜索“电源滤波器”或“净化电源”等关键词，选用相应的产品。

动力部分、控制部分、PLC、I/O 电源应分别配线，隔离变压器与 PLC 和与 I/O 电源之间应采用双绞线连接。系统的动力线应足够粗，以降低大容量异步电动机启动时的线路压降。如果有条件，可以对 PLC 采用单独的供电回路，以避免大容量设备的启、停对 PLC 的干扰。

2. 安装的抗干扰措施

1）布线的抗干扰措施

数字量信号一般对信号电缆无严格的要求，可以选用一般电缆，信号传输距离较远时，可以选用屏蔽电缆。对于模拟信号和高速信号（如模拟量变送器和旋转编码器等提供的信号）应选择屏蔽电缆。通信电缆对可靠性的要求高，有的通信电缆的信号频率很高（如 10MHz），一般应选用专用的电缆，在要求不高或信号频率较低时，也可以选用带屏蔽的多芯电缆或双绞线电缆。

PLC 应远离强干扰源，如大功率晶闸管装置、变频器、高频焊机和大型动力设备等。PLC 不能与高压电器安装在同一个开关柜内，在柜内 PLC 应远离动力线，两者之间的距离应大于 200mm。与 PLC 装在同一个开关柜内的电感性元件，如继电器、接触器的线圈，应并联 RC 消弧电路。

信号线与功率线应分开走线，电力电缆应单独走线，不同类型的线应分别装入不同的电缆管或电缆槽中，并使它们之间有尽可能大的空间距离，信号线应尽量靠近地线或接地的金属导体。

当数字量输入/输出线不能与动力线分开布线，且距离较远时，可以用继电器来隔离输入/输出线上的干扰。

I/O 线与电源线应分开走线，并保持一定的距离。如果不得已要在同一线槽中布线，应使用屏蔽电缆。交流线与直流线应分别使用不同的电缆；I/O 线很长时，输入线与输出线应分别使用不同的电缆；数字量、模拟量 I/O 线应分开敷设，后者应采用屏蔽线。如果模拟量输入/输出信号距离 PLC 较远，应采用 4～20mA 的电流传输方式，而不是易受干扰的电压传输方式。

传送模拟信号的屏蔽线，其屏蔽层应一端接地，为了泄放高频干扰，数字信号线的屏蔽层应并联电位均衡线，其电阻应小于屏蔽层电阻的 1/10，并将屏蔽层两端接地。如果无法设置电位均衡线，或者只考虑抑制低频干扰时，也可以一端接地。

不同的信号线最好不用同一个插接件转接，如果必须用同一个插接件，则要用备用端子或地线端子将它们分隔开，以减少相互干扰。

2）PLC的接地

良好的接地是PLC安全可靠运行的重要条件，PLC与强电设备最好分别使用不同的接地装置，接地线的截面积应大于2mm^2，接地点与PLC的距离应小于50m。

在发电厂或变电站中，有接地网络可供使用。各控制屏和自动化元件可能相距甚远，若分别将它们在就近的接地母线上接地，强电设备的接地电流可能在两个接地点之间产生较大的电位差，干扰控制系统的工作。为防止不同信号回路接地线上的电流引起交叉干扰，必须分系统（如以控制屏为单位）将弱电信号的内部地线接通，然后各自用规定截面积的导线统一引到接地网络上的某一点，从而实现控制系统一点接地的要求。

3）强烈干扰环境中的隔离措施

PLC内部用光耦合器、输出模块中的小型继电器和光敏晶闸管等器件来实现对外部数字量信号的隔离，PLC的模拟量I/O模块一般也采取了光耦合的隔离措施。这些器件除了能减小或消除外部干扰对系统的影响外，还可以保护CPU模块，使之免受从外部窜入PLC的高电压的危害，因此，一般没有必要在PLC外部再设置干扰隔离器件。

在大的发电厂等工业环境，空间中极强的电磁场和高电压、大电流断路器的通、断将会对PLC产生强烈的干扰。由于现场条件的限制，有时几百米长的强电电缆和PLC的低压控制电缆只能敷设在同一电缆沟内，强电干扰在输入线上产生的感应电压和电流相当大，足以使PLC输入端的光耦合器中的发光二极管发光，光耦合器的隔离作用失效，使PLC产生误动作。在这种情况下，对于用长线引入PLC的数字量信号，可以用小型继电器来隔离。光耦合器中发光二极管的最小逻辑信号电流仅2.5mA，而小型继电器的线圈吸合电流为数十毫安，强电干扰信号通过电磁感应产生的能量一般不会使隔离用的继电器误动作。来自开关柜内和距离开关柜不远的输入信号一般没有必要用继电器来隔离。

为了提高抗干扰能力，对长距离的PLC的外部信号、PLC和计算机之间的串行通信信号，可以考虑用光纤来传输和隔离，或者使用带光耦合器的通信接口。在腐蚀性强或潮湿的环境、需要防爆的场合更适于采用这种方法。

4）PLC输出的可靠性措施

如果用PLC驱动交流接触器，应将额定电压为AC 380V的交流接触器的线圈换成220V的。在负载要求的输出功率超过PLC的允许值时，应设置外部继电器。PLC输出模块内的小型继电器的触点小，断弧能力差，不能直接用于DC 220V的电路，必须用PLC驱动外部继电器，用外部继电器的触点驱动DC 220V的负载。

3. 故障的检测与诊断

PLC的可靠性很高，本身有很完善的自诊断功能，如果出现故障，则借助自诊断程序可以方便地找到出现故障的部件，更换它后就可以恢复正常工作。

大量的工程实践表明，PLC外部的输入、输出元件，如限位开关、电磁阀、接触器等的故障率远远高于PLC本身的故障率，而这些元件出现故障后，PLC一般不能觉察出来，不会自动停机，可能使故障扩大，直至强电保护装置动作后停机，有时甚至会造成设备和人身事故。停机后，查找故障也要花费很多时间。为了及时发现故障，在没有酿成事故之前自动停机和报警，也为了方便查找故障，提高维修效率，可以用梯形图程序实现故障的自诊断和自处理。

现代的PLC拥有大量的软件资源，如S7-200系列CPU有几百点位存储器、定时器和计数器，有相当大的裕量，可以把这些资源利用起来，用于故障检测。

1）超时检测

机械设备在各工步的动作所需的时间一般是不变的，即使变化也不会太大，因此可以以这些时间为参考，在PLC发出输出信号，相应的外部执行机构开始动作时启动一个定时器定时，定时器的设定值比正常情况下该动作的持续时间长20%左右。例如，设某执行机构在正常情况下运行10s后，它驱动的部件使限位开关动作，发出动作结束信号。在该执行机构开始动作时启动设定值为12s的定时器定时，若12s后还没有接收到动作结束信号，由定时器的常开触点发出故障信号，该信号停止正常的程序，启动报警和故障显示程序，使操作人员和维修人员能迅速判别故障的种类，及时采取排除故障的措施。

2）逻辑错误检测

在系统正常运行时，PLC的输入、输出信号和内部的信号（如存储器位的状态）相互之间存在确定的关系，如果出现异常的逻辑信号，则说明出现了故障。因此，可以编制一些常见故障的异常逻辑关系，一旦异常逻辑关系为ON状态，就应按故障处理。

第 3 章　PLC 模拟量扩展模块

各型号的 PLC 主机都可单独构成一个独立的控制系统，其 I/O 配置是固定的，具有固定的 I/O 地址。而现代工业控制给 PLC 提出了许多新的课题，如果用通用 I/O 模块来解决，则在硬件方面费用太高，在软件方面编程相当麻烦，某些控制任务甚至无法用通用 I/O 模块来完成。为了实现更强的控制功能可以采用主机带扩展模块的方法来扩展 PLC 的系统配置，如采用特殊功能模块可扩展系统的控制规模和控制功能。

3.1　三菱 FX_{2N} 系列 PLC 的模拟量扩展模块

3.1.1　特殊功能模块概述

不断开发各种具有特殊功能的模块，是当代 PLC 区别于传统 PLC 的重要标志之一。随着技术的进一步发展，PLC 的应用领域正在日益扩大，除传统的顺序控制以外，PLC 正在向过程控制、位置控制等方向延伸与发展。

为了扩大应用范围，在 PLC 中，经常将过程控制、位置控制等场合所需要的特殊控制功能集成于统一的模块内。模块可以直接安装于 PLC 的基板上，也可以与 PLC 基本单元的扩展接口进行连接，以构成 PLC 系统的整体，这样的模块被称为“特殊功能模块”。

特殊功能模块根据不同的用途，其内部组成与功能相差很大。部分特殊功能模块（如位置控制模块）既可以通过 PLC 进行控制，也可以独立使用，并且还可利用 PLC 的 I/O 模块进行输入/输出点的扩展。模块本身具有独立的处理器（CPU）、存储器等组件，也可以进行独立的编程，其性能与独立的控制装置相当。

当前，PLC 的特殊功能模块大致可以分为 4 大类，即 A/D 与 D/A 转换类、温度测量与控制类、脉冲计数与位置控制类、网络通信类。模块的品种与规格根据 PLC 型号与模块用途的不同而不同，在部分 PLC 上可以多达数十种。

1. A/D、D/A 转换类

A/D、D/A 转换类功能模块包括模拟量输入模块（A/D 转换）、模拟量输出模块（D/A 转换）两类。根据数据转换的输入/输出点数（通道数量）、转换精度（转换位数、分辨率）等的不同，有多种规格可以供选择。

A/D 转换功能模块的作用是将来自过程控制的传感器输入信号，如电压、电流等连续变化的物理量（模拟量）直接转换为一定位数的数字量信号，以供 PLC 进行运算与处理。

D/A 转换功能模块的作用是将 PLC 内部的数字量信号转换为电压、电流等连续变化的物理量（模拟量）输出。它可以用于变频器、伺服驱动器等控制装置的速度、位置控制输入，也可以用来作为外部仪表的显示。

2. 温度测量与控制类

温度测量与控制类功能模块包括温度测量与温度控制两类。根据测量输入点数（通道数量）、测量精度、检测元件类型等的不同，有多种规格可以供选择。

温度测量功能模块的作用是对过程控制的温度进行测量与显示，它可以直接连接热电偶、铂电阻等温度测量元件，并将来自过程控制的温度测量输入信号转换为一定位数的数字量，以供 PLC 运算、处理使用。

温度控制功能模块的作用是将来自过程控制的温度测量输入与系统的温度给定信号进行比较，并通过参数可编程的 PID 调节与模块的自动调节功能，实现温度的自动调节与控制。模块可以连接热电偶、铂电阻等温度测量元件，并输出对应的温度控制信号（触点输出、晶体管输出等），以控制加热器的工作状态。

3. 脉冲计数与位置控制类

脉冲计数与位置控制类功能模块包括脉冲计数、位置控制两类。根据脉冲输入点数（通道数量）、频率，控制轴数等的不同，有多种规格可以供选择。

脉冲计数功能模块用于速度、位置等控制系统的转速、位置测量，对来自编码器、计数开关等的输入脉冲信号进行计数，从而获得实际控制系统的转速、位置的实际值，以供 PLC 运算、处理使用。

位置控制功能模块可以实现自动定位控制，模块可以将 PLC 内部的位置给定值转换为对应的位置脉冲输出，并通过改变输出脉冲的数量与频率，达到改变速度与位置的目的。脉冲输出的形式可以是差动输出、集电极开路晶体管输出或通过 SSCNET 高速总线输出，连接的驱动器可以是步进电动机驱动器或交流伺服驱动器，但驱动器必须具有位置控制功能，并且能够直接接受位置脉冲输入信号或总线信号。

4. 网络通信类

网络通信类功能模块包括串行通信、远程 I/O 主站、AS-i 主站、Ethernet 网络链接、MELSEC NET/H 网络链接、CC-Link 网络等。根据不同的网络与连接线的形式，有多种规格可以供选择。

特殊功能模块的扩展接口在 PLC 的右侧。这是一个扁平电缆的接口，由扩展单元或特殊功能模块自带的电缆线接入，如图 3-1 所示。

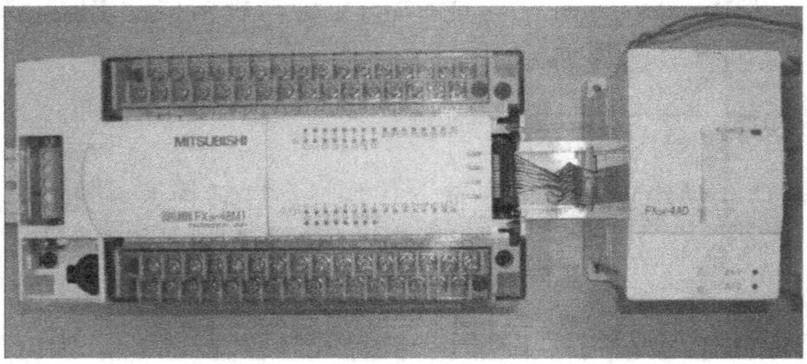

图 3-1 特殊模块的扩展连接

当有多个扩展的模块时，采用逐级相接的方式连接，即后一个模块的连接电缆插在前一个模块的扩展接口上。

为了使 FX 系列 PLC 能够在模拟量控制、运动量控制和通信控制中运用，三菱专门开发了一系列的特殊功能模块，与基本单元相配合来进行上述控制。特殊功能模块有：模拟量模块、脉冲计数模块、运动量模块、定位模块和通信模块等。某些特殊功能模块制成板卡形式，又称为特殊单元、功能扩展板、特殊适配器等。

3.1.2 特殊功能模块的读/写指令

在 PLC 控制系统中，特殊功能模块一般作为 PLC 的扩展单元使用，模块的控制与检测需要通过 PLC 的程序进行。

为了能够方便地实现 PLC 对特殊功能模块的控制，并减少应用指令的条数，统一应用指令的格式，在三菱 PLC 的特殊功能模块中设置了专门用于 PLC 与模块间进行信息交换的缓冲存储器（Buffer Memory，简称 BFM)。缓冲存储器数据中包括了模块控制信号位、模块参数等控制条件，以及模块的工作状态信息、运算与处理结果、出错信息等内容。

PLC 对模块的控制，只需要通过 PLC 的数据输出（TO）指令（FNC79）在模块缓冲存储器的对应控制数据位中写入控制信号即可。同样 PLC 对模块的状态检测，也只需要通过 PLC 的数据阅读（FROM）指令（FNC78）读出对应的模块缓冲存储器数据即可。

因此，对于所有的特殊功能模块，PLC 的编程事实上只是不断利用 PLC 的 TO 与 FROM 指令对模块缓冲存储器进行读/写操作而已。为此，正确使用 PLC 的 TO 与 FROM 指令，是特殊功能模块编程的前提条件。

1. 特殊功能模块的位置编号与缓冲存储器

1）模块位置编号

当多个特殊模块与 PLC 相连时，PLC 对模块进行的读/写操作必须正确区分是对哪一个模块进行操作。这就产生了区分不同模块的位置编号。

当多个模块相连时，PLC 特殊模块的位置编号是这样确定的：从基本单元最近的模块算起，由近到远分别是 0#,1#,2#,…,7#特殊模块编号，如图 3-2 所示。

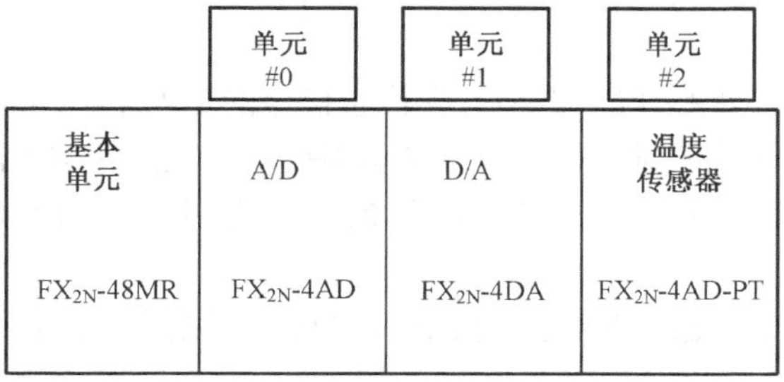

图 3-2　特殊功能模块位置编号

但当其中如果含有扩展单元时，扩展单元不算入编号，特殊模块编号则跳过扩展单元，仍由近到远从 0#编起，如图 3-3 所示。

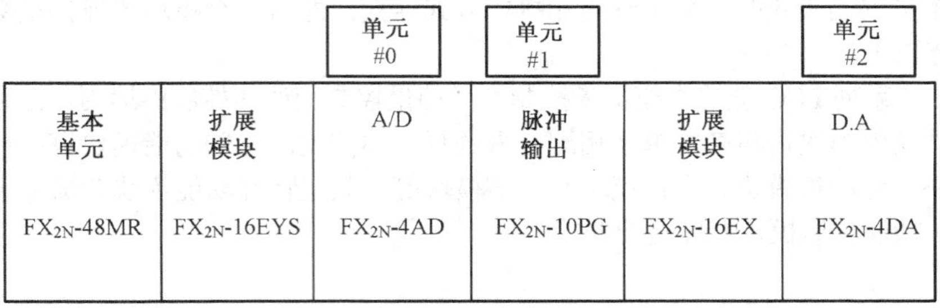

图 3-3　含有扩展单元的特殊功能模块位置编号

一个 PLC 的基本单元最多能够连接 8 个特殊单元模块，编号从 0#～7#。FX_{2N} PLC 的 I/O 点数最多是 256 点，它包含了基本单元的 I/O 点数、扩展单元的 I/O 点数和特殊模块所占用的 I/O 点数。特殊模块所占用的 I/O 点数可查询手册得到。FX_{2N} 的模拟量模块一般占用 8 个 I/O 点，计算在输入点、输出点均可。

2）缓冲存储器 BFM

每个特殊功能模块里面有若干个 16 位存储器，手册上面称为缓冲存储器 BFM。缓冲存储器 BFM 是 PLC 与外部模拟量进行信息交换的中间单元。输入时，由模拟量输入模块将外部模拟量转换成数字量后先暂存在 BFM 内，再由 PLC 进行读取，送入 PLC 的字软元件进行处理。输出时，PLC 将数字量送入输出模块的 BFM 内，再由输出模块自动转换成模拟量送入外部控制器或执行器中，这是模拟量模块的 BFM 的主要功能。除此之外，BFM 还具有如下功能。

（1）模块应用设置功能：模拟量模块在具体应用时，要求对其进行选择性设置，如通道的选择、转换速度、采样等，这些都是针对 BFM 不同单元的内容设置来进行的。

（2）识别和查错功能：每个模拟量模块都有一个识别码，固化在某个 BFM 单元里，用于进行模块识别。当模块发生故障时，BFM 的某个单元会存有故障状态信息。

（3）标定调整功能：当模块的标定不能够满足实际生产需要时，可以通过修改某些 BFM 单元数值建立新的标定关系。

特殊模块的 BFM 数量并不相同，但 FX_{2N} 模拟量模块大多为 32 个 BFM 缓冲存储单元，它们的编号是 BFM#0～BFM#31。每个 BFM 缓冲存储单元都是一个 16 位的二进制存储器。在数字技术中，16 位二进制数位一个“字”，因此，每个 BFM 存储单元都是一个“字”单元。在介绍模拟量模块的 BFM 功能时，常常把某些 BFM 存储单元的内容称为“××字”，如通道字、状态字等。

对特殊模块的学习和应用，除了选型、模拟量信号的输入/输出接线和它的位置编号外，对其 BFM 存储单元的学习是个关键，是学习特殊功能模块的难点和重点。实际上，学习这些模块的应用就是学习这些存储器的内容跟它的读/写。推广来说，不管学习哪种模块，其核心都是 BFM 的内容及其读/写。

PLC 与特殊模块的信息交换是通过读指令 FROM 和写指令 TO 的程序编制来完成的。

2. FROM 指令

PLC 的 FROM 指令的作用是将特殊功能模块缓冲存储器（BFM）的内容读入到 PLC 中。指令的功能代号为 FNC78，指令格式如下：

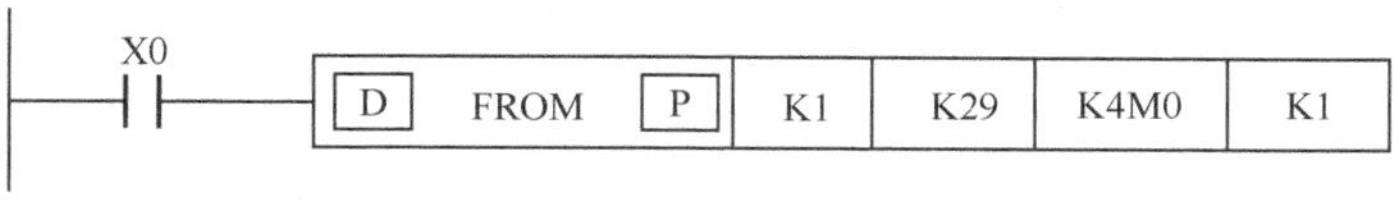

指令中各元件、操作数代表的意义依次如下。

X0：指令执行启动条件，当 X0 为“1”时，执行本指令。启动触点可以是输入 X□□、输出 Y□□、内部继电器 M□□等。

DFROMP：指令代码，其中 FROM 为基本指令代码，代表特殊功能模块缓冲存储器（BFM）。阅读指令，带“□”的前缀 D 与后缀 P 可以根据情况选择使用，可有可无，前缀 D 表示 32 位操作指令，后缀 P 代表触点上升沿驱动。各种组合所代表的意义如下。

- FROM（无前缀 D 与后缀 P）：利用触点 X0 启动的 16 位数据阅读指令。
- DFROM（有前缀 D，无后缀 P）：利用触点 X0 启动的 32 位数据阅读指令。
- FROMP（无前缀 D，有后缀 P）：利用触点 X0 的上升沿启动的 16 位数据阅读指令。
- DFROMP（有前缀 D，有后缀 P）：利用触点 X0 的上升沿启动的 32 位数据阅读指令。

K1：模块地址常数，用来选择与指定特殊功能模块。如在 FX 系列 PLC 中，从基本单元开始，依次向右的第 1、2、3……个特殊功能模块，对应的模块地址依次为 K1、K2、K3……在指令的这一区域只能输入常数 K□。

K29：模块缓冲存储器的数据地址常数（数据源），K29 代表模块缓冲存储器的参数 BFM#29。在指令的这一区域只能输入常数 K□，具体参数号取决于指令需要阅读的内容。

K4M0：数据在 PLC 中的存储位置指定（目标位置）。K4 代表需要阅读的二进制位数，以 4 位（bit）二进制为单位，K4 代表 16 位，允许输入的值为 K1～K8。M0 代表数据在 PLC 中的存储区域的首地址，在 16 位数据阅读时，若输入 M0，代表读入的数据存储于 PLC 的内部继电器 M0～M15 中。存储位置也可以是 16 位数据寄存器 D（常用），这时不需要前缀 K4。

K1：需要传送的点数，采用 FROM、FROMP 格式时，以 16 位二进制为单位，K1 代表阅读 16 点，K2 代表 32 点等。采用 DFROM、DFROMP 格式时，以 32 位二进制为单位，K1 代表阅读 32 点，K2 代表 64 点等。允许输入的值为 K1～K32767。

FROM 指令也可 32 位应用，这时传送数据个数为 2K1 个。

下面通过具体例子来具体说明指令功能。

【例 1】 试说明下列指令执行功能含义。

（1）FROM　K1　K30　D0　K1

把 1#模块的 BFM#30 单元内容复制到 PLC 的 D0 单元中。

（2）FROM　K0　K5　D10　K4

把 0# 模块的(BFM#5～BFM#8)4 个单元内容复制到 PLC 的(D10～D13)单元中。其对应关系是：(BFM#5)→(D10)、(BFM#6)→(D11)、(BFM#7)→(D12)、(BFM#8)→(D13)。

（3）FROM　K1　K29　K4 M10　K1

用 1#模块 BFM#29 的位值控制 PLC 的 M10～M25 继电器的状态。位值为 0，M 断开；位值为 1，M 闭合。例如，BFM#29 中的数值是 1000 0000 0000 0111，那么它所对应的继电器 M10、M11、M12 和 M25 是闭合的，其余继电器都是断开的。

（4）DFROM　K0　K5　D100　K1

这是 FROM 指令的 32 位应用，注意这个 K1 表示传送两个数据，指令执行功能含义是把 0#模块(BFM#5)→(D100)、(BFM#6)→(D101)。

【例 2】 试说明图 3-4 所示程序各指令的功能意义。

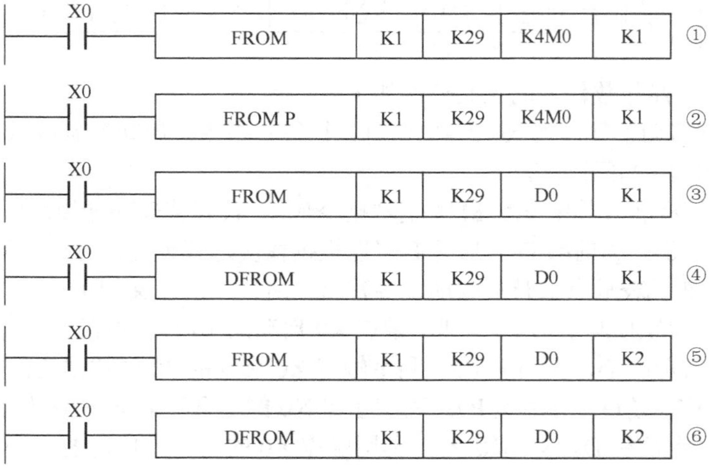

图 3-4　FROM 指令使用示例

指令①的作用是：当 X0 为“1”时，将安装于基本单元右侧的第 1 个特殊功能模块的缓冲存储器的参数 BFM#29 读入到 PLC 的 M0～M15 的 16 点内部继电器中。

指令②的作用是：在 X0 为“1”的瞬间，利用 X0 的上升沿，将安装于基本单元右侧的第 1 个特殊功能模块的缓冲存储器的参数 BFM#29 读入到 PLC 的 M0～M15 的 16 点内部继电器中。

指令③的作用是：当 X0 为“1”时，将安装于基本单元右侧的第 1 个特殊功能模块的缓冲存储器的参数 BFM#29 读入到 PLC 的 16 位数据存储器 D0 中。

指令④的作用是：当 X0 为“1”时，将安装于基本单元右侧的第 1 个特殊功能模块的缓冲存储器的参数 BFM#29、BFM#30 读入到 PLC 的 16 位数据存储器 D0、D1 中（32 位阅读指令）。

指令⑤的作用是：当 X0 为“1”时，将安装于基本单元右侧的第 1 个特殊功能模块的缓冲存储器的参数 BFM#29、BFM#30 读入到 PLC 的 16 位数据存储器 D0、D1 中（16 位阅读指令，但传送点数为连续 32 点）。

指令⑥的作用是：当 X0 为“1”时，将安装于基本单元右侧的第 1 个特殊功能模块的缓冲存储器的参数 BFM#29、BFM#30、BFM#31、BFM#32 读入到 PLC 的 16 位数据存储器 D0、D1、D2、D3 中（32 位阅读指令，传送点数为连续 64 点）。

3. TO 指令

TO 指令的作用是将 PLC 中指定的内容写入特殊功能模块的缓冲存储器（BFM）中。指令的功能代号为 FNC79，指令格式如下：

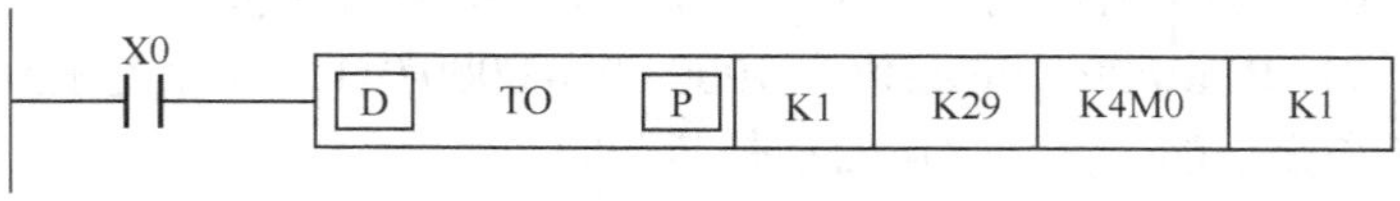

指令中各元件、操作数代表的意义依次如下。

X0：指令执行启动条件。

DTOP：指令代码，其中 TO 为基本指令代码，代表特殊功能模块缓冲存储器（BFM）写入指令，前缀 D 表示 32 位操作指令，后缀 P 表示触点上升沿驱动。

K1：模块地址常数，用来选择与指定特殊功能模块。

K29：模块缓冲存储器的数据地址常数，在 TO 指令中为目标位置，K29 代表模块缓冲存储器的参数 BFM#29。

K4M0：源数据在 PLC 中的存储位置指定。K4 代表需要写入的二进制位数，以 4 位（bit）二进制为单位，K4 代表 16 位，允许输入的值为 K1～K8。MO 代表源数据在 PLC 中的存储区域的首地址。源数据也可以是 16 位数据寄存器 D（常用），这时不需要前缀 K4。

K1：需要传送的点数，允许输入的值为 K1～K32767。TO 指令也可 32 位应用，这时传送数据个数为 2K1 个。

指令中各操作数的含义和要求与 FROM 指令一致。

【例 3】 试说明指令执行功能含义。

（1）TOP　K1　K0　H3300　K1

把十六进制数 H3300 复制到 1#模块的 BFM#0 单元中。

（2）TOP　K0　K5　D10　K4

把 PLC 的(D10～D13) 4 个单元的内容写入位置编号为 0#模块的(BFM#5～BFM#8) 4 个单元中。其对应关系是：(D10)→(BFM#5)、(D11)→(BFM#6)、(D12)→(BFM#7)、(D13)→(BFM#8)。

（3）TOP　K1　K4　K4 M10　K1

把 PLC 的 M10～M25 继电器的状态所表示的 16 位数据的内容写入位置编号为 1#模块 BFM#4 缓冲存储器中。M 断开，位值为 0；M 闭合，位值为 1。

（4）DTOP　K0　K5　D100　K1

这是 TO 指令的 32 位应用，注意这个 K1 表示传送两个数据，指令执行功能含义是把 PLC 的（D100）、（D101）单元中的内容复制到位置编号为 0#模块的（BFM#5）、（BFM#6）缓冲存储器中。

3.1.3 模拟量输入/输出模块简介

在工业控制中，某些输入量（如压力、温度、流量、转速等）是连续变化的模拟量，某些执行机构（如伺服电动机、调节阀、记录仪等）要求 PLC 输出模拟信号，而 PLC 的 CPU 只能处理数字量。模拟量首先被传感器和变送器转换为标准的电流或电压，如 DC 4～20mA、1～5V、0～10V，PLC 用 A/D 转换器将它们转换成数字量。这些数字量一般是二进制的，带正、负号的电流或电压在 A/D 转换后一般用二进制补码表示。

D/A 转换器将 PLC 的数字输出量转换为模拟电压或电流，再去控制执行机构。模拟量 I/O 模块的主要任务就是完成 A/D 转换（模拟量输入）和 D/A 转换（模拟量输出）。

例如，在炉温控制系统中（如图 3-5 所示），炉温用热电偶检测，温度变送器将热电偶提供的几十毫伏的电压信号转换为标准电流（如 4～20mA）或标准电压（如 0～5V）信号后送给模拟量输入模块，经 A/D 转换后得到与温度成比例的数字量，CPU 将它与温度设定值比较，并按某种控制规律（如 PID）对二者的差值进行运算，将运算结果（数字量）送给模拟量输出模块，经 D/A 转换后变为电流信号或电压信号，用来调节控制天然气的电动调节阀的开度，实现对温度的闭环控制。

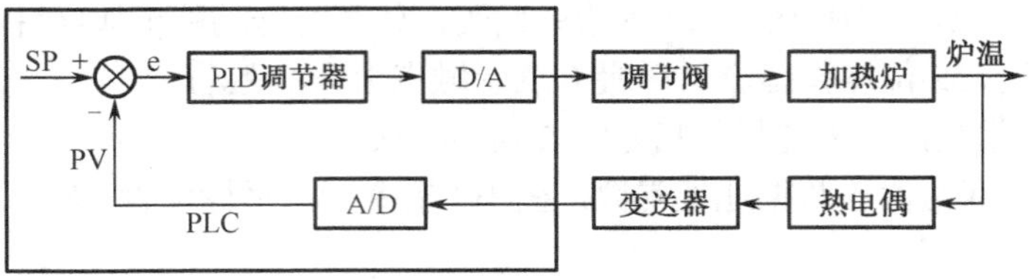

图 3-5　炉温闭环控制系统框图

有的 PLC 有温度检测模块，温度传感器（热电偶或热电阻）与它们直接相连，省去了温度变送器。大中型 PLC 可以配置成百上千个模拟量通道，它们的 D/A、A/D 转换器一般是 12 位的。模拟量 I/O 模块的输入、输出信号可以是电压，也可以是电流；可以是单极性的，如 DC 0～5V、0～10V、1～5V、4～20mA，也可以是双极性的，如 DC±50mV、±5V、±10V 和±20mA，模块一般可以输入多种量程的电流或电压。

A/D、D/A 转换器的二进制位数反映了它们的分辨率，位数越多，分辨率越高，模拟量输入/输出模块的另一个重要指标是转换时间。

模拟量输入/输出模块用于除了 FX_{1S} 之外的其他机型。

1. FX 系列的 12 位模拟量输入/输出模块的公共特性

除 FX_{2N}-3A 和 FX_{1N}-8AV-BD 的分辨率是 8 位，FX_{2N}-8AD 是 16 位以外，其余的模拟量输入/输出模块和功能扩展板均为 12 位。

电压输入时（如 DC 0～10V、0～5V），模拟量输入电路的输入电阻为 20kΩ，电流输入时（如 DC 4～20mA），模拟量输入电路的输入电阻为 250Ω。

模拟量输出模块在电压输出时的外部负载电阻为 2kΩ～1MΩ，电流输出时小于 500Ω。

12 位模拟量输入在满量程时（如 10V）的数字量转换值为 4000。未专门说明时，满量程的总体精度为±1%。

2. 模拟量输入扩展板 FX_{1N}-2AD-BD

FX_{1N}-2AD-BD 功能扩展板的体积小巧，价格低廉，PLC 内可以安装一块功能扩展板。它有两个 12 位的输入通道，输入为 DC 0～10V 和 DC 4～20mA，转换速度为一个扫描周期，没有光隔离，不占用 I/O 点，适用于 FX_{1S} 和 FX_{1N}。

3. 模拟量输出扩展板 FX_{1N}-1DA-BD

FX_{1N}-1DA-BD 有一个 12 位的输出通道，输出为 DC 0～10V、0～5V 和 4～20mA，转换速度为一个扫描周期，没有光隔离，不占用 I/O 点，适用于 FX_{1S} 和 FX_{1N}。

4. 模拟量设定功能扩展板 FX_{1N}-8AV-BD 和 FX_{2N}-8AV-BD

模拟量设定功能扩展板上面有 8 个电位器，用应用指令 VRRD 读出电位器设定的 8 位二进制数，作为计数器、定时器等的设定值。电位器上有 11 挡刻度，根据电位器所指的位置，使用应用指令 VRSC 可以将电位器当作选择开关使用。FX_{1N}-8AV-BD 适用于 FX_{1N} 和 FX_{2N}，FX_{2N}-8AV-BD 适用于 FX_{2N}。

5. 模拟量输入/输出模块 FX_{2N}-3A

FX_{2N}-3A 是 8 位模拟量输入/输出模块，有两个模拟量输入通道，一个模拟量输出通道。输入为 DC 0～10V 和 4～20mA。输出为 DC 0～10V、0～5V 和 4～20mA，模拟电路和数字电路间有光隔离，占用 8 个 I/O 点。

6. 模拟量输入模块 FX_{2N}-2AD 和 FX_{2N}-4AD

FX_{2N}-2AD 有两个 12 位模拟量输入通道，输入量程为 DC 0～10V、0～5V 和 DC 4～20mA，转换速度为 2.5ms/通道。FX_{2N}-4AD 有 4 个 12 位模拟量输入通道，输入量程为 DC -10V～+10V 和 4～20mA，转换速度为 15ms/通道或 6ms/通道（高速）。

它们的模拟电路和数字电路间有光隔离，占用 8 个 I/O 点。

7. 模拟量输入和温度传感器输入模块 FX_{2N}-8AD

FX_{2N}-8AD 提供 8 个 16 位（包括符号位）的模拟量输入通道，输入为 DC -10～+10V 和 -20mA～+20mA 电压或电流，或者 K、J 和 T 型热电偶，输出为有符号十六进制数，满量程的总体精度为±0.5%。只有电压、电流输入时的转换速度为 0.5ms/通道，其他通道有热电偶输入时为 1ms/通道，热电偶输入通道为 40ms/通道。模拟电路和数字电路间有光隔离，占用 8 个 I/O 点。

8. PT-100 型温度传感器用模拟量输入模块 FX_{2N}-4AD-PT

FX_{2N}-4AD-FT 供三线式铂电阻 PT-100 用，有 12 位 4 通道，驱动电流为 1 mA（恒流方式），分辨率为 0.2～0.3℃，综合精度为 1%（相对于最大值）。它里面有温度变送器和模拟量输入电路，对传感器的非线性进行了校正。温度可以用摄氏度或华氏度表示，额定温度范围为-100～+600℃，输出数字量为-1000～+6000，转换速度为 15ms/通道，模拟电路和数字电路间有光隔离，在程序中占用 8 个 I/O 点。

9. 热电偶温度传感器用模拟量输入模块 FX_{2N}-4AD-TC

FX_{2N}-4AD-TC 有 12 位 4 通道，与 K 型（-100～+1200℃）和 J 型（-100～+600℃）热电偶配套使用，K 型的输出数字量为-1000～+12000，J 型的输出数字量为-10000～+6000。K 型的分辨率为 0.4℃，J 型的为 0.3℃。综合精度为 0.5%满刻度+1℃，转换速度为 240ms/通道，在程序中占用 8 个 I/O 点。模拟电路和数字电路间有光隔离。

10. 模拟量输出模块 FX_{2N}-2DA

FX_{2N}-2DA 有 12 位 2 通道，输出量程为 DC 0～10V、0～5V 和 DC 4～20mA，转换速度为 4ms/通道，在程序中占用 8 个 I/O 点。模拟电路和数字电路间有光隔离。

11. 模拟量输出模块 FX_{2N}-4DA

FX_{2N}-4DA 有 12 位 4 通道，输出量程为 DC -10V～+10V 和 4～20mA，转换速度为 2.1ms/通道，在程序中占用 8 个 I/O 点。模拟电路和数字电路间有光隔离。

12. 温度调节模块 FX_{2N}-2LC

FX_{2N}-2LC 有 2 通道温度输入和 2 通道晶体管输出，提供自调整 PID 控制、两位式控制和 PID 控制，可以检查出断线故障。可以使用多种热电偶和热电阻，有冷端温度补偿，分辨率为 0.1℃，控制周期为 500ms，在程序中占用 8 个 I/O 点。模拟电路和数字电路间有光隔离。

3.1.4 A/D 转换模块

FX_{2N} 系列 PLC 用于 A/D 转换的特殊功能模块主要有 FX_{2N}-2AD、FX_{2N}-4AD、FX_{2N}-8AD 三种。

1. 二通道 A/D 转换模块 FX_{2N}-2AD

FX_{2N}-2AD 可以将外部输入的两通道模拟量（模拟电压或电流）转换为 PLC 内部处理需要的 12 位数字量。

1）性能规格

FX_{2N}-2AD 二通道 A/D 转换模块的主要性能参数如表 3-1 所示。

表 3-1　FX_{2N}-2AD 主要性能参数

项　目	参　数		备　注
	电压输入	电流输入	
输入点数	2 点（通道 ）		2 通道输入方式必须一致
输入要求	DC 0～10V 或 0～5V	DC 4～20mA	
输入极限	DC -0.5V～15V	DC -2～+600mA	输入超过极限可能损坏模块
输入阻抗	≤200kΩ	≤250Ω	
数字输出	12 位二进制		0～4095
分辨率	2.5mV（DC 0～10V 输入）；1.25mV（DC 0～5V 输入）	4μA（DC 4～20mA 输入）	
转换精度	±1%（全范围）		
处理时间	2.5ms/1 通道		
调整	偏移调节/增益调节		电位器调节
输出隔离	光电耦合		模拟电路与数字电路间
占用 I/O 点数	8 点		
消耗电流	24V/50mA；5V/20mA		需要 PLC 供给
编程指令	FROM/TO		

2）模块连接

FX_{2N}-2AD 模块通过扩展电缆与 PLC 基本单元或扩展单元相连接，通过 PLC 内部总线传送数字量。

外部模拟量输入与 FX_{2N}-2AD 模块间的连接要求与内部接口原理如图 3-6 所示。

接线说明如下：

（1）FX_{2N}-2AD 不能将一个通道作为电压输入而另一个通道作为电流输入，这是因为两个通道使用相同的零点和增益。

（2）当电压输入存在波动或有大量噪声时可接一个 0.1～0.47μF 的电容。

（3）电流输入，需短接 VIN 和 IIN 端子。

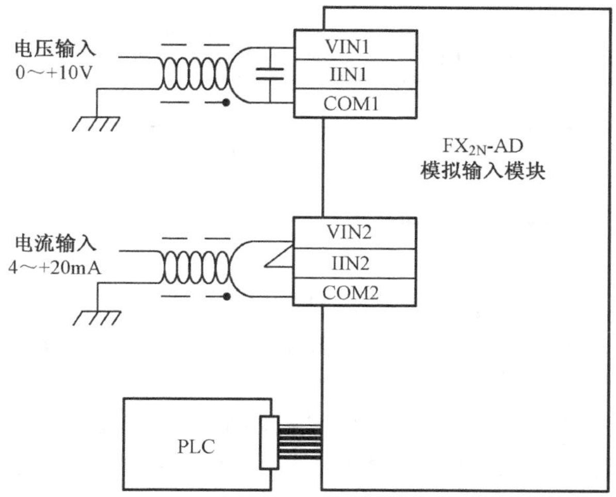

图 3-6　外部模拟量输入与 FX_{2N}-2AD 模块的连接

3）输出特性

FX_{2N}-2AD 模块的输出特性如图 3-7 所示，两个通道的输出特性相同。

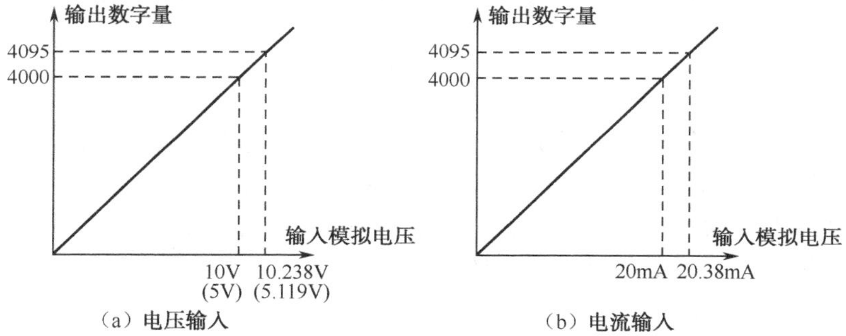

图 3-7　FX_{2N}-2AD 模块的 A/D 转换输出特性

模块的转换位数为 12 位，对应的最大数字量输出为 4095。但在实际使用时，为了计算方便，通常情况下都将最大模拟量输入（DC 10V/5V 或 20mA）所对应的数字量输出设定为 4000。

4）编程与控制

FX_{2N}-2AD 模块的使用与编程非常方便，只需要利用 PLC 的 TO 指令（FNC79），在模块的缓冲存储器 BFM 中写入 A/D 转换控制指令，即可启动模块的 A/D 转换；转换结果存储于模块的缓冲存储器 BFM 中，利用 FROM 指令（FNC78）可以读入 PLC。

FX_{2N}-2AD 缓冲存储器 BFM 的各个单元的内容设置如表 3-2 所示。

表 3-2　FX_{2N}-2AD 缓冲存储器 BFM 单元内容设置

BFM#	bit15～b8	bit7～b4	bit3	bit2	bit1	bit0
#0	保留	输入数据当前值（低 8 位）				
#1	保留		输入数据当前值（高 4 位）			

续表

BFM#	bit15～b8	bit7～b4	bit3	bit2	bit1	bit0
#2 到#16	保留					
#17	保留				模数转换开始	通道字
#18 以上	保留					

缓冲存储器应用说明：

（1）FX_{2N}-2AD 为 12 位模数转换器，当采样到模拟量被转换成 12 位数字量后，其低 8 位存储在 BFM#0 的低 8 位，而其高 4 位则存储在 BFM#1 的低 4 位（bit0～bit3 位）。在应用时，必须把这 12 位数字量读入一个 PLC 的数据存储器中。

（2）缓冲存储器 BFM#17 的使用。BFM#17 有两个功能：bit0 设置通道字，当 bit0 为“0”选择通道 1，为“1”选择通道 2；bit1 为 A/D 转换启动信号，上升沿启动 A/D 转换。由两个特殊模块写指令 TO 分别完成。

（3）FX_{2N}-2AD 与 FX_{2N}-4AD 不同，其通道字仅是选择通道而用。至于通道时电压输入还是电流输入则完全由接线方式规定，而 FX_{2N}-4AD 则是由通道字规定。

（4）FX_{2N}-2AD 均为把当前模拟量转换成数字量，而 FX_{2N}-4AD 则有当前值和平均值两种选择。因此，在使用 FX_{2N}-2AD 时，常常在程序中增加数字滤波程序，以消除或削弱干扰信号的影响。

5）编程实例

FX_{2N}-2AD 的位置编号为 0#，两个通道输入，CH1 采样数据存 D100，CH2 采样数据存 D101。系统的控制要求如下：当输入 X0 为 1 时，需要将模拟量输入 1 进行 A/D 转换，并且将转换结果读入到 PLC 的数据寄存器 D100；当输入 X1 为 1 时，需要将模拟量输入 2 进行 A/D 转换，并且将转换结果读入到 PLC 的数据寄存器 D101。

PLC 控制程序如图 3-8 所示。

图 3-8 FX_{2N}-2AD 编程实例

6）错误发生检查

如果功能模块 FX_{2N}-2AD 不能正常运行，应检查下列项目：

（1）检查电源 LED 指示灯的状态。点亮时扩展电缆正确连接；熄灭或闪烁时检查扩展电缆的连接情况。

（2）确认外部接线与所选择的模拟量输入是否一致。

（3）确认链接到模拟量输入端子的外部设备，其负载阻抗是否对应 FX_{2N}-2AD 的内部阻抗，电压输入为 200kΩ，电流输入为 250Ω。

（4）确认所输入的电压或电流值是否符合要求，并根据标定检查模拟到数字的转换是否正确。

（5）当出厂标定不符合实际转换要求时，必须根据实际要求进行零点和增益的调整，使调整后的标定符合实际要求。

2. 四通道 A/D 转换模块 FX_{2N}-4AD

三菱 FX_{2N}-4AD 可将外部输入的 4 点（通道）模拟量（模拟电压或电流）转换为 PLC 内部处理需要的数字量。FX_{2N}-4AD 的模拟量输入可以是双极性的，转换结果为 12 位带符号的数字量。

1）性能规格

三菱 FX_{2N}-4AD 四通道 A/D 转换模块的主要性能参数如表 3-3 所示。

表 3-3　三菱 FX_{2N}-4AD 主要性能参数

项　目	参　数		备　注
	电压输入	电流输入	
输入点数	4 点（通道）		4 通道输入方式可以不同
输入要求	DC -10V～10V	DC 4～20mA 或-20～20mA	
输入极限	DC -15V～15V	DC -32V～+32V	输入超过极限可能损坏模块
输入阻抗	≤200kΩ	≤250kΩ	
数字输出	带符号 12 位		-2048～2047
分辨率	5mV（DC -10V～10V 输入）	20μA（DC -20～20mA 输入）	
转换精度	±1%（全范围）		
处理时间	15ms/1 通道；高速时 6ms/通道		
调整	偏移调节/增益调节		数字调节（需要编程）
输出隔离	光电耦合		模拟电路与数字电路间
占用 I/O 点数	8 点		
电源要求	DC 24V/55mA；5V/30mA		DC 24V 需要外部供给
编程指令	FROM/TO		

2）模块连接

三菱 FX_{2N}-4AD 模块通过扩展电缆与 PLC 基本单元或扩展单元相连接，通过 PLC 内部总线传送数字量并且需要外部提供 DC 24V 电源输入。

外部模拟量输入及 DC 24V 电源与模块间的连接要求如图 3-9 所示。

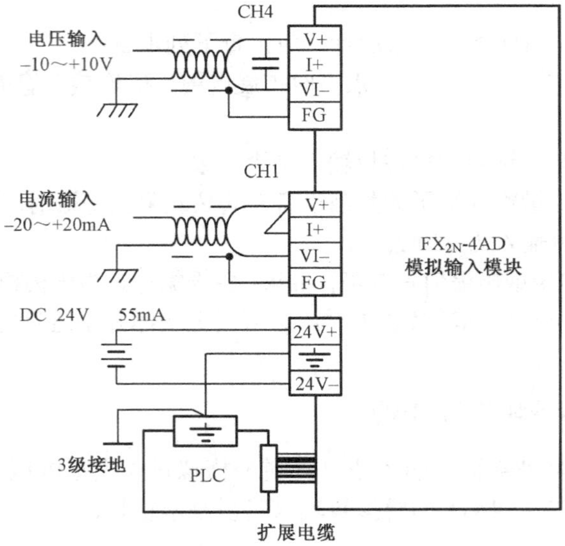

图 3-9 外部模拟量输入与 FX_{2N}-4AD 模块的连接

接线说明如下：

（1）模拟量输入通道通过屏蔽双绞线来接收，电缆应远离电源线或其他可能产生电气干扰的电线和电源。

（2）如果输入电压有波动，或者在外部接线中有电气干扰，可以在 Vin 和 COM 之间接入一个平滑电容器，容量为 0.1～0.47μF/25V。

（3）如果使用电流输入，则必须连接 V+和 I-端子。

（4）如果存在过多的电气干扰，需将电缆屏蔽层与 FG 端连接，并连接到 FX_{2N}-4AD 的接地端。

（5）连接模块的接地端与主单元的接地端，可行的话，在主单元使用 3 级接地（接地电阻小于 100Ω）。

3）输出特性

三菱 FX_{2N}-4AD 模块的输出特性如图 3-10 所示，4 通道的输出特性可以不同。

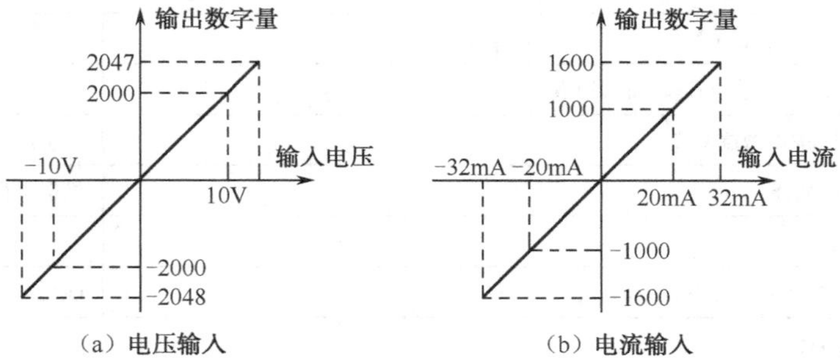

图 3-10 三菱 FX_{2N}-4AD 模块的 A/D 转换输出特性

模块的最大转换位数为 12 位，首位为符号位，对应的数字量输出范围为-2048～2047。同样，为了计算方便，通常情况下将最大模拟量输入（DC 10V 或 20mA）所对应的数字量输出设定为 2000（DC 10V）或 1000（20mA）。

4）编程与控制

三菱 FX_{2N}-4AD 模块只需要通过 PLC 的 TO 指令（FNC79）写入转换控制指令，利用 FROM 指令（FNC78）读入转换结果即可。

FX2N-4AD 常用的参数如下。

（1）转换结果。

转换结果数据在模块缓冲存储器（BFM）中的存储地址如下。

BFM#5：通道 1 的转换结果数据（采样平均值）。

BFM#6：通道 2 的转换结果数据（采样平均值）。

BFM#7：通道 3 的转换结果数据（采样平均值）。

BFM#8：通道 4 的转换结果数据（采样平均值）。

BFM#9～#12：依次为通道 1～4 转换结果数据（当前采样值）。

（2）控制信号。

A/D 转换的控制信号在模块缓冲存储器（BFM）中的定义如下。

BFM#0：通道选择与控制字。

“0”：通道模拟量输入为-10～10V 直流电压。

“1”：通道模拟量输入为+4～+20mA 直流电流。

“2”：通道模拟量输入为-20～+20mA 直流电流。

“3”：通道关闭。

BFM#1～#4：分别为通道 1～4 的采样次数设定。

BFM#15：通道采样速度设定。

“0”：15ms/通道。

“1”：6ms/通道。

BFM#20：通道控制数据初始化。

“0”：正常设定。

“1”：恢复出厂默认数据。

BFM#21：通道调整允许设定。

“01”：允许改变参数调整增益、偏移量的设定。

“10”：禁止调整增益、偏移量。

（3）模块工作状态输出。

FX2N-4AD 可以通过读出内部参数检查模块的工作状态。A/D 工作状态信号在模块缓冲存储器（BFM）中的定义如下。

BFM#29：模块工作状态信息。以二进制位的状态表示，具体如下。

bit0：“1”为模块存在报警，报警原因由 BFM#29bit1～bit39 显示（BFM#29bit1～bit3 任何一位为“1”，本位总是为“1”）；“0”为模块正常工作。

bit1：“1”为模块偏移/增益调整错误；“0”为模块偏移/增益调整正确。

bit2：“1”为模块输入电源错误；“0”为模块电源正常。

bit3：“1”为模块硬件不良；“0”为模块硬件正常。

bit10：“1”为数字量超过允许范围；“0”为数字量输出正常。

bit11：“1”为采样次数超过允许范围；“0”为采样次数设定正常。

bit12：“1”为增益、偏移量的调整被参数禁止；“0”为增益、偏移量的调整允许。

BFM#30：模块 ID 号。FX2N-4AD 模块的 ID 号为 2010。

BFM#23：偏移调整。

BFM#24：增益调整。

5）编程实例

启动并读出通道 1、通道 2 的直流-10～10V 模拟量转换数据的 PLC 控制程序如图 3-11 所示。

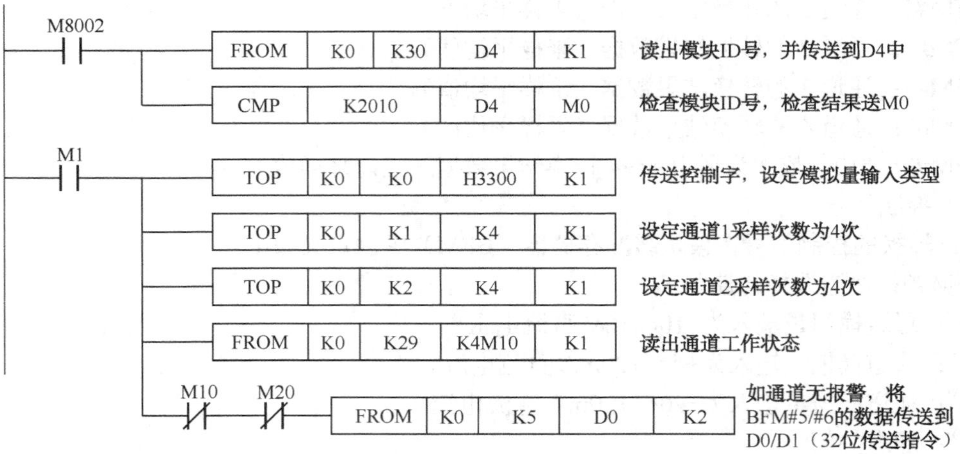

图 3-11　FX_{2N}-4AD 编程实例

6）诊断与检查

（1）初步检查。

① 检查输入接配线和扩展电缆是否正确连接到 FX_{2N}-4AD 模拟量模块上。

② 检查有无违背 FX_{2N} 系统配置原则。例如，特殊功能模块不能超过 8 个，系统的 I/O 点不能超过 256 个。

③ 确保应用中选择正确的输入模式和操作范围。

④ 检查在 5V 或 24V 电源上有无过载。应注意，FX_{2N} 主单元或有源扩展单元的负载是根据所连接扩展模块或特殊功能模块的数目而变化的。

⑤ 设置 FX_{2N} 主单元为 RUN 状态。

（2）错误发生检查。

如果功能模块 FX_{2N}-4AD 不能正常运行，应检查下列项目：

① 检查电源 LED 指示灯的状态。点亮时扩展电缆正确连接；熄灭或闪烁时检查扩展电缆的连接情况。

② 检查“24V”LED 指示灯状态（在 FX_{2N}-4AD 右上角）。点亮时 FX_{2N}-4AD 正常，DC 24V 电源正常；熄灭时可能是 DC 24V 电源故障或 FX_{2N} 故障。

③ 检查“A/D”LED 指示灯状态（FX_{2N}-4AD 右上角）。闪烁时 A/D 转换正常运行；熄灭时检查缓冲存储器 BFM#29 状态。如果任何一位（D2 或 b3）是 ON 状态，那就是 A/D 指示灯熄灭的原因。

3.1.5 D/A 转换模块

FX 系列 PLC 的 D/A 转换模块主要有 FX_{2N}-2DA、FX_{2N}-4DA 两种规格。

1. 二通道 D/A 转换模块 FX_{2N}-2DA

FX_{2N}-2DA 的作用是将 PLC 内部的数字量转换为外部控制用的模拟量（模拟电压或电流）输出，可转换的通道数为 2 通道。

1）性能规格

FX2N-2DA 模块的主要性能参数如表 3-4 所示。

表 3-4 FX_{2N}-2DA 主要性能参数

项　目	参　数		备　注
	电压输出	电流输出	
输出点数	2 点（通道）		
输出范围	DC 0～10V 或 0～5V	DC 4～20mA	2 通道输出可以不一致
负载阻抗	≥2kΩ	≤500Ω	
数字输入	12 位		0～4095
分辨率	2.5mV（DC 0～10V 输出）； 1.25mV（DC 0～5V 输出）	4μA（DC 4～20mA 输出）	
转换精度	±1%（全范围）		
处理时间	4ms/1 通道		
调整	偏移调节/增益调节		电位器调节
输出隔离	光电耦合		模拟电路与数字电路间
占用 I/O 点数	8 点		
消耗电流	24V/85mA；5V/20mA		需要 PLC 供给
编程指令	FROM/TO		

2）模块连接

FX2N-2DA 模块通过扩展电缆与 PLC 基本单元或扩展单元相连接，通过 PLC 内部总线传送数字量。模块模拟量输出与外部的连接要求及内部接口原理如图 3-12 所示。

接线说明如下：

（1）模拟量输出方式有电压输出和电流输出，两个通道可以有相同的模拟量输出，也可以一为电压输出、一为电流输出。

（2）两个通道可接收的输出为 DC 0～10V 或 DC 0～5V 和 4～20mA。

（3）当电压输出存在波动或有大量噪声时，可在电压输出两端间连接 0.1～0.47μF 电容。

（4）注意，电压输出时，必须将 IOUT 与 COM 进行短接。

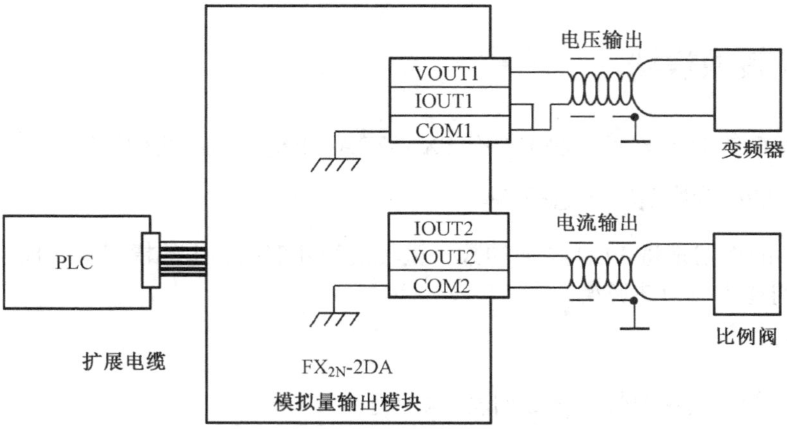

图 3-12　FX_{2N}-2DA 模块与外部的连接

3）输出特性

FX_{2N}-2DA 模块的输出特性如图 3-13 所示。

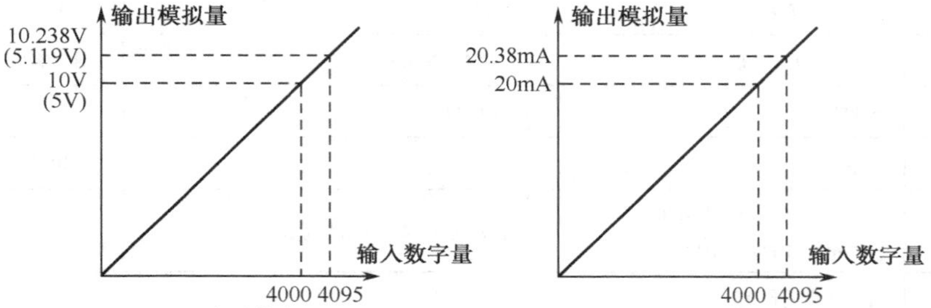

（a）电压输出　　（b）电流输出

图 3-13　FX_{2N}-2DA 模块的转换输出特性

模块的最大 D/A 转换位为 12 位，可以进行转换的最大数字量为 4095。但为了计算方便，通常情况下都将最大模拟量输出（DC 10V/5V 或 20mA）所对应的数字量设定为 4000。

4）编程与控制

FX_{2N}-2DA 模块的使用与编程非常方便，只需要通过 PLC 的 TO 指令（FNC79）进行转换的控制与数字量的输出即可。

FX_{2N}-2DA 缓冲存储器 BFM 的各个单元的内容设置如表 3-5 所示。

表 3-5　FX_{2N}-2DA 缓冲存储器 BFM 单元内容设置

BFM#	bit15～b8	bit7～b3	bit2	bit1	bit0
#0 到#15	保留				
#16	保留	输出数据当前值（8 位）			
#17	保留		D/A 低 8 位数据保持	通道 CH1 转换开始	通道 CH2 转换开始
#18 以上	保留				

缓冲存储器应用说明如下：

（1）转换原始数据在模块缓冲存储器（BFM）中的存储地址如下。

BFM#16/bit7～bit0：转换数据的当前值（8 位）。

注意：在 FX2N-2DA 模块中转换数据当前值只能保持 8 位数据，但是，在实际转换时要进行 12 位转换，为此，必须进行二次传送才能完成。

（2）D/A 转换的控制信号在模块缓冲存储器（BFM）中的定义如下。

BFM#17：通道的选择与启动信号。

bit0：通道 2 选择与启动，bit0 的下降沿启动通道 2 的转换。

Bit1：通道 1 选择与启动，bit1 的下降沿启动通道 1 的转换。

bit2：转换数据暂存，bit2 的下降沿启动转换数据暂存。

5）编程实例

FX_{2N}-2DA 的位置编号为 1#，两个通道输出：CH1 输出数据存入 D100，CH2 输出数据存入 D101。假设某系统要求如下：当输入 X0 为 1 时，需要将 D100 中的 12 位数字量转换为模拟量，并且在通道 1 中进行输出；当输入 Xl 为 1 时，需要将 D101 中的 12 位数字量转换为模拟量，并且在通道 2 中输出。

为了实现“二次传送”的动作，需要利用 PLC 的内部继电器 M100～M123 进行传送转换。“二次传送”的动作过程如下：

（1）先将 D100 中 12 位数字量的低 8 位传送（写入）到模块缓冲存储器 BFM#16 中。

（2）通过 BFM#17bit2 的控制，启动模块数据的保存功能，保存低 8 位。

（3）将 D100 中 12 位数字量的高 4 位传送（写入）到模块缓冲存储器 BFM#16 中。

（4）通过 BFM#17bit1 或 bit0 的控制，启动模块数据转换。

PLC 控制程序如图 3-14 所示。

6）错误发生检查

如果功能模块 FX_{2N}-2DA 不能正常运行，应检查下列项目：

（1）检查电源 LED 指示灯的状态。点亮时扩展电缆正确连接；熄灭或闪烁时检查扩展电缆的连接情况。

（2）确认外部接线与所选择的模拟量输出一致。

（3）确认连接到模拟量输出端子的外部设备，其负载阻抗是否对应 FX_{2N}-2DA 的内部阻抗。

（4）当出厂标定不符合实际转换要求时，必须根据实际要求进行零点和增益的调整，使调整后的标定符合实际要求。

2. 四通道 D/A 转换模块 FX_{2N}-4DA

FX_{2N}-4DA 的作用是将 PLC 内部的数字量转换为外部控制作用的模拟量（模拟电压或电流）输出，可以进行转换的通道数为 4 通道。

1）性能规格

FX_{2N}-4DA 模块的主要性能参数如表 3-6 所示。

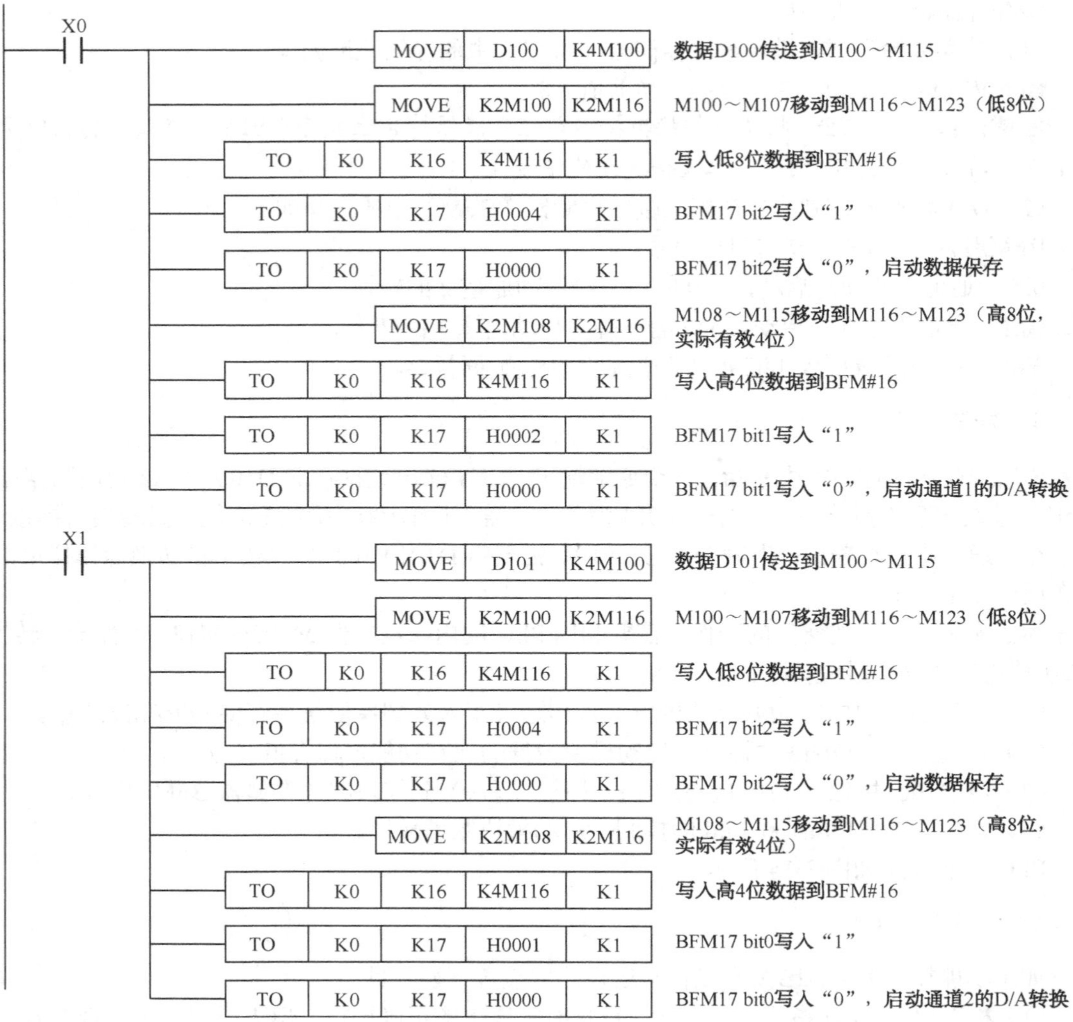

图 3-14　FX_{2N}-2DA 编程实例

表 3-6　FX_{2N}-4DA 主要性能参数

项　目	参　数		备　注
	电 压 输 出	电 流 输 出	
输出点数	4 点（通道）		
输出范围	DC-10～10V	DC0～20mA	4 通道输出可以不一致
负载阻抗	≥2kΩ	≤500Ω	
数字输入	16 位带符号		-2048～+2047
分辨率	5mV	20μA	
转换精度	±1%（全范围）		
处理时间	2.1ms/4 通道		
调整	偏移调节/增益调节		参数调节

续表

项　目	参　数		备　注
	电压输出	电流输出	
输出隔离	光电耦合		模拟电路与数字电路间
占用 I/O 点数	8 点		
消耗电流	24V/200mA（外部电源供给）；5V/30mA		5V 需要 PLC 供给
编程指令	FROM/TO		

2）模块连接

FX2N-4DA 模块通过扩展电缆与 PLC 基本单元或扩展单元相连接，通过 PLC 内部总线传送数字量，模块需要外加 DC 24V 电源。

模块模拟量输出、DC 24V 电源与外部的连接要求及内部接口原理如图 3-15 所示。

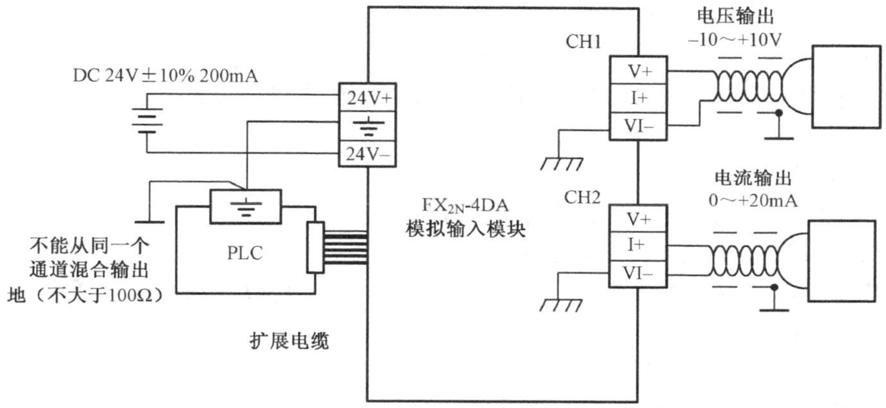

图 3-15　FX_{2N}-4DA 模块与外部的连接

接线说明如下：

（1）模拟输出应使用双绞屏蔽电缆，电缆应远离电源线或其他可能产生电气干扰的电线。

（2）在输出电缆的负载端使用单点接地（3 级接地不大于 100Ω）。

（3）如果输出存在电气噪声或电压波动，可以连接一个平滑电容器（0.1～0.47μF/25V）。

（4）将 FX_{2N}-4DA 的接地端与 PLC 的接地端连接在一起。

（5）电压输出端子短路或连接电流输出负载到电压输出端子都有可能损坏 FX_{2N}-4AD。

（6）不要将任何单元接到未用端子“·”。

3）输出特性

FX_{2N}-4DA 模块的输出特性如图 3-16 所示。

模块的最大 D/A 转换位为 16 位，但实际有效的位数为 12 位，且首位（第 12 位）为符号位，因此，对应的最大数字量仍然为 2047。同样，为了计算方便，在电压输出时，通常将最大模拟量输出 DC 10V 时所对应的数字量设定为 2000；电流输出时，通常将最大模拟量输出 20mA 时所对应的数字量设定为 1000。

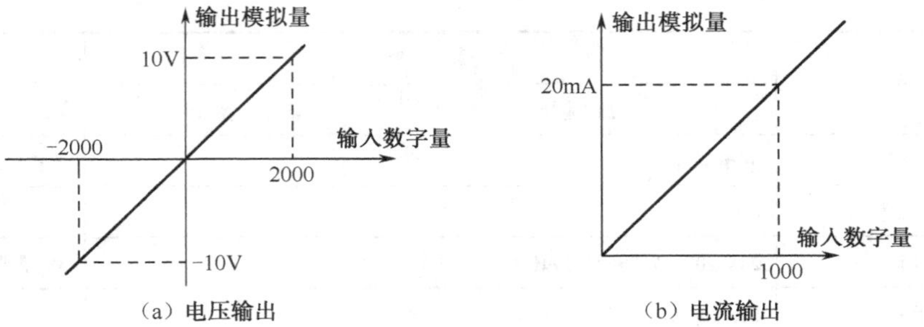

图 3-16　FX_{2N}-4DA 模块的 D/A 转换输出特性

4）编程与控制

FX_{2N}-4DA 模块只需要通过 PLC 的 TO 指令（FNC79）进行转换控制，FROM 指令（FNC78）进行结果数字量的读入即可。

FX_{2N}-4DA 通常使用的参数如下。

（1）转换数据输入。

D/A 转换的数字量值在模块缓冲存储器（BFM）中的存储地址如下。

BFM#1～#3：通道 1～4 的转换数据。

（2）控制信号。

D/A 转换的控制信号在模块缓冲存储器（BFM）中的定义如下。

BFM#0：通道选择与转换启动控制字。

设定 H□□□□4 位十六进制代码，低位为通道 1，以后依次为通道 2、通道 3、通道 4。

“□”中对应设定如下。

“0”：通道模拟量输出为-10～10V 直流电压。

“1”：通道模拟量输出为+4～+20mA 直流电流。

“2”：通道模拟量输出为 0～+20mA 直流电流。

以后依次为通道 2、通道 3、通道 4。

BFM#5：数据保持模式控制设定。

设定 H□□□□4 位十六进制代码，低位为通道 1，以后依次为通道 2、通道 3、通道 4。

“□”中对应设定如下。

“0”：转换数据在 PLC 停止运行时，仍然保持不变。

“1”：转换数据复位，成为偏移设置值。

BFM#8/#9：偏移/增益设定指令。

BFM#10～#17：通道偏移/增益设定值。

BFM#20：偏移/增益初始化设定。设定“0”为正常设定，“1”为恢复出厂默认数据。

BFM#21：通道调整允许设定。设定“01”为允许改变参数调整增益、偏移量的设定，“10”为禁止调整增益、偏移量。

（3）模块工作状态输出。

FX_{2N}-4DA 可以通过读出内部参数，检查模块的工作状态。D/A 工作状态信号在模块缓冲存储器（BFM）中的定义如下。

BFM#29：模块工作状态信息。以二进制位的状态表示，具体如下。

bit 0：“1”为模块存在报警，报警原因由 BFM#29bit1～bit3 显示，（BFM#29bit1～bit3 的任何一位为“1”，本位总是为“1”）；“0”为模块正常工作。

bit1：“1”为模块偏移/增益调整错误；“0”为调整正确。

bit2：“1”为模块输入电源错误；“0”为模块电源正常。

bit3：“1”为模块硬件不良；“0”为模块硬件正常工作。

bit10：“1”为数字量超过允许范围；“0”为数字量输入正常。

bit11：“1”为采样次数超过允许范围；“0”为采样次数设定正常。

bit12：“1”为增益、偏移量的调整被参数禁止；“0”为增益、偏移量的调整允许。

BFM#30：模块 ID 号。FX2N-4DA 模块的 ID 号为 3020。

5）编程实例

假设某系统要求如下。

通道 1/通道 2：将 PLC 数据寄存器 D0、D1 中的数字量转换为-10～+10V 的模拟电压输出。

通道 3：将 PLC 数据寄存器 D2 中的数字量转换为 4～20mA 模拟电流输出。

通道 4：将 PLC 数据寄存器 D3 中的数字量转换为 0～20mA 模拟电流输出。

PLC 控制程序如图 3-17 所示。

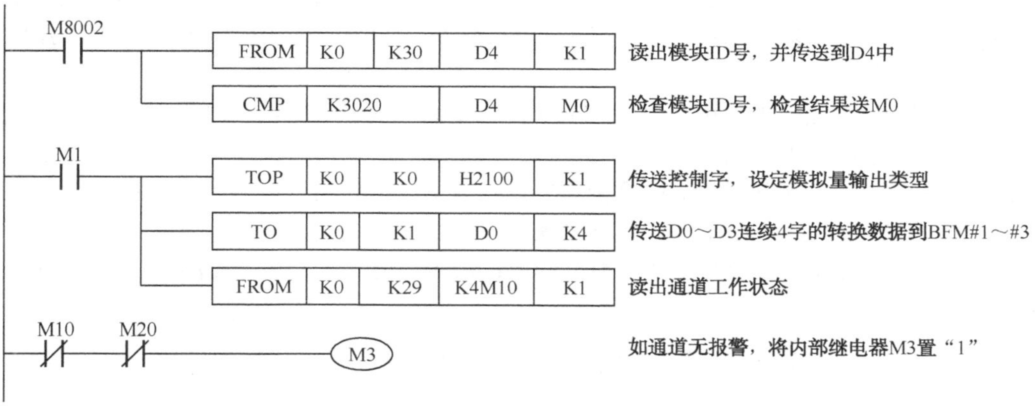

图 3-17　FX_{2N}-4DA 编程实例

6）诊断与检查

（1）初步检查。

① 检查输入接配线和扩展电缆是否正确连接到 FX_{2N}-4DA 模拟量模块上。

② 检查有无违背 FX_{2N} 系统配置原则。例如，特殊功能模块不能超过 8 个，系统的 I/O 点不能超过 256 个。

③ 确保应用中选择正确的输入模式。

④ 检查在 5V 或 24V 电源上有无过载。应注意，FX_{2N} 主单元或有源扩展单元的负载是根据所连接扩展模块或特殊功能模块的数目而变化的。

⑤ 设置 FX_{2N} 主单元为 RUN 状态。

（2）错误发生检查。

如果功能模块 FX_{2N}-4DA 不能正常运行，应检查下列项目：

① 检查电源 LED 指示灯的状态。点亮时扩展电缆正确连接；熄灭或闪烁时检查扩展电缆的连接情况。同时检查 5V 电源容量。

② 检查“24V” LED 指示灯状态（在 FX_{2N}-4DA 右上角）。点亮时 FX_{2N}-4AD 正常，DC 24V 电源正常；熄灭时可能是 DC 24V 电源故障或 FX_{2N} 故障。

③ 检查“A/D” LED 指示灯状态（在 FX_{2N}-4DA 右上角）。闪烁时 D/A 转换正常运行；熄灭时 FX_{2N}-4DA 发生故障。

④ 检测连接到每个模块的输出端子的外部负载阻抗有没有超出 FX_{2N}-4DA 可以驱动的容量（电压输出：2kΩ～1MΩ；电流输出：500Ω）。

⑤ 用电流表或电压表检查输出电压或电流是否符合输出标定值，如果不符合，调整零点和增益值。

3.1.6 温度扩展模块

温度控制是模拟量控制中应用比较多的物理量控制，一般的温度传感器（热电阻和热电偶）只能将温度转换成电量，还必须通过变送器将非标准电量转换成标准电量才能送到 A/D 转换模块或控制端口。三菱生产商为了方便温度传感器的接入，特意开发了温度传感器用模拟量输入模块 FX_{2N}-4AD-PT 和 FX_{2N}-4AD-TC。它们可以直接外接热电阻和热电偶，而变送器和 A/D 转换均由模块自动完成。

FX_{2N}-4AD-PT 是热电阻（铂电阻）PT100 传感器输入模拟量模块，FX_{2N}-4AD-TC 是热电偶（K 型、J 型）传感器输入模拟量模块。

相较于模拟量输入/输出模块，温度传感器输入模块应用要简单很多，除了通道字采样字外，基本上就是数据的读取，不存在标定调整问题。

两种温度传感器输入模块都有两种温度读取：摄氏温度（℃）和华氏温度（℉），应用时必须注意。

1. 热电阻 Pt100 温度传感器输入模块 FX_{2N}-4AD-PT

FX_{2N}-4AD-PT 模块采用铂金测温电阻（Pt100，三线式）温度传感器输入，有 4 个通道温度传感器输入。测定单位可以是摄氏度，也可以是华氏度。

1）性能规格

FX_{2N}-4AD-PT 温度传感器输入模块性能规格如表 3-7 所示。

表 3-7 FX_{2N}-4AD-PT 温度传感器输入模块性能规格表

项　目	摄氏度（℃）	华氏度（℉）
输入信号	铂金测温电阻 3 线式 4 通道	
传感器电流	1mA（定电流方式）	
额定温度范围	-100～600℃	-148～1112℉
有效数字量输出	K：-1000～6000	-1480～11120
分辨率	0.2～0.3℃	0.36～0.54℉
综合精度	±1.0%（满量程）	

续表

项　　目	摄氏度（℃）	华氏度（℉）
转换速度	15ms×4 通道	
隔离方式	输入和 PLC 的电源间采用光耦及 DC/DC 转换器进行隔离	
电源	DC 5V 30mA（PLC 内部供电），DC 24V 50mA（外部供电）	
占用 PLC 点数	8 点	
适用 PLC	FX_{1N}、FX_{2N}、FX_{3U}、FX_{2NC}、FX_{3UC}	

2）模块连接

FX_{2N}-4AD-PT 的接线图如图 3-18 所示。

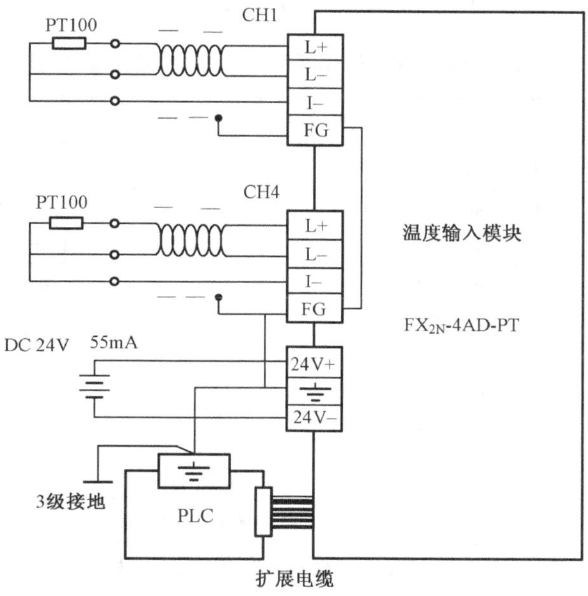

图 3-18　FX_{2N}-4AD-PT 的接线图

接线时应注意以下几点：

（1）应使用三导线的 Pt100 传感器电缆作为模拟输入的电缆，并且和电源线或其他可能产生电气干扰的接线隔离开，三导线法可以通过压降补偿的方法来提高传感器的精度。

（2）如果存在电气干扰，将外壳地线端子（PG）连接到模块的接地端与 FX_{2N} 基本单元的接地端。

3）输出特性

FX_{2N}-4AD-PT 模块的输出特性如图 3-19 所示。这里有两种温度单位：一种是摄氏温度（℃）；另一种是华氏温度（℉），可以根据需要选择。

2. 热电偶温度传感器输入模块 FX_{2N}-4AD-TC

FX_{2N}-4AD-TC 采用热电偶（K 型、T 型）温度传感器输入。测定单位可以是摄氏度，也可以是华氏度。

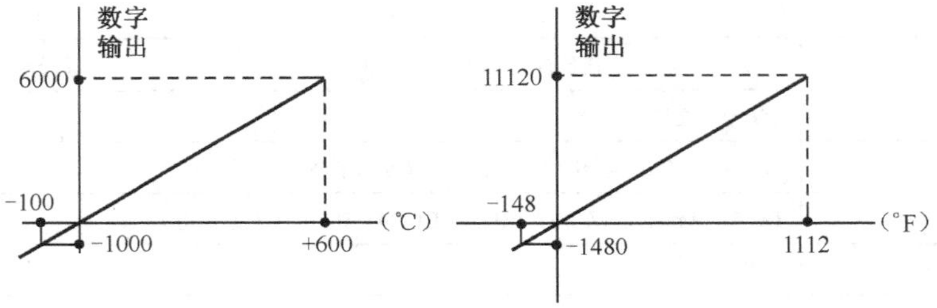

图 3-19　FX_{2N}-4AD-PT 模块的输出特性

1）性能规格

FX_{2N}-4AD-TC 温度传感器输入模块性能规格如表 3-8 所示。

表 3-8　FX_{2N}-4AD-TC 温度传感器输入模块性能规格表

项　目	摄氏度（℃）	华氏度（℉）
输入信号	热电偶 K、J 型 4 通道	
额定温度范围	K：-100～1200℃ J：-1000～6000℃	K：-148～2192℉ J：-148～1112℉
有效数字量输出	K：-1000～12000 J：-100～6000	K：-1480～21920 J：-1480～11120
分辨率	K：0.4℃ J：0.3℃	K：0.72℉ J：0.54℉
综合精度	±0.5%（满量程+1℃）	
转换速度	(240ms±2%)×4 通道（不包括不使用通道）	
隔离方式	输入和 PLC 的电源间采用光耦及 DC/DC 转换器进行隔离	
电源	DC 5V 30mA（PLC 内部供电），DC 24V 50mA（外部供电）	
占用 PLC 点数	8 点	
适用 PLC	FX_{1N}、FX_{2N}、FX_{3U}、FX_{2NC}、FX_{3UC}	

2）模块连接

FX_{2N}-4AD-TC 的接线图如图 3-20 所示。

接线时应注意以下几点：

（1）与热电偶连接的温度补偿电缆如下。

类型 K：DX-G、KX-GS、KX-H、KX-HZ、WX-H、VX-G。

类型 J：JX-G、JX-H。

对于每 10Ω的线阻抗，补偿电缆指示出它比实际温度高 0.12℃，使用前应检查线阻抗。长的补偿电缆容易受到噪声的干扰，因此建议使用长度小于 100m。

（2）不使用的通道在正、负端子之间接上短路线，以防止在这个通道上检测到错误。

（3）如果存在过大的噪声，在本单元上，将 SLD 端子接到地端子上。

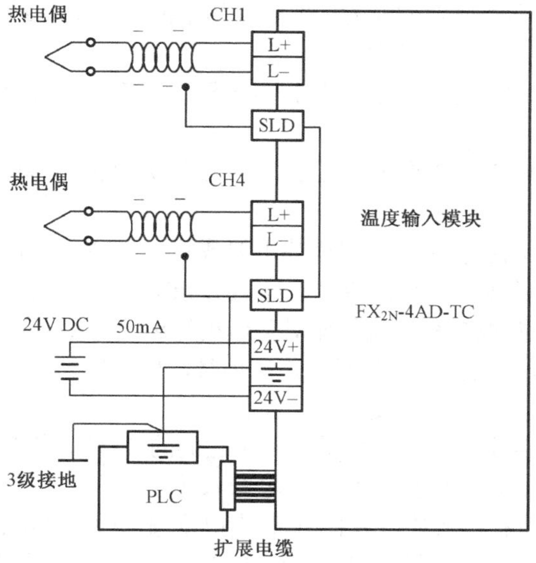

图 3-20　FX_{2N}-4AD-TC 的接线图

3）输出特性

FX_{2N}-4AD-TC 模块的输出特性如图 3-21 所示。这里有两种温度单位：一种是摄氏温度（℃）；另一种是华氏温度（℉），可以根据需要选择。

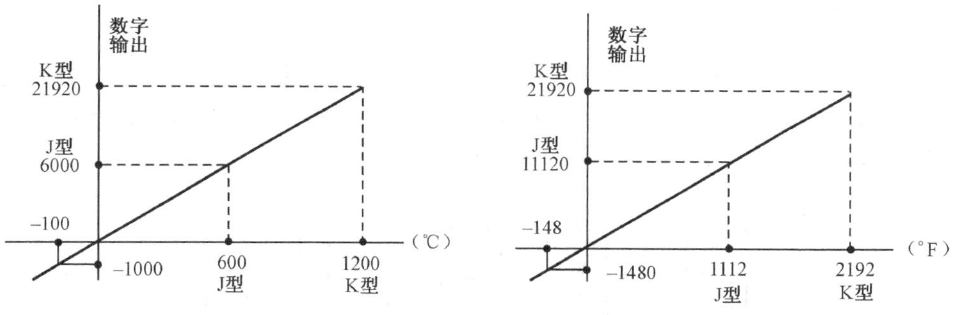

分别在校正参考点0℃/32°F（0/320）所给的读数。（受限于总体精度）

图 3-21　FX_{2N}-4AD-TC 的输出特性

3.2　西门子 S7-200 系列 PLC 的模拟量扩展模块

3.2.1　PLC 对模拟量的处理

在工业控制中，某些输入量（如压力、温度、流量、转速等）是模拟量，某些执行机构（如电动调节阀和变频器等）要求 PLC 输出模拟量信号，而 PLC 的 CPU 只能处理数字量。

模拟量首先被传感器和变送器转换为标准量程的电流或电压，如 4～20mA、1～5V、0～10V，PLC 用 A/D 转换器将它们转换成数字量。

D/A 转换器将 PLC 中的数字量转换为模拟量电压或电流，再去驱动执行机构，从而达到控制物理量的目的。

模拟量 I/O 模块的主要任务就是实现 A/D 转换（模拟量输入）和 D/A 转换（模拟量输出），以满足 PLC 控制的要求。

例如，在温度闭环控制系统中，炉温用热电偶或热电阻检测，温度变送器将温度转换为标准量程的电流或电压后送给模拟量输入模块，经 A/D 转换后得到与温度成正比的数字量，CPU 将它与温度设定值比较，并按某种控制规律对差值进行运算，将运算结果（数字量）送给模拟量输出模块，经 D/A 转换后变为电流信号或电压信号，用来控制电动调节阀的开度，通过它控制加热用的天然气的流量，实现对温度的闭环控制。

A/D 转换器和 D/A 转换器的二进制位数反映了它们的分辨率，位数越多，分辨率越高。S7-200 的模拟量扩展模块中 A/D、D/A 转换器的位数均为 12 位。

S7-200 有 5 种模拟量扩展模块，包括 4 路模拟量输入模块 EM231、2 路模拟量输出模块 EM232、4 路模拟量输入/1 路模拟量输出混合模块 EM235、4 路热电偶输入模块 EM231 和 2 路热电阻输入模块 EM231，可以根据实际情况来选择合适的转换模块。

S7-200 的模拟量模块使用比较简单，只要正确地选择好模块，了解接线方法并对模块正确地接线，不需要过多的准备与操作，就能顺利地实现模拟量的输入与输出。

3.2.2 模拟量输入模块

模拟量输入模块是把来自现场设备的标准信号，经过滤波去掉干扰信号后，再通过 A/D 转换，将模拟量信号变换成 PLC 能够处理的数字信号，然后经过光耦合器隔离后传送给 PLC 内部电路，供 PLC CPU 处理。这一过程如图 3-22 所示。

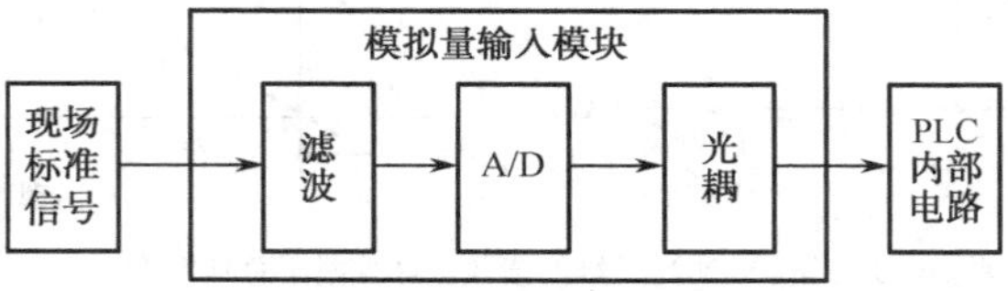

图 3-22　模拟量输入信号处理过程

EM231 和 EM235 模拟量输入模块的一些重要参数及说明如表 3-9 所示，其中包括用户在选型时最关心的模块极性、转换量程、输入/输出电压范围和 A/D 转换时间等参数。

表 3-9　EM231 和 EM235 模拟量输入模块重要参数及说明

模 块 型 号	EM231	EM235
订货号	6ES7 231-0HC21-0XA0	6ES7 235-0KD21-0XA0
功能	4 路模拟量输入	4 路模拟量输入，1 路模拟量输出
双极性，满量程	−32000～+32000	−32000～+32000
单极性，满量程	0～32000	0～32000
DC 输入阻抗	≥10MΩ电压输入，250Ω电流输入	≥10MΩ电压输入，250Ω电流输入

续表

模块型号	EM231	EM235
输入滤波衰减	−3dB，3.1kHz	−3dB，3.1kHz
最大输入电压	DC 30V	DC 30V
最大输入电流	32mA	32mA
精度：双极性 精度：单极性	11 位，加符号位 12 位	11 位，加符号位 12 位
隔离	无	无
输入类型	差分	差分
电压输入范围	可选择的，见表 1-7	可选择的，见表 1-8
电流输入范围	0～20mA	0～20mA
输入分辨率	可选择的，见表 1-7	可选择的，见表 1-8
转换时间	<250μs	<250μs
模拟输入阶跃响应	1.5ms 到 95%	1.5ms 到 95%
共模抑制	40dB，DC 到 60Hz	40dB，DC 到 60Hz
共模电压	信号电压加共模电压必须小于或等于±12V	
电源	DC 24V	

带正、负号的电流或电压在 A/D 转换后用二进制补码表示。对于不同的输入，都应该设置硬跳线（拨码开关）或软跳线（参数设定）。模拟量输入模块有多种单极性、双极性直流电流、电压输入量程，可以用模块上的 DIP 开关来设置，如表 3-10 和表 3-11 所示。

表 3-10　EM231 模拟量输入模块配置

单极性			满量程输入	分辨率
SW1	SW2	SW3		
ON	OFF	ON	0～10V	2.5mV
	ON	OFF	0～5V	1.25mV
			0～20mA	5μA
双极性			**满量程输入**	**分辨率**
SW1	SW2	SW3		
OFF	OFF	ON	±5V	2.5mV
	ON	OFF	±2.5V	1.25mV

表 3-11　EM235 模块组态配置

单极性						满量程输入	分辨率
SW1	SW2	SW3	Sw4	SW5	SW6		
ON	OFF	OFF	ON	OFF	ON	0～50mV	12.5μV
OFF	ON	OFF	ON	OFF	ON	0～100mV	25μV
ON	OFF	OFF	OFF	ON	ON	0～500mV	125μV

续表

单 极 性						满量程输入	分 辨 率
SW1	SW2	SW3	Sw4	SW5	SW6		
OFF	ON	OFF	OFF	ON	ON	0～1V	250μV
ON	OFF	OFF	OFF	OFF	ON	0～5V	1.25mV
OFF	ON	OFF	OFF	OFF	ON	0～10V	2.5mV
ON	OFF	OFF	OFF	OFF	ON	0～20mA	5μA
双 极 性						满量程输入	分 辨 率
SW1	SW2	SW3	Sw4	SW5	SW6		
ON	OFF	OFF	ON	OFF	OFF	±25mV	12.5μV
OFF	ON	OFF	ON	OFF	OFF	±50mV	25μV
OFF	OFF	ON	ON	OFF	OFF	±100mV	50μV
ON	OFF	OFF	OFF	ON	OFF	±250mV	125μV
OFF	ON	OFF	OFF	ON	OFF	±500mV	250μV
OFF	OFF	ON	OFF	ON	OFF	±1V	500μV
ON	OFF	OFF	OFF	OFF	OFF	±2.5V	1.25mV
OFF	ON	OFF	OFF	OFF	OFF	±5V	2.5mV
OFF	OFF	ON	OFF	OFF	OFF	±10V	5mV

表 1-7 中，SW1 规定了输入信号的极性（ON 配置模块按单极性转换，OFF 配置模块按双极性转换），SW2 和 SW3 的设置分别配置了模块的不同量程和分辨率。表 1-8 中，SW1、SW2 和 SW3 规定了衰减，SW4 和 SW5 规定了增益，SW6 规定了输入信号的极性（ON 表示输入信号为单极性，OFF 表示输入信号为双极性）。

开关的设置应用于整个模块，一个模块只能设置为一种测量范围，开关设置只有在重新上电后才能生效。

模拟量输入模块的输入信号经 A/D 转换后的二进制数在 CPU 中的存放格式如图 3-23 所示。模拟量转换为数字量的 12 位读数是左对齐的，MSB 和 LSB 分别是最高有效位和最低有效位。最高有效位是符号位，0 表示正值，1 表示负值。在单极性格式中，最低位是 3 个连续的 0，相当于 A/D 转换值被乘以 8。在双极性格式中，最低位是 4 个连续的 0，相当于 A/D 转换值被乘以 16。

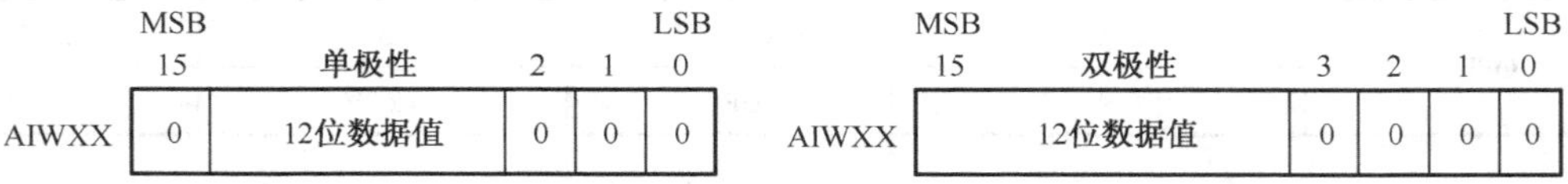

图 3-23　模拟量输入数据字的格式

将模拟量输入模块的输出值转换为实际的物理量时应考虑变送器的输入/输出量程和模拟量输入模块的量程，找出被测物理量与 A/D 转换后的数字值之间的比例关系。

【例 4】 某发电机的电压互感器的电压比为 10kV/100V（线电压），电流互感器的电流比为 1000A/5A，功率变送器的额定输入电压和额定输入电流分别为 AC 100V 和 5A，额定输出电压为 DC ±10V，模拟量输入模块将 DC ±10V 输入信号转换为数字−32000～+32000。

设转换后得到的数字为 N，试求以 kW 为单位的有功功率值。

解：在设计功率变送器时已考虑了功率因数对功率计算的影响，因此在推导转换公式时，可以按功率因数为 1 来处理。根据互感器额定值计算的一次回路的有功功率额定值为

$$\sqrt{3}\times 10000\times 1000\text{W}=17321000\text{W}=17321\text{kW}$$

由以上关系不难推算出互感器一次回路的有功功率与转换后的数字值之间的关系为 17321/32000kW/字。设转换后的数字为 N，如果以 kW 为单位显示功率 P，采用定点数运算时的计算公式为

$$P=(N\times 17321/32000)\text{kW}$$

【例 5】 量程为 0～10MPa 的压力变送器的输出信号为 DC 4～20mA，模拟量输入模块将 0～20mA 转换为 0～32000 的数字量，设转换后得到的数字为 N，试求以 kPa 为单位的压力值。

解：4～20mA 的模拟量对应于数字量 6400～32000，即 0～10000kPa 对应于数字量 6400～32000，压力的计算公式应为

$$P=\left[\frac{(10000-0)}{(32000-6400)}(N-6400)\right]\text{kPa}=\frac{100}{256}(N-6400)\text{kPa}$$

3.2.3　模拟量输出模块

模拟量输出模块是把 PLC 输出的数字量经光耦合器后，再经过 D/A 转换器后，将数字信号转换成模拟信号，经过运算放大器后驱动输出，该过程如图 3-24 所示。

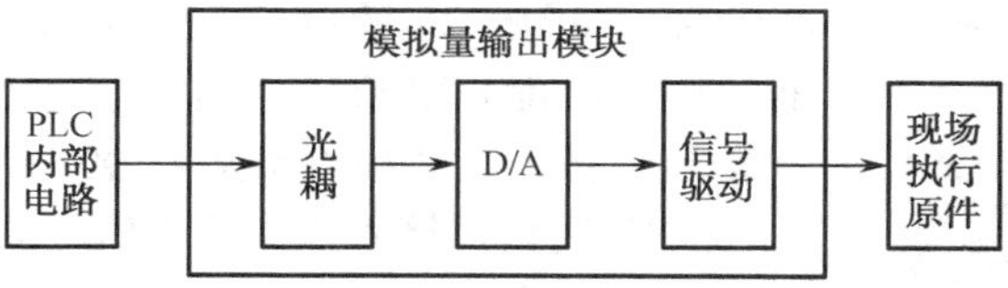

图 3-24　模拟量输出信号处理过程

EM232 和 EM235 模拟量输出模块的一些重要参数及说明如表 3-12 所示，其中包括用户在选型时最关心的量程、输入/输出电压范围和 D/A 转换时间等参数。

表 3-12　EM232 和 EM235 模拟量输出模块重要参数及说明

模块型号		EM232	EM235
订货号		6ES7 231-0HB21-0XA0	6ES7 235-0KD21-0XA0
功能		4 路模拟量输入	4 路模拟量输入 1 路模拟量输出
隔离		无	无
电源		DC 24V	DC 24V
信号范围	电压输出 电流输出	±10V 0～20mA	±10V 0～20mA
分辨率（满量程）	电压 电流	12 位，加符号位 11 位	11 位，加符号位 11 位

续表

模块型号		EM232	EM235
数据字格式	电压	-32000～+32000	-32000～+32000
	电流	0～32000	0～32000
精度（25℃，满量程）	电压输出	±0.5%	±0.5%
	电流输出	±0.5%	±0.5%
建立时间	电压输出	100μs	100μs
	电流输出	2ms	2ms
最大驱动	电压输出	5kΩ最小	5kΩ最小
	电流输出	500Ω最大	500Ω最大

对于模拟量输出模块的选择，应该注意模块的信号输出范围、数字格式、精度和驱动能力等。

经 PLC CPU 模块处理后的 12 位数字输出格式如图 3-25 所示。模拟量输出数据字是左对齐的，最高有效位是符号位，0 表示正值。最低位是 4 个连续的 0，在将数据字装载到 DAC 寄存器之前，低位的 4 个 0 被截断，不会影响输出信号值。

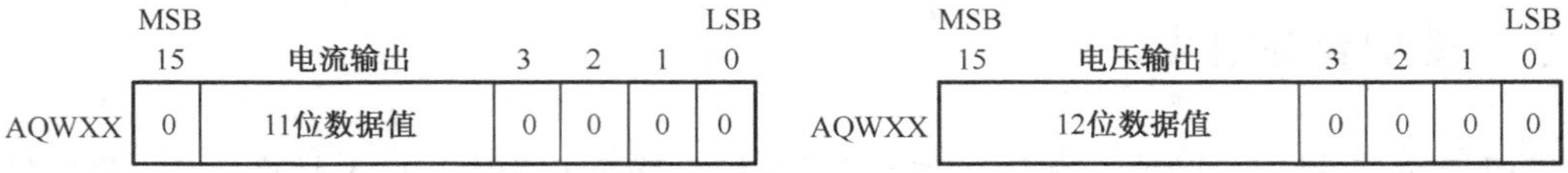

图 3-25　模拟量输出数据字的格式

EM235 是最常用的模拟量扩展模块（如图 3-26 所示），它实现了 4 路模拟量输入和 1 路模拟量输出功能。EM235 模拟量扩展模块的接线方法，对于电压信号，按正、负极直接接入 X+和 X-；对于电流信号，将 RX 和 X+短接后接入电流输入信号的“+”端；未连接输入信号的通道要将 X+和 X-短接。模块左下部的 M 和 L+端接入 DC 24V 电源。右端与之相邻的分别是校准电位器和组态配置开关 DIP。

图 3-26　EM235 模块

需要注意的是，为避免共模电压，需将 M 端与所有信号负端连接。

每个模拟量扩展模块的寻址按扩展模块的先后顺序进行排序，其中，模拟量根据输入、输出不同分别排序。模拟量的数据格式为一个字长，所以地址必须从偶数字节开始，精度为 12 位；模拟量值为 0～32000 的数值。

输入格式：AIW[起始字节地址]。

输出格式：AQW[起始字节地址]。

每个模拟量输入模块，按模块的先后顺序地址为固定的，顺序向后排，如 AIW0，AIW2，AIW4…

每个模拟量输出模块占两个通道，即使第一个模块只有一个输出 AQW0（EM235 只有一个模拟量输出），第二个模块模拟量输出地址也应从 AQW4 开始寻址，依此类推。

3.2.4 温度扩展模块

温度是工业控制过程中最常见的一种模拟量，由于温度传感器在测温过程中输出的不是标准意义上的0～10V或4～20mA等线性信号，因此都需要对此进行转换。西门子S7-200 PLC在接温度传感器时不能使用普通的模拟量输入模块，而必须采用专用的温度模拟量模块，而且传感器不同时，模块类型也不同。温度传感器使用最多的是热电偶和热电阻，现分别加以说明。

1. 热电偶扩展模块

EM231热电偶模块具有冷端补偿电路，如果环境温度迅速变化，则会产生额外的误差，建议将热电偶模块安装在环境温度稳定的地方。热电偶输出的电压范围为±80mV，模块输出15位加符号位的二进制数。

4路输入热电偶模块EM231可以与J、K、E、N、S、T和R型热电偶配套使用。它允许S7-200 PLC连接微小的模拟量信号。用户必须用模块上的DIP开关来选择热电偶的类型（见表3-13）、选择断线检测方向（见表3-14）、选择断线检测使能（见表3-15）、选择温度测量单位（见表3-16）、选择冷端补偿（见表3-17）。

表3-13 选择热电偶的类型

开关设置			热电偶类型	描述
SW1	SW2	SW3		
OFF	OFF	OFF	J	开关1～3为模块上的所有通道选择热电偶类型（或mV操作）。例如，选E类型，热电偶开关SW1=OFF，SW2=ON，SW3=ON 将DIP开关4设定为OFF（向下）位置
OFF	OFF	ON	K	
OFF	ON	OFF	T	
OFF	ON	ON	E	
ON	OFF	OFF	R	
ON	OFF	ON	S	
ON	ON	OFF	N	
ON	ON	ON	±80mV	

表3-14 选择断线检测方向

开关设置	断线检测方向	描述
SW5		
OFF	正向标定 （+3276.7度，华氏或摄氏）	0指示正向断线检测 1指示负向断线检测
ON	负向标定 （-3276.7度，华氏或摄氏）	

表 3-15　选择断线检测使能

开关设置	断线检测使能	描　述
SW6		
OFF	使能	通过加上 25μA 电流到输入端进行断线检测
ON	禁止	

表 3-16　选择温度测量单位

开关设置	温度范围	描　述
SW7		
OFF	摄氏度（℃）	EM231 热电偶模块能够报告摄氏温度和华氏温度，转换在内部进行
ON	华氏度（℉）	

表 3-17　选择冷端补偿

开关设置	冷端补偿	描　述
SW8		
OFF	冷端补偿使能	使用热电偶必须进行冷端补偿。如果没有使能冷端补偿，模块的转换会出现错误
ON	冷端补偿禁止	

连接到同一个扩展模块上的热电偶必须是相同类型的。改变 DIP 开关后必须将 PLC 断电后再通电，新的设置才能起作用。

2. 热电阻扩展模块

热电阻的接线方式有 2 线、3 线和 4 线 3 种，4 线方式的精度最高，因为受接线误差的影响，2 线方式的精度最低。2 路输入热电阻模块 EM 231 可以通过 DIP 开关来选择热电阻的类型、接线方式、测量单位和开路故障的方向。

连接到同一个扩展模块上的热电阻必须是相同类型的。改变 DIP 开关后必须将 PLC 断电后再通电，新的设置才能起作用。

第 4 章　PLC 数据通信基础

把 PLC 与 PLC、PLC 与计算机、PLC 与人机界面或 PLC 与智能装置通过信道连接起来，实现通信，以构成功能更强、性能更好、信息流畅的控制系统，可提高 PLC 的控制能力及扩大 PLC 控制地域，可便于对系统监视与操作，可简化系统安装与维修，可使自动化从设备级发展到生产线级、车间级以至于工厂级，实现在信息化基础上的自动化，为实现智能化工厂、透明工厂及全集成自动化系统提供技术支持。

4.1　PLC 数据通信概述

4.1.1　数据通信系统组成

只要两个系统之间存在信息交换，那么这种交换就是通信。通过对通信技术的应用，可以实现在多个系统之间的数据传送、交换和处理。一个通信系统，从硬件设备来看，是由发送设备、接收设备、控制设备和通信介质等组成的。从软件方面来看，还必须有通信协议和通信软件的配合。如图 4-1 所示为一个通信系统的组成关系。

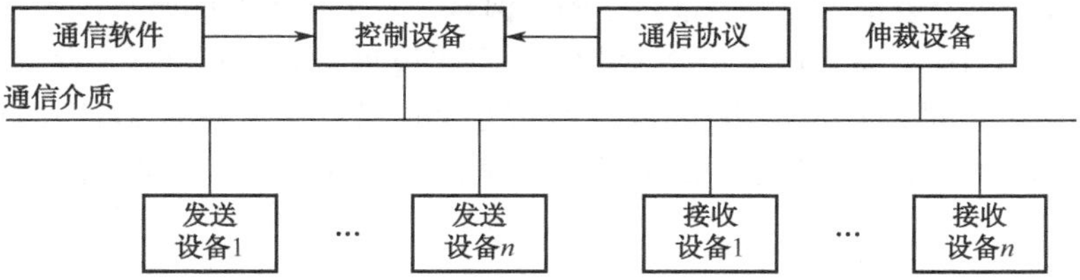

图 4-1　通信系统组成关系示意图

对一个数据通信系统来说，可以有多个发送设备和多个接收设备，而且，有的通信系统还有专门的仲裁设备来指挥多个发送设备的发送顺序，避免造成数据总线的拥堵和死锁。

在数据通信系统中，一个通信设备的功能是多样的。有些设备在它发送数据的同时，也可以接收来自其他设备的信息。有些设备虽然只能接收数据，但同时也可以发送一些反馈信息。控制设备则是按照通信协议和通信软件的要求，对发送和接收之间进行同步协调，确保信息发送和接收的正确性和一致性。通信介质是数据传输的通道，不同的通信系统，对于通信介质在速度、安全、抗干扰性等方面也有不同的要求。通信协议则是通信双方所约定的通信规程，它的作用规定了数据传输的硬件标准、数据传输的方式、数据通信的数据格式等各种数据传送的规则，这是数据通信所必需的，其目的是更有效地保证通信的正确性，更充分地利用通信资源和保存通信的顺畅。通信软件是人与通信系统之间的一个接口，使用者通过通信软件了解整个通信系统的运作情况，进而对通信系统进行各种控制和管理。

PLC 通信是指 PLC 与计算机、PLC 与 PLC 之间及 PLC 与外部设备之间的通信系统。PLC 通信的目的就是要将多个远程 PLC、计算机及外部设备进行互联，通过某种共同约定的通信方式和通信协议，进行数据信息的传输、处理和交换。用户既可以通过计算机来控制和监视多台 PLC 设备，也可以实现多台 PLC 之间的联网以组成不同的控制系统，还可以直接用 PLC 对外围设备进行通信控制。PLC 与变频器、温控仪、伺服、步进等控制就是这种类型的控制。

4.1.2 PLC 数据通信的目的

链接或联网是 PLC 通信的物质基础，而实现通信才是 PLC 联网的目的。PLC 通信的根本目的是与通信对象交换数据，增强 PLC 的控制功能，实现被控制系统的全盘自动化、远程化、信息化及智能化。

1. 扩大控制地域及增大控制规模

PLC 多安装于工业现场，用于当地控制。但如果进行联网，则可实现远程控制，实现控制的远程化。距离近的可以为几十米至几百米，远的可达几千米或更远，扩大了 PLC 的控制地域。

联网后还可增加 PLC 可控制的 I/O 点数。这里，尽管每台 PLC 控制的 I/O 点数不变（有的 PLC，加远程单元后，也可增加 I/O 点数），但由于联网后为多台控制，其总点数为参与联网的 PLC 控制点数之和。显然，其可控制的规模要比单个 PLC 的规模大。

两个或若干中型机联网，由于提高了控制能力，可以达到一个大型机的控制点数，而费用比大型机要低得多。因而，用小型 PLC 联网去替代大型 PLC，已成为一个趋势。

2. 实现系统的综合及协调控制

用 PLC 实现对单个设备的控制是很方便的。但若有若干设备要协调工作，用 PLC 控制，较好的办法是联网。即每个设备各用一个 PLC 控制，而这些 PLC 再进行联网。设备的单独工作各由各的 PLC 控制，而设备间的工作协调则靠联网后 PLC 间的数据交换解决，以达到协调控制的目的。

PLC 联网后可对若干设备及装置组成的生产线进行综合控制，把对设备级的控制提高到对生产线的控制。

3. 简化系统布线、维修并提高其工作的可靠性

联网后可简化布线，因为 PLC 与 PLC 间尽管要交换的数据很多，但通信媒介都是通信线。通信线仅两根，最多的也只有三四根，比一个信号用一对接线要少得多，所以用联网实现控制，其布线要比仅用一台 PLC 布线要简单得多。

布线简单既可节省硬件开支，还便于系统维修。

同时，联网后各 PLC 可相对独立地进行工作，只要协调好了，个别站出现故障，并不影响其他站工作，更不至于全局瘫痪。故进行联网可提高系统工作的可靠性，降低系统的故障风险。

4. 实现计算机监控与数据采集

由于计算机具有强大的信息处理及信息显示功能，工业控制系统已越来越多地利用计算机

对系统进行监控与数据采集。而要计算机实现这个功能，则必须使PLC与计算机联网，并运用相应的预先设计好的监控软件。

PLC与计算机联网，可以：

（1）读取PLC工作状态及PLC所控制的I/O点的状态，并显示在计算机的屏幕上，以便于人们了解PLC及其控制设备的工作状态。

（2）改变PLC工作状态及向PLC写数据。这样可改变PLC所控制的设备的工作状况或改变PLC的工作模式，起到人为干预控制的作用。

（3）读取由PLC所采集的数据，并进行处理、存储、显示及打印，以便于人们更好地使用现场数据。

这个工作也称为监视与数据采集（Supervisory Control And Data Acquisition，SCADA）是实现在信息化基础上自动化的一个重要工作。

5. 实现人机界面的监控及管理

人机界面（Human Machine Interface，UMI）或可编程终端（PT），既可显示数据，又可写入数据，具有较强大的信息采集及信息显示功能，近来已用得越来越多。

用人机界面与PLC通信，可从PLC读取数据并予以显示；也可把向它写入的数据再传送给PLC，改变PLC的状态或输出，实现对PLC或系统的控制。

为此，也要先在计算机上运用有关工具软件，设计好数据显示及写入的画面，做好有关设定，再进行编译。编译通过后，下载给人机界面。有了这个下载的应用，并与PLC联机后，人机界面才能从PLC读取数据及向PLC写数据。

虽然它的功能不如计算机，但它的体积小、工作可靠，很适合于工业环境。在一定程度上也可起到SCADA的作用。

6. 实现PLC用计算机编程及调试

PLC编程是较麻烦的。若用手持编程器，通过助记符编程则更麻烦。但若用计算机与PLC联网，再使用相应的编程软件，则可使用梯形图或流程图语言编程，甚至还可用其他高级语言编程，比较方便。

而且用计算机编程，还可对所编的程序进行语法检查，便于发现与查找程序错误。同时，计算机编程还可对输入点的状态进行强制置位或复位，可模拟现场情况运行程序，进而可发现与解决程序中语义方面的问题。

此外，计算机编程还可存储、打印程序，或者把程序写入ROM中等，便于程序的移植及重用。

所以，使用与计算机联网，进行PLC编程已是一个趋势。有的厂家的高级PLC编程器，实质就是笔记本式个人计算机。它与PLC相连，实际是一种链接（Host Link），就是此趋势的体现。

7. 实现现场智能装置管理

工业现场的普通开关量及模拟量输入、输出等装置都是通过信号线与PLC的I/O点相连，直接由PLC管理。而智能装置，包括智能设备、智能仪表、智能传感器、条形码扫描器、运动秤及其他设备等，都有自身的CPU、内存及通信接口，自身可采集或使用数据，可通过通信接口与PLC（也应配有相应的接口）联网。PLC可用通信交换数据的方法，实施对这些装置的管理，以提高控制的及时性、精度及抗干扰能力，以及推进控制的远程化、信息化。只是这些智能装置价格较高，一般系统是不用的。

8. 实现 PLC 控制信息化、智能化

PLC 联网，最重要的一点是实现 PLC 控制的信息化、智能化。

信息化是当今信息社会的潮流，已给世界带来了巨大的经济效益与社会效益。而企业的信息化管理，推行企业资源计划（ERP）、信息执行系统（MES），甚至产品生命周期计划（PLM），更是给企业带来了不可估量的效益，所以，使用 PLC 进行控制的同时，也要考虑到如何推进信息化，或者说要在信息化的基础上推进自动化。而 PLC 控制信息化最好的，也是唯一的方法是联网，最终能上信息高速公路，与互联网相接。事实上，现在很多 PLC 都可实现这个链接。有的厂家提出用 PLC 建立智能工厂、透明工厂、全集成系统或 e 自动化，并为此做了很多努力，但它的基本途径还都是靠联网。

智能化是自动化、远程化及信息化的进一步的必然要求。随着自动化、远程化及信息化的推进，系统越来越复杂，如没有智能化的自身管理，以及当地与远程的故障诊断、记录，系统的维修将是相当困难的。但是，要实现智能化，必须有很多可共享的资源，为此必须联网。而要能进行远程系统诊断、维修，则更需要联网。

当然，PLC 与自身的外设，如简易编程器，也有链接、通信，也都有各自的目的等。总之，PLC 通信具体目的有很多，但从根本上讲，主要是交换数据、增强控制功能及实现控制的远程化、信息化和智能化。

4.1.3 PLC 数据通信的类型

1. 按通信对象分

按通信对象分，有 PLC 与 PLC、PLC 与计算机、PLC 与人机界面及 PLC 与智能装置。而这些通信的实现，在硬件上，要使用链接或网络；在软件上，要有相应的通信程序。

1）PLC 与 PLC 间联网通信

西门子 PLC 用标准通信串口建立 PPI、MPI 网。它不仅可用于计算机与 PLC 联网、通信，也可实现 PLC 与 PLC 联网、通信。PPI 使用的协议为西门子的 PPI 协议。可通过运行程序设定，把某 S7-200 站点设为主站。此时，设为主站的 S7-200 机，可以用网络读（NETR）和网络写（NETW）指令，读、写其他 CPU 中的数据。此外，还可通过运行程序设定串口为自由端口模式。这时，其通信协议由用户定义，并可使用中断、发送指令（XMT）和接收指令（RCV）等与通信对象交换数据。MPI 网可使用全局数据设定的方法，实现 S7-300、400 PLC 之间的通信。而最有效的方法还是使用有关通信模块，组成相应通信网络。西门子 PLC 可组成的网络有 PROFIBUS 网、工业以太网，但常用的为 PROFIBUS 网。

三菱 PLC 也可用 RS-485 口，在两 PLC 间建立并行链接、通信或在 N（最多为 16）台 PLC 间建立 N:N 网络链接，相互通信。也可用 RS-232C 口，用执行 RS 通信指令，在 PLC 间进行通信。而最有效的方法还是使用有关通信模块，组成相应通信网络。三菱 PLC 可组成的网络有 MELSECNET/H、MELSECNET/10 等。MELSECNET/H 是高速网络，传送速度为 25/10 Mbit/s。可任意选择，组成光缆或同轴电缆，双环网或总线网。可在两个或多个远程 PLC 间进行高速、大容量的数据通信。一个大型网络，最多可接 239 个网区，每个网区可具有一个主站及 64 个从站。网络距离可达 30km。它还提供浮动主站及网络监控功能。

OMRON PLC 可用标准通信串口建立数据链接网络，或者通过通信指令实现通信，而最有效的方法还是用有关通信模块组成相应通信网络。OMRON PLC 可组成的网络有 COMBOBUS/D 网（即 Device Net 网）、COMBOBUS/S 网、PLC I/O 链接网、PLC 链接网、Control-Link 网、Sysmac-Link 网、Sysmac-Net-Link 网及以太网，但比较常用的是 Control-Link 网。

2）PLC 与计算机间联网通信

西门子 PLC 可用 RS-485 串口建立 PPI（点对点接口，用于 S7-200）、MPI（Mutil Point Inter-face 用于 S7-300、400）网，都是主、从网络，计算机或 SIMATIC 编程器等为主站，PLC 为从站，可进行一对一或一对多（总站点多达 32 个站）通信，而最有效的方法还是使用有关通信模块组成相应通信网络。西门子 PLC 可组成的网络有 PROFIBUS 网、工业以太网，但比较常用的为西门子的工业以太网。

三菱 PLC 可用标准通信串口 RS-232C 口与 PLC 的编程口或 RS-232C 模板、RS-485 模板进行 1∶1 链接通信，或者建立 1∶N（多达 16 台）计算机链接、联网通信。在通信中计算机为主站，PLC 为从站，而最有效的方法还是使用有关通信模块组成相应通信网络。三菱 PLC 可组成的网络有 CC-Link 网、MELSECNET/10、MELSECNET（II）、MELSECNET/B、MELSECNET/H、MELSEC I/O-Link、MELSECNET FX-PN 及以太网，但比较常用的是三菱以太网。

OMRON PLC 可用标准通信串口建立 Host Link 链接或网络。其目的是实现 PLC 与计算机通信，可一台 PLC 与一台（通过 RS-232C）计算机进行链接；一台计算机（通过 RS-422）与多台 PLC；多台计算机与多台 PLC 联网。进行上位链接或联网后，PLC 的编程就可使用计算机。PLC 的工作也可由计算机进行监控。而最有效的方法还是使用有关通信模块，组成相应通信网络。OMRON PLC 可组成的网络有 Control-Link 网、Sysmac-Link 网、Sysmac-Net-Link 网及以太网，但比较常用的是 OMRON 以太网。

3）PLC 与智能装置间联网通信

西门子 PLC 可用 RS-485 串口建立 PPI 网、MPI 网，进行一对一或一对多与智能装置通信，而最有效的方法还是建立设备网，如 PROFIBUS-DP 网、AS-I 网等，常用的为 PROFIBUS-DP 网。

三菱 PLC 可用标准通信串口 RS-232C 口或 RS-485 口，与智能装置进行 1:1 或 1:N 通信。在通信中 PLC 为主站。但最有效的方法是采用三菱的 CC-Link、CC-Link/LT 网。

OMRON PLC 也可用标准通信串口通过通信指令或通信协议宏与智能装置实现通信，交换数据。但更有效的方法是可建立设备网络，具体有 COMBOBUS/D 网（符合 Device Net 网标准）、COMBOBUS/S 网、PLC I/O 链接网，推荐使用的为 Device Net 网。

需要指出的是：计算机早就配备有标准通信串口，PLC、智能装置、人机界面也多配备有通信串口。PLC 还可另配各种串口模块。如这些串口用的为 RS-232 口，那 PLC 与计算机、PLC 与 PLC 及 PLC 与智能装置间就可进行链接，以实现通信。如这些串口为 RS-485 或 RS-422 口，也还可在计算机与 PLC、PLC 与 PLC 及 PLC 与智能装置间链接成网络，以进行一站点对多站点、多站点对多站点或站点间相互通信。这是 PLC 链接或联网最简单，也是最基本的解决方案。

2. 按通信方法分

PLC 联网的目的是为了与通信对象通信及交换数据，得以与通信对象进行信息沟通或相互控制。而有了网络又该怎样运用这些网络与通信对象通信、交换数据呢？有很多方法！具体将取决于运用什么网络，与什么对象通信及 PLC 型别、性能。大体的方法有：用地址映射通信、用地址链接通信、用通信命令通信、用串口通信指令（对 OMRON 还有协议宏）通信、用网络通信指令通信及用工具软件通信。

1）用地址映射通信

用地址映射进行通信，多用于主、从网或设备网。这种通信，用户所要做的只是编写有关的数据读/写程序。只是它所交换的数据量不大，大多只有一对输入/输出通道，故只能用于较底层的网络上。

地址映射要使用相关 I/O 链接模块。此模块上用于传送数据的 I/O 区有双重地址。在主站，主站 PLC 为其配置地址；在从站，从站 PLC 为其配置地址。而且，对主站为输出区，而在从站则为输入区；反之，也类似。通信程序的基本算法如下。

主站向从站发送数据：主站要执行相关指令，把要传的数据写入 I/O 链接模块的主站写区；而从站也要执行相关指令，读此从站读区。从站向主站发送数据：从站要执行相关指令，把要传的数据写入 I/O 链接模块的从站写区；而主站也要执行相关指令，读此主站读区。

为了安全，还可增加定时监控。看发出的控制命令在预定的时间内是否得到回应，未能按时回应，可做相应显示或处理。

2）用地址链接通信

用地址链接通信又称数据链接（Data Link）通信，也是用数据单元通信，只是参与通信的数据单元在通信各方用相同的地址。三菱称之为循环通信（Cyclic Communication），多用于控制网。西门子的 MPI 网把它称为“全局数据包通信”。发送数据的站点用广播方式发送数据，同时被其他所有站点接收。而那个站点成为发送站点，由“令牌”管理。谁拥有“令牌”，谁就成为发送站点。这个“令牌”实质是二进制代码，轮流在通信的各站点间传送。无论是管理网络的主站，还是被管理的从站，都同样有机会拥有这个“令牌”。链接通信交换的数据量比地址映射通信要大，速度也高，是很方便、可靠的 PLC 间的通信方法。

地址链接通信与地址映射相同的是通信过程都是系统自动完成的。不同的是，前者参与通信的数据区在各 PLC 的编址是相同的，而且，可实现多台 PLC 链接；而后者是不同的，虽有对应的映射地址，但只能在主、从 PLC 之间映射、通信。

为了实现地址链接通信，前提是要做好有关地址链接组态，要确定参与数据区及其使用地址，并为参与链接的各 PLC 指定写区、读区。

地址链接通信的算法基本上与地址映射通信相同，也是发送方在其写区写数据，接收方在其读区读数据，所差的只是在多台 PLC 链接时，数据间的相互关系稍复杂些。

3）用通信协议通信

任何网络除了要按物理层协议接线，同时还要弄清有关高层协议。例如，OMRONC、CS 系列机串口通信可使用 Host Link 协议（CS 机还可用 FINS 协议），网络通信可用 FINS 协议。又如，西门子 PPI 网可用 PPI 协议，MPI 网可用 MPI 协议（这些协议未公开，但可使用基于此协议的 API 函数、ActiveX 控件、OPC 等）。再如，三菱 FX 机可用串口通信或编程口通信协议，Q 型机 PLC 可用 MC 协议等。一般来讲，网络不同，协议也将不同。按通信协议，就是使用网络协议规定有关命令，实现与 PLC 通信。

4）用 PLC 的通信指令或通信函数通信

早期，PLC 通信指令或函数主要用于高级网络通信，没有用于串口的通信指令，随着 PLC 技术的进步，开始有了用于串口通信的指令。而且，这两类通信指令都还在不断地丰富着。

用协议通信或用指令、函数通信与用地址映射、用地址链接两种通信不同的是，要通信就要发送通信命令或执行通信指令（或函数）。如果没有命令发送，就没有指令执行（或调用函数），什么通信也不做。而用地址映射、用地址链接两种通信则总是不停地进行着。

5）用互联网等技术进行通信

当今，以太网技术发展很快。有的 PLC 的以太网模块除了有自身的 CPU，还有很大的内存，可编辑、存储网页程序，也可设置 IP 地址。这样，它即可成为互联网的一个服务器。人们可用上互联网用的浏览器访问这个服务器，实现远程通信，交换数据。所谓“透明工厂”，就是用这个通信实现。

简单的办法也可通过发送、接收电子邮件进行通信。如果有无线通信系统，也可通过发送、接收手机短信的方式进行通信。有的也可利用公网，如移动通信网，利用发送短信的方法通信。

3. 其他分类方法

按通信发起方分有：PLC 主动通信与被动通信。计算机方发起的通信称为被动通信，而 PLC 方发起的通信称为主动通信。大多数 PLC 与计算机通信为被动通信。

按通信的方法分有：用工具软件通信；用应用程序通信（含 DDE，OPC）；用组态软件通信。

用工具软件通信指用工具软件与 PLC 通信。最常用为各种编程工具软件，用它可下载、上载程序和数据，控制 PLC 工作。还有一些监控工具软件，如 OPC 服务器或其他工具软件，也都可与 PLC 通信。这些也多用于计算机与 PLC 间的通信。

按通信的媒介分有：通过普通串口（RS-232、485、422）或通过各种其他网络。

按有无通信协议分有：自由通信及协议通信。主动通信多是无协议通信。PLC 的通信协议有很多，一家一个，有的协议还不公开。

按通信格式分有：ASCII 码及十六进制码。用 ASCII 码格式时，一个字只能传送 2 字节，所有可用 ASCII 码表达的字符都可传送。而用十六进制码格式时，一个字可传送 4 字节，通信效率高，只能传 0～9 及 A～F 这样的十六进制数。

4.1.4 PLC 数据通信的链接方式

1. 计算机与 PLC 的链接

用户把带异步通信适配器的计算机与 PLC 互联通信时通常采用如图 4-2 所示的两种结构形式。一种为点对点结构，即一台计算机的 COM 口与 PLC 的编程器接口或其他异步通信口之间实现点对点链接，如图 4-2（a）所示。另一种为多点结构，即一台计算机与多台 PLC 通过一条通信总线相链接，如图 4-2（b）所示。多点结构采用主从式存取控制方法，通常以计算机为主站，多台 PLC 为从站，通过周期轮询进行通信管理。

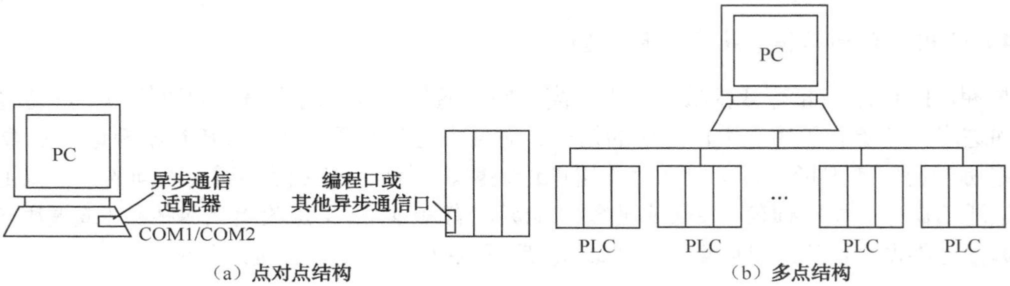

图 4-2 计算机与 PLC 互联的结构形式

目前计算机与 PLC 互联通信方式主要有以下几种：

（1）通过 PLC 开发商提供的系统协议和网络适配器，构成特定公司产品的内部网络，其通信协议不公开。互联通信必须使用开发商提供的上位组态软件，并采用支持相应协议的外设。这种方式其显示画面和功能往往难以满足不同用户的需要。

（2）购买通用的上位组态软件，实现计算机与 PLC 的通信。这种方式除了要增加系统投资外，其应用的灵活性也受到一定的局限。

（3）利用 PLC 厂商提供的标准通信口或由用户自定义的自由通信口实现计算机与 PLC 互联通信。这种方式不需要增加投资，有较好的灵活性，特别适合于小规模控制系统。

小型控制系统中的 PLC 除了使用编程器或编程软件外，一般不需要与别的设备通信，PLC 的编程器接口一般都是 RS-422 或 RS-485，而计算机的串行通信接口是 RS-232C，计算机在通过编程软件与 PLC 交换信息时，需要配接专用的带转接的编程电缆或通信适配器。例如，为了在计算机上实现编程软件与 S7-200 系列 PLC 之间的程序传送，需要使用 PC/PPI 编程电缆进行 RS-232C/RS-485 转换后再与 PLC 编程口链接，如图 4-3 所示。又如为了在计算机上实现编程软件与 FX 系列 PLC 之间的程序传送，需要使用 SC-09 编程电缆。

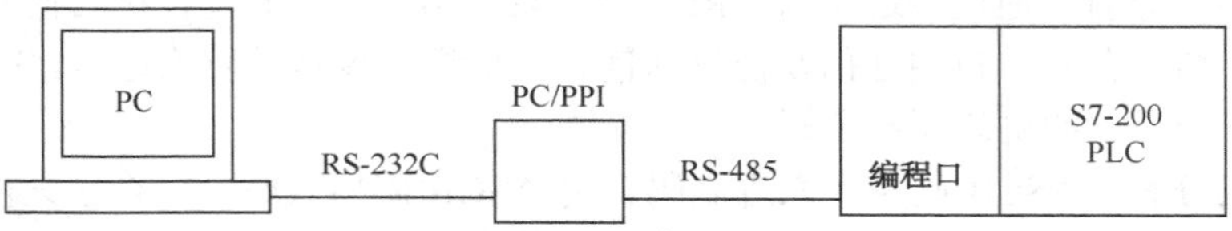

图 4-3 计算机与西门子 PLC 的链接

计算机可以通过 FX-232AW 单元进行 RS-232C/RS-422 转换后再与三菱 PLC 编程口链接，也可通过在 PLC 内部安装的通信功能扩展板 FX-232-BD 链接。对于多点结构的链接，将通信功能扩展板 FX-485BD 安装在 PLC 内部，采用 FX-485PC-IF 将 RS-232C 转换为 RS-485，也可以实现链接。当然还可以通过其他通信模块进行链接。

三菱公司的 Computer Link（计算机链接）可用于一台计算机与一台或最多 16 台 PLC 的通信，如图 4-4 和图 4-5 所示。RS-485 网络与计算机的 RS-232C 通信接口之间需要使用 FX-485PC-IF 转换器。

图 4-4 计算机与一台三菱 PLC 的两种链接方式

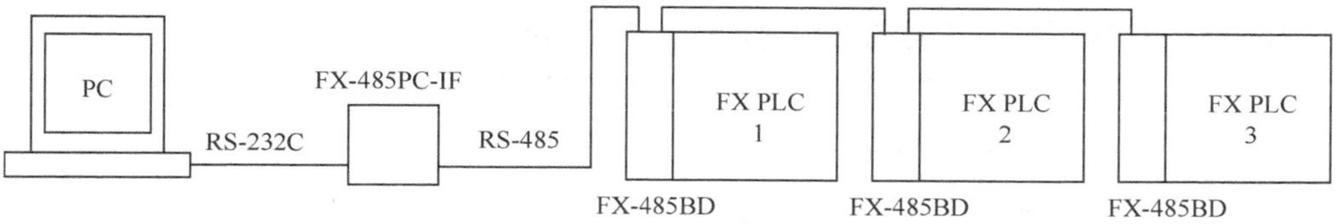

图 4-5　计算机与多台三菱 PLC 的链接方式

在进行数据传输时，由计算机发出读写 PLC 中的数据的命令帧，PLC 收到后返回响应帧。用户不需要对 PLC 编程，响应帧是 PLC 自动生成的。但是上位机的程序仍需用户编写，或者采用组态软件进行配置。

如果上位计算机使用组态软件，组态软件都能提供常见 PLC 的通信驱动程序，用户只需在组态软件中做一些简单的设置，PLC 侧和计算机侧都不需要用户自己来开发通信程序。

2. PLC 与 PLC 之间的链接

1）两台 PLC 之间的链接

PLC 之间的通信较为简单，可以使用专用的通信协议，如 PPI 协议。例如，三菱公司 Parallel Link（并行链接）使用 RS-485 通信适配器或功能扩展板可实现两台 FX 系列 PLC 之间的信息自动交换，一台 PLC 作为主站，另一台作为从站，如图 4-6 所示。不需要用户编写通信程序，用户只需要设置与通信有关的参数，两台 PLC 之间就可以自动地传送数据。

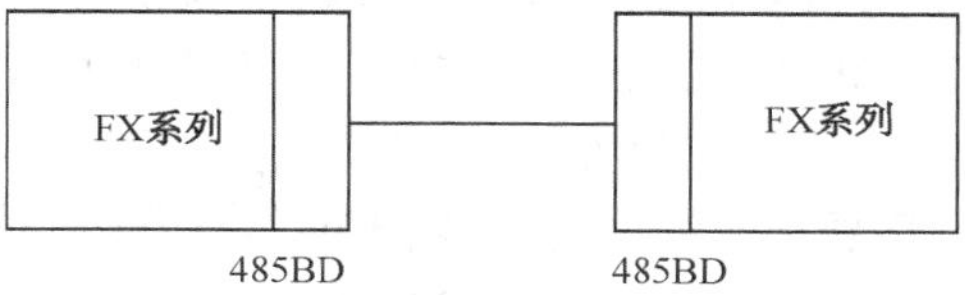

图 4-6　两台三菱 PLC 并行链接

FX_{1S} 最多链接 50 个辅助继电器和 10 个数据寄存器，其他子系列的 PLC 可以链接 100 点辅助继电器和 10 点数据寄存器的数据。正常模式的通信时间间隔为 70ms，高速模式为 20ms。

两台西门子 PLC 之间进行信息交换时，将一台 PLC 作为主站，另一台作为从站，如图 4-7 所示。

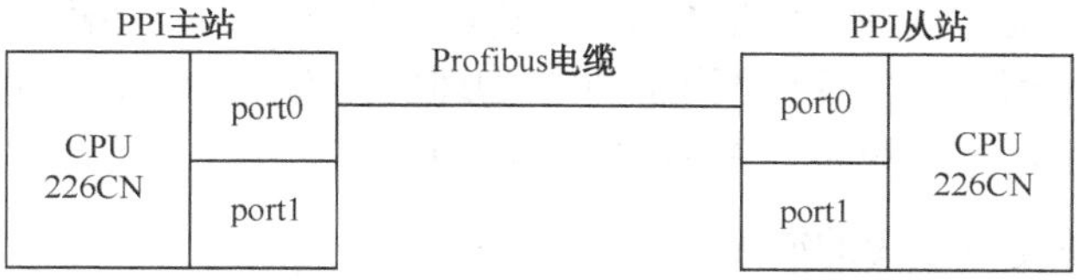

图 4-7　两台西门子 PLC 链接

2）多台 PLC 之间的网络链接

两台以上的三菱 PLC 实现链接时，可以用 N:N 网络链接通过 RS-485 通信适配器或功能扩展板实现最多 8 台 FX 系列 PLC 之间的信息自动交换。一台 PLC 是主站，其余的为从站，如图 4-8 所示。数据是自动传送的，各台 PLC 之间共享的数据范围有 3 种模式，模式 1 共享每台 PLC 的 4 个数据寄存器；模式 2 共享每台 PLC 的 32 点辅助继电器和 4 个数据寄存器；模式 3 共享每台 PLC 的 64 点辅助继电器和 8 个数据寄存器。通信时间与 PLC 的台数和共享的数据量有关，两台 PLC 采用模式 3 时的通信时间间隔为 34ms，8 台为 131ms。

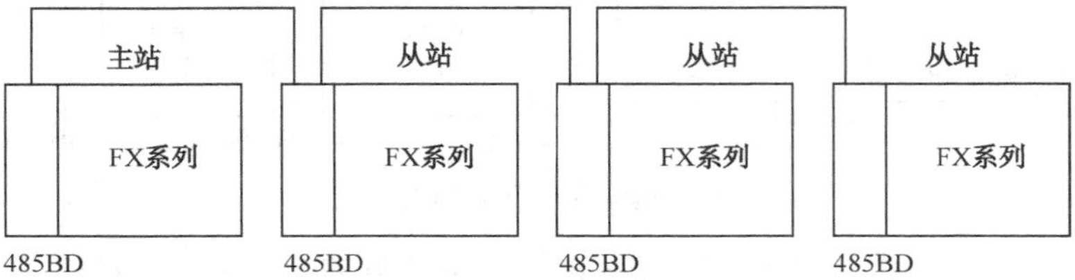

图 4-8　三菱 PLC 网络链接

两台以上的西门子 PLC 实现链接时，将一台 PLC 作为主站，其余的 PLC 作为从站，如图 4-9 所示。从站之间不直接通信，从站之间的信息沟通都通过主站进行。Profibus 电缆含 3 个网络总线连接器。

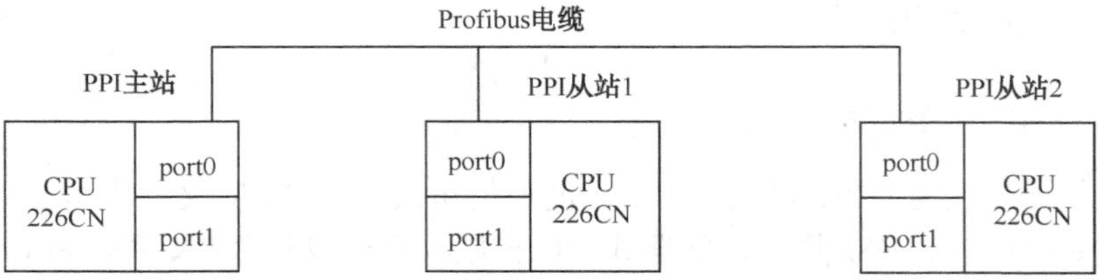

图 4-9　多台 PLC 网络链接

S7-200 支持的 PPI、MPI 和 PROFIBUS-DP 协议以 RS-485 为硬件基础。S7-200 CPU 通信接口是非隔离性的 RS-485 接口，共模抑制电压为 12V。对于这类通信接口，它们之间的信号地等电位是非常重要的，最好将它们的信号参考点连接在一起（不一定要接地）。

在 S7-200 CPU 联网时，应将所有 CPU 模块输出的传感器电源的 M 端子用导线连接起来。M 端子实际上是 A、B 线信号的 0V 参考点。在 S7-200 CPU 与变频器通信时，应将所有变频器通信端口的 M 端子连接起来，并与 CPU 上的传感器电源的 M 端子连接。

3. PLC 与其他智能设备的通信

大多数 PLC 都有一种串行口无协议的通信指令，如 FX 系列 PLC 的 RS 指令，可以用于 PLC 与上位计算机或其他 RS-232C 设备的通信。这种通信方式最为灵活，PLC 与 RS-232C 设备之间可以使用用户自定义的通信规约，但是 PLC 的编程工作量较大，对编程人员的要求也比较高。如果不同厂家的设备使用的通信规约不同，即使物理接口都是 RS-485，也不能将它们接在同一网络内，在这种情况下，一台设备要占用 PLC 的一个通信接口。

4. PLC 与可编程终端之间的链接

现在的可编程终端产品（如三菱公司 GOT-900 系列图形操作终端）一般都能用于多个厂家的 PLC。与组态软件一样，可编程终端与 PLC 的通信程序也不需要由用户来编写，在为可编程终端画面组态时，只需要指定画面中的元素（如按钮、指示灯）对应的 PLC 编程元件的编号就可以了，二者之间的数据交换是自动完成的。

5. PLC 远程 I/O 系统链接

某些系统（如码头和大型货场）的被控对象分布范围很广，如果采用单台集中控制方式，将使用很多很长的 I/O 线，使系统成本增加，施工工作量增大，抗干扰能力降低，这类系统适合于采用远程 I/O 控制方式。在 CPU 单元附近的 I/O 称为本地 I/O，远离 CPU 单元的 I/O 称为远程 I/O，远程 I/O 与 CPU 单元之间信息的交换只需要少量通信电缆线。远程 I/O 分散安装在被控对象的设备附近，它们之间的连线较短，但是使用远程 I/O 时需要增设串行通信接口模块。远程 I/O 与 CPU 单元之间的信息交换是自动进行的，用户程序在读写远程 I/O 中的数据时，就像读写本地 I/O 一样方便。

FX_{2N} 系列 PLC 可以通过 FX_{2N}-16LNK-M MELSEC I/O 链接主站模块，用双绞线直接连接 16 个远程 I/O 站，网络总长为 200m，最多支持 128 点，I/O 点刷新时间约 5.4ms，传输速率为 38400bit/s，用于除 FX_{1S} 以外的 FX 系列 PLC。

4.1.5 数据在 PLC 存储器中存取的方式

不同事物的状态与各种消息称为信息，可用语言、文字等表达。通信就是信息的传递。由于计算机、PLC 等都是数字设备，所以要把信息变成 PLC 能识别的二进制数据。数据通信的任务就是将信息进行数据编码后，以适当的物理信号在传输介质上传送。

所有的数据在 PLC 中都是以二进制形式表示的，数据的长度和表示方式称为数据格式。

PLC 的指令对数据格式有一定的要求，指令与数据之间的格式一致才能正常工作。

1. 用 1 位二进制数表示开关量

二进制数的 1 位（bit）只有 0 和 1 这两种不同的取值，可以用来表示开关量（或称数字量）的两种不同的状态。如果该位为 1，梯形图中对应的编程元件的线圈“通电”，其常开触点接通，常闭触点断开，以后称该编程元件为 1 状态或称该编程元件 ON（接通）。如果该位为 0，对应的编程元件的线圈和触点的状态与上述的相反，称该编程元件为 0 状态或称该编程元件 OFF（断开）。位数据的数据类型为 BOOL（布尔）型。

S7-200 的位存储单元的地址由字节地址和位地址组成，其中的区域标识符“I”表示输入(Input)，字节地址为 3，位地址为 2。

2. 多位二进制数

可以用多位二进制数来表示数字，二进制数遵循逢 2 进 1 的运算规则，每一位都有一个固定的权值，从右往左的第 *n* 位（最低位为第 0 位）的权值为 2^n，第 3 位至第 0 位的权值分别为 8、4、2、1，所以二进制数又称为 8421 码。以二进制数 1010 为例，它的最低位为 0，对应的十进制数可以用下式计算：

$$1\times2^3+0\times2^2+1\times2^1+0\times2^0=10$$

S7-200 用 2#来表示二进制常数，如 2#11011010。

3. 十六进制数

多位二进制数读写起来很不方便，为了解决这个问题，可以用十六进制数来表示多位二进制数。十六进制数使用 16 个数字符号，即 0～9 和 A～F，A～F 分别对应于十进制数 10～15。可以用数字后面加“H”来表示十六进制常数，如 2FH。S7-200 用数字前面的“16#”来表示十六进制常数。4 位二进制数对应于 1 位十六进制数，如二进制数 2#1010111001110101 可以转换为 16#AE75。

十六进制数采用逢 16 进 1 的运算规则，从右往左第 n 位的权值为 16^n（最低位的 n 为 0），16#2F 对应的十进制数为 $2\times16^1+15\times16^0=47$。

4. 字节、字与双字

8 位二进制数组成一个字节（Byte），其中的第 0 位为最低有效位（LSB），第 7 位为最高有效位（MSB）。输入字节 IB3（B 是 Byte 的缩写）由 I3.0～I3.7 这 8 位组成。

西门子 PLC 用相邻的两个字节组成一个字，VW100 是由 VB100 和 VB101 组成的一个字，V 为区域标识符，W 表示字（Word），100 为起始字节的地址。注意 VB100 是高位字节。

相邻的 4 个字节组成一个双字，VD100 是由 VB100～VB103 组成的双字，V 为区域标识符，D 表示双字（Double Word），100 为起始字节的地址。注意 VB100 是最高位的字节。

对同一地址进行字、字节和双字存取操作的比较如图 4-10 所示。

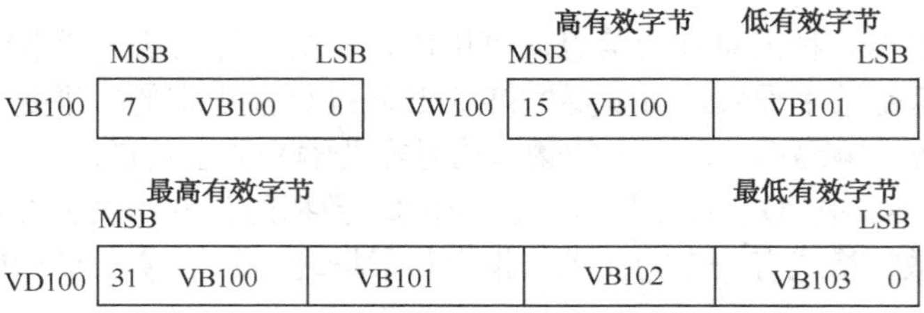

图 4-10　对同一地址进行字、字节和双字存取操作的比较

5. 负数的表示方法

PLC 一般用二进制补码来表示有符号数，其最高位为符号位，最高位为 0 时为正数，为 1 时为负数，最大的 16 位正数为 16#7FFF（即 32767）。正数的补码是它本身，将正数的补码逐位取反（0 变为 1，1 变为 0）后加 1，得到绝对值与它相同的负数的补码。将负数的补码的各位取反后加 1，得到它的绝对值。例如，十进制正整数 35 对应的二进制补码为 2#00100011，十进制数-35 对应的二进制数补码为 2#11011101。不同数据的取值范围如表 4-1 所示。

表 4-1　数据的位数与取值范围

数据的位数	无符号整数		有符号整数	
	十进制	十六进制	十进制	十六进制
B（字节），8 位值	0～255	0～FF	-128～127	80～7F
W（字），16 位值	0～65535	0～FFFF	-32768～32767	8000～7FFF
D（双字），32 位值	0～4294967295	0～FFFFFFFF	-2147483648～2147483647	80000000～7FFFFFFF

4.1.6　PLC 控制系统的信号类型

工业生产过程实现控制的前提是，必须将工业生产过程的工艺参数、工况逻辑和设备运行状况等物理量经过传感器或变送器转变为计算机可以识别的电信号（电压或电流）或逻辑量。传感器和变送器输出的信号有多种规格，其中毫伏（mV）信号、0～5V 电压信号、1～5V 电压信号、0～10mA 电流信号、4～20mA 电流信号、电阻信号是 PLC 控制系统经常用到的信号规格。

在实际工程中，通常将这些信号分为模拟量信号、开关量信号和脉冲量信号三大类。

针对某个生产过程设计一套 PLC 控制系统，必须了解输入/输出信号的规格、接线方式、精度等级、量程范围、线性关系、工程量换算等诸多要素。

1. 模拟量信号

许多来自现场的检测信号都是模拟信号，如液位、压力、温度、位置、PH 值、电压、电流等，通常都是将现场待检测的物理量通过传感器转换为电压或电流信号；许多执行装置所需的控制信号也是模拟量，如调节阀、电动机、电力电子的功率器件等的控制信号。

模拟信号是指随时间连续变化的信号，这些信号在规定的一段连续时间内，其幅值为连续值，即从一个量变到下一个量时中间没有间断。

模拟信号有两种类型：一种是由各种传感器获得的低电平信号；另一种是由仪器、变送器输出的 4～20mA 的电流信号或 1～5V 的电压信号。这些模拟信号经过采样和 A/D 转换输入计算机后，常常要进行数据正确性判断、标度变换、线性化等处理。

模拟信号非常便于传送，但它对干扰信号很敏感，容易使传送中的信号的幅值或相位发生畸变。因此，有时还要对模拟信号做零漂修正、数字滤波等处理。

模拟信号的常用规格如下。

1）1～5V 电压信号

此信号规格有时称为 DDZ-Ⅲ型仪表电压信号规格。1～5V 电压信号规格通常用于计算机控制系统的过程通道。工程量的量程下限值对应的电压信号为 1V，工程量上限值对应的电压信号为 5V，整个工程量的变化范围与 4V 的电压变化范围相对应。过程通道也可输出 1～5V 电压信号，用于控制执行机构。

2）4～20mA 电流信号

4～20mA 电流信号通常用于过程通道和变送器之间的传输信号。工程量或变送器的量程下限值对应的电流信号为 4mA，量程上限对应的电流信号为 20mA，整个工程量的变化范围与 16mA 的电流变化范围相对应。过程通道也可输出 4～20mA 电流信号，用于控制执行机构。

有的传感器的输出信号是毫伏级的电压信号，如 K 分度热电偶在 1000℃时输出信号为 41.296mV。这些信号要经过变送器转换成标准信号（4～20mA）再送给过程通道。热电阻传感器的输出信号是电阻值，一般要经过变送器转换为标准信号（4～20mA），再送到过程通道。对于采用 4～20mA 电流信号的系统，只需采用 250Ω电阻就可将其变换为 1～5V 直流电压信号。

有必要说明的是，以上两种标准都不包括零值在内，这是为了避免和断电或断线的情况混淆，使信息的传送更为确切。这样也同时把晶体管器件的起始非线性段避开了，使信号值与被测参数的大小更接近线性关系，所以受到国际推荐和普遍采用。

当控制系统输出模拟信号需要传输较远的距离时，一般采用电流信号而不是电压信号，因为电流信号在一个回路中不会衰减，因而抗干扰能力比电压信号好；当控制系统输出模拟信号需要传输给多个其他仪器仪表或控制对象时，一般采用直流电压信号而不是直流电流信号。

2. 开关量信号

有许多的现场设备往往只对应于两种状态，如按钮、行程开关的闭合和断开、马达的启动和停止、指示灯的亮和灭、仪器仪表的 BCD 码、继电器或接触器的释放和吸合、晶闸管的通和断、阀门的打开和关闭等，可以用开关输出信号去控制或对开关输入信号进行检测。

开关信号是指在有限的离散瞬时上取值间断的信号。在二进制系统中，数字信号由有限字长的数字组成，其中每位数字不是 0 就是 1。数字信号的特点是，它只代表某个瞬时的量值，是不连续的信号。开关信号的处理主要是监测开关器件的状态变化。

开关量信号反映了生产过程、设备运行的现行状态、逻辑关系和动作顺序。例如，行程开关可以指示出某个部件是否达到规定的位置，如果已经到位，则行程开关接通，并向工控机系统输入一个开关量信号；又如工控机系统欲输出报警信号，则可以输出一个开关量信号，通过继电器或接触器驱动报警设备，发出声光报警。如果开关量信号的幅值为 TTL/CMOS 电平，有时又将一组开关量信号称之为数字量信号。

开关量输入信号有触点输入和电平输入两种方式。触点又有常开和常闭之分，其逻辑关系正好相反，犹如数字电路中的正逻辑和负逻辑。工控机系统实际上是按电平进行逻辑运算和处理的，因此工控机系统必须为输入触点提供电源，将触点输入转换为电平输入。开关量输出信号也有触点输出和电平输出两种方式。输出触点也有常开和常闭之分。

数字（开关）信号输入计算机后，常常需要进行码制转换的处理，如 BCD 码转换成 ASCII 码，以便显示数字信号。

对于开关量输出信号，可以分为两种形式：一种是电压输出，另一种是继电器输出。电压输出一般是通过晶体管的通断来直接对外部提供电压信号，继电器输出则是通过继电器触点的通断来提供信号。电压输出方式的速度比较快且外部接线简单，但带负载能力弱；继电器输出方式则与之相反。对于电压输入，又可分为直流电压和交流电压，相应的电压幅值可以有 5V、12V、24V 和 48V 等。

3. 脉冲量信号

脉冲量信号和电平形式的开关量类似，当开关量按一定频率变化时，则该开关量就可以视为脉冲量，也就是说脉冲量具有周期性。

测量频率、转速等参数的传感器都是以脉冲频率的方式反映被测值的，有一些测流量的传感器或变送器，也是以脉冲频率为输出信号。在运动控制中，编码器送出的信号也是脉冲信号，根据脉冲的数目可以获得电动机角位移及转速的信息。另外，也可以通过输出脉冲来控制步进电动机转角或速度。

脉冲量信号的幅值通常有 TTL 电平、CMOS 电平、24VDC 电平和任意电平等几种规格。实际上，数据采集卡的逻辑部件都是 TTL/CMOS 规格，其中的过程通道将不同幅值的脉冲量信号转换成了 TTL/CMOS 电平。

脉冲量通道或脉冲输入/输出板卡对脉冲量的上升时间和下降时间有一定的要求，对于上升时间和下降时间较长的脉冲信号，必须增加整形电路，改善脉冲信号的边沿，以确保脉冲量通道能有效识别所输入的脉冲量信号。

4.1.7 PLC 数据通信介质

通信介质就是在通信系统中位于发送端与接收端之间的物理通路。通信介质一般可分为导向性和非导向性介质两种。导向性介质有双绞线、同轴电缆和光纤等，这种介质将引导信号的传播方向；非导向性介质一般通过空气传播信号，它不为信号引导传播方向，如短波、微波和红外线通信等。

以下仅简单介绍几种常用的导向性通信介质。

1. 双绞线

双绞线是一种廉价而又广为使用的通信介质，它由两根彼此绝缘的导线按照一定规则以螺旋状绞合在一起的。这种结构能在一定程度上减弱来自外部的电磁干扰及相邻双绞线引起的串音干扰。但在传输距离、带宽和数据传输速率等方面双绞线仍有其一定的局限性。

双绞线常用于建筑物内局域网数字信号传输。这种局域网所能实现的带宽取决于所用导线的质量、长度及传输技术。只要选择、安装得当，在有限距离内数据传输率达到 10Mbps。当距离很短且采用特殊的电子传输技术时，传输率可达 100Mbps。

在实际应用中，通常将许多对双绞线捆扎在一起，用起保护作用的塑料外皮将其包裹起来制成电缆。采用上述方法制成的电缆就是非屏蔽双绞线电缆。为了便于识别导线和导线间的配对关系，双绞线电缆中每根导线使用不同颜色的绝缘层。为了减少双绞线间的相互串扰，电缆中相邻双绞线一般采用不同的绞合长度。非屏蔽双绞线电缆价格便宜、直径小节省空间、使用方便灵活、易于安装，是目前最常用的通信介质。

美国电器工业协会（EIA）规定了 6 种质量级别的双绞线电缆，其中 1 类线档次最低，只适于传输语音；6 类线档次最高，传输频率可达到 250MHz。网络综合布线一般使用 3 类线、4 类线、5 类线。3 类线传输频率为 16MHz，数据传输率可达 10Mbps；4 类线传输频率为 20MHz，数据传输率可达 16Mbps；5 类线传输频率为 100MHz，数据传输率可达 100Mbps。

非屏蔽双绞线易受干扰，缺乏安全性。因此，往往采用金属包皮或金属网包裹以进行屏蔽，这种双绞线就是屏蔽双绞线。屏蔽双绞线抗干扰能力强，有较高的传输速率，100m 内可达到 155Mbps。但其价格相对较贵，需要配置相应的连接器，使用时不是很方便。

2. 同轴电缆

同轴电缆由内、外层两层导体组成。内层导体是由一层绝缘体包裹的单股实心线或绞合线（通常是铜制的），位于外层导体的中轴上；外层导体是由绝缘层包裹的金属包皮或金属网。同轴电缆的最外层是能够起保护作用的塑料外皮。同轴电缆的外层导体不仅能够充当导体的一部分，而且还起到屏蔽作用。这种屏蔽一方面能防止外部环境造成的干扰，另一方面能阻止内层导体的辐射能量干扰其他导线。

与双绞线相比，同轴电缆抗干扰能力强，能够应用于频率更高、数据传输速率更快的情况。对其性能造成影响的主要因素来自衰损和热噪声，采用频分复用技术时还会受到交调噪声的影响。虽然目前同轴电缆大量被光纤取代，但它仍广泛应用于有线电视和某些局域网中。

目前得到广泛应用的同轴电缆主要有 50Ω 电缆和 75Ω 电缆两类。50Ω 电缆用于基带数字信号传输，又称基带同轴电缆。电缆中只有一个信道，数据信号采用曼彻斯特编码方式，数据传输速率可达 10Mbps，这种电缆主要用于局域以太网。75Ω 电缆是 CATV 系统使用的标准，它既可用于传输宽带模拟信号，也可用于传输数字信号。对于模拟信号而言，其工作频率可达 400MHz。若在这种电缆上使用频分复用技术，则可以使其同时具有大量的信道，每个信道都能传输模拟信号。

3. 光纤

光纤是一种传输光信号的传输媒介。处于光纤最内层的纤芯是一种横截面积很小、质地脆、易断裂的光导纤维，制造这种纤维的材料可以是玻璃也可以是塑料。纤芯的外层裹有一个包层，它由折射率比纤芯小的材料制成。正是由于在纤芯与包层之间存在折射率的差异，光信号才得以通过全反射在纤芯中不断向前传播。在光纤的最外层则是起保护作用的外套。通常都是将多根光纤扎成束并裹以保护层制成多芯光缆。

从不同的角度考虑，光纤有多种分类方式。根据制作材料的不同，光纤可分为石英光纤、塑料光纤、玻璃光纤等；根据传输模式不同，光纤可分为多模光纤和单模光纤；根据纤芯折射率的分布不同，光纤可分为突变型光纤和渐变型光纤；根据工作波长的不同，光纤可分为短波长光纤、长波长光纤和超长波长光纤。

单模光纤的带宽最宽，多模渐变光纤次之，多模突变光纤的带宽最窄；单模光纤适于大容量远距离通信，多模渐变光纤适于中等容量的中等距离通信，而多模突变光纤只适于小容量的短距离通信。

在实际光纤传输系统中，还应配置与光纤配套的光源发生器件和光检测器件。目前最常见的光源发生器件是发光二极管（LED）和注入激光二极管（ILD）。光检测器件是在接收端能够将光信号转化成电信号的器件，目前使用的光检测器件有光电二极管（PIN）和雪崩光电二极管（APD），光电二极管的价格较便宜，然而雪崩光电二极管却具有较高的灵敏度。

与一般的导向性通信介质相比，光纤具有抗干扰性好、保密性强、使用安全等特点。它是非金属介质材料，具有很强的抗电磁干扰能力，这是传统的电通信所无法比拟的。光纤具有抗高温和耐腐蚀的性能，可以抵御恶劣的工作环境。当然光纤也存在一些缺点，如系统成本较高、不易安装与维护、质地脆易断裂等。

上述几种传输介质，双绞线价格便宜，对低通信容量的局域网来说，双绞线的性能价格比是最好的。楼宇内的网络线就可以使用双绞线，与同轴电缆相比，双绞线的带宽受到限制。同轴电缆的价格介于双绞线与光缆之间，当通信容量较大且需要连接较多设备时，选择同轴电缆较为合适。光纤与双绞线和同轴电缆相比，其优点有：频带宽、速度快、体积小、重量轻、衰减小、能电磁隔离、误码率低。因此，对于高质量、高速度或是要求长距离传输的数据通信网，光纤是非常合适的传输介质。随着技术的发展和成本的降低，光纤在局域网中将得到更加广泛的应用。

4.2 个人计算机与 PLC 的通信

个人计算机（以下简称计算机）具有较强的数据处理功能，软件丰富、配备有多种高级语言，界面友好、操作便利，使用计算机作为可编程控制器的编程工具也十分方便，如果选择适当的操作系统，则可提供优良的软件平台，开发各种应用系统。

PLC 与上位机（通常是通用计算机，如 PC 或工控机等）进行通信控制是常用的一种 PLC 通信实况。在这种通信控制方式中，PLC 将各种系统参数发送到计算机，然后计算机对这些数据进行一系列的加工处理和分析之后，以某种方式显示给操作者，操作者再将需要 PLC 执行的操作输入到计算机中，由计算机再将操作命令回传给 PLC。可以看出，这种方式可以使操作者直观、准确、迅速地了解控制系统当前运作情况和各种参数设置，便于对控制系统进行控制和干预。

由于通用计算机软件丰富、直接面向用户、人机界面友好、编程调试方便，所以在 PLC 与计算机组成的综合系统中，计算机主要完成数据的传输和处理、修改参数、显示图像、打印报表、监视工作状态、网络通信及编制和工作状态监视程序等任务。PLC 仍然面向工作现场，面向控制设备，进行实时控制。

PLC 与计算机的链接，可以更有效地发挥各自的优势，互补应用上的不足，扩大 PLC 的处理能力。

4.2.1 计算机与 PLC 通信的方法与条件

1. 计算机与 PLC 通信的意义

通常可以通过 4 种设备实现 PLC 的人机交互功能。这 4 种设备是：编程终端、显示终端、工作站和个人计算机。编程终端主要用于编程和调试程序，其监控功能较弱。显示终端主要用于现场显示。工作站的功能比较全，但是价格也高，主要用于配置组态软件。

把个人计算机连入 PLC 应用系统具有以下 4 个方面的作用：

（1）构成以计算机为上位机，单台或多台 PLC 为下位机的小型集散系统，可用计算机实现操作站功能。由个人计算机完成 PLC 之间控制任务的协同工作。

（2）在 PLC 应用系统中，把计算机开发成简易工作站或工业终端，通过开发相应功能的个人计算机软件与 PLC 进行通信，可实现多个 PLC 信息的集中显示、集中报警等监控功能。

（3）把计算机开发成网间连接器，进行协议转换，可方便地实现 PLC 与其他计算机网络之间的互联。例如，可把下层的控制网络接入上层的管理网络。

（4）把计算机开发成 PLC 编程终端，可通过编程器接口接入 PLC，方便地进行编程、调试及监控。

2. 计算机与 PLC 实现通信的方法

把计算机连入 PLC 应用系统是为了向用户提供诸如工艺流程图显示、动态数据画面显示、报表编写、趋势图生成、窗口技术及生产管理等多种功能，为 PLC 应用系统提供良好的人机界面和管理能力。但这对用户的要求较高，用户必须做较多的开发工作，才能实现计算机与 PLC 的通信，一般主要包括以下几个方面：

（1）确定计算机上配置的通信口是否与要连的 PLC 匹配。如果不匹配，就需要增加通信模板。

（2）要清楚 PLC 的通信协议，按照协议的规定及帧格式编写计算机的通信程序。PLC 中配有通信机制，一般无须用户编程。若 PLC 厂家有 PLC 与计算机通信的专用软件，则此项任务较容易完成。

（3）选择适当的操作系统提供的软件平台，利用与 PLC 交换的数据编程实现用户要求的画面。

（4）如果需要远程传送，可通过 MODEM 接入电话网。采用计算机进行编程时，应配置相应的编程软件。

3. 计算机与 PLC 实现通信的条件

从原则上讲，计算机连入 PLC 网络并没有什么困难。只要为计算机配备该种 PLC 网专用的通信卡及通信软件，按要求对通信卡进行初始化，并编写用户程序即可。用这种方法把计算机连入 PLC 网络存在的唯一问题是价格问题。如果在计算机中配上 PLC 制造厂生产的专用通信卡及专用通信软件，常会使计算机的价格数倍甚至十几倍的增长。

由于计算机中已普遍配有异步串行通信适配器，即 RS-232C，这就为计算机与 PLC 的通信提供了方便。但是，带异步通信适配器的计算机要与 PLC 实现通信，还要满足如下条件：

（1）只有带有异步通信接口的 PLC 及采用异步方式通信的 PLC 网络才有可能与带异步通信适配器的计算机互联。同时还要求双方采用的总线标准一致，都是 RS-232C，或者都是 RS-422（RS-485），否则，要通过转换器转接以后才可以互联。

（2）异步通信接口相连的双方要进行相应的初始化工作，设置相同的波特率、数据位数、停止位数、奇偶校验等参数。

（3）用户必须熟悉互联的 PLC 采用的通信协议，严格按照协议的规定为计算机编写通信程序。大多数情况下不需要为 PLC 编写通信程序。

满足上述 3 个条件，计算机就可以与 PLC 互联通信。

如果计算机无法使用异步通信接口与 PLC 通信，则应使用与 PLC 相配置的专用通信部件及专用的通信软件实现互联。

4.2.2 计算机与 PLC 的通信内容

PLC 与计算机通信有两种情况，被动通信与主动通信。被动通信，通信由计算机发起，按通信协议，计算机让做什么 PLC 就做什么。主动通信由 PLC 发起，按编程的约定，令计算机作出相应响应。

当被动通信时，PLC 与计算机的通信内容有：一是数据读写；二是状态读写；三是通信测试。

1. 数据读写

数据读写指计算机向 PLC 的某个数据区写数据或计算机从 PLC 的某个数据区读数据。读写不同的数据区用的命令也不同。

一般通信过程总是计算机先给 PLC 发送有关命令，接着 PLC 予以回应。如读数据命令，PLC 会回应相应数据。如写数据命令，PLC 被写成功后，也会给计算机以写成功的回应。如计算机发的读写命令不当，PLC 无法执行，或者 PLC 未执行计算机所发的读写命令，PLC 也会按照命令不当的类型做不同的回应（返回不同的错码）。

也有的 PLC 或协议，在读写过程中还要求更多的应答。如西门子 PPI 协议，读命令发后，PLC 先应答，然后计算机回应，最后 PLC 才把数据传送给 PLC。再如三菱的 RS-232 口通信协议，当收到所读数据后，计算机还需发送一个已收到数据的回应。

数据读写是 PLC 与计算机通信最常用、最主要的内容。

2. 状态读写

计算机可通过通信命令读或写 PLC 的状态。如运行状态、监控状态或编程状态。

状态读写实际是计算机对 PLC 的操作与控制。计算机可使 PLC 停机（程序停止运行）或开机（运行程序）。所以，此类通信程序要慎重使用。

3. 通信测试

计算机向 PLC 发送通信测试命令，用以测试通信系统是否正常。在搜索通信口状态的设定时常用到它。

还有通信取消命令，用以取消所发通信命令。

当 PLC 主动通信时，PLC 可通过串口或网络接口向计算机发送数据，计算机收到数据后怎么响应，按事先与计算机的约定由计算机处理，PLC 与计算机都要编写与执行相应用户程序。

当 PLC 被动通信时，PLC 对计算机通信命令的应答都是由 PLC 操作系统处理，无须执行任何用户程序。

4.2.3　计算机与 PLC 通信程序的设计要点与方法

1．PLC 数据通信程序的特点

PLC 通信程序与控制程序、数据采集程序相比，有如下几个特点。

1）交互性

通信是双方的需要，也是双方要处理的工作，所以通信程序总是分布的。一般来讲，在通信的各方都要编写相应的程序。

这些程序大体有 3 类：

（1）数据准备程序，用以提供要发送的数据，以备对方使用。

（2）对话程序，用在通信中进行必要的发令与应答。

（3）数据使用程序，用于读取对方发送的数据，并加以使用。

这类程序是成对的，在各方又是相对应的。如甲方从乙方要数据，则甲方要编写“要数据命令及数据使用”程序，而乙方则要编写“数据准备及命令回应”程序；反之也一样。

2）相关性

PLC 通信的目的是为了交换数据，甚至进行相互控制。而交换数据的方法与所使用的网络及其通信协议有关。PLC 的网络很多，协议也很多。尽管各厂家也力图建立一些标准网络，并做了很多努力，如 PROFIBUS、Device Net 及 CC-Link 网，但至今，随着品牌及机型、接口的不同，具体的网络与协议仍是有很大区别。

所以，PLC 通信程序与通信网络及其协议有很强的相关性。通信程序必须按照对象的协议编写，否则，所编的程序无法实现。

3）从属性

PLC 通信、交换数据不是目的，而是为了使用这个数据。数据使用只能在有关控制或数据处理程序中实现。至于数据准备之前的工作，如数据采集、处理，也只是程序其他部分要做的工作。

所以，PLC 通信程序往往只是 PLC 整个程序的一部分，具有从属性。编写这类程序一定要与编写 PLC 其他程序配合与协调，才能取得通信程序的效果。

这样，与通信有关的程序，特别是计算机与通信有关的程序是相当大的。它与其他应用一起，有的简直就是很大的软件工程。而通信程序，则是这个大软件工程的一个从属部分。

4）安全性

通信可靠，不出现数据或命令传送错误是很重要的。数据出错，特别关键的控制用的数据出错，将出现灾难性的严重后果。所以，通信可靠是绝对必需的。

为了通信可靠，除了硬件要有保证外，在软件上，也可采取很多措施，如报文校验、冗余通信等。

此外，还有通信安全问题。网络开放是好的，为系统的使用提供了方便，但也带来不安全的因素。因为不是什么数据都可让任何人知道，也不是任何人都有权去修改有关数据。

所以，通信程序设计时，就要考虑到数据安全、保密、写保护等问题。

2. 计算机方程序设计

PLC 在执行某操作前，如需要得到计算机的“应答”，而计算机又必须与多个 PLC 通信，这种场合常用 PLC 主动通信。这时总是 PLC 先向计算机发送数据，随后计算机再做相应的应答。

显然，只有能向通信口发送数据的 PLC 才能进行主动通信。

主动通信时，计算机与 PLC 双方要先做好约定，并都要按约定编写程序。计算机方的程序的内容与被动通信基本相同。只是把顺序倒过来，打开通信口，先读数据，后按约定处理数据，最后才发相应的“回应数据”给 PLC。

如为被动通信，编程的工作量主要在计算机。所用的编程语言可以是 VB、VC++、Delphi 及 C++ Builder 等。以下介绍 PLC 被动通信时计算机通信程序的设计要点和方法。

1）通信程序设计要点

（1）通信口设定及打开、关闭。

如使用普通串口，就要选用哪个口进行通信，以及确定有关通信参数，如波特率等。这些参数应与 PLC 所设定的参数完全相同。而在 PLC 方，这些参数一般也可用相应软件予以设定。

当然，这组通信口管理的程序仅仅与计算机配置、计算机操作系统及语言选用有关，除通信参数要与 PLC 一致外，其他的与 PLC 没有关系。

很多经验证明，计算机与 PLC 通信不正常，往往与这些通信参数设定不当有关。此外，与使用存盘文件类似，在通信前，应打开通信口，而在通信完毕，最好把通信口关闭。

如使用其他网络通信，一般只要做好相关组态，设置好网络参数，激活网络，即可进行通信。没有口打开、关闭的问题。

（2）发送通信命令。

这与用什么网络及 PLC 的通信协议有关。如三菱 FX 系列机若采用编程口通信协议（参见 4.3.5 节），其命令帧格式中 STX 为 ASCII 码 2，不可视为字符，表示通信帧的开始；ETX 为 ASCII 码 3，也是不可视为字符，表示通信帧结束；命令码有读或写等，占一个字节；数据项中有地址，有要读、写数据字节数，如写命令，还要继以相应要写的具体数据；累加和是从命令码开始到结束字符（含结束字符）间所有字符 ASCII 码值的累加，超过两位数时，取低两位，不足两位时高位补 0。所有命令码及所有数据均用十六进制表示。

（3）接收数据。

这也与用什么网络及 PLC 的通信协议有关。对 FX 系列机编程口通信协议，如响应写命令只是一个字符，已成功执行为 ASCII 码 06H，未能执行则为 ASCII 码 15H；如响应读命令，未能执行也是 ASCII 码 15H。

（4）处理数据。

计算机从PLC读取数据总是要进行处理。它包括：

① 数据变换，如字到位的变换、ASCII码到数字的变换、二进制到十进制的变换等。

② 数据显示，可以用文字显示，也可用图形显示，有时还可用动画显示。

③ 数据存储，可定时的以文件的形式存储，也可以数据库的形式存储。

④ 数据打印，必要时，可把采集的数据打印出来，供分析及使用。

（5）人机交互界面。

此外，如果要通过计算机对PLC控制系统进行远程操作，还要在计算机上设计相应的人机交互界面。在这个界面上应有如按钮、指示灯、输入数据窗口、选择键等，以方便人机对话。

上述几个要点是相互关联的，且有相应时序的配合。从打开通信口、发送通信命令到接收数据要有等待时间。因为计算机命令传送、PLC处理命令及PLC返回数据传送都需要相应时间。为此，不能执行发送命令后，立即就去接收数据，那样肯定会出现通信失败。而对单工的通信口，如RS-485，还要考虑接收与发送状态的转换时间，尽管这时间仅几毫秒，但也要等待。

如不用通信协议，要进行通信，除了计算机的程序外，还必须弄清PLC的有关通信指令，编写相应接收数据、发送数据的PLC程序，而且双方都要运行相应程序才能实现通信。

2）通信程序设计方法

早期计算机应用程序多是在DOS界面上用BASIC或C语言编程。现在当然不用了，而是用可视化的软件编程。可使用方法也较多，常用的有微软的通信控件（MSCOmm）编程、用Windows的API函数编程、用PLC厂家开发通信控件编程、用PLC厂家开发的OPC编程。

（1）用通信控件编程。

用VB编写通信程序，用微软公司开发的串口通信控件比较方便。使用前，要先把串口通信控件从VB控件库调入VB的工具箱中。

MSComm通信控件有通信输入模式（Input Mode）特性，可选择使用ASCII码，属性为com Input Mode Text；也可选用二进制码，属性为com Input Mode Binary。但默认为ASCII码。

使用控件必须先弄清有关通信协议。不清楚协议，通信程序是无法编写的。

（2）用PLC厂家开发通信控件（ActiveX控件）编程。

很多PLC厂家，包括西门子及三菱，都开发有可为可视化编程软件使用的针对自身PLC串口或网络模块的通信控件，为用户设计监控应用提供方便。只是这些软件，有的要收费，特别是西门子软件更是要收费。

例如S7-200，西门子公司为其开发有SIMATIC Micro Computing软件，它在计算机上安装后，使得来自S7-200的数据可以在标准Windows应用中显示，并可用Visual Basic、Visual C++或Excel进行处理。

又如三菱的MX Component软件，在计算机上安装后，有关用于应用开发的控件将加载到如VB、VC这样可视化编程软件平台上，供应用开发调用，以实现计算机与PLC通信。

用厂家提供的控件的好处是，它已隐含了通信协议。可以不用弄清通信协议，利用这些控件也可编写通信程序。同时，控件也较多，可实现与通信有关的各种功能。

（3）用Windows的API函数编程。

APl函数是微软在设计Windows操作系统时加进去的，内容丰富、功能很强、种类繁多。其中有串口通信的多个函数，用来处理通信是很方便的。

有关用于串口通信的函数较多，但主要有4个，即串口设定与打开 Create File()、串口写数据 Write File()、串口接收数据 Read File()及串口关闭 Close Handle()。

用 VC 编写 API 函数通信程序有4个要点，按这4个要点组织程序就可以了。这4个要点是：串口建立及打开、发送数据、接收数据及关闭串口。

用 VC 编程，调用 API 函数，先写好头文件调用语句就可以了，所以较方便。而用 VB 编程，用前要先按 VB 的格式定义 API 函数。

（4）用 PLC 生产厂家提供的 API 函数编程。

有的厂家，如西门子，不提供网络或串口通信协议，只提供它自己开发的通信用 API 函数。这些函数是在安装它的 PRODAVE 通信软件后加载给 Windows 的。使用这些 API 函数，即使不清楚它的通信协议，也可编写使用串口及 Profibus 网络的通信程序。

PRODAVE 通信软件提供的 API 函数有很多，如口设定及打开函数 load_tool()、口关闭函数 unload_tool()、读 DB 块函数 d_field_read()、写 DB 块函数 d_field_write()等。还有很多其他软器件的读、写函数。这些函数可用于 S7 各个机型，可用于 MPI 网，也可用于 Profibus 网。

正如使用 Windows 的 API 函数一样，如使用 VC，先写好头文件调用语句就可以了。而如果使用 VB，必须先对函数进行声明。

（5）用 PLC 厂家开发的 OPC 编程。

早期，程序间的数据交换用动态数据链接（DDE），其缺点是速度慢。OPC Server/Client 是 OLE for Process Control 的缩写，是一套利用微软的 COM/DCOM 技术，把 OLE 应用于工业控制领域，是微软处理程序间通信、数据交换的新技术，是 DDE 的进一步发展。

OPC Server（服务器）提供了许多的接口，Client（客户）端通过这些接口，可以取得与 OPC Server 相连的硬件装置的信息，而无须了解这些硬件装置的细节信息。这样，使用 OPC 即可把通信程序与应用程序分开。通信程序用于与 PLC 通信，与 PLC 交换数据，作 OPC 的服务器（Server）。而应用程序作为 OPC 的客户（Client），与通信程序交换数据。有了这个 OPC，应用程序可很容易实现对 PLC 的监控、数据采集等功能。

可知，用于 PLC 的 OPC 服务器除了自身实现与 PLC 通信的功能外，还要有一组一组接口（interface），以通过这些接口为客户提供服务。

有的厂家 PLC 不提供通信协议，只提供 OPC 服务程序。而用 OPC 实现通信比较方便，故越来越多地被采用。

（6）通过 MODEM 通信。

若使用 RS-232C 口，如 OMRON PLC 常用的通信口，当距离超过 15m 时，也可使用调制解调器（MODEM），通过市话系统实现通信。那样，它的距离将不受限制，凡是电话能联络得到的地方都可通信。

为此，在 PLC 方的 MODEM，要先设置其为准备接收呼叫状态。这应在 MODEM 未与 PLC 相连之前在计算机上设。办法是：先把 MODEM 接于计算机的串口，然后启动计算机，调 Windows 附件中的超级终端，再对其进行设定。

S7-200 还有 MODEM 模块 EM241。它不像通用的调制解调器，而是一个智能扩展模块，不占用 CPU 的通信口。它有密码保护及回拨功能。可通过模块上的旋转开关，实现 300bit/s～33.6Kbit/s 的自动波特率选择，是用脉冲，还是用语音拨号，也可选择。使用它，可通过 Micro/WIN V3.2 编程软件进行远程服务，进行程序修改或远程维护；可通过 Modbus 主/从协议进行 PLC 到计算机的通信；可运用报警或事件驱动，发送手机短消息或寻呼机信息；可通过电话线，Modbus

或 PPI 协议进行 PLC 到 PLC 的数据传送。

（7）通过无线 MODEM 通信。

如果计算机与 PLC 的距离较远，但又无电话可联系，或者虽然距离不太远，但接线不方便，也可用无线 MODEM 联网通信。

（8）使用互联网技术通信。

对配备有高档的以太网模块的 PLC，还可通过互联网浏览器访问它的网页，也可通过收/发 E-mail 的方法进行通信。

3. PLC 方程序设计

如为被动通信或协议通信，PLC 方基本上可不用编写程序。但为了提高程序效率与性能，多数还是要编写一些准备数据及使用数据程序。

如为主动通信或无协议通信，PLC 方必须编写相应程序。

1）数据准备程序

最好把上位机要读的数据做些归拢，集中在若干连续的字中。这样，当上位机读时，一个命令即可读走。不然，如果数据分布较分散，则要用多个命令、分多次读。这既增加通信时间，又增加上位机编程的工作量。

如有的 PLC 与上位机通信，只能用指定的数据区。这时则必须建立一个通信用的数据块，把要与上位机交换的数据与这个数据块中的数据相互映射，以做到上位机读写数据块时，就相当于读写与其有关的数据。

2）数据使用程序设计

一般来讲，为使上位机写给 PLC 的数据发挥作用，PLC 还要有相应的程序。有两方面程序：数据执行程序及数据复原程序。

数据执行程序实际上是有关控制程序的一部分。如图 4-11 所示的“工作”，下位机是由“启动”及“停止”控制。而上位机需要对“工作”进行控制，可直接对其置位、复位。只是有时通信命令不便对位进行操作，而只能对字进行操作。

图 4-11（a）用 M0.0、M0.1 操作。上位机用写命令，使 MB0 的值为 1，即 M0.0 为 1，其余位均为 0。上位机用写命令，使 MB0 的值为 2，即 M0.1 为 1，其余位均为 0。而在程序的最后又使 MB0 置 0。这里，M0.0、M0.1 仅 ON 一个扫描周期，但其作用却等同于这里的“启动”、“停止”。MB0 的其他位也可用作类似控制。

图 4-11（b）用 M0、M1 操作。上位机用写命令，使 K4M0（M0～M15）的值为 1，即 M0 为 1，其余位均为 0。使 K4M0（MO～M15）的值为 2，即 M 1 为 1，其余位均为 0。而在程序的最后又使 K4M0 置 0。这里 M0、M1 仅 ON 一个扫描周期，但其作用却等同于这里的“启动”、“停止”。M0～M15 的其他位也可用作类似控制。

这里在程序的最后又使 LR0、MBO、K4MO 置 0，又称为数据复原程序。一般来讲，上位机所写的数据，经使用后，最好用 PLC 程序使其复原（处于 0 状态），使其不再起作用。

如上位机可对位的状态进行操作，如本例可直接写“工作”。这样，下位机的程序什么都不用改。也可写“启动”或“停止”，如“启动”或“停止”为 PLC 的输入点，计算机写它的值，只能保持一个扫描周期。之后，将取决于当时的输入状态。这时，下位机的程序也是什么都不用改。但有的 PLC（如西门子）上位机不能写输入点，有的协议不能对位进行操作，那只好按

图 4-11（a）所示的办法处理。

主动通信是 PLC 发起的。PLC 根据控制状态或采集到的数据情况，主动给上位机发送数据，等待计算机回应。当 PLC 接收到数据，再按约定，向 PLC 发写数据回应命令。PLC 再对回应进行判断，以进行下一步处理。

PLC 如果用串口与计算机主动通信，则要用串口通信指令。如果用其他网络接口与计算机主动通信，则要用网络通信指令或函数。

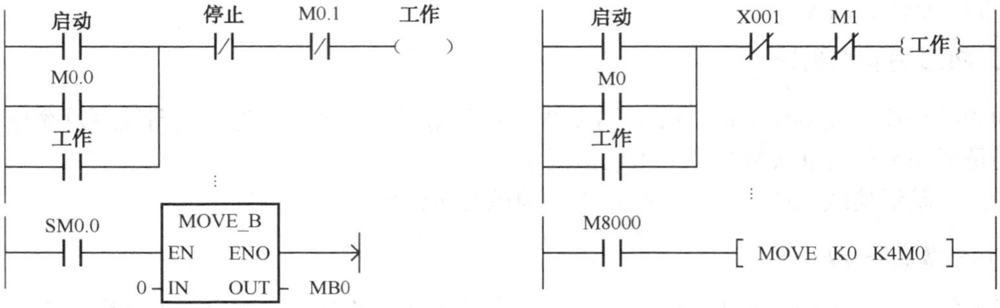

（a）西门子PLC （b）三菱PLC

图 4-11 数据使用程序

4.2.4 PLC 串口通信调试软件及其应用

各厂家的 PLC 与计算机通信时，使用的通信协议差别很大，这些协议使用不同的帧结构、不同的数制（如十六进制数或 ASCII 码）和不同的校验方法，编写计算机的通信程序是比较困难的。

现在虽然有一些串口通信调试软件，但是有的软件是专门针对某种通信协议设计的，功能过于单一；有的生成计算机的发送帧不够方便灵活和直观。使用 PLC 的通信协议时经常会遇到不同数制的转换，校验码的计算也是必不可少的。如果这些都用手工来完成或通过使用者编程来实现，不但工作量大，也容易出错。

下面介绍一种串口通信调试软件，它能够方便灵活地生成与 PLC 通信的各种格式的帧，又能直观地显示和保存通信记录，软件可以用于 PLC 和其他设备（如变频器）的串口通信调试，有以下功能：可以用 3 种数据格式输入要发送的帧和显示收、发的帧，各数据格式可以转换；可以计算常用的校验码，生成 PLC 通信中常用的多种协议格式的帧，适用范围广；具有记忆功能，能保存上次退出时的工作状态（包括通信记录），便于继续调试；能按时间间隔划分和显示接收到的帧，间隔时间可以修改。

1. 串口通信调试软件的功能与使用方法

1）通信参数和发送方式的设置

如图 4-12 所示是 PLC 串口通信调试软件的界面。“串口设置”菜单包括“串口属性”和“打开/关闭串口”命令。“串口属性”用于选择计算机的通信端口，设置传输速率、奇偶校验位和停止位等参数，串口状态与设置的参数显示在窗口下端的状态栏中。发送数据时，如果串口处于关闭状态，将自动打开它。串口被调试软件打开后，必须用调试软件关闭串口，其他通信程序才能使用该串口。

“发送方式”分为单次发送和定时发送，使用定时发送时，可以设置发送的间隔时间。

2）组织发送帧

（1）发送帧数据格式的选择。可以选择用字符串、十进制字节或十六进制字节 3 种数据格式将发送帧输入“发送帧”文本框。输入发送帧之前应先清空文本框，并选择输入的数据格式。十进制字节或十六进制字节数据之间用空格隔开，各数据必须在 1B 的允许范围（0～255 或 0～FFH）之内。各种数据都是以二进制数形式发送的，字符对应的数据就是字符的 ASCII 码值。字符串中的字符不能用空格隔开，因为空格也是字符。

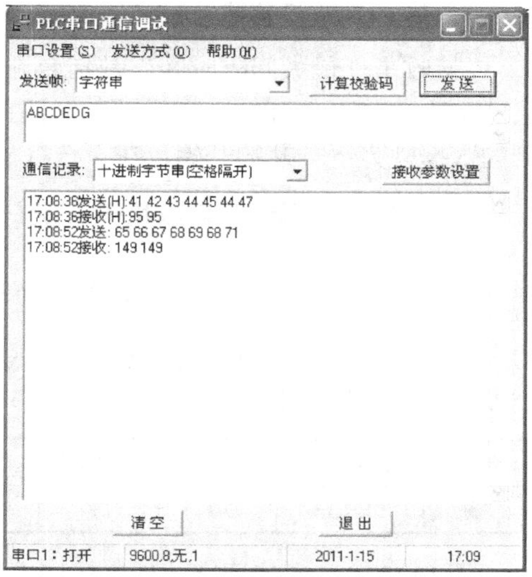

图 4-12　串口通信调试软件的主对话框

（2）发送帧数据格式的转换。通过改变数据格式可以将输入的发送帧转换为其他数据格式。例如，输入字符串“AB12”后，选择“十六进制字节串”方式，“AB12”变为对应的十六进制 ASCII 码“41 42 31 32”。

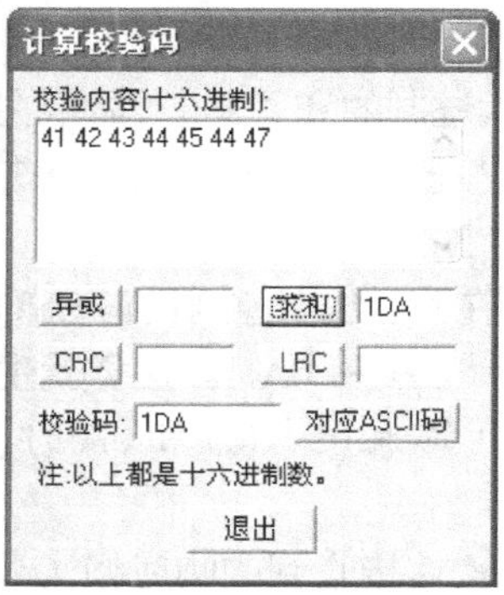

图 4-13　计算校验码

（3）计算校验码。单击“计算校验码”按钮，在出现的对话框（如图 4-13 所示）的“校验内容”窗口中，将自动显示出“发送帧”文本框中的数据或字符串对应的十六进制数。用户可以修改该文本框中的数据来满足自己的要求。

单击某一校验方式按钮，在它右边的文本框内便可以得到对应的校验码。CRC（循环冗余校验）用于生成 Modbus 协议中的 RTU 模式的校验码，其生成多项式为 $x^{16}+x^{15}+x^2+1$。Modbus 的 ASCII 模式的 LRC（纵向冗余校验）码为校验内容逐字节求和后，和的低字节的补码。

2. 通信记录与接收参数的设置

1）通信记录文本框

图 4-12 中的“通信记录”文本框用于显示和记录发送和接收的数据。可以选择 3 种不同的数据格式查看收/发的数据。字符串用“（S）”标识，十六进制数以“（H）”标识，十进制数无标识。可以用“清空”按钮清除通信记录。

2）接收超时时间的设置

单击“接收参数设置”按钮，可以设置接收超时时间和接收事件最大间隔时间。若计算机发送数据后，在设定的时间内未收到返回的帧，将显示“接收超时”。如果设为 0，未接收到返回帧也不会出现“接收超时”报警信息，便于将软件作为数据发送源使用。

3）接收数据的分帧

“接收事件最大间隔时间”是指允许的两次接收事件的最大间隔时间，默认值为 20 ms。如果从本次接收事件开始，在设置的时间内没有接收事件产生，则认为本次接收已结束，以后收到的数据视为下一帧的开始，在下一行显示。

3. 串口通信调试软件应用于三菱 PLC

1）生成三菱 FX 系列计算机链接协议的请求帧

FX 系列的计算机链接协议类似于 Modbus 协议中的 ASCII 模式，数据以 ASCII 码字符串形式发送。计算机读取 3 号 PLC 从站从 D100 开始的两个字的请求帧如下所示：

名称	控制代码	站号	标识号	命令	等待时间	起始元件	元件个数	校验和	结束符
字符	ENQ	03	FF	WR	A	D0100	02	40	CR LF

用 PLC 串口通信调试软件生成请求帧的步骤如下：

（1）在发送帧文本框内输入控制代码与校验和之间的字符串“03FFWRAD010002”。将发送帧数据格式改为“十六进制字符串”，文本框内显示自动转换后的十六进制 ASCII 码“30 33 46 46 57 52 41 44 30 31 30 30 30 32”。

（2）在“计算校验码”对话框中，单击“求和”按钮，求得的十六进制的和“340”显示在按钮右边的文本框内（如图 4-13 所示），并同时显示在对话框下端的“校验码”文本框内。单击“对应 ASCII 码”按钮，将 340 转换为十六进制数形式的 ASCII 码“33 34 30”。

（3）将校验和低字节对应的 ASCII 码 34 30 复制到请求帧的末尾，在帧首加上控制代码 ENQ 对应的十六进制数 05H，在帧尾加上结束符 CR LF 对应的十六进制数 0DH 和 0AH。这样就生成了请求帧“05 30 33 46 46 57 52 41 44 30 31 30 30 30 32 34 30 0D 0A”。输入 05、0D 和 0A 时，前面的无效 0 可以省略。

假设 D100 和 D101 中的值分别为 1234H 和 ABCDH，发送后调试软件接收到的响应帧（十六进制数）为“02 30 33 46 31 32 33 34 41 42 43 44 03 43 36 0D 0A”。

2）生成 FX 系列的无协议通信方式的发送帧

下面是 FX 系列无协议通信方式的帧结构，其特殊之处在于它有两个校验字：

起始字符	数据	求和校验字	异或校验字	结束字符

将数据中的字节逐个累加与异或，得到求和校验字和异或校验字，后者的高字节为 0。计算机发送时先发送各个字的低字节。

假设要将两个十六进制字 1234H 和 ABCDH 发送到 PLC 的接收缓冲区，起始字符和结束字符分别是 ASCII 码 STX（02H）和 ETX（03H）。用 PLC 串口通信调试软件生成请求帧的步骤如下：

（1）在“发送帧”文本框内输入十六进制数据字节“34 12 CD AB”（低字节在前）。

（2）在“计算校验码”对话框中，单击“求和”按钮，各字节求和的结果为 01BEH。单击“异或”按钮，各字节异或的结果为 40H。

（3）在帧的后面添加交换了高、低字节的求和校验字和异或校验字（十六进制数串）BE 01 40 00，并添加起始字符 02H 和结束字符 03H，生成的请求帧为“02 34 12 CD AB BE 01 40 00 03”。

4. 串口通信调试软件应用于西门子 PLC

Modbus 串行链路协议中的 RTU 模式和 ASCII 模式在控制领域的应用非常广泛。S7-200 使用的是 RTU 模式。用功能 3 读取多个 V 存储区中的内容时，其请求帧的格式如下所示。

站地址	03	首字地址	字数	CRC 字

帧中的首字地址、字数和 CRC 校验码均为字，发送时首字地址和字数的高字节在前，而 CRC 的低字节在前。设计算机用功能 3 读取站地址为 2 的 PLC 从 VW20 开始的 2 个字（VW20 和 VW22），首字的 Modbus 地址为十六进制数 16#000A，不包括 CRC 的请求帧为 02 03 00 0A 00 02。生成请求帧的步骤如下：

（1）在“发送帧”文本框内输入用空格分隔的十六进制字节串“02 03 00 0A 00 02”，输入时可以省略前面的无效 0，如上述的字节串可以省略为“2 3 0 A 0 2”。

（2）在“计算校验码”对话框中单击“CRC”按钮，生成十六进制 CRC 校验字“3AE4”。

（3）在“发送帧”文本框中将 CRC 校验字添加到发送帧的末尾（低字节在前）。这样就生成了完整的请求帧“02 03 00 0A 00 02 E4 3A”。假设 VW20 和 VW22 的值分别为十六进制 1234 和 ABCD，单击“发送”按钮后，接收到响应帧为“02 03 04 12 34 AB CD 33 20”。第 3 个字节 04 是接收到的数据字节个数。

第 5 章　PC 串行通信概述

目前计算机的串行通信应用十分广泛，串口已成为计算机的必需部件和接口之一。串行接口技术简单成熟，性能可靠，价格低廉，所要求的软硬件环境或条件都很低，广泛应用于计算机控制相关领域，遍及调制解调器（Modem）、串行打印机、各种监控模块、PLC、摄像头云台、数控机床、单片机及相关智能设备。

本章对串行通信的基本概念、串行通信的接口标准及串行通信线路连接进行简要介绍。

5.1　串行通信技术简介

5.1.1　串行通信的基本概念

1. 并行通信与串行通信

什么是通信？简单地说，通信就是两个人之间的沟通，也可以说是两个设备之间的数据交换。人类之间的通信使用了诸如电话、书信等工具进行；而设备之间的通信则是使用电信号。最常见的信号传递就是使用电压的改变来达到表示不同状态的目的。以计算机为例，高电位代表了一种状态，而低电位代表了另一种状态，在组合了很多电位状态后就形成了两种设备之间的数据交换。

在计算机内部，所有的数据都是使用位来存储的，每一位都是电位的一个状态（计算机中以 0、1 表示）；计算机内部使用组合在一起的 8 位代表一般所使用的字符、数字及一些符号，如 01000001 就表示一个字符。一般来说，必须传递这些字符、数字或符号才能算是数据交换。

数据传输可以通过两种方式进行：并行通信和串行通信。

1）并行通信

如果一组数据的各数据位在多条线上同时被传送，这种传输被称为并行通信，如图 5-1 所示，使用了 8 条信号线一次将一个字符 11001101 全部传送完毕。

并行通信的特点是：各数据位同时传送，传送速度快、效率高，多用在实时、快速的场合，如打印机端口就是一个典型的例子。

并行通信的数据宽度可以是 1～128 位，甚至更宽，但是有多少数据位就需要多少根数据线，因此传送的成本高。在集成电路芯片的内部、同一插件板上各部件之间、同一机箱内各插件板之间的数据传送都是并行的。

并行通信只适用于近距离的通信，通常小于 30m。

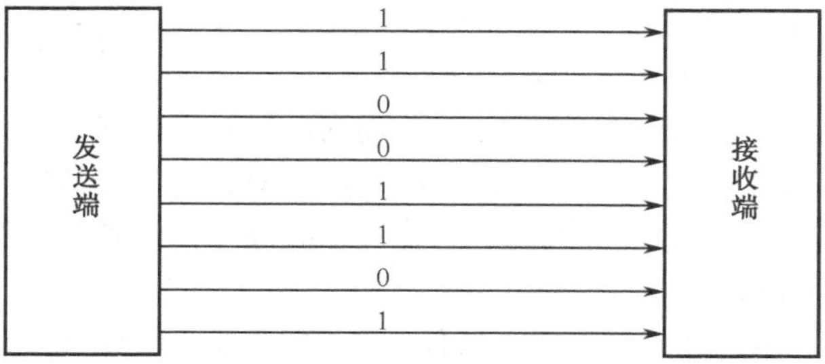

图 5-1　并行通信

2）串行通信

串行通信是将数据的各个位一位一位地通过单条 1 位宽的传输线按顺序分时传送，即通信双方一次传输一个二进制位，以每次一个二进制的 0、1 为最小单位逐位进行传输，如图 5-2 所示。

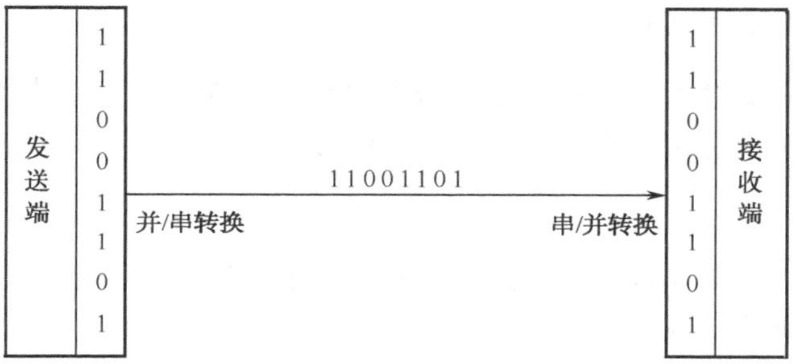

图 5-2　串行通信

串行通信的特点是：数据传送按位顺序进行，最少只需要一根传输线即可完成，节省传输线。与并行通信相比，串行通信还有较为显著的优点：传输距离长，可以从几米到几千米；在长距离内串行数据传送速率会比并行数据传送速率快；串行通信的通信时钟频率容易提高；串行通信的抗干扰能力十分强，其信号间的互相干扰完全可以忽略。

正是由于串行通信的接线少、成本低，因此它在数据采集和控制系统中得到了广泛的应用，产品也多种多样。串行通信多用于 PLC 与计算机之间、多台 PLC 之间和 PLC 对外围设备的数据通信。计算机和单片机间都采用串行通信方式。

3）串行通信与并行通信比较

在实际应用中，串行通信比并行通信要多，串行通信不仅广泛应用于主机与键盘和鼠标等低速外部设备之间，而且越来越多地用于中低速甚至高速外部设备与主机的通信，计算机与计算机之间的通信更是绝大多数都使用串行通信。这是因为随着通信速率的提高和通信距离的延长，并行通信中出现的信号变形与抖动及互相干扰等问题制约了并行通信的应用范围。进行并行通信时，虽然 8 位或 16 位的数据同时从发送器发送，但在它们到达接收机时，传播延时已经导致了某些信号比别的信号提前到达。随着通信距离的延长，最先和最后到达的数据位之间的时间差也迅速增加。此外，在时钟速率很高时，并行信号之间可能会互相干扰，这些都使得并行通信的通信时钟速率受到限制。而在串行通信中，数据是按时间逐位发送的，由于每个位到达的时间没有规定，因此信号时钟频率可以大幅度提高。

并行通信与串行通信各有其应用场合。

（1）从通信距离上看：并行通信适宜于近距离的数据传送，通常小于 30m。而串行通信适宜于远距离传送，可以从几米到数千千米。

（2）从通信速率上看：一般应用中，在短距离内，并行接口的数据传输速率显然比串行接口的数据传输速率高得多，但长距离内串行数据传送速率会比并行数据传送速率快。由于串行通信的通信时钟频率较并行通信容易提高，因此许多高速外部设备，如数字摄像机与计算机之间的通信也往往使用串行通信方式。

（3）从抗干扰性能上看：串行通信由于只有一两根信号线，信号间的互相干扰完全可以忽略。

（4）从设备和费用上看：随着大规模和超大规模集成电路的发展，逻辑器件价格趋低，而通信线路费用趋高，因此对远距离通信而言，串行通信的费用显然会低得多。另外，串行通信还可利用现有的电话网络来实现远程通信，降低了通信费用。

串行通信与并行通信相比，虽然有许多优点，但也随之带来了数据的串/并转换及并/串转换、数据格式的要求及位计数等问题，使之比并行通信实现起来更复杂。

2. 串行通信的数据传送方式

通过单线传输信息是串行通信的基础。数据通常是在两个站（点对点）之间进行传送，按照数据流的方向可分成三种传送模式：单工、半双工、全双工。

1）单工形式

单工形式的数据传送是单向的。通信双方中，一方固定为发送端，另一方则固定为接收端。信息只能沿一个方向传送，使用一根传输线，如图 5-3 所示。

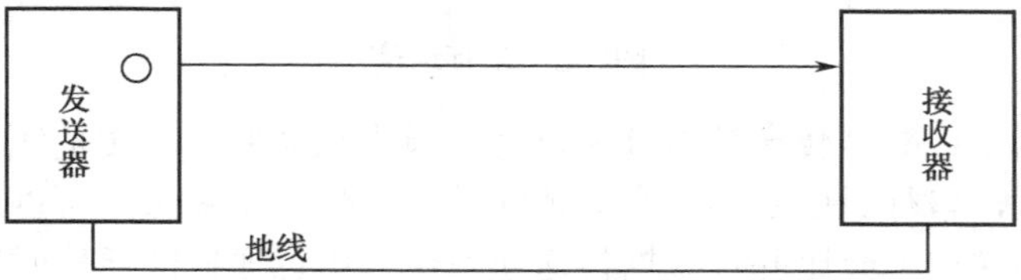

图 5-3　单工形式

单工形式一般用在只向一个方向传送数据的场合。例如，计算机与打印机之间的通信是单工形式，因为只有计算机向打印机传送数据，而没有相反的数据传送。还有在某些通信信道中，如单工无线发送等。

2）半双工形式

半双工通信使用同一根传输线，既可发送数据又可接收数据，但不能同时发送和接收。在任何时刻只能由其中的一方发送数据，另一方接收数据。因此半双工形式既可以使用一条数据线，也可以使用两条数据线，如图 5-4 所示。

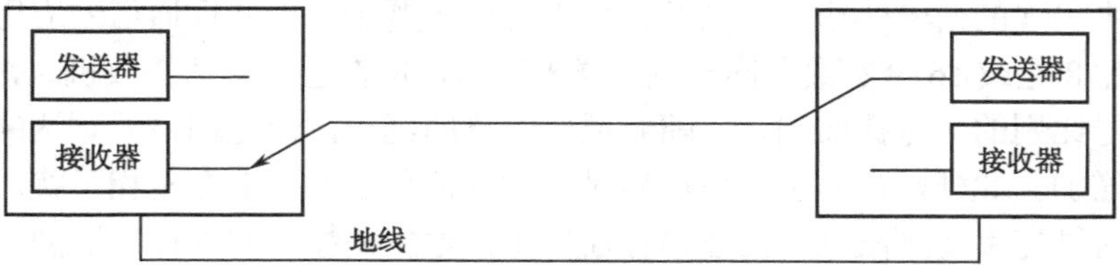

图 5-4　半双工形式

半双工通信中每端需有一个收 / 发切换电子开关，通过切换来决定数据向哪个方向传输。因为有切换，所以会产生时间延迟。信息传输效率低些。

3）全双工形式

全双工数据通信分别由两根可以在两个不同的站点同时发送和接收的传输线进行传送，通信双方都能在同一时刻进行发送和接收操作，如图 5-5 所示。

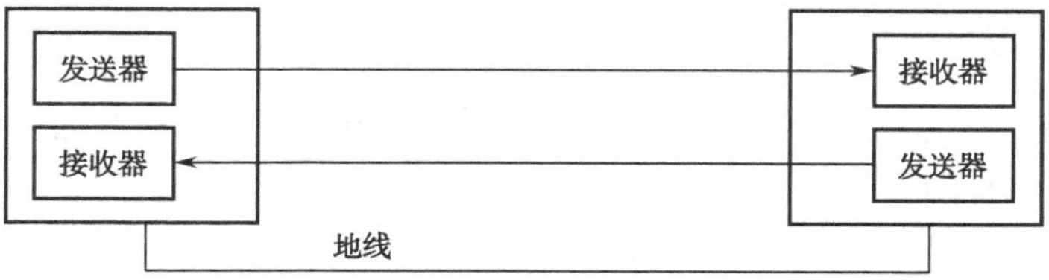

图 5-5　全双工形式

在全双工方式中，每一端都有发送器和接收器，有两条传输线，可在交互式应用和远程监控系统中使用，信息传输效率较高。

在 PLC 与变频器通信中，半双工方式和全双工方式都有应用。

3. 串行通信的基本参数

串行端口的通信方式是将字节拆分成一个接着一个的位再传送出去。接到此电位信号的一方再将此一个一个的位组合成原来的字节，如此形成一个字节的完整传送，在数据传送时，应在通信端口的初始化时设置几个通信参数。

1）波特率

串行通信的传输受到通信双方配备性能及通信线路的特性所左右，收、发双方必须按照同样的速率进行串行通信，即收、发双方采用同样的波特率。我们通常将传输速度称为波特率，指的是串行通信中每一秒所传送的数据位数，单位是 bit/s。我们经常可以看到仪器或 MODEM 的规格书上都写着 19200bit/s、38400bit/s 等，所指的就是传输速度。例如，在某异步串行通信中，每传送一个字符需要 8 位，如果采用波特率 4800bit/s 进行传送，则每秒可以传送 600 个字符。

2）数据位

当接收设备收到起始位后，紧接着就会收到数据位，数据位的个数可以是 5、6、7 或 8 位数据。在字符数据传送的过程中，数据位从最低有效位开始传送。

3）起始位

在通信线上，没有数据传送时处于逻辑“1”状态。当发送设备要发送一个字符数据时，首先发出一个逻辑“0”信号，这个逻辑低电平就是起始位。起始位通过通信线传向接收设备，当接收设备检测到这个逻辑低电平后，就开始准备接收数据位信号。因此，起始位所起的作用就是表示字符传送的开始。

4）停止位

在奇偶校验位或数据位（无奇偶校验位时）之后是停止位。它可以是 1 位、1.5 位或 2 位，停止位是一个字符数据的结束标志。

5）奇偶校验位

数据位发送完之后，就可以发送奇偶校验位。奇偶校验用于有限差错检验，通信双方在通信时约定一致的奇偶校验方式。就数据传送而言，奇偶校验位是冗余位，但它表示数据的一种性质，这种性质虽然只用于检错但很容易实现。

4. 串行通信的基本方式

根据在串行通信中对数据流的分界、定时及同步的方法不同，串行通信的基本方式可分为两种：异步串行方式和同步串行方式。

1）异步串行通信

在通信的数据流中，字符间异步，字符内部各位间同步。也就是说，异步串行通信是以字符为信息单位传送的，每个字符作为一个独立的信息单位（1 帧数据），可以随机出现在数据流中，即发送端发出的每个字符在数据流中出现的时间是任意的，接收端预先并不知道。这就是说，异步通信方式的“异步”主要体现在字符与字符之间通信没有严格的定时要求。然而，一旦传送开始，收/发双方则以预先约定的传输速率，在时钟的作用下，传送这个字符中的每一位，即要求位与位之间有严格而精确的定时，也就是说，异步通信在传送同一个字符的每一位时，是同步的。因此，所谓异步通信，主要指字符与字符之间的传送是异步的，而字符内部位与位之间还是基本同步传输的。

2）同步串行通信

数据流中的字符与字符之间和字符内部的位与位之间都同步。同步串行通信是以数据块（字符块）为信息单位传送的，而每帧信息包括成百上千个字符，因此传送一旦开始，要求每帧信息内部的每一位都要同步。也就是说，同步通信不仅字符内部的位传送是同步的，字符与字符之间的传送也应该是同步的，这样才能保证收/发双方对每一位都同步。显然，这种通信方式对时钟同步要求非常严格，为此，收/发两端必须使用同一时钟来控制数据块传输中字符与字符和字符内部位与位之间的定时。

无论是异步串行通信还是同步串行通信，为了保证通信的正确，发送方和接收方事先必须有一个双方共同遵守的协定，如数据传送格式、起始标志、结束标志、校验方式和通信波特率等。异步串行通信一般用在数据发送时间不能确知、发送数据不连续、数据量较少和数据速率较慢的场合；而同步串行通信则适于用在要求快速、连续传输大量数据的场合。

5.1.2 串行通信协议

数据通信中，在收/发器之间传送的是一组二进制的“0”和“1”位串。但它们在不同的位置可能有不同的含义，有的只是用于同步，有的代表了通信双方的地址，有的是一些控制信息，有的则是通信中真正要传输的数据，还有的是为了差错控制而附加上去的冗余位。这些都需要在通信协议中事先约定好，以形成一种收/发双方共同遵守的格式。

通信协议又称通信规程，是指通信双方对数据传送控制的一种约定。约定中包括对数据格式、同步方式、传送速率、传送步骤、检纠错方式及控制字符定义等问题作出统一规定，通信双方必须共同遵守，它也称为链路控制规程。

1. 异步串行通信协议

异步串行通信的“异步”主要体现在字符与字符之间，而同一字符内部各位是同步的。可见，为了确保异步通信的正确性，必须找到一种方法，使收/发双方在随机传送的字符与字符间实现同步。这种方法就是在字符格式中设置起始位和停止位，即在一个字符正式发送之前先发送一个起始位，该字符结束时再发送一个停止位。接收器检测到起始位便知道字符到达，开始接收字符，检测到停止位则知道字符已结束。由于这种通信协议是靠起始位和停止位来进行字符同步的，因此有时也称为起止式协议。

异步通信采用电报通信中的电传打字机（TTY）规程，每帧信息格式如图5-6所示。异步通信信息由以下几部分组成：

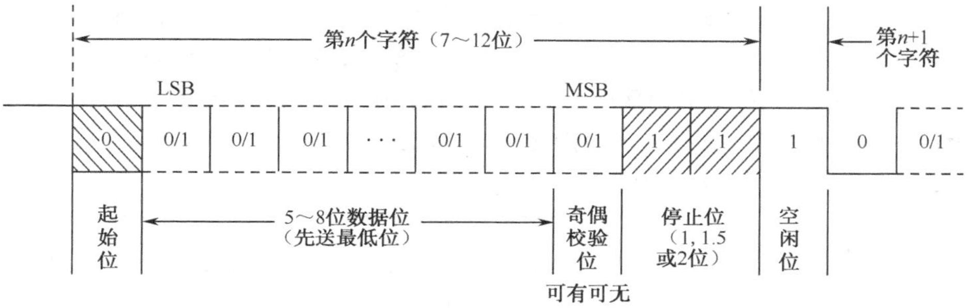

图5-6 异步串行通信数据格式

（1）1位起始位。逻辑“0”信号，该位及该帧各位持续时间均为波特率的倒数。

（2）5～8位数据位。紧接着起始位之后，数据位个数可以是5、6、7、8，构成一个字符。通常用ASCII码，也可采用EBCD码和电报码等。从最低位开始传送，靠时钟定位。

（3）0或1位奇偶校验位。数据位加上这一位后，使得“1”的位数应为偶数（偶校验）或奇数（奇校验），以此来校验数据传送的正确性。当数据传输距离较近或数据传输速率较低时，通信双方可约定不用添加奇偶校验位。

（4）停止位。它是一个字符数据的结束标志。可以是1位、1.5位和2位的逻辑“1”。接收设备收到停止位之后，通信线便又恢复逻辑“1”状态，直至下一个字符数据的起始位到来。

（5）空闲位。当线路上没有数据传送时，处于逻辑“1”状态。

异步通信要求在发送每一个字符时都要在数据位的前面加上1位起始位，在数据位后要有1位或1.5位或2位的停止位。在数据位和停止位之间可以有1位奇偶校验位，数据位可以为5～8位长，起始位（又叫空号）为“0”，停止位（又叫传号）为“1”。字符之间允许有不定长度的空闲位，空闲位均称为传号。这样在串行位流中以起始位和停止位将一个个字符区分开来。

传送开始后，接收设备不断地检测传输线，当在检测到一系列的“1”之后检测到一个“0”时就确认一个字符开始，于是以位时间（1/波特率）为间隔移位接收规定的数据位和奇偶校验位，拼成一个字符的并行字节。这之后应接收所规定位长的停止位“1”，若没有收到即为“帧出错”。只有既无帧出错又无奇偶错才算正确地接收到一个字符。一个字符接收完毕，接收设备又继续测试传输线，监视“0”电平的到来和下一字符的开始，直到全部数据传送完毕。

由于异步通信系统中接收器和发送器使用的是各自独立的控制时钟，尽管它们的频率要求选得相同，但实际上总不可能真正严格相同，两者的上下边沿不可避免地会出现一定的时间偏移。为了保证数据的正确传送，不致因收/发双方时钟的相对误差而导致接收端的采样错误，除了如上所述，采用相反极性的起始位和停止位/空闲位提供准确的时间基准外，通常还采取以下两项措施：

（1）接收器在每位的中心采样，以获得最大的收/发时钟频率偏差容限。这样在 7～12 位的整个字符传送期间，收/发双方时钟的偏差最多可允许有正、负半个位周期，只要不超过它，就不会产生采样错误。也就是说，要求收/发时钟的误差容限不超过 4.17%（按每个字符最多 12 个位算）即可。显然，这个要求是很容易实现的。为了保证在每位的中心位置采样，在准确知道起始位前沿的前提下，接收器在起始位前沿到来后，先等半个位周期采样一次，然后每过一个位周期采样一次，直到收到停止位。

（2）接收器采用比传送波特率更高频率的时钟来控制采样时间，以提高采样的分辨能力和抗干扰能力。如图 5-7 所示给出了一个频率为 16 倍波特率的接收时钟再同步过程。从图中可以看出，利用这种经 16 倍频的接收时钟对串行数据流进行检测和采样，接收器能在一个位周期的 1/16 时间内决定出字符的开始。如果采样频率和传送波特率相同，没有这种倍频关系，则分辨率会很差。比如，在起始位前沿出现前夕刚采样一次，则下次采样要到起始位结束前夕才进行。而假若在这个位周期期间因某种原因恰恰使接收端时钟往后偏移了一点点，就会错过起始位而导致该帧后面所有位检测和识别的错误。

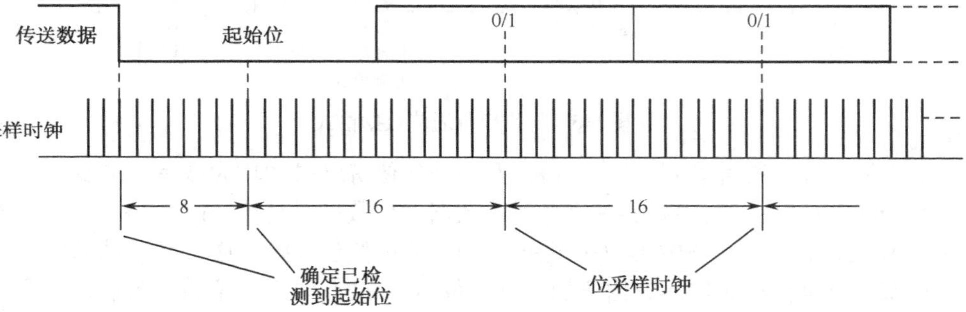

图 5-7　波特率系数为 16 时同步检测与采样过程

采样时钟采用 16 倍频（当然也可以采用其他倍数的频率，如 32 和 64 等）采样和检测过程如下：在停止位或任意数目空闲位的后面，接收器在每个接收时钟的上升沿对输入数据流进行采样，通过检测是否有 9 个连续的低电平，来确定它是否为起始位。如是，则确认是起始位，且对应的是起始位中心，然后以此为准确的时间基准，每隔 16 个时钟周期采样一次，检测一个数据位。如不是 9 个连续低电平（即使 9 个采样值中有一个非“0”），则认为这一位是干扰信号，把它删除。可见，采用 16 倍频措施后，不仅有利于实现收发同步，而且有利于抗干扰，可提高异步串行通信的可靠性。

由异步串行通信工作过程可以看出，异步通信是一次传送 1 帧数据（1 个字符），每传送 1 个字符，就用起始位来通知收方，以此来重新核对收/发双方的同步，接收设备在收到起始信号之后只要在一个字符的传输时间内能和发送设备保持同步就能正确接收。若接收设备的时钟和发送设备的时钟略有偏差，则字符之间的停止位和空闲位将为这种偏差提供一种缓冲，换言之，异步通信并不是不要同步，而是要在一个短时间内同步，正因为要求同步的时间短，就允许收/发之间的时钟频率可略有偏差，下一个字符起始位的到来又使同步重新校准，不会因累积效应而导致错位。所以异步串行通信的可靠性高，同时也比较易于实现。

但由于要在每个字符的前后加上起始位和停止位这样一些附加位，使得传送有用（效）的数据位减少，即传输效率低。例如，使用异步串行通信传输 ASCII 码，使用 1 位奇偶校验，1 位停止位，数据传送速率为 240 字符/秒，则波特率为 2400bit/s，而有效数据位传送速率只有 240×7=1680bit/s，传输效率只有约 70%。此外，异步串行通信数据格式允许上一帧数据与下一帧数据之间有空闲位，故数据传输速率慢。为了克服异步串行通信的不足之处，在要求快速、连续传输大量数据的场合，广泛使用同步串行通信。

2. 同步串行通信协议

同步串行通信是以数据块为单位（即帧）传送的，每个数据块内由一个字符序列组成。每个字符取相同的位数，字符之间是连续的，没有起始位和停止位，也不能有空隙。在数据块的前面一般设置有 1～2 个同步字符，作为帧的边界和通知对方接收的标志，尾部是校验字符，用于校验数据传输的差错。在进行数据传输时，发送方和接收方要保持完全同步，即使用同一时钟来触发双方移位寄存器的移位操作。在近距离通信时可以在传输线上增加一根时钟信号线；在远距离通信时可以通过解调器从数据流中提取同步信号，在接收方用锁相环电路可以得到和发送时钟完全相同的时钟信号。

同步通信的规程有以下 3 种：面向字符（Character-Oriented）型规程，面向比特（Bit-Oriented）型规程和面向字节计数。这里只介绍前两种。

1）面向字符的同步通信协议

面向字符型规程的特点是以字符作为信息单位，一次传送由若干个字符组成的数据块，并规定了一些特殊字符作为这个数据块的开头与结束标志及整个传输过程的控制信息。字符是 EBCD 码或 ASCII 码，可以是数据信息，也可以是控制信息。最典型的是 IBM 公司的 BSC（二进制同步规程），它是半双工规程，只有当接收方接收到一帧数据并确认以后，发送方才发送下一帧。BSC 通信规程每帧信息格式如下所示：

SYN	SYN	SOH	标题	STX	数据块	ETB/ETX	块校验

在对数据链路的控制中使用专用控制字符，其定义及 ASCII 码值如表 5-1 所示。

表 5-1 通信控制字符

名 称	含 义	ASCII 码
NUL	空字符（Null character）	00H
SOH	首标开始字符（Start of Heading）	01H
STX	正文起始字符（Start of Text）	02H
ETX	正文结束字符（End of Text）	03H
EOT	发送结束字符（End of Transmission）	04H
ENQ	询问字符（Enquiry）	05H
ACK	接收确认字符（Acknowledge character）	06H
DLE	数据链路转义字符（Data Link Escape）	10H
NAK	接收否认字符（Negative Acknowledge character）	15H

续表

名　称	含　义	ASCII 码
SYN	同步字符（Synchronous character）	16H
ETB	块发送结束字符（End of Transmission Block）	17H
CAN	取消字符（Cancel）	18H

从 BSC 通信规程信息格式可以看出，数据块的前和后都加了几个特定字符。SYN 是同步字符，每一帧开始处都有 SYN，加一个 SYN 的称单同步，加两个 SYN 的称双同步。设置同步字符是为起联络作用，传送数据时，接收端不断检测，一旦出现同步字符，就知道是一帧开始了。SOH 表示标题的开始。标题中包括源地址、目标地址和路由指示等信息。STX 是标志着传送的正文（数据块）开始。数据块就是被传送的正文内容，由多个字符组成。数据块后面是 ETB 或 ETX。其中，ETB 用在正文很长、需要分成若干个分数据块、分别在不同帧中发送的场合，这时在每个分数据块后面用 ETB，而在最后一个分数据块后面用 ETX。一帧的最后是效验码，它对从 SOH 开始直到 ETX（或 ETB）字段进行校验，校验方式可以是纵横奇偶校验或 CRC。

面向字符的同步通信的数据格式，不像异步起止式通信的数据格式那样，需在每个字符前后附加起始位和停止位，因此提高了传输效率。同时，由于采用了一些传输控制字，因此增强了通信控制能力和校验功能。但也存在一些问题，例如，如何区分数据字符代码和特定的控制字符代码的问题，因为在数据块中完全有可能出现与特定字符代码相同的数据字符，这就会发生误解。比如正文中正好有个与 ETX 的代码相同的数据字符，接收端就不会把它作数据字符处理，而误认为是正文结束，因而产生差错。

因此，协议应具有将特定字符作为普通数据处理的能力，这种能力称为“数据透明”。为此，协议中设置了转义字符 DLE。当把一个特定字符看成数据时，在它前面要加一个 DLE，这样接收器收到一个 DLE 就可预知下一个字符是数据字符，而不会把它当作控制字符来处理。DLE 本身也是特定字符，当它出现在数据块中时，也要在它前面再加上另一个 DLE。这种方法称为字符填充。字符填充实现起来相当麻烦，且依赖于字符的编码。正是由于以上的缺点，又产生了面向比特的同步通信的数据格式。

2）面向比特的同步通信协议

面向比特的同步通信协议的特点是所传输的一帧数据可以是任意位，而且它是靠约定的位组合模式，而不是靠特定字符来标志帧的开始和结束，故称“面向比特”的协议。最有代表性的是 IBM 的同步数据链路控制规程 SDLC（Synchronous Data Link Control）、国际标准化组织 ISO 的高级数据链路控制规程 HDLC（High level Data Link Control）、美国国家标准协会 ANSI 的先进数据通信规程 ADCCP（Advanced Data Communication Control Procedure）。典型的 SDLC/HDLC 通信规程的数据帧（Frame）格式如下所示：

F-开始标志 （8 位）	A-地址字段 （8 位）	C-控制字段 （8 位）	I-信息字段 （任意位）	FCS-校验字段 （16 位）	F-结束标志 （8 位）

从开始标志到结束标志为一帧，一帧信息由以下几个字段（Field）组成。

（1）F 标志字段（Flag）。由 01111110 这 8 位信息组成，用于标志一个帧的开始和结束。所有的信息是以帧的形式传输的，而标志字符提供了每一帧的边界，接收端可以通过搜索 01111110 来探知帧的开头和结束，以此建立帧同步。

（2）A 地址字段（Address）。所有 SDLC/HDLC 通信网都由一个主站和一个或多个次站组成。次站与主站通信，次站之间并不直接通信，并且主站与次站的分配是固定的，不能动态改变。地址字段用来规定与主站通信的次站的地址。

（3）C 控制字段（Control）。它用于指明帧的类型，包括信息帧、管理帧和无编号帧。信息帧传送终端用户数据，管理帧执行对信息帧的确认和请求重发信息帧等控制功能，无编号帧执行链路初始化、链路断开等链路控制功能。控制字段可规定若干个命令。SDLC 规定 A 字段和 C 字段的宽度为 8 位；HDLC 则允许 A 字段可为任意长度，C 字段为 8 位或 16 位。接收方必须检查每个地址字节的第一位，如果为“0”，则后边跟着另一个地址字节；若为“1”，则该字节就是最后一个地址字节。同理，如果控制字段第一个字节的第一位为“0”，则还有第二个控制字段字节，否则就只有一个字节。

（4）I 信息字段（Information）。它包括用户数据，长度任意。I 字段含有要传送的数据，只有在信息帧中才有该字段。信息字段长度可以为 0，当它为 0 时，则这一帧主要是控制命令。

（5）FCS 校验字段（Frame Check Sequence）。它用于数据传输的差错校验。由发送站对用户数据流进行一次运算，结果装入该字段一起发送，由接收站进行同样的运算，与 FCS 中的内容相比较，倘若比较结果相等，则数据传送正确；否则说明发生了差错。SDLC/HDLC 均采用 16 位 CRC 循环冗余校验码。除了标志字段和自动插入的“0”位外，所有的信息都参加 CRC 计算。

在通信中，以上所有字段都从最低有效位开始传送。

如上所述，SDLC/HDLC 协议规定以 01111110 为标志字节，但在信息字段中也完全有可能有同一种模式的字符，为了把它与标志区分开来，所以采取了“0”位插入和删除技术。具体做法是发送端在发送所有信息（除标志字节外）时，只要遇到连续 5 个“1”，就自动插入一个“0”；当接收端在接收数据时（除标志字节），如果连续接收到 5 个“1”，就自动将其后的一个“0”删除，以恢复信息的原有形式。这种“0”位的插入和删除过程是由硬件自动完成的。

若在发送过程中出现错误，则 SDLC/HDLC 协议用异常结束（Abort）字符或称失效序列使本帧作废。在 HDLC 规程中，7 个连续的“1”被作为失效字符，而在 SDLC 中失效字符是 8 个连续的“1”。当然在失效序列中不使用“0”位插入 / 删除技术。

SDLC/HDLC 协议规定，在一帧之内不允许出现数据间隔。在两帧信息之间，发送器可以连续输出标志字符序列，也可以输出连续的高电平，它被称为空闲（Idle）信号。

从上述同步协议的介绍可以看到，采用同步协议的数据格式，传输效率高、传送速率快，但其技术复杂、硬件开销大。故在一般应用中，采用异步通信协议的数据格式较多。

5.1.3 串行通信的接口标准

一个完整的串行通信系统如图 5-8 所示，该通信系统包括数据终端设备 DTE（Data Terminal Equipment）和数据通信设备 DCE（Data Communication Equipment）。数据终端设备 DTE 是产生二进制信号的数据源，也是接收信息的目的地，是由数据发送器或接收器或兼具两者组成的设备，它可以是一台计算机。数据通信设备 DCE 是一个使传输信号符合线路要求，或者满足 DTE 要求的信号匹配器，它是提供数据终端设备与通信线路之间通信的建立、维持和终止连接等功能的设备，同时执行信号变换与编码，它可以是一个 MODEM。在 DTE 与 DCE 之间传输的是“1”或“0”数据，同时传送一些控制应答信号，以协调这两个设备之间的工作。

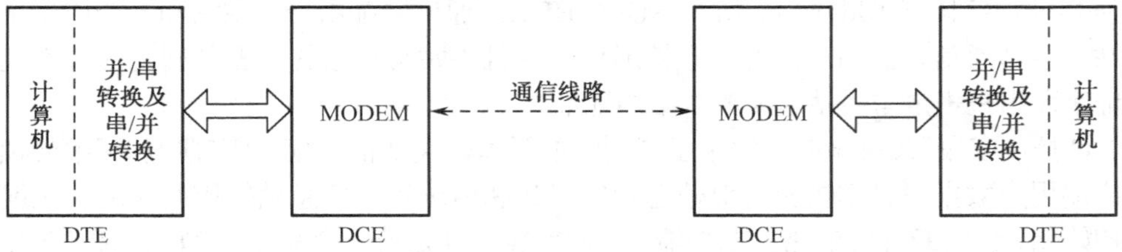

图 5-8　串行通信系统

串行接口标准定义了 DTE 的串行接口电路与 DCE 之间的连接标准，包括连接电缆、接口几何尺寸、引脚功能和电平定义等。在计算机网络中，构成网络的物理层协议。

经过使用和发展，已有几种串行通信接口标准，但都是在 RS-232C 标准的基础上经过改进而形成的。本节重点讨论 RS-232C 标准，同时也介绍其他几种标准。

1. RS-232C 串口通信标准

1）概述

RS-232C 是美国电子工业协会 EIA（Electronic Industry Association）于 1962 年公布，并于 1969 年修订的串行接口标准。它已经成为国际上通用的标准。

RS-232C 标准（协议）的全称是 EIA-RS-232C 标准，其中 RS（Recommended Standard）代表推荐标准，232 是标识号，C 代表 RS-232 的最新一次修改（1969 年），它适合于数据传输速率在 0～20000bit/s 范围内的通信。这个标准对串行通信接口的有关问题，如信号电平、信号线功能、电气特性、机械特性等都做了明确规定。

目前 RS-232C 已成为数据终端设备（Data Terminal Equipment，DTE，如计算机）和数据通信设备（Data Communication Equipment，DCE，如 MODEM）的接口标准，是 PC 与通信工业中应用最广泛的一种串行接口，在 IBM PC 上的 COM1、COM2 接口，就是 RS-232C 接口。

利用 RS-232C 串行通信接口可实现两台个人计算机的点对点的通信；可与其他外设（如打印机、逻辑分析仪、智能调节仪、PLC 等）近距离串行连接；连接调制解调器可远距离地与其他计算机通信；将其转换为 RS-422 或 RS-485 接口，可实现一台个人计算机与多台现场设备之间的通信。

2）RS-232C 接口连接器

由于 RS-232C 并未定义连接器的物理特性，因此，出现了 DB-25 和 DB-9 各种类型的连接器，其引脚的定义也各不相同。现在计算机上一般只提供 DB-9 连接器，都为公头。相应的连接线上的串口连接器也有公头和母头之分，如图 5-9 所示。

作为多功能 I/O 卡或主板上提供的 COM1 和 COM2 两个串行接口的 DB-9 连接器，它只提供异步通信的 9 个信号针脚，如图 5-10 所示，各针脚的信号功能描述如表 5-2 所示。

RS-232C 的每一支脚都有它的作用，也有它信号流动的方向。原来的 RS-232C 是设计用来连接调制解调器作传输之用的，因此它的脚位意义通常也和调制解调器传输有关。

从功能来看，全部信号线分为 3 类，即数据线（TXD、RXD）、地线（GND）和联络控制线（DSR、DTR、RI、DCD、RTS、CTS），各信号线的作用描述如下。

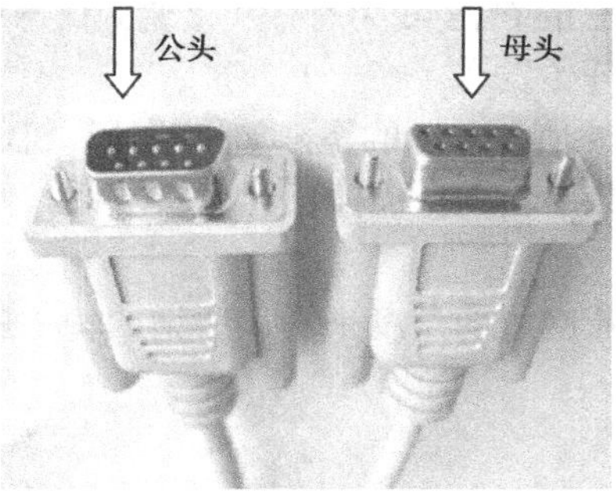

图 5-9 公头与母头串口连接器

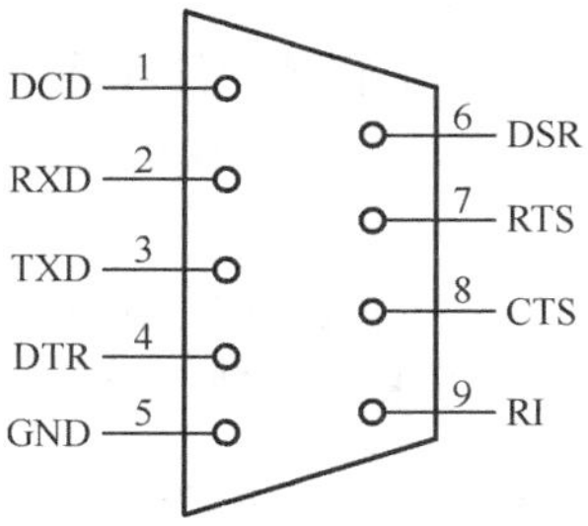

图 5-10 DB-9 串口连接器

表 5-2 9 针串行口的针脚功能

针 脚	符 号	通 信 方 向	功 能
1	DCD	计算机 → 调制解调器	载波信号检测
2	RXD	计算机 ← 调制解调器	接收数据
3	TXD	计算机 → 调制解调器	发送数据
4	DTR	计算机 → 调制解调器	数据终端准备好
5	GND		信号地线
6	DSR	计算机 ← 调制解调器	数据装置准备好
7	RTS	计算机 → 调制解调器	请求发送
8	CTS	计算机 ← 调制解调器	清除发送
9	RI	计算机 ← 调制解调器	振铃信号指示

DCD：用来表示 DCE 已经接收到满足要求的载波信号，已经接通通信链路，告知 DTE 准备接收数据。

RXD：作用是接收 DCE 发送的串行数据。

TXD：作用是将串行数据发送到 DCE。在不发送数据时，TXD 保持逻辑“1”。

DTR：当该信号有效时，表示 DTE 准备发送数据至 DCE，可以使用。

GND：作用是为其他信号线提供参考电位。

DSR：当该信号有效时，表示 DCE 已经与通信的信道接通，可以使用。

RTS：用来表示 DTE 请求向 DCE 发送信号。当 DTE 欲发送数据时，将该信号置为有效，向 DCE 提出发送请求。

CTS：是 DCE 对 RTS 的响应信号。当 DCE 已经准备好接收 DTE 发送的数据时，将该信号置为有效，通知 DTE 可以通过 TXD 发送数据。

RI：当 MODEM（DCE）收到交换台送来的振铃呼叫信号时，该信号被置为有效，通知 DTE 对方已经被呼叫。

控制信号线何时有效、何时无效的顺序表示了接口信号的传送过程。例如，只有当 DSR 和 DTR 都处于有效（ON）状态时，才能在 DTE 和 DCE 之间进行传送操作。若 DTE 要发送数据，则预先将 DTR 线置成有效（ON）状态，等 CTS 线上收到有效（ON）状态的回答后，才能在 TXD 线上发送串行数据。这种顺序的规定对半双工的通信线路特别有用，因为半双工的通信线路进行双向传送时存在换向问题，只有当收到 DCE 的 CTS 线为有效（接通）状态后，才能确定 DCE 已由接收方向改为发送方向，此时线路才能开始发送。

可以从表 5-2 了解到硬件线路上的方向。另外值得一提的是，如果从计算机的角度来看这些脚位的通信状况，流进计算机端的，可以看为数字输入；而流出计算机端的，则可以看为数字输出。

数字输入与数字输出的关系是什么呢？从工业应用的角度来看，所谓的输入就是用来“监测”，而输出就是用来“控制”的。

3）RS-232C 接口电气特性

EIA-RS-232C 对电气特性、逻辑电平和各种信号线功能都做了规定。

在 TXD 和 RXD 上：逻辑“1”为−15～−3V；逻辑“0”为+3～+15V。

在 RTS、CTS、DSR、DTR 和 DCD 等控制线上：信号有效（接通，ON 状态，正电压）为+3V～+15V；信号无效（断开，OFF 状态，负电压）为−15～−3V。

以上规定说明了 RS-232C 标准对逻辑电平的定义。

对于数据（信息码）：逻辑“1”的电平低于−3V，逻辑“0”的电平高于+3V；对于控制信号：接通状态（ON）即信号有效的电平高于+3V，断开状态（OFF）即信号无效的电平低于−3V，也就是当传输电平的绝对值大于+3V 时，电路可以有效地检查出来，介于−3～+3V 之间的电压无意义，低于−15V 或高于+15V 的电压也认为无意义，因此，实际工作时，应保证电平在±(3～15)V 之间。

RS-232C 是用正、负电压来表示逻辑状态的，与 TTL 以高低电平表示逻辑状态的规定不同，因此，为了能够同计算机接口或终端的 TTL 器件连接，必须在 RS-232C 与 TTL 电路之间进行电平和逻辑关系的变换，实现这种变换的方法可用分立元件，也可用集成电路芯片。目前较为广泛地使用集成电路转换器件，如 MAX232 芯片可完成 TTL 电平到 EIA 电平的转换。

4）RS-232C 的不足之处

（1）接口信号电平高（±5～±15V），容易烧坏接口电路芯片，不能与 TTL 电路电平兼容。
（2）波特率低，仅 20Kbit/s，传输效率低。
（3）采用不平衡的单端通信传输方式，易产生共模干扰，抗干扰能力差。
（4）传输距离短仅 50m，长距离需加调制。

2. RS-422/485 串口通信标准

1）RS-422 接口标准

RS-422 由 RS-232 发展而来，它是为弥补 RS-232 的不足而提出的。为改进 RS-232 抗干扰能力差、通信距离短、速率低的缺点，RS-422 定义了一种平衡通信接口。

与 RS-232C 相比，RS-422 的通信速率和传输距离有了很大的提高。在最大传输速率（10Mbit/s）时，允许的最大通信距离为 12m；传输速率为 100Kbit/s 时，最大通信距离为 1200m，并允许在一条平衡总线上连接最多 10 个接收器。

RS-422 通信接口为平衡驱动、差分接收电路，平衡驱动器相当于两个单端驱动器，其输入信号相同，两个输出信号互为反相信号，外部输入的干扰信号是以共模方式出现的，两根传输线上的共模干扰信号相同。因接收器是差分输入，共模信号可以互相抵消，所以只要接收器有足够的抗共模干扰能力，就能从干扰信号中识别出驱动器输出的有用信号，从而克服外部干扰的影响。

2）RS-485 接口标准

为扩展应用范围，EIA 又于 1983 年在 RS-422 基础上制定了 RS-485 标准，增加了多点、双向通信能力，即允许多个发送器连接到同一条总线上，同时增加了发送器的驱动能力和冲突保护特性，扩展了总线共模范围。

由于 RS-485 是从 RS-422 的基础上发展而来的，所以 RS-485 的许多电气规定与 RS-422 相仿。例如，它们都采用平衡传输方式，都需要在传输线上接终端匹配电阻等。

利用单一的 RS-485 接口，可以很方便地建立起一个分布式控制的设备网络系统。因此，RS-485 现已成为首选的串行接口标准。

3）RS-485 电气特性

与 RS-232 不同，RS-485 的工作方式是差分工作方式。由于 RS-485 采用平衡驱动、差分接收电路，从根本上取消了信号地线，大大减少了地电平带来的共模干扰。平衡驱动器相当于两个单端驱动器，其输入信号相同，两个输出信号互为反相信号，图中的小圆圈表示反相。外部输入的干扰信号是以共模方式出现的，两极传输线上的共模干扰信号相同，因为接收器是差分输入，共模信号可以互相抵消。只要接收器有足够的抗共模干扰能力，就能从干扰信号中识别出驱动器输出的有用信号，从而克服外部干扰的影响。

通常情况下，发送驱动器 A、B 之间的正电平为+2～+6V，是一个逻辑状态；负电平为−6～−2V，是另一个逻辑状态。另有一个信号地 C。在 RS-485 中还有一个“使能”端，用于控制发送驱动器与传输线的切断与连接。接收器也有与发送端相对的规定，收、发端通过平衡双绞线将 AA 与 BB 对应相连。采用这种平衡驱动器和差分接收器的组合，其抗共模干扰能力增强，抗噪声干扰性好。在工业环境中，更好的抗噪性和更远的传输距离是一个很大的优点。

RS-485 是半双工通信方式，半双工的通信方式必须有一个信号来互相提醒，如前所述通过开关来转换发送和接收。而使能端相当于这个开关，在电路上就是通过这个使能端，控制数据信号的发送和接收。在使能端如果信号是“1”，信号就能输出；如果信号是“0”，信号就无法输出。

RS-485 接口的最大传输距离标准值为 4000ft，实际上可达 3000m。

RS-232C 接口在总线上只允许连接 1 个收发器（1:1），即单站能力。而 RS-485 接口在总线上允许连接多达 128 个收发器，即具有多站能力，这样用户可以利用单一的 RS-485 接口方便地建立起设备网络。在 1:N 主从方式中，RS-485 的节点数是 1 发 32 收，即一台 PLC 可以带 32 台通信装置。由于它本身的通信速度不高，带多了必然会影响控制的响应速度，所以一般只能带 4～8 台。

RS-485 接口具有良好的抗噪声干扰性、较长的传输距离和多站能力等优点，所以成为串行接口的首选。RS-485 接口组成的半双工网络，一般只需要两根连线，所以 RS-485 接口均采用屏蔽双绞线传输，成本低、易实现。RS-485 接口的这种优点使它在分布式工业控制系统中得到了广泛的应用。

PLC 与控制装置的通信基本上都采用 RS-485 串行通信接口标准。

4）RS-485接口标准的特点

RS-485可以采用二线与四线方式，二线制可实现真正的多点双向通信。其主要特点有：

（1）RS-485的接口信号电平比RS-235-C降低了，不易损坏接口电路的芯片，且该电平与TTL电平兼容，可方便与TTL电路连接。

（2）RS-485的数据最高传输速率为10Mbit/s。其平衡双绞线的长度与传输速率成反比，在100Kbit/s速率以下，才可能使用规定最长的电缆长度。只有在很短的距离下才能获得最高传输速率。一般100m长的双绞线最大传输速率仅为1Mbit/s。因为RS-485接口组成的半双工网络，一般只需两根连线，所以RS-485接口均采用屏蔽双绞线传输。

（3）RS-485接口是采用平衡驱动器和差分接收器的组合，抗共模干扰能力增强，即抗噪声干扰性好，抗干扰性能大大高于RS-232接口，因而通信距离远，RS-485接口的最大传输距离大约为1200m，实际上可达3000m。

（4）RS-485需要接两个终端电阻，其阻值要求等于传输电缆的特性阻抗。在短距离传输时可不接终端电阻，即在300m以下可不接终端电阻，终端电阻接在传输总线的两端。理论上，在每个接收数据信号的中点进行采样时，只要反射信号在开始采样时衰减到足够低就可以不考虑匹配。

（5）RS-485接口在总线上允许连接多达128个收发器，即具有多站能力，这样用户可以利用单一的RS-485接口方便地建立起设备网络。

RS-485协议可以看作是RS-232协议的替代标准，与传统的RS-232协议相比，其在通信速率、传输距离、多机连接等方面均有了非常大的提高，这也是工业系统中使用RS-485总线的主要原因。

由于RS-485总线是RS-232总线的改良标准，所以在软件设计上它与RS-232总线基本上一致，如果不使用RS-485接口芯片提供的接收器、发送器选通的功能，为RS-232总线系统设计的软件部分完全可以不加修改直接应用到RS-485网络中。

RS-485总线工业应用成熟，而且大量的已有工业设备均提供RS-485接口，因而时至今日，RS-485总线仍在工业应用中具有十分重要的地位。

RS-232、RS-422与RS-485标准只对接口的电气特性作出规定，而不涉及接插件、电缆或协议，在此基础上用户可以建立自己的高层通信协议。有关电气参数如表5-3所示。

表5-3　RS-232、RS-422、RS-485电气参数比较

规　　定		RS-232	RS-422	RS-485
工作方式		单端	差分	差分
节点数		1收1发	1发10收	1发32收
最大传输电缆长度/m		15	121	121
最大传输速率		20Kbit/s	10Mbit/s	10Mbit/s
最大驱动输出电压/V		±25	−0.25～+6	−7V～+12
驱动器输出信号电平（负载最小值）/V	负载	±5～±15	±2.0	±1.5
驱动器输出信号电平（空载最大值）/V	空载	±25	±6	±6
驱动器负载阻抗/Ω		3000～7000	100	54
接收器输入电压范围/V		±15	−10～+10	−7～+12
接收器输入门限/mV		±3000	±200	±200

续表

规　定	RS-232	RS-422	RS-485
接收器输入电阻/Ω	3000～7000	4000（最小）	≥12000
驱动器共模电压/V		-3～+3	-1～+3
接收器共模电压/V		-7～+7	-7～+12

5.1.4　PC 中的串行端口

1. 查看串行端口信息

1）观察计算机上串口位置和几何特征

在 PC 主机箱后面板上有各种各样的接口，其中有两个 9 针的接头区，如图 5-11 所示，这就是 RS-232C 串行通信端口。PC 上的串行接口有多个名称：232 口、串口、通信口、COM 口、异步口等。

图 5-11　PC 上的串行端口

2）查看串口设备信息

进入 Windows 操作系统，右键单击“我的电脑”，如图 5-12 所示。在“系统属性”对话框中选择“硬件”项，单击“设备管理器”按钮，出现“设备管理器”对话框。在列表中有端口 COM 和 LPT 设备信息，如图 5-13 所示。

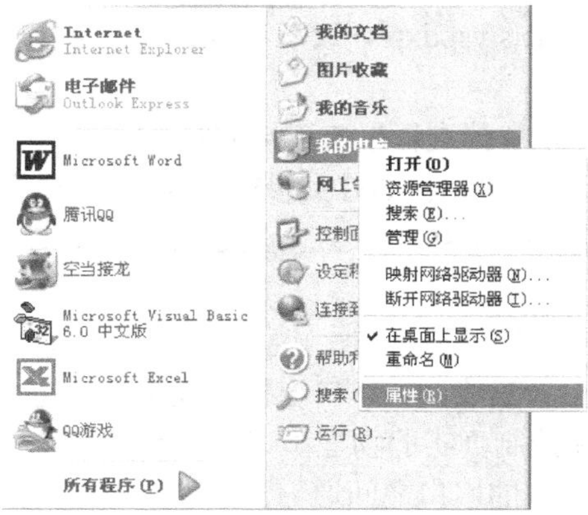

图 5-12　“我的电脑”属性

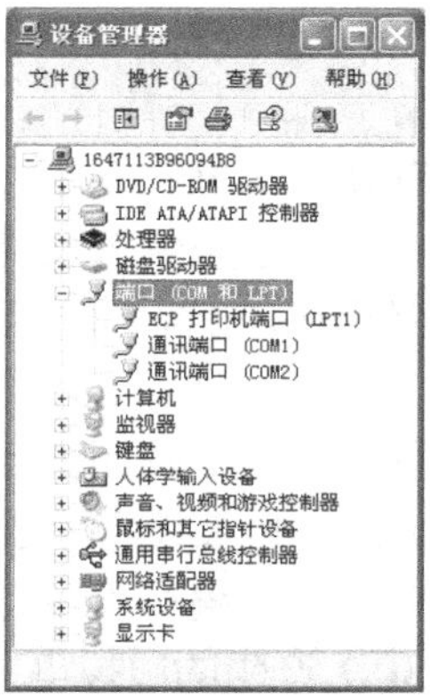

图 5-13　查看串口设备

选择“通讯端口（COM1）”，单击右键，选择“属性”，进入“通讯端口（COM1）属性”对话框，在这里可以查看端口的低级设置，也可查看其资源。

在“端口设置”选项卡中，可以看到默认的波特率和其他设置，如图 5-14 所示，这些设置可以在这里改变，也可以在应用程序中很方便地修改。

在“资源”选项卡中，可以看到 COM1 口的输入/输出范围（03F8-03FF）和中断请求号（04），如图 5-15 所示。

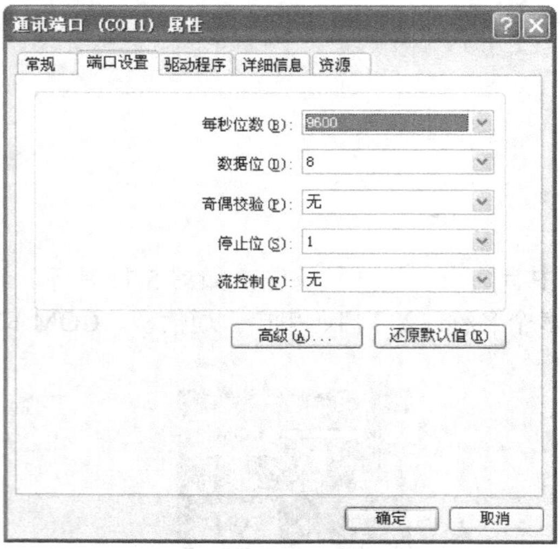

图 5-14　查看端口设置

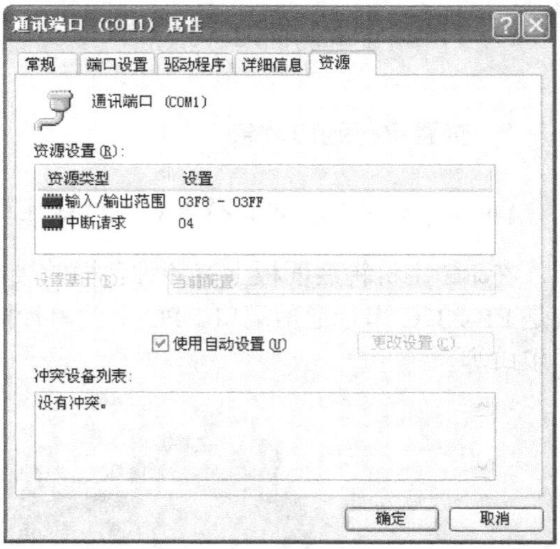

图 5-15　查看端口资源

2. 虚拟串口的使用

有时，也会有这种情况，我们使用的计算机上一个串口也没有，或者串口被其他设备占用。由于串口具有独占性，如果被其他设备占用，那么就不能由我们编写的程序来控制。但这时我们身边没有或不方便使用其他计算机，那该怎么办呢?

使用第三方软件提供的虚拟串口来解决这个问题是一种很好的选择。虚拟串口本身是不存在的，而是由软件模拟出来的，不能像真实的物理串口一样实现与其他计算机或设备上的串口直接通信。

这里介绍一个虚拟串口软件：Virtual Serial Port Driver XP，以下简称 VSPD，是 Eltima 软件公司的产品，网址为 http://www.eltima.com/products/vspdxp/，读者可以自行下载，软件运行界面如图 5-16 所示。

应用 VSPD 来调试程序是十分方便的，可以省掉进行串口连接的麻烦。

VSPD 能够运行的操作系统有 Windows XP/NT/Me/2000/98/95。下载试用程序后，可以很轻松地安装好程序，然后通过单击“开始→程序→VSPD→Configure”就可以打开 VSPD 的配置程序。

VSPD 能够为我们使用的计算机添加足够多的虚拟串口，虚拟串口是成对添加的，同时添加的这一对虚拟串口被设定为通过非 MODEM（三线制）串口连接线连接在一起，就像两个真实的物理串口一样。编写程序时，控制它们和控制真实的物理串口并没有什么区别。但要记住一点：由 VSPD 产生的虚拟串口仅能在成对产生的串口之间通信，不能在非配对的虚拟串口之间进行通信，更不能在虚拟串口和真实物理串口之间进行通信。图 5-17 中，用“电话筒”连接的两个串口可以通信，如 COM3 和 COM4、COM5 和 COM6、COM7 和 COM8 可以进行虚拟串口通信。

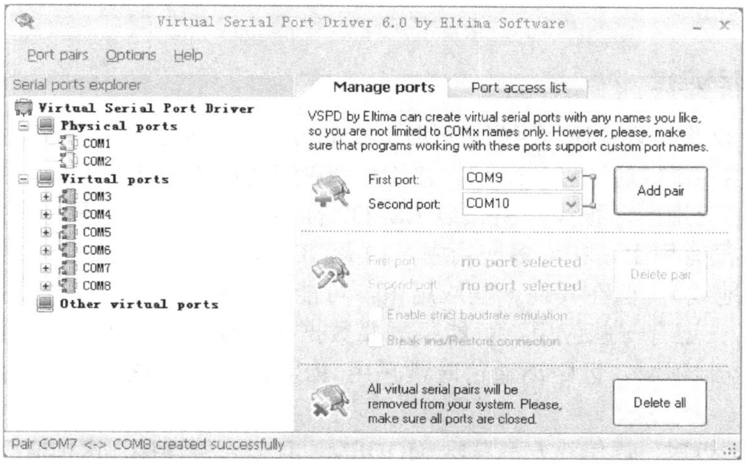

图 5-16　虚拟串口驱动 VSPD 配置程序

假如我们的计算机现在有两个串口 COM1 和 COM2，即有两个物理串口，单击“Add”按钮后，就可以为计算机添加两个虚拟串口 COM3 和 COM4，软件能够自动检测计算机已有的串口资源，然后自动为虚拟串口排号，也可以自己更改虚拟串口号（通过单击“Port”组合下拉框选择）。

虚拟串口软件可以在两个场合使用：一是在没有串口资源的计算机上调试程序时；二是在同一台计算机上多个串口之间进行通信时。这两种情况都不需要使用串口连接线就能在程序之间进行串口数据交换，所以，有时候还可以使用这种方法来降低成本，提高连接的可靠性（连线多了，难免松动，特别是在有振动的场合）。

下面我们还是利用串口调试助手来测试一下 PC 与 PC 虚拟串口的通信效果。

打开一个串口调试助手窗口，把串口号更改为 COM3，再打开另一个串口调试助手窗口（可打开多个），把串口号改为 COM4，同时清空发送输入框，然后在其中填上 1234567890ABCDEFGHILJKMNOPQ（再加入回车），单击“手动发送”按钮，就可以在各自的接收框中看到发送的数据，如图 5-17 所示。

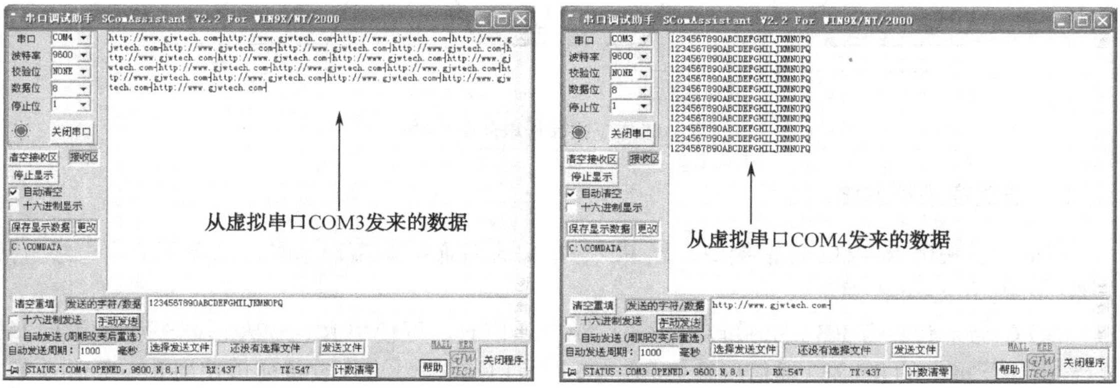

图 5-17　用串口调试助手测试虚拟串口

5.1.5 串行通信线路连接

1. 短距离线路连接

当两台 RS-232 串口设备通信距离较近时（<15m），可以用电缆线直接将两台设备的 RS-232 端口连接；若通信距离较远（>15m）时，需附加调制解调器（MODEM），如图 5-8 所示。

在 RS-232 的应用中，很少严格按照 RS-232 标准。其主要原因是许多定义的信号在大多数的应用中并没有用上。在许多应用中，如 MODEM，只用了 9 个信号（2 条数据线、6 条控制线、1 条地线）；但在其他一些应用中，可能只需要 5 个信号（2 条数据线、2 条握手线、1 条地线）；还有一些应用，可能只需要数据线，而不需要握手线（即只需要 3 个信号线）。因为在控制领域，近距离通信时常采用 RS-232，所以这里只对近距离通信的线路连接进行讨论。

当通信距离较近时，通信双方不需要 MODEM，可以直接连接，这种情况下只需使用少数几根信号线。最简单的情况，在通信中根本不需要 RS-232C 的控制联络信号，只需 3 根线（发送线、接收线、信号地线）便可实现全双工异步串行通信。

图 5-18（a）是两台串口通信设备之间的最简单连接（即三线连接），图中的 2 号接收脚与 3 号发送脚交叉连接是因为在直连方式时，把通信双方都当作数据终端设备看待，双方都可发也可收。在这种方式下，通信双方的任何一方，只要请求发送 RTS 有效和数据终端准备好 DTR 有效就能开始发送和接收。

如果只有一台计算机，而且也没有两个串行通信端口可以使用，那么将第 2 脚与第 3 脚外部短路，如图 5-18（b）所示，因而由第 3 脚的输出信号就会被传送到第 2 脚而送到同一串行端口的输入缓冲区，程序只要再由相同的串行端口上作读取的操作，即可将数据读入，一样可以形成一个测试环境。

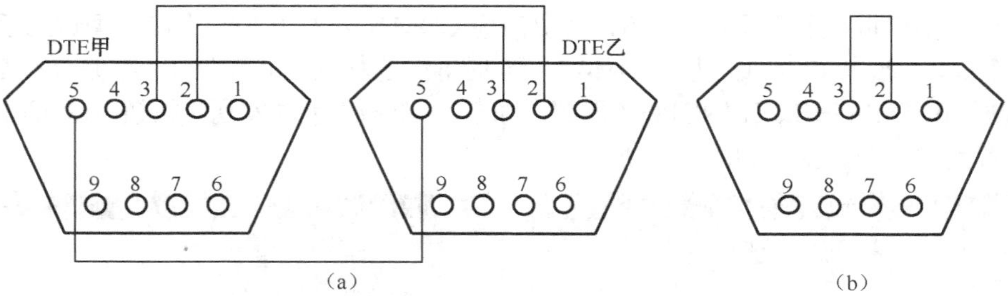

图 5-18 串口设备最简单连接

2. 长距离线路连接

一般 PC 采用 RS-232 通信接口，当 PC 与串口设备通信距离较远时，二者不能用电缆直接连接，可采用 RS-485 总线。

当 PC 与多台具有 RS-232 接口的设备远距离通信时，可使用 RS-232/RS-485 型通信接口转换器，将计算机上的 RS-232 通信口转为 RS-485 通信口，在信号进入设备前再使用 RS-485/RS-232 转换器将 RS-485 通信口转为 RS-232 通信口，再与设备相连，如图 5-19 所示。

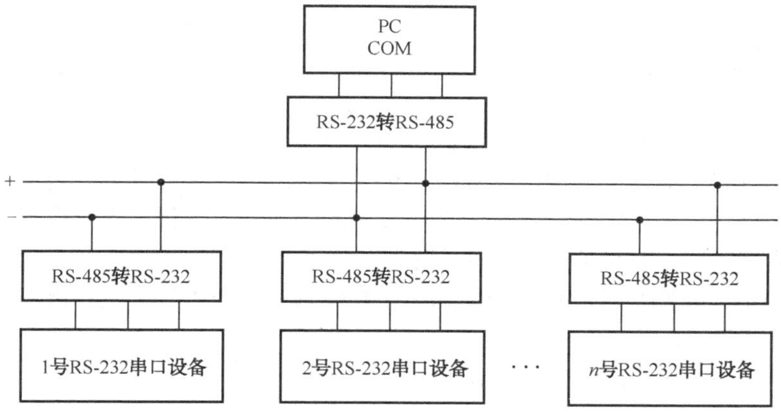

图 5-19　PC 与多个 RS-232 串口设备远距离连接

当 PC 与多台具有 RS-485 接口的设备通信时，由于两端设备接口电气特性不一，不能直接相连，因此，也采用 RS-232 接口到 RS-485 接口转换器将 RS-232 接口转换为 RS-485 信号电平，再与串口设备相连，如图 5-20 所示。

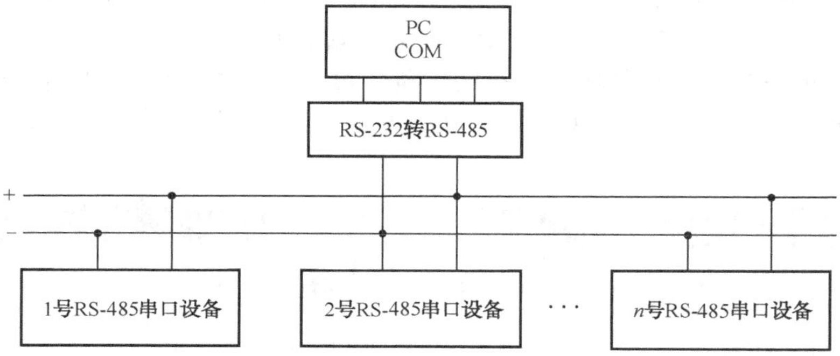

图 5-20　PC 与多个 RS-485 串口设备远距离连接（1）

如果 PC 直接提供 RS-485 接口，与多台具有 RS-485 接口的设备通信时不用转换器可直接相连，如图 5-21 所示。

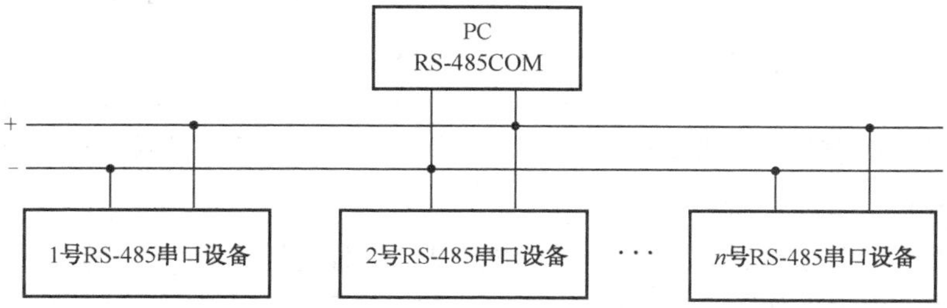

图 5-21　PC 与多个 RS-485 串口设备远距离连接（2）

RS-485 接口只有两根线要连接，有+、−端（或称 A、B 端）区分，用双绞线将所有串口设备的接口并联在一起即可。

5.1.6 串口调试工具

与任何一个自动化设备进行联机，最好是先对该系统的通信功能进行测试。通过串行通信的控制，通常可以将产品内部开放的功能做一个先期的测试工作，确定功能没有问题后，再经编程软件对系统进行程序的实现，这是一个比较保险的做法，免得在系统设计到一半时发现最重要的通信功能有问题，浪费了大量的宝贵时间。

有一些辅助工具软件是可以利用的，如在正式编写程序前可以先进行测试，以便确定程序是否可以继续编写下去。

下面就介绍一下与串行通信常用的调试软件。

1. 超级终端程序

安装 Windows 操作系统时，安装者会被询问有关要安装的相关选项，超级终端的选项于是被安装进来。相关设置步骤如下：

（1）首先选择“开始→所有程序→附件→通信→超级终端”命令，会出现一个本次联机的名称窗口，在其中输入名称并选择一个代表图标，如图 5-22 所示。此名称通常使用易记的名称来命名，以后再进行联机操作时，只要加载名称，一切其他的设置就会恢复。

（2）在出现的界面中，选择所要连接的设备。可以根据需要连接相应的设备，可能的选项包括调制解调器、COM 端口、TCP/IP 等联机方式，在这里选择的是 COM 端口，如图 5-23 所示。

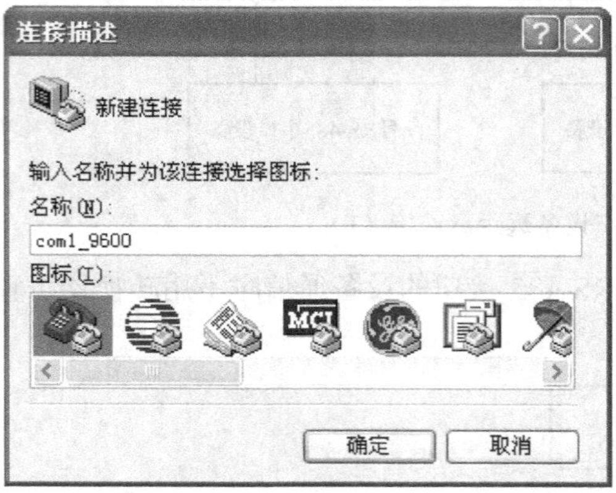

图 5-22　超级终端连接描述界面

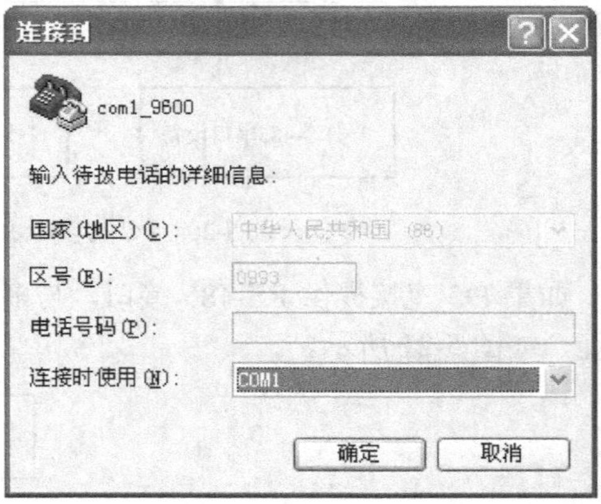

图 5-23　超级终端端口设置界面

（3）设置相关的参数，如图 5-24 所示。

（4）单击“确定”按钮后会出现一个工作窗口，此时已经连接到需要连接的设备上。

设置完成后，会出现如图 5-25 所示的画面。如果通信端口不存在或已被其他设备使用，超级终端就无法将该端口打开，发生错误。

用超级终端和其他的设备进行连接时，双方互传的数据以文字体数据为主，在正式以程序将计算机和设备联机之前，最好使用类似超级终端之类的程序先行做一些基本的测试，以确定使用字符串的通信是没有问题的，确认后再写程序进行控制。

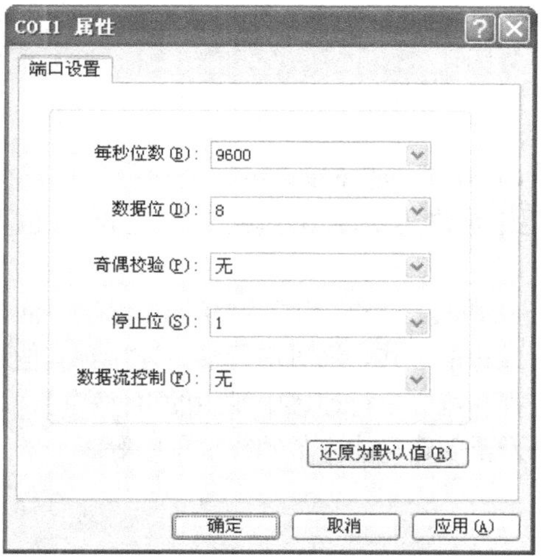

图 5-24　超级终端串口通信参数设置界面

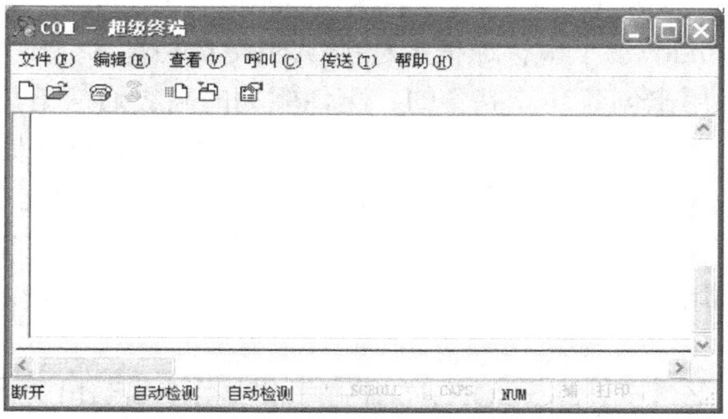

图 5-25　超级终端窗口

2. 串口调试助手

它是一个适用于 Windows 平台的串口监视、串口调试程序。它可以在线设置各种通信端口、通信速率、校验位、数据位、停止位等参数，可以发送字符串和十六进制指令，可以接收字符串和十六进制数据，也可以发送文件，可以设置自动发送/手动发送方式等，从而提高串口开发效率。

如图 5-26 所示是串口调试助手程序的运行界面。

图 5-26　串口调试助手

“串口调试助手”程序是串口开发设计人员必备的调试工具之一。本书所有实例均采用“串口调试助手”程序实现 PC 与串口设备的通信调试。

5.2 串行通信控件 MSComm

MSComm 控件全称为 Microsoft Communications Control，是 Microsoft 公司提供的简化 Windows 下串行通信编程的 ActiveX 控件，它既可以用来提供简单的串行端口通信功能，也可以用来创建功能完备的、事件驱动的高级通信工具。

MSComm 控件在串口编程时非常方便，程序员不必花时间去了解较为复杂的 API 函数，而且在 VB、VC++等语言中均可使用。使用它可以建立与串行端口的连接，通过串行端口连接到其他通信设备（如调制解调器），发出命令，交换数据，以及监视和响应串行连接中发生的事件和错误。利用它可以进行诸如拨打电话、监视串行端口的输入数据乃至创建功能完备的终端程序等。

5.2.1 MSComm 控件处理通信的方式

MSComm 控件通过串行端口传输和接收数据，为应用程序提供串行通信功能。

它提供下列两种处理通信的方式。

1. 事件驱动方式

该方式相当于一般程序设计中的中断方式。当串口发生事件或错误时，MSComm 控件会产生 OnComm 事件，用户程序可以捕获该事件进行相应处理。它是处理串行端口交互作用的一种非常有效的方法。在许多情况下，在事件发生时程序会希望得到通知。例如，在串口接收缓冲区中有一个字符到达或一个变化发生时，程序都可以利用 MSComm 控件的 OnComm 事件捕获并处理这些通信事件。OnComm 事件还可以检查和处理通信错误。在程序的每个关键功能之后，可以通过检查 CommEvent 属性的值来查询事件和错误。

在程序设计中，可以在 OnComm 事件处理函数中加入自己的处理代码，一旦事件发生即可自动执行该段程序。这种方法的优点是程序响应及时，可靠性高。

2. 查询方式

在程序的每个关键功能之后，在用户程序中设计定时或不定时的查询，通过检查 CommEvent 属性的值来查询事件和错误，从而作出相应的处理。在进行简单应用程序设计时可采用这种方法。例如，如果写一个简单的电话拨号程序，则没有必要对每接收一个字符都产生事件，因为唯一等待接收的字符是调制解调器的“OK”响应。

查询方式的进行可用计时器 Timer 或 Do…Loop 程序实现。查询方式实质上还是事件驱动，但在有些情况下，这种方式显得更为便捷。

5.2.2 MSComm 控件的使用

1. VB 中 MSComm 控件的操作

1）控件添加

开始一个项目的设计时，VB 的工具箱中会有许多默认的控件让设计者选用，这些原本就出现在工具箱中的控件是内置控件，它提供了一些基本的系统设计组件给设计者，不过功能比较特别的控件不会出现在其中，而用来设计通信功能的控件 MSComm 就不在其中。

由于 VB 的串行通信组件并不会主动出现在工具箱中，当需要 MSComm 控件时，首先要把它加入到工具箱中。

让 MSComm 控件出现在工具箱中的步骤如下：

（1）选择“工程”菜单下的“部件...”子菜单，在弹出的“部件”对话框中，在“控件”选项卡属性中选中“Microsoft Comm Control 6.0”复选框，如图 5-27 所示，单击“确定”按钮后，在工具箱中就出现了一个形似“电话”的图标，它就是 MSComm 控件，如图 5-28 所示。

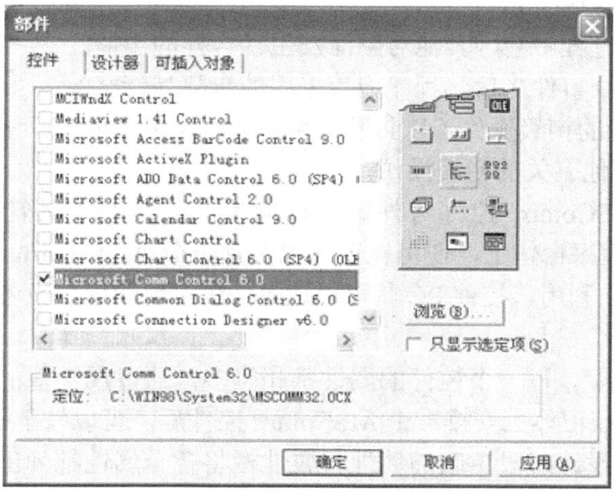

图 5-27　添加 MSComm 串口通信控件

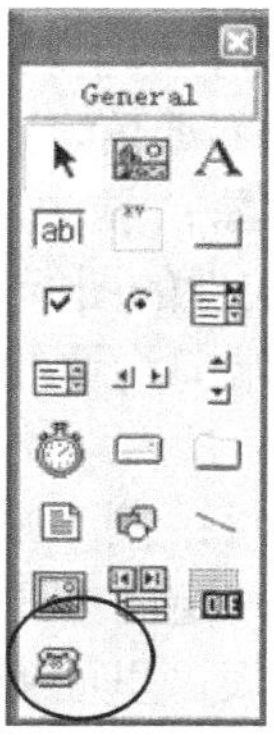

图 5-28　工具箱中的 MSComm 控件

（2）如果在控件属性中没有“Microsoft Comm Control 6.0”选项，可在“部件”对话框“控件”属性中单击“浏览”按钮，在系统目录“Windows\System32”目录下选择“MSCOMM32.OCX”项，如图 5-29 所示，单击“打开”按钮即可在“部件”对话框中看到“Microsoft Comm Control 6.0”的可选项目了。

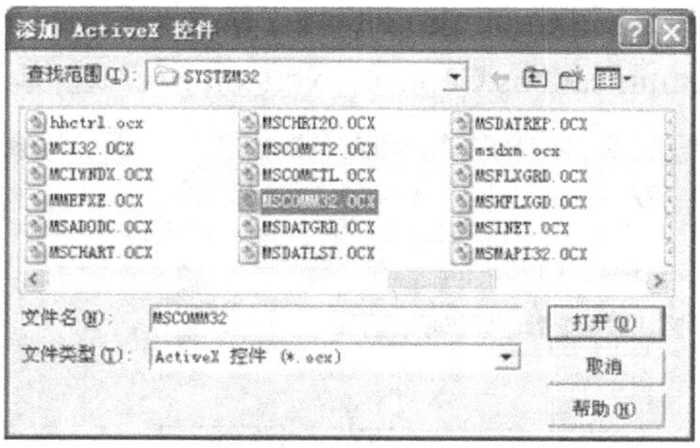

图 5-29　直接选择 MSComm 控件

如果打开的是以前的项目，项目中含有 MSComm 控件的引用记录，则项目会自动去搜寻 MSComm 控件并将它载入，不需要以上的步骤。

工具箱中有了 MSComm 控件，就可以选择 MSComm 控件的图标后将其加到程序窗体上，利用该控件 PC 可以通过 VB 实现与串口设备的串口通信。

注意：每个使用的 MSComm 控件对应着一个串行端口，如果应用程序需要访问多个串行端口，必须使用多个 MSComm 控件。

2）控件操作

在使用 VB 所提供的串行通信功能之前，必须对 VB 的 MSComm 控件做一个了解，以便可以将串行通信的概念套用上去。

Windows 采用了全新的对象化思想设计，把所有的程序都对象化，在对象化之后，我们在 VB 设计串行通信的相关项目时，一样遵循了 4 个主要步骤。

（1）对象：所要操作的对象是什么？

（2）属性：该对象所具备的特性有哪些？

（3）事件：该对象在系统执行的过程中会因其他对象而发生什么样的事情?

（4）方法：当该对象被引发了某个事件之后，程序应该采用的步骤是什么?

VB 的串行通信对象是将 RS-232 的初级操作予以封装，用户以高级的 Basic 语法即可利用 RS-232 与外界通信，并不需要了解其他有关的初级操作。

添加对象：首先我们要使用 MSComm 控件对外做串行通信，因此在工具箱中选择了 MSComm 控件的图标后将其添加到程序窗体上，便可在窗体上安置一个 MSComm，形同安装一个和串行端口沟通的管道在画面上。利用该控件 PC 就可以通过 VB 实现与串口设备的串口通信了。

设置属性：接下来就是属性的设置。每一个控件的属性都相当多，通过属性值的设置可以指定硬件以一定的方式工作。当用户在窗体上安排一个 MSComm 控件后，可以按下 F4 调出其相应的属性表，里面列出了所有可在设计阶段更改的属性。属性栏将各个属性都列出来，用户可以选择相应的项目后进行属性的设置。

2. Visual C++中 MSComm 控件的操作

在应用程序中插入 MSComm 控件后就可以较为方便地实现计算机串口收、发数据。要使用 ActiveX 控件 MSComm，程序员必须将其添加入工程，其方法是：

（1）单击主菜单“Project”的子菜单“Add To project”的“Components and Controls”选项。

（2）在弹出的“Components and Controls Gallery”对话框中选择“Registered ActiveX Controls”文件夹中的“Microsoft Communications Control，version 6.0”选项，如图 5-30 所示。

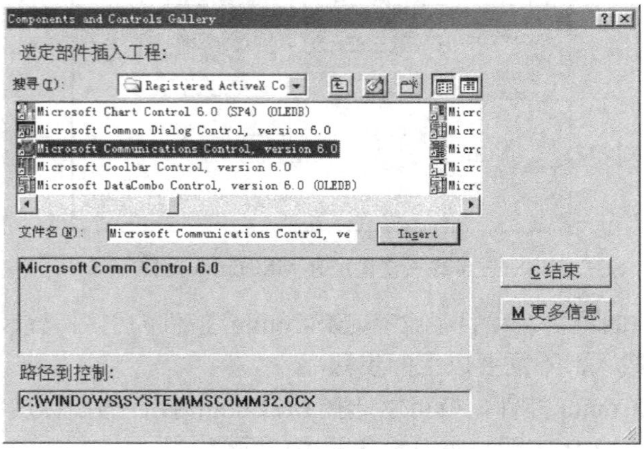

图 5-30 选择 Microsoft Communications Control

（3）单击其中的“Insert”按钮，MSComm 控件就被添加到工程中了。与此同时，类 CMSComm 的相关文件 mscomm.h 和 mscomm.cpp 也一并被加入“Project”的“Header Files”和“Source Files”中。当然，程序员可以自己修改文件名，如图 5-31 所示。

（4）单击“OK”按钮，在工具箱面板上出现一个形似电话的控件，如图 5-32 所示，使用时将其拖到界面上即可。

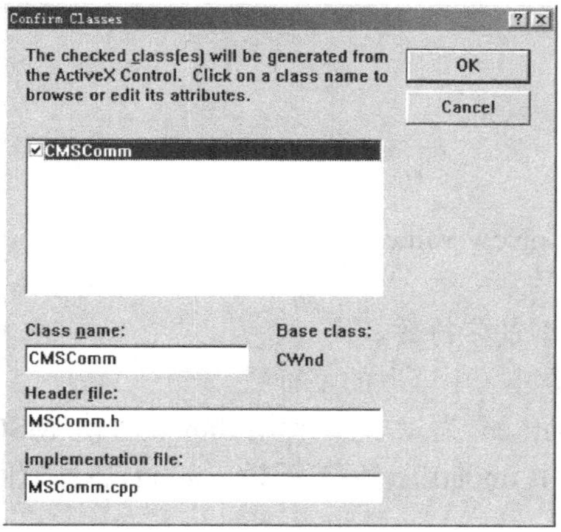

图 5-31　添加 MSComm 控件

图 5-32　控件面板

5.2.3　MSComm 控件的常用属性

MSComm 控件的属性很多，这里介绍串口编程中经常用到的几个重要属性。

1. CommPort 属性

VB 语法：MSComm1.CommPort[=Value]

VC++语法：void CMSComm::SetCommPort(short nNew Value)　　//设置串口号

short CMSComm::GetCommPort()　　//查询当前串口号

作用：设置或返回通信端口号。

CommPort 属性值 value 可以设置为 1～16 之间的任何整数值(默认值为 1)表示串口 COM1、COM2……如果用 PortOpen 属性打开一个并不存在的端口，MSComm 控件会产生错误 68（设备无效）。

注意：必须在打开端口之前设置 CommPort 属性。

例如，COM2 上连接有一个调制解调器：

```
MSComm1.CommPort = 2
```

2. Input 属性

VB 语法：MSComm1.Input

VC++语法：VARIANT CMSComm::GetInput()

作用：返回并删除接收缓冲区中的数据流。

InputLen 属性确定被 Input 属性读取的字符数。设置 InputLen 为 0，则 Input 属性读取缓冲区中全部的内容。InputMode 属性确定用 Input 属性读取的数据类型。

当 InputMode 属性值为 0 时（检取数据为文本方式），变量中含 String 型数据。

当 InputMode 属性值为 1 时（检取数据为二进制方式），变量中含 Byte 数组型数据。

例如，如果希望从接收缓冲区获取数据，并将其显示在一个文本框中，可以使用下面的代码：

```
TxtDisplay.Text = MSComm1.Input
```

该属性在设计时无效，在运行时为只读。

3. InputLen 属性

VB 语法：MSComm1.InputLen [= value]

VC++语法：void CMSComm::SetInputLen(short nNew Value)

short CMSComm::GetlnputLen()

作用：设置并返回 Input 属性从接收缓冲区读取的字符数。

Value 是整型表达式，说明 Input 属性从接收缓冲区中读取的字符数。

说明：InputLen 属性的默认值是 0。设置 InputLen 为 0 时，使用 Input 将使 MSComm 控件读取接收缓冲区中全部的内容。若接收缓冲区中 InputLen 字符无效，Input 属性返回一个零长度字符串 （""）。

在使用 Input 前，用户可以选择检查 InBufferCount 属性来确定缓冲区中是否已有需要数目的字符。该属性在从输出格式为定长数据的机器读取数据时非常有用。如果读取以定长的数据块的形式格式化了的数据时，则需要将该属性设置为合适的值。

例如：MSComm1.InputLen=10　　' 当程序执行该指令时，只会读取 10 个字符

4. InputMode 属性

VB 语法：MSComm1.InputMode[=Value]

VC++语法：void CMSComm::SetInputMode(long nNew Value)

long CMSComm::GetlnputMode()

作用：设置或返回接收数据的数据类型。

InputMode 属性的 Value 值可以设置为如下 VB 常数：

0——通过 Input 属性以文本方式取回传入的数据。

1——通过 Input 属性以二进制方式取回传入的数据。

例如，MSComm1.InputMode=1 表示以二进制方式读取数据。

5. OutPut 属性

VB 语法：MSComm1.OutPut[=Value]

VC++语法：void CMSComm::SetOutput(const VARIANT & newValue)

VARIANT CMSComm::GetOutput()

作用：向传输缓冲区写数据流。

Output 属性可以传输文本数据或二进制数据。用 Output 属性传输文本数据，必须定义一个包含一个字符串的 Variant；发送二进制数据，必须传递一个包含字节数组的 Variant 到 Output 属性。

正常情况下，如果发送一个 ANSI 字符串到应用程序，可以以文本数据的形式发送；如果发送包含嵌入控制字符、Null 字符等数据，要以二进制形式发送。

可用 Output 属性发送命令、文字字符串或 Byte 数组数据。

例如：MSComm1.Output = "ATDT 551-5555"　　' 发送 AT 命令串
　　MSComm1.Output = " This is a text string "　　' 发送文本字符串

该属性在设计时无效，在运行时为只读。

6. PortOpen 属性

VB 语法：MSComm1.PortOpen[=Value]

VC++语法：void CMSComm::SetPortOpen(BOOL bNew Value)
　　BOOL CMSComm::GetPortOpen()

作用：用于打开或关闭串口，或者返回串口的开、关状态。

设置 PortOpen 属性为 True 即打开端口，设置为 False 则关闭端口，并清除接收和传输缓冲区。当应用程序终止时，MSComm 控件自动关闭串行端口。

在打开端口之前，确定 CommPort 属性设置为一个合法的端口。如果 CommPort 属性设置为一个非法的端口，则当打开该端口时，MSComm 控件产生错误 68（设备无效）。

串行端口设备必须支持 Settings 属性当前的设置值。如果 Settings 属性包含硬件不支持的通信设置值，硬件可能不会正常工作。

7. Settings 属性

VB 语法：MSComm1.Settings[=Value]

VC++语法：void CMSComm::SetSettings(LPCTSTR lpszNew Value)
　　Cstring CMSComm::GetSettings()

作用：设置并返回波特率、奇偶校验、数据位、停止位等通信参数。

值 Value 为 String 型，说明通信端口的设置值。

Settings 属性可以用来指定波特率、奇偶校验、数据位数和停止位。奇偶校验设置为了进行数据校验，通常是不用的，并设置为“N”。数据位数指定了代表一个数据块的比特数。停止位指出了何时接收到一个完整数据块。

例如：MSComm1.Settings = "9600,N,8,1"　　' 表示传输速率为 9600bps，没有奇偶校验位，
　　'8 位数据位，1 位停止位

8. RThreshold 属性

VB 语法：object.Rthreshold [= value]

VC++语法：void CMSComm::SetRThreshold(short nNew Value)
　　short CMSComm::GetRThreshold()

作用：OnComm 事件发生之前，设置并返回接收缓冲区可接收的字符数。

Value 是整型表达式，说明在产生 OnComm 事件之前要接收的字符数。

当接收字符后，若 Rthreshold 属性设置为 0（默认值）则不产生 OnComm 事件；设置 Rthreshold 为 1，接收缓冲区每收到一个字符都会使 MSComm 控件触发 OnComm 事件。

9. SThreshold 属性

VB 语法：object.SThreshold [= value]

VC++语法：void CMSComm::SetSThreshold(short nNew Value)

short CMSComm::GetSThreshold()

作用：OnComm 事件发生之前，设置并返回发送缓冲区中允许的最小字符数。

Value 是整型表达式，代表在 OnComm 事件产生之前在传输缓冲区中的最小字符数。

若设置 SThreshold 属性为 0（默认值），数据传输事件不会产生 OnComm 事件；若设置 Sthreshold 属性为 1，当传输缓冲区完全空时，MSComm 控件产生 OnComm 事件。如果在传输缓冲区中的字符数小于 Value，CommEvent 属性设置为 comEvSend，并产生 OnComm 事件。

OnComm 事件被用来监视和响应通信状态的变化。如果将 Rthreshold 和 SThreshold 属性的值都设置为零，就可以避免发生 OnComm 事件。如果将该值设置为非零的值（比如 1），那么每当缓冲区中接收到一个字符时，就会产生 OnComm 事件。

10. OutBufferSize 属性

VB 语法：MSComm1.OutBufferSize[=Value]

VC++语法：void CMSComm::SetOutBufferSize(short nNew Value)

short CMSComm::GetOutBufferSize()

作用：设置或返回传输缓冲区大小。

值 Value 为 Integer 型，表示传输缓冲区的字节数，如可选 1024。

11. InBufferSize 属性

VB 语法：MSComm1.InBufferSize[=Value]

VC++语法：void CMSComm::SetInBufferSize(short nNew Value)

short CMSComm::GetInBufferSize()

作用：设置或返回接收缓冲区大小。

值 Value 为 Integer 型，表示接收缓冲区的字节数，如可选 1024。

InBufferSize 和 OutBufferSize 属性指定了为接收和发送缓冲区分配的内存数量。这两个值设置得越大，应用程序中可用的内存就越少。然而，如果缓冲区太小，就要冒缓冲区溢出的风险，除非采用握手信号。

由于现在大多数微机有更多的可用内存资源，缓冲区内存分配已不那么至关紧要了。换言之，可以把缓冲区的值设得高一些而不影响应用程序的性能。

12. Handshaking 属性

VB 语法：MSComm1.Handshaking[=Value]

VC++语法：void CMSComm::SetHandshaking(long nNew Value)

long CMSComm::GetHandshaking()

作用：设置或返回硬件握手协议，指的是 PC 与 MODEM 之间为了控制流速而约定的内部协议。Value 值：

0——comNone，没有握手协议，不考虑流量控制。

1——comXOn/XOff，即在数据流中嵌入控制符来进行流量控制。

2——comRTS，即由信号线 RTS 自动进行流量控制。

5——comRTSXOnXOff，两者皆可。

注意：实践中我们发现选用 2（即 comRTS）是很方便的。

说明：要保证数据传输成功，必须对接收和发送缓冲区进行管理，如要保证接收数据的速度不超出缓冲区的限制。握手是指一种内部的通信协议，通过它将数据从硬件端口传输到接收缓冲区。当串行端口收到一个字符时，通信设备必须将它移入接收缓冲区中，使程序能够读到它。如果数据到达端口的速度太快，通信设备可能来不及将数据移入接收缓冲区，握手协议保证不会由于缓冲区溢出而导致丢失数据。

需要使用什么协议与连接的设备有关。如果将该值设置为 comRTSXOnXOff，可以同时支持两种协议。

5.2.4 MSComm 控件的 OnComm 事件

根据应用程序的用途和功能，在连接到其他设备过程中，以及接收或发送数据过程中，可能需要监视并响应一些事件和错误。

可以使用 OnComm 事件和 CommEvent 属性捕捉并检查通信事件和错误的值。

CommEvent 属性返回最近的通信事件或错误，该属性在设计时无效，在运行时为只读。

在发生通信事件或错误时，将触发 OnComm 事件，CommEvent 属性的值将被改变。因此，在发生 OnComm 事件时，如果有必要，可以检查 CommEvent 属性的值。由于通信（特别是通过电话线的通信）是不可预料的，捕捉这些事件和错误将有助于使应用程序对这些情况作出相应的反应。

MSComm 控件把 17 个事件归并为一个事件 OnComm，用属性 CommEvent 的 17 个值来区分不同的触发时机。

表 5-4 列出了几个可能触发 OnComm 事件的通信事件，对应的值将在发生事件时被写入 CommEvent 属性。

表 5-4　通信事件常数定义值

常　量	值	描　述
ComEvSend	1	发送缓冲区中的字符数比 Sthreshold 值低
ComEvReceive	2	接收到了 Rthreshold 个字符。持续产生该事件，直到使用了 Input 属性删除了接收缓冲区中的数据
ComEvCTS	3	CTS 线发生改变
ComEvDSR	4	DSR 线发生改变。当 DSR 从 1 到 0 改变时，该事件发生
ComEvCD	5	CD 线发生改变
ComEvRing	6	检测到电话振铃
ComEvEOF	7	收到文件结束符（ASCII 字符，26）

另外 10 个情况是在可能发生的各种通信错误时触发，可参看有关资料。

表 5-5 所列错误同样会触发 OnComm 事件，并在 CommEvent 属性中写入相应的值。

表 5-5　通信错误常数定义值

常　量	值	描　述
ComEventBreak	1001	收到了断开信号
ComEventCTSTO	1002	Clear To Send Timeout。在发送字符时，在系统指定的事件内，CTS（Clear To Send）线是低电平

续表

常　量	值	描　述
ComEventDSRTO	1003	Data Set Ready Timeout。在发送字符时，在系统指定的事件内，DSR（Data Set Ready）线是低电平
ComEventFrame	1004	数据帧错误。硬件检测到一个数据帧错误
ComEventOverrun	1006	端口溢出。硬件中的字符尚未读，下一个字符又到达，并且丢失
ComEventCDTO	1007	Carrier Detect Time）。在发送字符时，在系统指定的事件内，CD（Carrier Detect）线是低电平。CD 也称为 RLSD（Receive Line Signal Detect，接收线信号检测）
ComEventRxOver	1008	接收缓冲区溢出。在接收缓冲区中没有空间
ComEventRxParity	1009	奇偶校验错。硬件检测到奇偶校验错误
ComEventTxFull	1010	发送缓冲区满。在对发送字符排队时，发送缓冲区满
ComEventDCB	1011	检测端口 DCB（Device Control Block）时发生了没有预料到的错误

MSComm 控件可捕获的错误消息如表 5-6 所示。

表 5-6　MSComm 控件可捕获的错误消息

常　量	值	描　述
ComInvalidPropertyValue	380	无效的属性值
ComSetNotSupported	383	属性只读
ComGetNotSupported	394	属性只读
ComPortOpen	8000 8001	端口打开时该操作无效 超时设置必须比 0 值大
ComPortInvalid	8002 8003 8004	无效的端口号 属性只在运行时有效 属性在运行时是只读的
ComPortAlreadyOpen	8005 8006 8007 8008 8009 8010 8011	端口已经打开 设备标识符无效或不支持 不支持设备的波特率 指定的字节大小无效 默认参数错误 硬件不可用（被其他设备锁住） 函数不能分配队列
ComNoOpen	8012 8013 8014	设备没有打开 设备已经打开 不能使用通信通知
ComSetCommStateFailed	8015 8016	不能设置通信状态 不能设置通信事件屏蔽
ComPortNotOpen	8018 8019	该操作只在端口打开时有效 设备忙
ComReadError	8020	通信设备读错误
ComDCBError	8021	检取端口设备控制块时出现内部错误

通过事件的引发，借由 CommEvent 属性值的数值便可明确了解所发生的错误或事件，而程序中通常就以常数定义作为判断，一旦 OnComm 事件发生，连带地会引入 CommEvent 参数，用户可以在每一个相关的 Case 语句之后编写程序代码来处理特定的错误或事件。

5.2.5　MSComm 控件通信步骤

通常我们以下面的步骤来使用 VB 的 MSComm 控件做通信控制：

（1）加入通信部件，也就是 MSComm 对象。

（2）设置通信端口号码，即 CommPort 属性。

（3）设置通信协议，即 HandShaking 属性。

（4）设置传输速度等参数，即 Settings 属性。

（5）设置其他参数，若必要时再加上其他的属性设置。

（6）打开通信端口，即 PortOpen 属性设置成 True。

（7）送出字符串或读入字符串，使用 Input 及 Output 属性。

（8）使用完 MSComm 通信对象后，将通信端口关闭，即 PortOpen 属性设置成 False。

遵循以上的步骤，可以建构自己的串行通信传输系统。

5.3　PLC 组态王串口通信设置

5.3.1　三菱 FX 系列 PLC 组态王通信设置

1. 连接与配置

可以将组态王与一个或多个 PLC 相连。利用串行口进行连接时，可直接与 PLC 的编程端口相连，采用此种方式一个串口只能接一台 PLC。

如果将 FX PLC 与计算机的串口相连，需要一个编程电缆。

当 PLC 使用 RS-232 与上位机相连时，其通信参数设置如下：波特率：9600；数据位长度：7；停止位长度：1；奇偶校验位：偶校验。

组态王通信参数与 PLC 的设置保持一致。

组态王定义设备时选择：PLC\三菱\FX2\编程口。

组态王的设备地址与 PLC 的设置保持一致（0～15）。

2. 变量定义

三菱 FX 系列 PLC 寄存器在组态王中的变量定义如表 5-7 所示。

斜体字 *ddo*、*dddd*、*ddd* 等表示格式中可变部分，*d* 表示十进制数，*o* 表示八进制数，变化范围列于取值范围中。组态王按照寄存器名称来读取下位机相应的数据。组态王中定义的寄存器与下位机所有的寄存器相对应。如定义非法寄存器，将不被承认。

表 5-7 组态王中三菱 FX 系列 PLC 寄存器列表

寄存器名称	寄存器名格式	数据类型	变量类型	取值范围
输入寄存器	X*ddo*（位格式）	BIT	I/O 离散	0~207
输出寄存器	Y*ddo*（位格式）	BIT	I/O 离散	0~207
辅助寄存器	M*dddd*（位格式）	BIT	I/O 离散	0~8255
状态寄存器	S*ddd*（位格式）	BIT	I/O 离散	0~999
定时器接点	T*ddd*	BIT	I/O 离散	0~1023
计数器接点	C*ddd*	BIT	I/O 离散	0~1023
数据寄存器	D*dddd*	BCD,SHORT,USHORT,LONG,FLOAT（当偏移大于 8000 时，不支持 LONG 和 FLOAT 类型数据）	I/O 整型 I/O 实型	0~8255
定时器经过值	T**ddd*	SHORT,USHORT	I/O 整型	0~1023
计数器经过值	C**ddd*	SHORT,USHORT ,LONG	I/O 整型	0~1023
RD 寄存器格式	RD*dd* ，*dd*	STRING	字符串	—
WD 寄存器	WD*dd* ，*dd*	STRING	I/O 整型	—

由于各型号的 PLC 的自制机制不同，所以如定义的寄存器在所用的下位机具体型号中不存在，将读不上数据，或者由于寄存器的型号的不同，读写数据时的情况也可能不同。所以在使用时要根据 PLC 的具体型号来使用。

例如，型号为 FX（2N），内存为 64M 的 PLC，对于 D 寄存器，定义数据类为整型时，有的数据不能写入，如：D200、D1000 等，没有规律。

各寄存器说明：

（1）X、Y 寄存器。X、Y 寄存器属于八进制寄存器，所以在组态王开发系统下定义这两个寄存器时，对于带 8 或 9 的数据不能定义。例如，定义寄存器名为 X8、X9 或 X18、X19、X28、X29、Y80、Y96 等时，系统提示寄存器通道号越界，所以凡是在寄存器地址范围中带 8 或 9 的数字都不可以定义。

（2）D 寄存器。对于 D 寄存器，当寄存器的偏移地址大于 8000 时，不能定义为 LONG 或 FLOAT 型。

例如，定义寄存器名为 D8000、数据类型为 LONG 或 FLOAT 型时，系统提示当 D 寄存器的地址大于 8000 时，数据类型不能为 LONG 或 FLOAT 型。

（3）C*寄存器。对于 C*寄存器，当寄存器的偏移地址大于 200 时，只能定义为 LONG 型。

例如，定义寄存器名为 C*200、数据类型为 USHORT 或 SHORT 时，系统提示当 C*寄存器的地址大于 200 时，数据类型只能为 LONG 型。

（4）RD，WD 寄存器说明。

RD 起始寄存器和结束寄存器的作用是读出二进制数据串（低位字节在前，高位字节在后）。WD 起始寄存器和结束寄存器的作用是写入十六进制数据串（一个字中低位字节在前，高位字节在后）。最多可以定义 8 个连续的寄存器（组态王字符串最大为 128 个字符），每个寄存器是 16 位。

寄存器名称举例如表 5-8 所示。

表 5-8 寄存器名称举例

寄存器名称	数据类型	变量类型	变量举例	说明
X1	BIT	I/O 离散	ON	0 通道的 1 点
X7	BIT	I/O 离散	ON	0 通道的 7 点
X8	BIT	I/O 离散	无	无
X11	BIT	I/O 离散	ON	1 通道的 1 点
X17	BIT	I/O 离散	ON	1 通道的 7 点
X19	BIT	I/O 离散	无	无
Y8	BIT	I/O 离散	无	无
Y19	BIT	I/O 离散	无	无
T25	BIT	I/O 离散	ON	第 25 点
D45	SHORT	I/O 整型	1234	45 通道
D45	USHORT	I/O 整型	35537	45 通道

5.3.2 西门子 S7-200 PLC 组态王通信设置

1. 连接与配置

PPI 协议支持与德国西门子公司 SIMATIC S7-200 系列 PLC 之间的通信。协议采用串行通信，使用计算机中的串口和 PLC 的编程口（PORT 口）。S7-200 PPI 协议不支持通过远程 MODEM 拨号与 S7-200 PLC 进行通信，可使用 S7200 的自由口协议进行 MODEM 通信。

在 PC/PPI 电缆上有一排拨码，1～3 位设置波特率，第 4 位设置调制解调器的数据位（10 位或 11 位），第 5 位设置通信方式。开关第 5 位拨在 1（on）表示 PPI Master ；拨在 0（off）表示 PPI/Freeport。在使用 PPI 协议和组态王通信时，必须拨在 0（off），即设置 PLC 为 PPI Slave 模式。若使用的 PPI 电缆上不带拨码开关，此时的 PLC 就默认为 PPI Slave 协议模式了。

其中，波特率设置要与 SET PG/PC SHORTerface 中的设置一致。

组态王定义设备时请选择：PLC\西门子\S7-200 系列\PPI。

设备地址格式为：由于 S7-200 系列 PLC 的型号不同，设备地址的范围不同，所以对于某一型号设备的地址范围请见相关硬件手册。组态王的设备地址要与 PLC 的 PORT 口设置一致。PLC 默认地址为 2。

建议的通信参数：波特率：9600；数据位长度：8；停止位长度：1；奇偶校验位：偶校验。

2. 变量定义

西门子 S7-200 系列 PLC 寄存器在组态王中的变量定义如表 5-9 和表 5-10 所示。

表 5-9 组态王中西门子 S7-200 系列 PLC 寄存器列表

寄存器格式	寄存器范围	数据类型	变量类型	读写属性	寄存器含义
V*dd*	0～9999	BYTE,SHORT,USHORT, LONG,FLOAT	I/O 整型、I/O 实型	读写	V 数据区

续表

寄存器格式	寄存器范围	数据类型	变量类型	读写属性	寄存器含义
Idd	0.0～9999.7	BIT	I/O 离散	只读	数字量输入区,按位读取
	0～9999	BYTE	I/O 整型		数字量输入区,按字节（8位）读取
Qdd	0.0～9999.7	BIT	I/O 离散	读写	数字量输出区,按位操作
	0～9999	BYTE	I/O 整型		数字量输出区,按字节（8位）操作
Mdd	0.0～9999.7	BIT	I/O 离散	读写	中间寄存器区,按位操作
	0～9999	BYTE	I/O 整型		中间寄存器区,按字节（8位）操作

表 5-10　寄存器使用举例

寄存器名称	读写属性	数据类型	变量类型	寄存器说明
V400	读写	BYTE	I/O 整数	V 区地址为 400 的寄存器（一个字节）
V416	读写	LONG	I/O 整数	V 区地址为 416 的寄存器（4 个字节 416、417、418 和 419）
Q0	读写	BYTE	I/O 整数	对应 Q 区的 Q0.0～Q0.7，一个字节（8 位）
I0.0	只读	BIT	I/O 离散	对应 I 区的 I0.0 位

5.4　LabVIEW 与串口通信

5.4.1　LabVIEW 中的串口通信功能模块

在 LabVIEW8.2 中函数模板的 Instrument I/O 子模板中的 Serial 子模板内包含进行串口通信操作的一些功能模块，如图 5-33 所示。

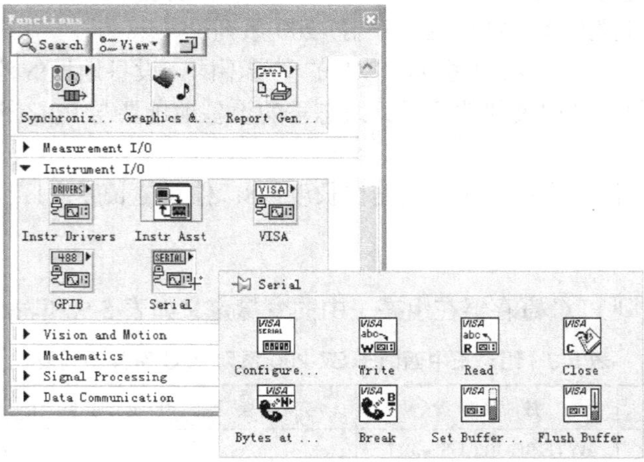

图 5-33　LabVIEW 串口通信功能模块

1. VISA Configure Serial Port 模块

功能：从指定的仪器中读取信息，对串口进行初始化，可设置串口的波特率、数据位、停止位、校验位、缓存大小及流量控制等参数。

输入端口参数设置：VISA resource name，指定要打开的资源，即设置串口号；baud rate，设置波特率（默认值为 9600）；data bits，设置数据位（默认值为 8）；stop bits，设置停止位（默认值为 1 位）；parity，设置奇偶校验位（默认值为 0，即无校验）。

输出端口参数设置：error code，显示错误代码。

2. VISA Write 模块

功能：将输出缓冲区中的数据发送到指定的串口。

输入端口参数设置：VISA resource name，串口设备资源名，即设置串口号；write buffer，写入串口缓冲区的字符。

输出端口参数设置：return count，实际写入数据的字节数。

3. VISA Read 模块

功能：将指定的串口接收缓冲区中的数据按指定字节数读取到计算机内存中。

输入端口参数设置：VISA resource name，串口设备资源名，即设置串口号；byte count，要读取的字节数。

输出端口参数设置：read buffer，从串口读到的字符；return count，实际读取到数据的字节数。

4. VISA Bytes at Serial Port 模块

功能：返回指定串口的接收缓冲区中的数据字节数。

输入端口参数设置：reference，串口设备资源名，即设置串口号。

输出端口参数设置：Number of Bytes at serial port，存放接收到的数据字节数；error code，显示错误代码。

在使用 VISA Read 模块读串口前，先用 VISA Bytes at Serial Port 模块检测当前串口输入缓冲区中已存的字节数，然后由此指定 VISA Read 模块从串口输入缓冲中读出的字节数，可以保证一次就将串口输入缓冲区中的数据全部读出。

5. VISA Close 模块

功能：结束与指定的串口资源之间的会话，即关闭串口资源。

输入端口参数设置：VISA resource name，串口设备资源名，即设置串口号。

输出端口参数设置：error code，显示错误代码。

6. VISA Serial Break 模块

功能：向指定的串口发送一个暂停信号。

输入端口参数设置：VISA resource name，串口设备资源名，即设置串口号。

输出端口参数设置：error code，显示错误代码。

7. 其他

VISA Set I/O Buffer Size：设置指定的串口的输入/输出缓冲区大小。

VISA Flush I/O Buffer：清空指定的串口的输入/输出缓冲区。

与串口操作有关的所有函数均要提供串口资源（VISA resource name），该控件位于控制模板中的 I/O 子模板中，如图 5-34 所示。

将该控件添加到前面板中，可以用工具单击控件右侧的下拉箭头选择串口资源名（即串口号）。

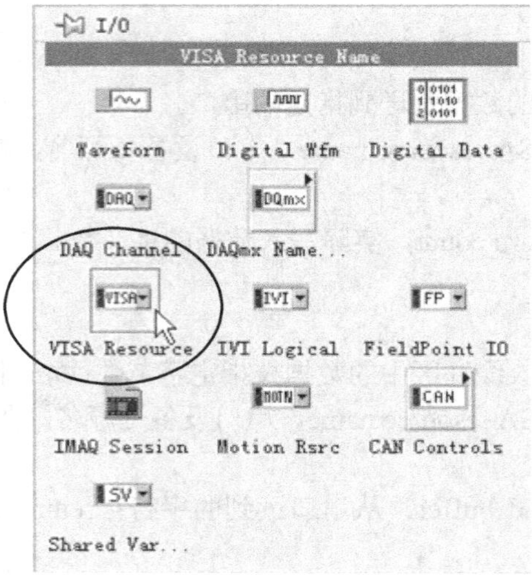

图 5-34　提供串口资源的函数

5.4.2　LabVIEW 串口通信步骤

两台计算机之间的串口通信流程如图 5-35 所示。

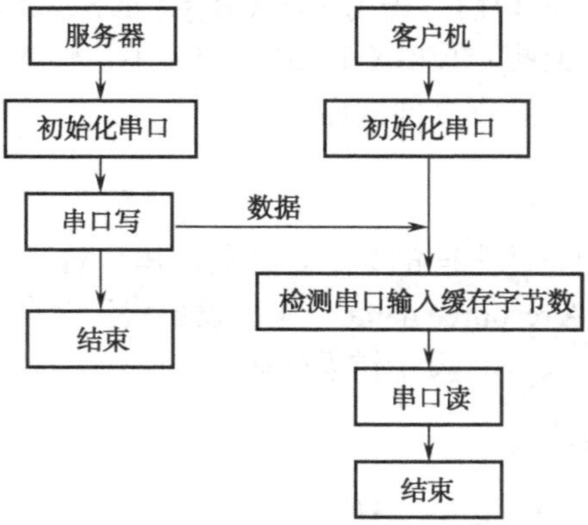

图 5-35　双机串口通信流程图

在 LabVIEW 环境中使用串口与在其他开发环境中开发过程类似，基本步骤如图 5-36 所示的演示程序。

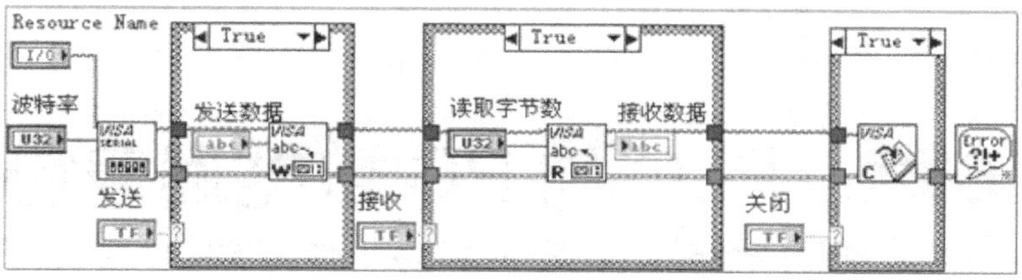

图 5-36 串口通信演示程序

首先需要调用 VISA Configure Serial Port 完成串口参数的设置，包括串口资源分配，设置波特率、数据位、停止位、校验位和流控等。

如果初始化没有问题，就可以使用这个串口进行数据收发。发送数据使用 VISA Write，接收数据使用 VISA Read。

在接收数据之前需要使用 VISA Bytes at Serial Port 查询当前串口接收缓冲区中的数据字节数，如果 VISA Read 要读取的字节数大于缓冲区中的数据字节数，VISA Read 操作将一直等待，直至 Timeout 或缓冲区中的数据字节数达到要求的字节数。

在某些特殊情况下，需要设置串口接收/发送缓冲区的大小，此时可以使用 VISA Set I/O Buffer Size；而使用 VISA Flush I/O Buffer 则可以清空接收与发送缓冲区。

在串口使用结束后，使用 VISA Close 结束与 VISA resource name 指定的串口之间的会话。

第 6 章　PLC 与 PC 数据通信协议

现代 PLC 的通信功能很强，可以实现 PLC 与计算机、PLC 与 PLC、PLC 与其他智能控制装置之间的通信联网。PLC 与计算机联网，可以发挥各自所长，PLC 用于现场设备的直接控制，计算机用于对 PLC 的编程、监控与管理；PLC 与 PLC 联网能够扩大控制地域，提高控制规模，还可以实现 PLC 之间的综合协调控制；PLC 与智能控制装置（如智能仪表）联网，可以有效地对智能装置实施管理，充分发挥这些装置的效益。除此之外，联网可极大节省配线，方便安装，提高可靠性，简化系统维护。

在数据传输过程中，为了可靠发送、接收数据，通信双方必须有规定的数据格式、同步方式、传输速率、纠错方式、控制字符等，即需要专门的通信协议。

严格地说，任何通信均需要通信协议，只是有些情况下，其要求相对较低，实现较简单而已。在 PLC 控制系统中，习惯上将仅需要对传输的数据格式、传输速率等参数进行简单设定即可以实现数据交换的通信，称为“无协议通信”。而将需要安装专用通信工具软件，通过工具软件中的程序对数据进行专门处理的通信，称为“专用协议通信”。

本章首先简要介绍了三菱 FX 系列 PLC 和西门子 S7-200 系列 PLC 的通信协议，然后重点对三菱 PLC 编程口通信协议和 S7-200 PLC 的 PPI 通信协议做详细介绍，并举出应用实例。

6.1　通信协议基本知识

6.1.1　通信网络开放系统互连模型 OSI

为了实现不同厂家生产的智能设备之间的通信，国际标准化组织 ISO 提出了如图 6-1 所示的开放系统互联模型 OSI。作为通信网络国际标准化的参考模型，它详细描述了软件功能的 7 个层次，自下而上依次为：物理层、数据链路层、网络层、传送层、会话层、表示层和应用层。每层都尽可能自成体系，均有明确的功能。

下面简要介绍一下 OSI 模型。

1. 物理层

物理层是为建立、保持和断开在物理实体之间的物理连接，提供机械的、电气的、功能性的特性和规程。它建立在传输介质之上，负责提供传送数据比特位“0”和“1”码的物理条件。同时，它定义了传输介质与网络接口卡的连接方式及数据发送和接收方式。常用的串行异步通信接口标准 RS-232C、RS-422 和 RS-485 等就属于物理层。

2. 数据链路层

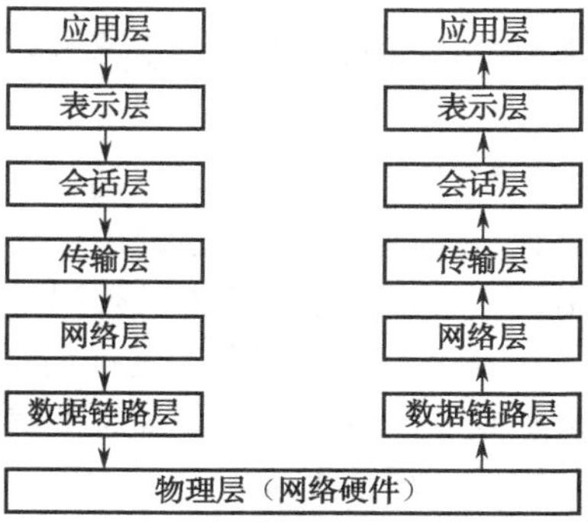

图 6-1　开放系统互联模型（OSI）

数据链路层通过物理层提供的物理连接，实现建立、保持和断开数据链路的逻辑连接，完成数据的无差错传输。为了保证数据的可靠传输，数据链路层的主要控制功能是差错控制和流量控制。在数据链路上，数据以帧格式传输。帧是包含多个数据比特位的逻辑数据单元，通常由控制信息和传输数据两部分组成。常用的数据链路层协议是面向比特的串行同步通信协议——同步数据链路控制协议/高级数据链路控制协议（SDLC/ HDLC）。

3. 网络层

网络层完成站点间逻辑连接的建立和维护，负责传输数据的寻址，提供网络各站点间进行数据交换的方法，完成传输数据的路由选择和信息交换的有关操作。网络层的主要功能是报文包的分段、报文包阻塞的处理和通信子网内路径的选择。常用的网络层协议有 X.25 分组协议和 IP 协议。

4. 传输层

传输层是向会话层提供一个可靠的端到端（end-to-end）的数据传送服务。传输层的信号传送单位是报文（Message），它的主要功能是流量控制、差错控制、连接支持。典型的传输层协议是因特网 TCP/IP 协议中的 TCP 协议。

5. 会话层

两个表示层用户之间的连接称为会话，对应会话层的任务就是提供一种有效的方法，组织和协调两个层次之间的会话，并管理和控制它们之间的数据交换。网络下载中的断点续传就是会话层的功能。

6. 表示层

表示层用于应用层信息内容的形式变换，如数据加密/解密、信息压缩/解压和数据兼容，把应用层提供的信息变成能够共同理解的形式。

7. 应用层

应用层作为参考模型的最高层，为用户的应用服务提供信息交换，为应用接口提供操作标准。7 层模型中所有其他层的目的都是为了支持应用层，它直接面向用户，为用户提供网络服务。常用的应用层服务有电子邮件（E-mail）、文件传输（FTP）和 Web 服务等。

7 层模型中，除了物理层和物理层之间可直接传送信息外，其他各层之间实现的都是间接的传送。在发送方计算机的某一层发送的信息，必须经过该层以下的所有低层，通过传输介质传送到接收方计算机，并层层上传直至到达接收方中与信息发送层相对应的层，如图 8-1 所示。OSI 7 层参考模型只是要求对等层遵守共同的通信协议，并没有给出协议本身。OSI 7 层协议中，高 4 层提供用户功能，低 3 层提供网络通信功能。

6.1.2 通信协议基本概念

所谓通信协议，是指通信双方对数据传送控制的一种约定。约定中包括对通信接口、同步方式、通信格式、传送速度、传送介质、传送步骤、数据格式及控制字符定义等一系列内容作出统一规定，通信双方必须同时遵守，因此又称为通信规程。

举个例子，两个人进行远距离通话，一个在北京，一个在上海，如果光用口说，那肯定是听不到的，也不能达到通话的目的。那么，如果要正确地进行通话，要具备哪些条件呢？首先是用什么通信手段，是移动电话、座机还是网络视频，这就是通信接口的问题。如果都是用移动，则可以直接进行通话。如果一个用移动，另一个用联通或座机，那还要进行转换，要把两个不同的接口标准换成一个标准。在网络通信中，这种通信手段就是物理层所定义通信接口标准。通常说的 RS-232、RS-422 和 RS-485 就是通信接口标准。在 PLC 与变频器通信中，如果 PLC 是 RS-422 标准，而变频器是 RS-485 标准，则不能直接进行通信，必须进行转换，要么把 RS-422 转换成 RS-485，要么把 RS-485 转换成 RS-422。另外，还要解决通信语言的问题，如果北京的说英语，上海的说普通话（这里假设一方只能懂一种语言），虽然接通了，仍然不能通话，因为听不懂。所以，还必须规定只能说一种双方都懂的语言。在网络通信中，这就是信息传输的规程，也就是通常所说的通信协议。

综上所述，通信协议应该包含两部分内容：一是硬件协议，即所谓的接口标准；二是软件协议，即所谓的通信协议。

1. 硬件协议——串行数据接口标准和通信格式

如上所述，硬件协议——串行数据接口标准属于物理层。而物理层是为建立、保持和断开在物理实体之间的物理连接，提供机械的、电气的、功能性的特性和规程。

因此，串行数据接口标准对接口的电气特性要作出规定，如逻辑状态的电平、信号传输方式、传输速率、传输介质、传输距离等；还要给出使用的范围，是点对点还是点对多。同时，标准还要对所用硬件作出规定，如用什么连接件、用什么数据线，以及连接件的引脚定义和通信时的连接方式等，必要时还要对使用接口标准的软件通信协议提出要求。在串行数据接口标准中，最常用的是 RS-232 和 RS-485 串行接口标准，后面将详细介绍。

在 PLC 通信系统中，采用的是异步传送通信方式，这种方式速率低，但通信简单可靠，成本低，容易实现。异步传送在数据传送过程中，发送方可以在任意时刻传送字符串，两个字符串之间的时间间隔是不固定的，接收方必须时刻做好接收的准备。也就是说，接收方不知道发送方是什么时候发送信号，很可能会出现当接收方检测到数据并作出响应前，第一位比特已经发过去了。因此首先要解决的问题就是，如何通知传送的数据到了。其次，接收方如何知道一个字符发送完毕，要能够区分上一个字符和下一个字符。再次，接收方接收到一个字符后如何知道这个字符有没有错。这些问题是通过通信格式的设置来解决的，这也是本章所要介绍的重点。

2. 软件协议——通信协议

在硬件协议——串行数据接口标准中对信号的传输方式作出了规定，而软件协议——通信协议则主要对信息的传输内容作出规定。

信息传输的主要内容是：对通信接口提出要求，对控制设备间通信方式进行规定，规定查询和应答的通信周期；同时，还规定了传输的数据信息帧（即数据格式）的结构、设备的站址、功能代码、所发送的数据、错误检测、信息传输中字符的制式等。

通信协议分为通用通信协议和专用通信协议两种。通用通信协议是公开透明的，如 MODBUS 通信协议，供应商可无偿采用。而专用通信协议则是供应商针对自己所开发的控制设备专门制定的，它只对该控制设备有效，如三菱变频器专用通信协议、西门子变频器的 USS 协议等。

6.2　三菱 FX 系列 PLC 与 PC 的通信协议简介

6.2.1　FX 系列 PLC 的通信协议类型

1. 专用协议通信

专用协议通信是指通过在外部设备上安装 PLC 专用通信工具软件，进行 PLC 与外部设备间数据交换的通信方式。

专用协议通信的优点是可以直接使用外部设备进行 PLC 程序、PLC 的编程元件状态的读出、写入、编辑，特殊功能模块的缓冲存储器读/写等；还可以通过远程指令控制 PLC 的运行与停止，或者进行 PLC 的运行状态监控等。但外部设备应保证能够安装，且必须安装 PLC 通信所需要专用的工具软件。一般而言，在安装了专用的工具软件后，外部设备可以自动创建通信应用程序，无须 PLC 编程即可直接进行通信。

2. 无协议通信

无协议通信是仅需要对数据格式、传输速率、起始/停止码等进行简单设定，PLC 与外部设备间进行直接数据发送与接收的通信方式。

无协议通信一般需要通过特殊的 PLC 应用指令进行。在数据传输过程中，可以通过应用指令的控制进行数据格式的转换，如 ASCII 码与 HEX（十六进制）的转换、帧格式的转换等。无协议通信的优点是外部设备不需要安装专用通信软件。

无协议通信方式可以实现 PLC 与各种有 RS-232C 接口的设备（如计算机、条形码阅读器和打印机）之间的通信。这种通信方式最为灵活，PLC 与 RS-232C 设备之间可以使用用户自定义的通信规约，但是 PLC 的编程工作量较大，对编程人员的要求较高。

3. 双向协议通信

双向协议通信是通过通信接口，使用 PLC 通信模块的信息格式与外部设备进行数据发送与接收的通信方式。

双向协议通信一般只能用于 1∶1 连接方式，并需要通过特殊的 PLC 应用指令进行。在数据传输过程中，可以通过应用指令的控制进行数据格式的转换，如 ASCII 码与 HEX（十六进制）的转换、帧格式的转换等。

双向协议通信数据在发送与接收时，一般需要进行“和”校验。双向协议通信的外部设备如果能够按照通信模块的信息格式发送/接收数据，则不需要安装专用通信软件。通信过程中，需要通过数据传送响应信息 ACK、NAK 等进行应答。

6.2.2 计算机链接通信协议

FX 系列的计算机链接（Computer Link）通信协议是用于一台计算机与 1～16 台 PLC 的专用通信协议，如图 6-2 所示。由计算机发出读/写 PLC 中的数据的命令报文，PLC 收到后返回响应报文。计算机链接协议与 Modbus 通信协议中的 ASCII 模式有很多相似之处。

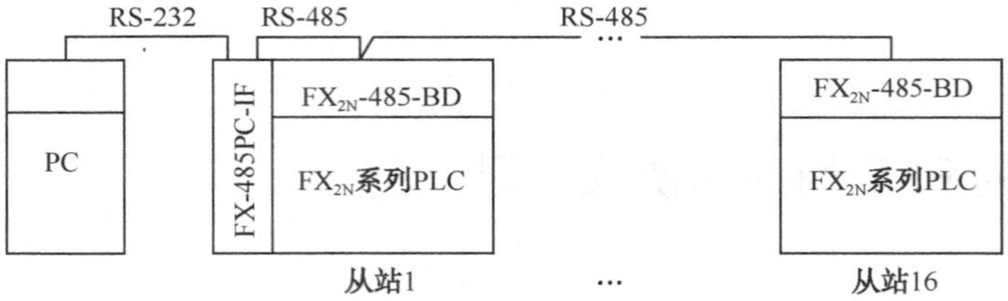

图 6-2　计算机链接通信协议

1. 串行通信的参数设置

1）串行通信格式

在计算机链接通信和无协议通信时，首先需要用一个 16 位的特殊数据寄存器 D8120 来设置通信格式，D8120 的设置方法如表 6-1 所示，表中的 b0 为最低位，b15 为最高位。设置好后，需关闭 PLC 电源，然后重新接通电源，才能使设置生效。

表 6-1　串行通信格式

b15	b14	b13	b12～b10	b9	b8	b7～b4	b3	b2,b1	b0
传输控制	协议	校验和	控制线	结束符	起始符	传输速率	停止位	奇偶校验	数据长度

b0=0 时数据长度为 7 位，b0=1 时为 8 位。

b2,b1=00 时无奇偶校验位，不校验；b2,b1=01 为奇校验；b2,b1=11 为偶校验。

b3=0 时 1 个停止位，b3=1 时 2 个停止位。

b7～b4=0011～1001：传输速率分别为 300bit/s、600bit/s、1200bit/s、2400bit/s、4800bit/s、9600bit/s 和 19200bit/s。

b8=0 时无起始字符，b8=1 时起始字符在 D8124 中，默认值为 STX（02H，H 表示十六进制数）。

b9=0 时无结束字符，b9=1 时结束字符在 D8125 中，默认值为 ETX（03H）。

控制线 b12～b10 的意义如表 6-2 所示。

表 6-2　控制线 b12～b10 的意义

b12～b10	无协议通信	计算机链接
000	未用控制线，RS-232C 接口	RS-485（422）接口

续表

b12～b10	无协议通信	计算机链接
001	终端方式，RS-232C 接口	—
010	互锁方式，RS-232C 接口	RS-232C 接口
011	正常方式 1，RS-232C,RS-485（422）接口	—
101	正常方式 1，RS-232C 接口（仅对 FX 和 FX2C）	—

b13=1 时自动加上校验和，b13=0 时无校验和。

b14=1 时为专用通信协议，b14=0 时为无协议通信。

b15=1 时为控制协议格式 4，b15=0 时为控制协议格式 1。两种格式的差别仅在于在报文结束时，格式 4 有回车（CR）和换行符（LF），它们的值分别为 0DH 和 0AH。

需要注意的是，在计算机链接方式下，b8、b9 这两位一定要设置为 0。在无协议通信方式下，b13～b15 这 3 位一定要设置为 0。

例如，对通信格式的要求如下：数据长度为 8 位，偶校验，1 个停止位，传输速率为 19200 bit/s，无起始位和结束位，无校验和，计算机链接协议 RS-232C 接口，控制协议格式 1（帧结束时无回车换行符）。

对照表 6-3 和表 6-4，可以确定 D8120 的二进制值为 0100 1000 1001 0111，对应的十六进制数为 4897H。

2）通信用的特殊辅助继电器与特殊数据寄存器

通信过程中可能用到的特殊辅助继电器与特殊数据寄存器如表 6-3 所示。

表 6-3　特殊辅助继电器与特殊数据寄存器

特殊辅助继电器	功能描述	特殊数据寄存器	功能描述
M8121	数据发送延时（RS 命令）	D8120	通信格式（RS 命令、计算机链接）
M8122	数据发送标志（RS 命令）	D8121	站号设置（计算机链接）
M8123	接收结束标志（RS 命令）	D8122	未发送数据数（RS 命令）
M8124	载波检测标志（RS 命令）	D8123	接收的数据数（RS 命令）
M8126	全局标志（计算机链接）	D8124	起始字符（初始值为 STX,RS 命令）
M8127	请求式握手标志（计算机链接）	D8125	结束字符（初始值为 ETX,RS 命令）
M8128	请求式出错标志（计算机链接）	D8127	请求式起始元件号寄存器（计算机链接）
M8129	请求式字/字节转换（计算机链接）超时判断标志（RS 命令）	D8128	请求式数据长度寄存器（计算机链接）
M8161	8/16 位转换标志（RS 命令）	D8129	数据网络的超时定时器设定值（RS 命令和计算机链接，单位为 10ms，为 0 时表示 100ms）

2. 计算机链接的控制代码

计算机链接的控制代码如表 6-4 所示。

表 6-4　控制代码

信　号	代　码	功能描述	信　号	代　码	功能描述
STX	02H	文本开始	LF	0AH	换行
ETX	03H	文本结束	CL	0CH	清除
EOT	04H	发送结束	CR	0DH	回车
ENQ	05H	请求	NAK	15H	不能确认
ACK	06H	确认			

在以下几种情况时，PLC 将会初始化传输过程：

（1）电源接通。

（2）数据通信正常完成。

（3）接收到发送结束信号（EOT）或清除信号（CL）。

（4）接收到控制代码 NAK。

（5）计算机发送命令报文后超过了超时检测时间。

计算机使用 RS-485 接口时，在发出命令报文后如果没有信号从 PLC 传输到计算机接口，就会在计算机上产生帧错误信号，直到接收到来自 PLC 的文本开始（STX）、确认（ACK）和不能确认（NAK）信号之中的任何一个为止。

检测到通信错误时，PLC 向计算机发送不能确认（NAK）信号。

用计算机链接协议从计算机向 PLC 发送的命令执行完后，必须相隔约两个 PLC 扫描周期，计算机才能再次发送命令。

3. 计算机与 PLC 之间的链接数据流

计算机和 PLC 之间的数据流有 3 种形式：计算机从 PLC 中读数据、计算机向 PLC 写数据和 PLC 向计算机写数据。

1）计算机读 PLC 的数据

计算机从 PLC 中读数据的过程分为 3 步：

（1）计算机向 PLC 发送读数据命令。

（2）PLC 接收到命令后，执行相应的操作，将计算机要读取的数据发送给它。

（3）计算机在接收到相应数据后，向 PLC 发送确认响应，表示数据已接收到。

2）计算机向 PLC 写数据

计算机向 PLC 写数据的过程分为两步：

（1）计算机首先向 PLC 发送写数据命令。

（2）PLC 接收到写数据命令后，执行相应的操作，执行完成后向计算机发送确认信号，表示写数据操作已完成。

3）PLC 发送请求式（on-demand）数据给计算机

PLC 直接向上位计算机发送数据，计算机收到后进行相应的处理，不会向 PLC 发送确认信号。

4. 计算机链接控制协议的基本格式

1）数据传输的基本格式

数据传输的基本格式如下所示。

控制代码	PLC 站号	PLC 标识号	命令	报文等待时间	数据字符	校验和代码	控制代码 CR/CF

通过特殊数据寄存器 D8120 的 b15 位，可以选择计算机链接协议的两种格式（格式 1 和格式 4），只有在选择控制协议格式 4 时，PLC 才在报文末尾加上控制代码 CR/LF（回车、换行符）。只有当数据寄存器 D8120 的 b13 位置为 1 时，PLC 才会在报文中加上校验和代码。

2）计算机读取 PLC 数据的数据传输格式

下面以控制协议格式 4 为例，来介绍计算机读取 PLC 数据的数据传输格式（如图 6-3 所示）。若选择控制协议格式 1，不加最后的 CR（回车）和 LF（换行）代码。

图 6-3 中的数据传输分为 A、B、C 三部分。A、C 两部分是计算机发送数据到 PLC；B 部分是 PLC 发送数据给计算机。

A 区是计算机向 PLC 发送的读数据命令报文，以控制代码 ENQ（请求）开始，后面是计算机要发送的数据，数据按从左至右的顺序发送。

PLC 接收到计算机的命令后，向计算机发送计算机要求读取的数据，该报文以控制代码 STX 开始（图 6-3 中的 B 部分）；计算机接收到从 PLC 中读取的数据后，向 PLC 发送确认报文，该报文以 ACK 开始（图 6-3 中的 C 部分），表示数据已收到。

计算机向 PLC 发送读数据的命令有错误时（例如，命令格式不正确或 PLC 站号不符等），或者在通信过程中产生错误，PLC 将向计算机发送有错误代码的报文，即图 6-3 中的 B 部分以 NAK 开始的报文，通过错误代码告诉计算机产生通信错误可能的原因。

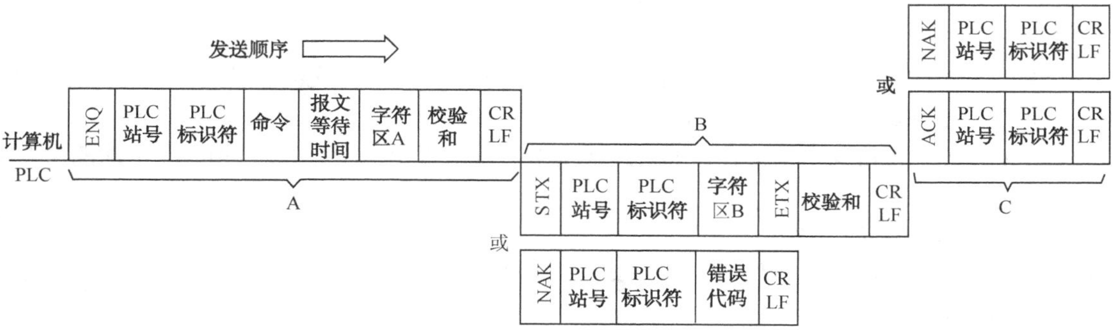

图 6-3　计算机读取 PLC 数据的数据传输格式

计算机接收到 PLC 发来的有错误的报文时，向 PLC 发送无法确认的报文，即图 6-3 中的 C 部分以 NAK 开始的报文。

3）计算机向 PLC 写数据的数据传输格式

计算机向 PLC 写数据的数据传输格式只包括 A、B 两部分（如图 6-4 所示）。

首先计算机向 PLC 发送写数据命令报文（图 6-4 中的 A 部分），PLC 收到计算机的命令后执行相应的操作，然后向计算机发送确认报文（图 6-4 中的 B 部分以 ACK 开头的报文），表示写操作已执行。

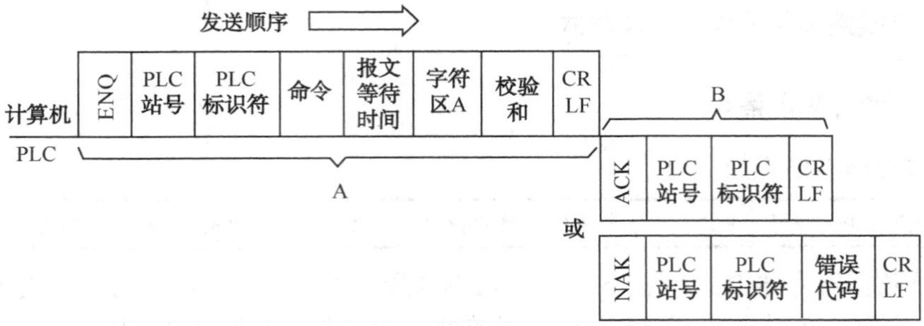

图 6-4 计算机向 PLC 写数据的数据传输格式

与读数据命令相同，若计算机发送的写命令有错误或在通信过程中出现了错误，PLC 将向计算机发送图 6-4 所示的 B 部分中以 NAK 开头的报文，通过错误代码告诉计算机产生通信错误的可能原因。

5. 控制协议各组成部分的说明

下面将按照从左到右的顺序，逐一介绍数据传输的基本格式中各部分的详细情况。计算机链接的命令帧和响应帧均由 ASCII 码组成，使用 ASCII 码的优点是控制代码（包括结束字符）不会和需要传送的数据的 ASCII 码混淆。如果直接传送十六进制数据，可能会将数据误认为是报文帧的结束字符。一个字节的十六进制数对应两个 ASCII 码（即两个字节），因此 ASCII 码的传送效率较低。

1）控制代码

控制代码已经在表 6-4 中做了介绍。PLC 接收到单独的控制代码 EOT（发送结束）和 CL（清除）时，将初始化传输过程，此时 PLC 不会作出响应。

2）工作站号

工作站号决定计算机访问哪一台 PLC，同一网络中各 PLC 的站号不能重复，否则将会出错。但不要求网络中各站的站号是连续的数字。

在 FX 系列中用特殊数据寄存器 D8121 来设定站号，设定范围为 00H～0FH。下面的命令将 PLC 设为第 0 号站：

```
LD      M8002
MOV     H0      D8121
```

3）PLC 标识号

PLC 的标识号用于识别三菱 A 系列 PLC 的 MELSECNET（II）或 MELSECNET/B 网络中的 CPU，用两个 ASCII 字符来表示。FX 系列 PLC 的标识号用十六进制数 FF 对应的两个 ASCII 字符 46H、46H 来表示。

4）计算机链接的命令

计算机链接中的命令（如表 6-5 所示）用来指定操作的类型，如读、写等，用两个 ASCII 符号来表示。

表 6-5　计算机链接的命令

命　令	描　述	FX_{0N} 和 FX_{1S}	FX_{2N} 、FX_{2NC}、FX_{1N}
BR	以点为单位读位元件（X、Y、M、S、T、C）组	54 点	256 点
WR	以 16 点为单位读位元件组或读字元件组	13 字/208 点	32 字/512 点
BW	以点为单位写位元件（X、Y、M、S、T、C）组	46 点	160 点
WW	以 16 点为单位写位元件组	10 字/160 点	10 字/160 点
	写字元件组（D、T、C）	11 点	64 点
BT	对多个元件分别置位/复位（强制 ON/OFF）	10 点	20 点
WT	以 16 点为单位对位元件分别置位/复位（强制 ON/OFF）	6 字/96 点	10 字/160 点
	以字元件为单位，向 D、T、C 写入数据	6 字	10 字
RR	远程控制 PLC 启动	—	—
RS	远程控制 PLC 停机		
PC	读 PLC 的型号代码		
GW	置位/复位所有连接的 PLC 的全局标志	1 点	1 点
—	PLC 发送请求式报文，无命令，只能用于 1 对 1 系统	最多 13 字	最多 64 字
TT	返回式测试功能，字符从计算机发出，又直接返回到计算机	25 个字符	254 个字符

5）报文等待时间

一些计算机在接收和发送状态之间转换时，需要一定的延迟时间。报文等待时间是用来决定当 PLC 接收到从计算机发送过来的数据后，需要等待的最少时间，然后才能向计算机发送数据。报文等待时间以 10ms 为单位，可以在 0～150ms 之间设置，用 ASCII 码表示，即报文等待时间可以在十六进制数 0～F 之间选择。

在 1∶N 系统中使用 485PC-IF 时，一般设置为 70ms 或更长。若网络中 PLC 的扫描时间大于等于 70ms，应设为最大扫描时间或更长。例如，当报文等待时间的值为十六进制数“A”时，那么从 PLC 发送出数据就会在 100ms 或更长时间之后才开始。从 PLC 发送完数据到接收计算机返回的确认报文之间的等待时间，必须大于 PLC 的两个扫描周期。

6）数据字符

数据字符即所需发送的数据信息，其字符个数由实际情况决定。例如，读命令中的数据字符包括需要读取数据信息的存储器首地址和要读取数据的位数或字数。PLC 返回的报文数据区中则是要读取的数据。

7）校验和代码

校验和代码用来校验接收到的信息中数据是否正确。将报文的第一个控制代码与校验和代码之间所有字符的十六进制数形式的 ASCII 码求和，把和的最低两位十六进制数作为校验和代码，并且以 ASCII 形式放在报文的末尾。当 D8120 的 b13 位为 1 时，PLC 发送响应报文时自动地在报文的末尾加上校验和代码。接收方收到校验和后，根据接收到的字符计算出校验和代码，并与接收到的校验和代码比较，可以检查出接收到的数据是否出错。

D8120 的 b13 位为 1 时，要求有校验和代码。

D8120 的 b13 位为 0 时，发送的报文不附加校验和，接收方也不检查校验和。

例如，计算表 6-6 所示的命令报文的校验和代码。命令为“BR”（读位元件组），报文等待时间为 30ms，控制协议为格式 1。

将控制代码 ENQ 与校验和之间的数据相加：

30H+30H+46H+46H+42H+52H+33H+58H+30H+30H+32H+34H+30H+34H = 335H

取和的低两位 35H，将它转换为 ASCII 码 33H 和 35H 后作为校验和代码。“33H”是数字 3 的 ASCII 码。

表 6-6　校验和计算举例

名称	控制代码	站号	标识号	命令	等待时间	起始元件号	元件个数	校验和
字符	ENQ	00	FF	BR	3	X0024	04	35
ASCII	05H	30H 30H	46H 46H	42H 52H	33H	58H 30H 30H 32H 34H	30H 34H	33H 35H

8）控制代码 CR/LF

特殊数据寄存器 D8120 的 b15 位被设置为 1 时，选择控制协议格式 4，PLC 会在它发出报文的最后面自动加上回车和换行符，即控制代码 CR/LF，对应的十六进制数为 0DH 和 0AH。

6. 计算机读/写 PLC 编程元件的命令

本节中的例子均采用协议格式 1，如果使用协议格式 4，报文末尾增加 CR、LF（0DH、0EH，即回车、换行符）。报文中的 ASCII 码均用十六进制数（以 H 结束）的形式表示。

计算机与 PLC 应设置相同的通信参数。使用计算机链接通信协议时，需要在 PLC 的初始化程序中用 D8120 设置 PLC 的串行通信参数，用 D8121 设置 PLC 的站地址，用 D8129 设置超时检测时间。

1）读取位元件组数据的命令

位元件包括 X、Y、M 和 S，位元件读命令（BR）的执行过程如下。

（1）计算机向 PLC 发送读命令。计算机首先向 2 号站 PLC 发送 BR 命令，等待时间为 30ms，请求读取 X3～X7 的状态：

名称	控制代码	站号	标识号	命令	等待时间	起始元件号	元件个数	校验和
字符	ENQ	02	FF	BR	3	X0004	04	35
ASCII	05H	30H 32H	46H 46H	42H 52H	33H	58H 30H 30H 30H 34H	30H 34H	33H 35H

起始元件号由 5 个字符组成，元件个数为 2 个字符。

（2）PLC 返回读取的数据。设 X5 和 X6 为 ON，X4 和 X7 为 OFF，PLC 正确地接收到命令后，返回下面的报文：

名称	控制代码	站号	标识号	X4～X7 的值	控制代码	校验和
字符	STX	0 2	FF	0110	ETX	B3
ASCII	02H	30H 32H	46H 46H	30H 31H 31H 30H	03H	42H 33H

PLC 检测到有校验和错误时返回的数据为：

名　称	控制代码	站　号	标识号	错误代码
字符	NAK	02	FF	02
ASCII	15H	30H 32H	46H 46H	30H 32H

（3）计算机发送确认报文。计算机正确地接收到要读取的数据后，向 PLC 发送确认报文：

名　称	控制代码	站　号	标识号
字符	ACK	02	FF
ASCII	06H	30H 32H	46H 46H

PLC 检测到有通信错误时，向 PLC 发送确认报文：

名　称	控制代码	站　号	标识号
字符	ACK	02	FF
ASCII	15H	30H 32H	46H 46H

2）向位元件组写入数据的命令

位元件组写入命令（BW）用于对允许范围内若干连续的位元件进行写操作。

（1）计算机向 PLC 发送写入命令。计算机首先向 2 号站 PLC 发送下面的报文，请求分别向 Y0～Y3 写入二进制数据 0110：

名称	控制代码	站号	标识号	命令	等待时间	起始元件号	元件个数	写入的值	校验和
字符	ENQ	02	FF	BW	0	Y0000	04	0110	F6
ASCII	05H	30H 32H	46H 46H	42H 57H	30H	58H 30H 30H 30H 30H	30H 34H	30H 31H 31H 30H	46H 36H

（2）PLC 返回确认信息。PLC 正确地接收到数据后，返回计算机的报文为：

名　称	控制代码	站　号	标识号
字符	ACK	02	FF
ASCII	06H	30H 32H	46H 46H

PLC 检测到有通信错误时（设错误代码为 06）返回的报文为：

名　称	控制代码	站　号	标识号	错误代码
字符	NAK	02	F F	06
ASCII	15H	30H 32H	46H 46H	30H 36H

3）读取字元件组数据的命令

（1）用 WR 命令读取字元件组数据。PLC 的字元件包括定时器 T、计数器 C 和数据寄存器 D。起始元件号用 5 位字符表示，如 D0001。FX 系列 PLC 的定时器和计数器的个数均不超过 256 个，因此规定它们的起始元件号的第二位用 N 来表示，如 TN002 或 CN100。

计算机首先向 PLC 发送下面的报文，请求读取 PLC 的字元件 D1 和 D2：

名称	控制代码	站号	标识号	命令	等待时间	起始元件号	元件个数	校验和
字符	ENQ	02	FF	WR	3	D0001	02	31
ASCII	05H	30H 32H	46H 46H	57H 52H	33H	44H 30H 30H 30H 31H	30H 32H	33H 31H

假设D1和D2中的数据为1234H和ACD7H，PLC正确接收到数据后返回的报文为：

名称	控制代码	站号	标识号	D1 的值	D2 的值	控制代码	校验和
字符	STX	02	FF	1234	ACD7	ETX	BA
ASCII	02H	30H 32H	46H 46H	31H 32H 33H 34H	41H 43H 44H 37H	03H	42H 41H

读取的每个十六进制数用4个字符表示。计算机正确地接收到数据后，向PLC发送以ACK开始的确认报文，如果检测到通信错误，向PLC发送以NAK开始的报文。

（2）用WR命令读取位元件组数据。WR命令也可以用来读取16点一组的位元件组，所读取的各组数据按地址递增的顺序从左到右排列。每一组16个位元件的ON/OFF状态用4位十六进制数来表示，每一组中最低位数在该组数据的最右边，每位十六进制数用对应的ASCII码来表示。

计算机首先向2号站PLC发送下面的报文，请求读取X0～X37这32点的状态：

名称	控制代码	站号	标识号	命令	等待时间	起始元件号	元件组数	校验和
字符	ENQ	02	FF	WR	3	X0000	02	44
ASCII	05H	30H 32H	46H 46H	57H 52H	33H	58H 30H 30H 30H 30H	30H 32H	34H 34H

假设PLC收到后返回的报文为：

名称	控制代码	站号	标识号	X0～X37 的值	控制代码	校验和
字符	STX	02	FF	600000AB	ETX	9A
ASCII	02H	30H 32H	46H 46H	36H 30H 30H 30H 30H 30H 41H 42H	03H	39H 41H

其中X0～X37这32点每点对应的状态为：

字符	6	0	0	0	0	0	A	B
ASCII	0110	0000	0000	0000	0000	0000	1010	1011
元件	X17～X14	X13～X10	X7～X4	X3～X0	X37～X34	X33～X30	X27～X24	X23～X20

计算机正确地接收到数据后，向PLC发送以ACK开始的确认报文，如果检测到通信错误，向PLC发送以NAK开始的报文。

4）向字元件组写入数据的命令

（1）用WW命令向PLC的字元件组写入数据。计算机向2号站PLC发送下面的报文，请求分别向PLC的字元件D1和D2写入十六进制数据1234H和ACD7H：

名称	控制代码	站号	标识号	命令	等待时间	起始元件号	元件个数	D1 的值	D2 的值	校验和
字符	ENQ	02	FF	WW	3	D0001	02	1234	ACD7	FF

PLC正确地接收到数据后，向计算机发送以ACK开始的确认报文，如果检测到通信错误，

向计算机发送以 NAK 开始包含错误代码的报文。

（2）用 WW 命令向 PLC 的位元件组写入数据。WW 命令也可以用来向 16 点一组的位元件组写入数据，每一组位元件中的数据用 4 位十六进制数来表示。

计算机向 2 号站 PLC 发送下面的报文，请求向 Y0～Y17 这 16 个位元件写入数据 AB96H：

名称	控制代码	站号	标识号	命令	等待时间	起始元件号	元件个数	写入的值	校验和
字符	ENQ	02	FF	WW	0	Y0001	01	AB96	38

执行命令后 Y0～Y17 这 16 点每点对应的状态为：

十六进制数	A	B	9	6
二进制数	1010	1011	1001	0110
元件	X17～X14	X13～X10	X7～X4	X3～X0

如果要写入多个字的位元件，在报文中起始字（元件号最低）的值放在要写入的字的最前面。

PLC 正确地接收到数据后，向计算机发送以 ACK 开始的确认报文，如果检测到通信错误，向计算机发送以 NAK 开始包含错误代码的报文。

7. 编程元件测试命令

1）位元件测试命令

位元件测试命令（BT）用于对多个位元件同时强制置位（变为 ON）或复位（变为 OFF）。位元件测试命令包括位元件的个数（2 位十六进制字符）、要测试的位元件的地址（5 个字符）及置位或复位标志（1 表示置位，0 表示复位）。每一个要测试的位元件的地址后面紧跟着对应的置位或复位标志。

计算机发送下面的报文，强制 2 号站 PLC 的 M50 为 ON：

名称	控制代码	站号	标识号	命令	等待时间	元件个数	M50	置位/复位	Y1	置位/复位	校验和
字符	ENQ	02	FF	BT	3	02	M0050	1	Y0001	1	A7

PLC 正确地接收到数据后，向计算机发送以 ACK 开始的确认报文，如果检测到通信错误，向计算机发送以 NAK 开始、包含错误代码的报文。

2）字元件测试命令

字元件测试命令用于对多个字元件或连续的位元件（以 16 位为单位）同时进行强制写入数据的操作。字元件测试命令的格式与位元件测试命令的基本相同，命令中包括字元件的个数（2 位十六进制字符）、被测试元件的元件号（5 位字符）和待写入的预置值，每个字由 4 位十六进制数组成。定时器和计数器分别用 TN 和 CN 来表示，该命令不能处理 32 位计数器 CN200～CN255。

计算机发出下面的报文，将 2 号站 PLC 的 D500 强制为 1234H，Y0～Y17 强制为 BCA9H：

名称	控制代码	站号	标识号	命令	等待时间	元件个数	1 号字元件	预置的值	2 号字元件	预置的值	校验和
字符	ENQ	02	FF	WT	3	02	D0500	1234	Y0001	BCA9	19

强制后 Y0～Y17 这 16 点每点的状态为：

十六进制数	B	C	A	9
二进制数	1011	1100	1010	1001
元件	Y17 Y16 Y15 Y14	Y13 Y12 Y11 Y10	Y7 Y6 Y5 Y4	Y3 Y2 Y1 Y0

PLC 正确地接收到数据后，向计算机发送以 ACK 开始的确认报文，如果检测到通信错误，向计算机发送以 NAK 开始包含错误代码的报文。

8. 其他命令

1）远程启动命令（RR）

当计算机发出远程启动命令（Remote RUN）或远程停止命令（Remote STOP）时，PLC 进入强制运行模式，此时 PLC 内置的 RUN 开关应处于 STOP 位置。

当计算机请求执行 RR 命令时，PLC 中的 M8035 和 M8036 被置为“ON”，强制运行模式被激活，PLC 切换到运行状态。若在 PLC 处于运行状态时执行远程启动命令，PLC 不改变状态，并向计算机返回错误代码 18H。强制运行模式不能在断电情况下建立。因为断电时 M8035～M8037 都被复位为 OFF，PLC 处于 STOP 状态。

计算机向 2 号站 PLC 发送下面的报文，要求远程启动 2 号站 PLC：

名称	控制代码	站号	标识号	命令	等待时间	校验和
字符	ENQ	02	FF	RR	0	C2

PLC 正确地接收到数据后，向计算机发送以 ACK 开始的确认报文，如果检测到通信错误，向计算机发送以 NAK 开始包含错误代码的报文。

2）远程停止命令（RS）

当计算机请求执行 RS 命令时，PLC 中的 M8037 被置为“ON”，然后 M8035、M8036 和 M8037 被复位，强制运行模式被禁止，PLC 切换到停止状态。若在 PLC 未处于运行状态时执行远程停止命令，PLC 不改变状态，并向计算机返回错误代码 18H。

除校验和不同外，远程停止（RS）与远程启动（RR）命令的报文格式完全一样。

3）读 PLC 型号的命令

PC 命令用来读取 PLC 的型号代码，计算机向 2 号站 PLC 发出下面的报文，要求读取 2 号站 PLC 的型号：

名称	控制代码	站号	标识号	命令	等待时间	校验和
字符	ENQ	02	FF	PC	0	B1

FX_{2N} 或 FX_{2NC} 系列 PLC 的型号代码为 9DH。PLC 正确地接收到命令后返回给计算机的报文为：

名称	控制代码	站号	标识号	PLC 的型号代码	控制代码	校验和
字符	STX	02	FF	9D	ETX	6E

计算机正确地接收到数据后，向 PLC 发送以 ACK 开始的确认报文，如果检测到通信错误，向 PLC 发送以 NAK 开始的报文。

4）返回测试命令

TT（Loopback Test，返回测试）命令用来测试计算机与 PLC 之间的通信是否正常。

设计算机向 2 号站 PLC 发送 5 位十六进制数据 ABCDEH：

名称	控制代码	站号	标识号	命令	等待时间	字符个数	数据字符	校验和
字符	ENQ	02	FF	TT	0	05	ABCDE	7A

PLC 正确地接收到数据后返回给计算机相同的数据：

名称	控制代码	站号	标识号	字符个数	接收到的字符	控制代码	校验和
字符	STX	02	FF	05	ABCDE	ETX	7A

5）全局功能命令

全局功能命令（GW）用来使多站链接中所有站的全局操作标志为 ON 或 OFF。FX 系列 PLC 的全局功能标志位为特殊辅助继电器 M8126，三菱 A 系列 PLC 的全局功能标志为 Xn2。该功能命令可以用来进行初始化、复位、同时启动或关闭所有的 PLC 站。

控制协议中规定站号 FFH 用来表示所有的工作站。FX 系列的计算机链接通信方式最多可以连接 16 台工作站。如果站号不是“FFH”，指定站号 PLC 的 M8126 被置为 ON 或 OFF。

PLC 对全局功能命令不返回任何信息。若某一 PLC 的电源被关闭、通信格式改变或 PLC 处于停止状态，该 PLC 的特殊辅助寄存器 M8126 将被 OFF，并且清除全局功能操作。

计算机向各 PLC 站发送下面的报文，要求打开所有站的全局功能标志：

名称	控制代码	站号	标识号	命令	等待时间	字符个数	控制标志	校验和
字符	ENQ	FF	FF	GW	0	05	1	17

控制标志占用 1 位字符，只能取 1 或 0。为“1”时，表示打开所有全局功能标志。

6.2.3 无协议通信

大多数 PLC 都有一种串行口无协议通信指令，如 FX 系列的 RS 指令，它们用于 PLC 与上位计算机、条形码阅读器或其他 RS-232C 设备的无协议数据通信。这种通信方式最为灵活，适应能力强，PLC 与 RS-232C 设备之间可以使用用户自定义的通信规约，但是 PLC 的编程工作量较大，对编程人员的要求较高。

无协议并非通信双方不要协议，只是协议比较简单，仅需要对传输数据格式、传输速率等进行简单设定即可实现数据交换的通信方式，如 PLC 与打印机、PLC 与变频器的通信。

无协议通信的基本格式如图 6-5 所示。

无协议通信采用 RS-485 接口时，一台 FX_{2N} 系列可编程序控制器通过 FX_{2N}-485BD 内置通信板（最大有效距离为 50m）或 FX_{2N}-CNV-BD 和 FX_{0N}-485ADP 特殊功能模块（最大有效距离为 500m）及专用的通信电缆，与计算机（或读码机、打印机）相连。

无协议通信采用 RS-232C 接口时，一台 FX_{2N} 系列可编程序控制器通过 FX_{2N}-232-BD 内置通信板（或 FX_{2N} 专用的通信电缆）与计算机（或读码机、打印机）相连（最大有效距离为 15m）。

1. RS 串行通信指令

RS 串行通信指令（如图 6-6 所示）是通信功能扩展板发送和接收串行数据的指令。

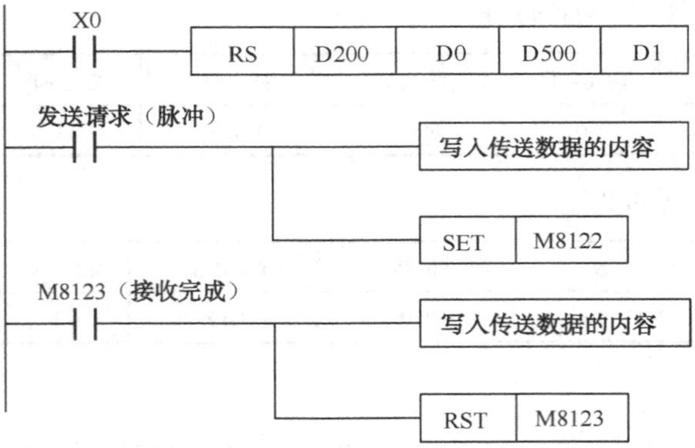

图 6-5　无协议通信的基本格式

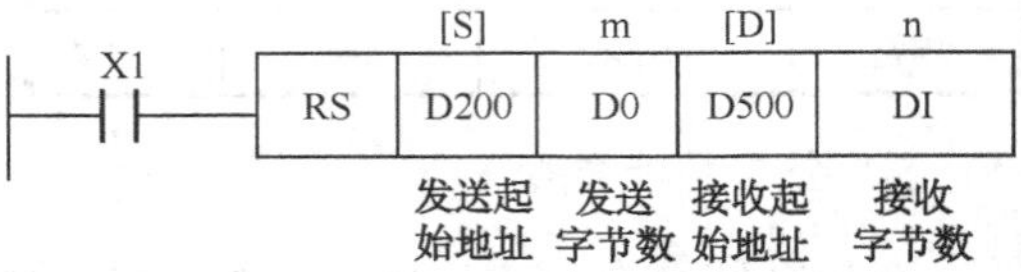

图 6-6　RS 指令格式

指令中的[S]和 m 用来指定发送数据的地址和字节数（不包括起始字符与结束字符），[D]和 n 用来指定接收数据的地址和可以接收的最大数据字节数。m 和 n 为常数和数据寄存器 D（1～255、FX_{2N} 为 1～4096）。

具体如下：

RS——串行数据通信指令；

D200——发送数据首地址；

D0——发送数据的地址点数，可以是十进制数、十六进制数和数据寄存器的地址，在数据接收时设为 K0；

D500——接收数据首地址；

D1——接收数据的地址点数，在数据发送时设为 K0。

一般用初始化脉冲，M8002 驱动的 MOV 指令将数据的传输格式（如数据位数、奇偶校验位、停止位、传输速率、是否有调制解调等）写入特殊数据寄存器 D8120 中。系统不需要发送数据时，应将发送数据字节数设置为 0；系统不需要接收数据时，应将最大接收数据字节数设置为 0。

无协议通信方式有两种数据处理格式：当 M8161 设置为“OFF”时，为 16 位数据处理模式；反之为 8 位数据处理模式。两种处理模式的差别在于是否使用 16 位数据寄存器的高 8 位。16 位数据处理模式下，先发送或接收数据寄存器的低 8 位，然后是高 8 位；8 位数据模式时，只发送或接收数据寄存器的低 8 位，未使用高 8 位。

用 RS 指令发送和接收数据的过程如下：

（1）通过向特殊数据寄存器 D8120 写数据来设置数据的传输格式。如果发送的数据长度是一个变量，需设置新的数据长度。

（2）驱动 RS 指令，RS 指令被驱动，PLC 被置为等待接收状态。RS 指令规定了 PLC 发送数据的存储区的首地址和字节数，以及接收数据的存储区的首地址和可以接收数据的最大字节数。RS 指令应总是处于被驱动的状态。

（3）在发送请求脉冲驱动下，向指定的发送数据区写入指定数据；并置位发送请求标志 M8122。发送完成后，M8122 被自动复位。

（4）当接收完成后，接收完成标志 M8123 被置位。用户程序利用 M8123 将接收到的数据存入指定的存储区。若还需要接收数据，需要用户程序将 M8123 复位。

在程序中可以使用多条 RS 指令，但是同一时刻只能有 1 条 RS 指令被驱动。在不同 RS 指令之间切换时，应保证 OFF 时间间隔大于等于 1 个扫描周期。

对于 FX_{0N}、FX_{1S}、FX_{1N}、FX、FX_{2C} 系列，在发送完成和开始接收之间的 OFF 时间间隔或是在接收完成和开始发送之间的 OFF 时间间隔，应大于或等于 PLC 的两个扫描周期。而对于版本早于 V2.00 的 FX_{2N} 和 FX_{2NC} 系列来说，其 OFF 时间间隔应大于或等于 100μs。对于 V2.00 或更新版本的 FX_{2N} 和 FX_{2NC} 系列 PLC，由于采用全双工通信，对 OFF 时间间隔没有要求。

2. 与 RS 指令有关的特殊辅助继电器

无协议通信时用到的特殊辅助继电器和特殊数据寄存器如表 6-7 和表 6-8 所示。

表 6-7　特殊辅助继电器

内部继电器	信号名称	功能描述
M8121	发送等待	PLC 处于“发送等待”时为 ON
M8122	发送请求	PLC 处于“接收等待”、“接收完成”时为 ON
M8123	接收完成	PLC 接收完数据后为 ON
M8124	载波检测	PLC 接收调制解调器 CD 信号后为 ON
M8129	超时判断	数据传输中断超过设定时间时为 ON
M8161	数据位长	8 位数据为“1”，16 位数据为“0”

表 6-8　特殊数据寄存器

内部寄存器	信号名称	功能描述
D8120	通信格式	设定双方通信格式，如位长、速率等
D8121	站号设定	网络连接通信时的站号设定
D8122	剩余数据	RS-232 通信尚未传输的数据
D8123	接收数据	RS-232 通信已经接收的数据
D8124	起始字符	8 位起始符设定
D8125	终止符	8 位终止符设定
D8129	超过时间	超时判断时间设定（10ms 为单位）

1）M8122（发送请求）

在等待接收状态下或接收完成状态下，M8122 被脉冲指令置位时，发送数据。发送结束时，M8122 自动复位。当 RS 指令被驱动时，PLC 总是处于接收等待状态。

FX_{0N}、FX_{1S}、FX_{1N}、FX_{2C} 及 V2.00 版本之前的 FX_{2NC} 和 FX_{2N} 系列 PLC，只能在接收完成之后发送数据，此时发送等待标志 M8121 为 ON。在接收过程中，接收完成标志 M8123 为 ON，表示 PLC 正在接收数据。如果在此时发出发送请求，可能导致数据混乱。

2）M8123（接收完成标志）

当接收完成标志 M8123 为 ON 时，将接收到的数据从数据接收缓存区中传送到其他存储区，然后用户程序将 M8123 复位，PLC 再次处于接收等待状态，等待接收后面的数据。

若在 RS 指令中设置接收数据字数为 0 时，M8123 不会被驱动，PLC 也不会置为接收等待状态。若要将 PLC 从当前状态置为接收等待状态，需给接收数据字节数设定一个大于或等于 1 的值，然后复位 M8123。

3）M8124（载波检测）

MODEM（调制解调器）和 PLC 的连接已经建立时，如果接收到 MODEM 发给 PLC 的 CD（DCD）信号（通道接收载波检测），则载波检测标志 M8124 变为 ON，可以接收或发送数据。而当 M8124 为 OFF 时，可以发送拨号号码。

4）M8129（超时判定标志）

对于 FX_{2N} 和 FX_{2NC} 系列 PLC，超时判定标志 M8129 和 D8129 仅适用于低于 V2.00 的版本。接收数据中途中断时，如果在 D8129 设定的时间（以 10ms 为单位）内没有重新启动接收，则认为超时，超时判定标志 M8129 置位，接收结束。M8129 不能自动复位，需要用户程序将其复位。使用 M8129 可以在没有结束符的情况下判断字数不定的数据的接收是否结束。

5）D8129（超时判定时间）

设置的超时判定时间等于 D8129 的值乘上 10ms。当 D8129 设定为 0 时，超时判定时间为 100ms。例如，可以用下面的程序来设置超时判定时间为 50ms：

```
LD      M8002
MOV     K5      D8129
```

3. 硬件握手操作

在使用 RS 接口指令时，可以使用控制线 ER 和 DR 来提供硬件握手信号。FX 系列的编程手册给出了有关的波形图。

ER（或称 DTR，Data Terminal Ready）：发送请求（数据终端准备好），向 RS-232C 设备发送数据的请求信号。

DR（或称 DSR，Data Set Ready）：发送允许（数据设备准备好），表示 RS-232C 数据设备已准备好接收数据。

以上两个设备状态信号有效，只表示设备本身可用，并不说明通信链路可以开始进行通信了。

1）FX、FX_{2C}、FX_{0N}、FX_{1S}、FX_{1N} 及 FX_{2N}（早于 V2.00 的版本）系列

这一类 PLC 采用半双工通信方式，PLC 不能同时接收和发送数据。若 PLC 正在接收数据时其发送请求标志 M8122 被用户置位，则此时发送等待标志 M8121 被置位，等待 PLC 数据接收的完成。当接收完成标志变为 ON 时，PLC 才开始发送数据。

（1）未使用硬件握手信号（D8120 的 b12、b11、b10=0、0、0）。

RS 指令被驱动时，PLC 处于接收等待状态；当发送请求 M8122 为 ON 时，PLC 发送数据；数据发送完后，M8122 自动复位；经过一段延时后，PLC 开始接收数据；数据接收完成后，接收完成标志 M8123 被置位；应在用户程序中将 M8123 复位，否则无法接收后面的数据。

（2）使用控制线的终端模式（D8120 的 b12、b11、b10=0、0、1）。

该模式适用于单独发送或单独接收数据时的情况。

① 仅用于数据发送。RS 指令被驱动时，当数据终端设备准备好信号 ER（DTR）和数据设备准备好信号 DR（DSR）为 ON，且发送请求标志 M8122 被置位，PLC 开始发送数据；若在数据发送过程中 DR 因某种原因变为 OFF，PLC 停止发送数据，直到它再次变为 ON 时，PLC 才继续发送数据；PLC 发送完成后，发送请求标志 M8122 被自动复位，ER 与 DR 也被复位。

② 仅用于数据接收。RS 指令被驱动后，若接收完成标志 M8123 为 ON，需在用户程序中将其复位，PLC 才能继续接收后面的数据；M8123 复位时，数据设备准备好信号 DR（DSR）被置位，表示 PLC 已准备好接收数据；PLC 接收完数据后，接收完成标志 M8123 被置位，DR 也被复位。

若 RS 指令被停止驱动，ER 和 M8123 被自动复位。

（3）使用控制线的普通模式 1（D8120 的 b12、b11、b10=0、1、1）。

下面 3 个条件满足时 PLC 开始发送数据：RS 指令被驱动；发送请求标志 M8122 被置位；ER（DTR）信号变为 ON。

发送完后，M8122 和 ER（DTR）自动复位；数据接收完后，接收完成标志 M8123 被置位，DR（DSR）被复位。

发送与接收的间隔时间、发送与接收冲突时的处理与未使用硬件握手信号时相同。

2）FX_{2N} 与 FX_{2NC} 的 V2.00 及其之后的版本

FX_{2N} 与 FX_{2NC} 在 V2.00 及其之后的版本的 PLC 采用全双工通信。如果使用 RS-485 半双工方式，当 PLC 正在接收数据时，不能使发送请求标志 ON。因为这样会开始发送数据，对方的设备可能无法接收到 PLC 发送的数据，或者导致发送或接收到的数据遭到破坏。

在全双工通信方式下，发送等待标志 M8121 不会变为 ON。

（1）不使用硬件握手的模式（D8120 的 b12、b11、b10=0、0、0）。

由于采用全双工通信方式，PLC 发送数据和接收数据可以同时进行。在 RS 指令被驱动时，PLC 处于接收等待状态；当发送请求 M8122 为 ON 时，PLC 发送数据；数据发送完后，M8122 自动复位；数据接收完后，接收完成标志 M8123 置位；M8123 需在用户程序中复位，否则无法接收后面的数据。

（2）使用控制线的终端模式（D8120 的 b12、b11、b10=0、0、1）。

该模式适用于单独发送或单独接收数据时的情况。其控制线和数据传送的时序与 FX_{2N} 早于 V2.00 的版本的 PLC 完全相同。

（3）使用控制线的普通模式 1（D8120 的 b12、b11、b10=0、1、1）。

这种模式只能用于单独发送或单独接收数据，控制线与传输顺序同 V2.00 以下的版本。

（4）使用控制线的互锁模式（D8120 的 b12、b11、b10=0、1、0）。

由于采用全双工通信方式，PLC 发送数据和接收数据可以同时进行。在 RD 指令被驱动且对方设备准备好可以接收数据时，DR（DSR）信号被置为 ON；只有当发送请求 M8122 和 DR 都为 ON 时，PLC 才开始发送数据。数据发送完后，M8122 和 DR 复位。

驱动 RS 指令后，ER（DTR）被置位，PLC 可以开始接收数据；数据接收完成后，ER 复位，接收完成标志被 M8123 置位；M8123 需在用户程序中复位，否则无法接收后面的数据。M8123 复位后，ER 置位，PLC 可以继续接收数据。

在互锁模式下，当接收缓冲区只差 30 个字符就装满时，PLC 使 ER 变为 OFF，请求对方设备停止发送。发出该请求后，最多只能接收 30 个字符，超出的数据将无法接收，因此对方暂时停止发送，等到 ER（DTR）再次为 ON 时，才能发送剩余的数据。

对方停止发送并经过超时判定时间之后，超时判定标志 M8129 和接收完成标志 M8123 被置位，禁止数据接收。用户程序复位 M8123 后，ER 再次为 ON，能接收剩余的数据。超时判定时间等于 D8129 的值乘以 10ms。当 PLC 接收到发送数据的终止符或第 30 个字符时接收才完成。因此，RS 指令中接收数据的字符数应设置为大于等于 30 个字符。

4. RS 指令编程举例

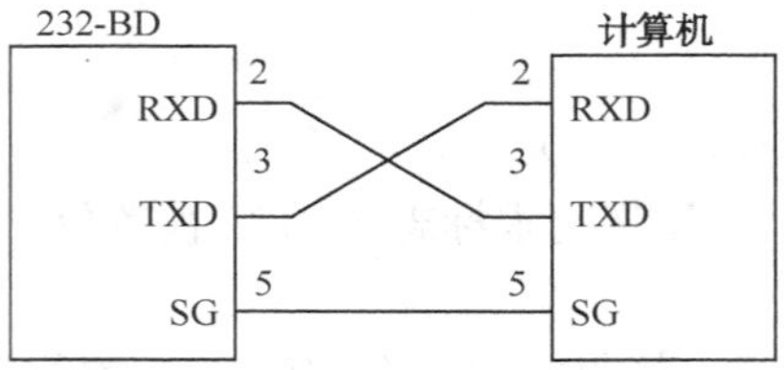

图 6-7　RS-232C 的接线

例 1：FX_{2N} 系列 PLC 的版本为 V2.20，用 RS 指令与计算机进行通信，硬件接线如图 6-7 所示。计算机与 PLC 之间采用 RS-232C 串行通信方式，PLC 上安装 FX-232-BD 通信用功能扩展板，计算机的串行通信接口使用 9 针连接器。

使用 RS 指令的数据通信格式设置如下：16 位数据模式、无控制线方式、有起始字符与结束字符、传输速率为 9600bit/s、1 位停止位、无奇偶校验、数据长度为 8 位。

M8161 一直为 OFF，串行通信为 16 位格式，两个字节的数据存储在一个数据寄存器中，M8161 供 ASC、HEX 和 CCD 指令共用。开始执行用户程序时，M8002 接通一个扫描周期，将通信设定值十六进制数 0381H 传送给 D8120，并初始化超时判定时间值、起始字符和结束字符。

RS 指令的驱动输入 X1 为 ON 时，PLC 处于接收等待状态，它接收到数据时，自动地将它们存储在 RS 指令指定的从 D500 开始的存储区，同时“接收完成”标志 M81230N，用户程序用 M8123 的常开触点将接收到的数据和校验字传送到从 D300 开始的专用数据存储区，然后将 M8123 复位，又回到接收等待状态。

假设需要发送存放在 D100～D101 中 4B 的数据，在 X2 的上升沿，将要发送的数据 1234H 和 5678H 送给 RS 指令中指定的发送缓冲区 D200 和 D201。

校验码指令 CCD 对数据区 D200 和 D201 中的 4B 数据做求和运算，十六位运算结果 114H 送 D202。同时对它们做“异或”运算，一个字节的运算结果 08H 送 D203 的低字节（高字节为 0）。

最后用 SET 指令将“发送请求”标志 M8122 置为 ON，开始发送起始字符 23H、4B 的数据、4B 的校验码和结束字符 24H，发送完成后，M8122 被自动复位。若正在接收数据，要等接收完后再发送。

下面的 PLC 通信程序用于 PLC 向计算机发送数据和接收计算机发送的数据。

```
LDI     M8000
    OUT     M8161                       //设置为 16 位数据模式
LD      M8002                           //首次扫描时
MOV     H0381       D8120               //设置通信参数
MOV     K0          D8129               //超时判定时间设为 100ms
ZRST  D0300      D0304                  //接收数据存储区复位
    MOV     H0023       D8124           //起始字符为“#”
    MOV     H0024       D8125           //结束字符为“$”
LD      X1                              //通信期间 X1 应为 ON
RS      D200 K8    D500 K10             //串行通信指令
LDP     X2
```

```
MOV     H1234       D200        //PLC 准备向上位机发送数据
MOV     H5678       D201
CCD     D200    D202 K4         //生成校验码，送 D202、D203
SET     M8122                   //置位发送请求标志，发送完后 M8122 被自动复位
LD      M8123                   //接收完成时，M8123 被自动置位
BMOV    D500    D300 K4         //保存接收到的数据
MOV     D301    K2Y0            //用 D301 的低字节驱动 Y0～Y7
RST     M8123                   //复位“接收完成”标志
END
```

PLC 的发送帧中的起始字符 23H 和结束字符 24H 是自动加在报文的最前面和最后面的。发送区 D200～D203 中的数据为 1234H、5678H、0114H 和 0008H，计算机接收到的十六进制字符串为：23 34 12 78 56 14 01 08 00 24。

发送时先发送一个字的低字节。假设计算机发送相同的报文给 PLC，PLC 收到后并不保存起始字符和结束字符，接收缓冲区 D500～D503 中的数据与 D200～D203 中的相同。发送过程中 D8122 用来存放未发送完的字节数。接收时用 D8123 存放接收到的字节数，接收完成后 D8123 中的数据保持不变，用户程序将 M8123 复位时 D8123 同时被清零。在传送过程中若发生错误，M8063 为 ON，错误信息在 D8063 中。

例 2： 用 RS 串行通信指令进行数据传输编程（如图 6-8 所示）。

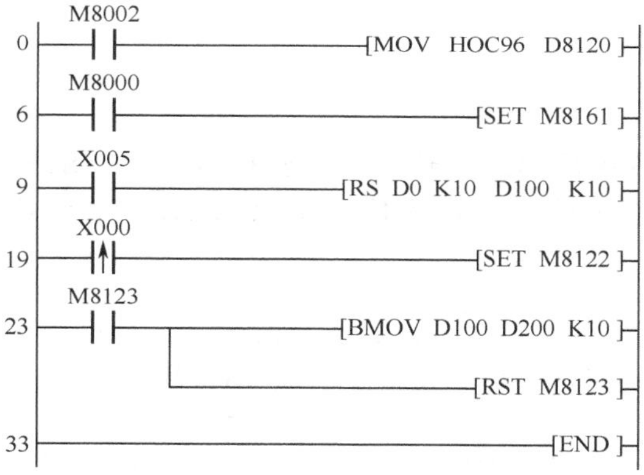

图 6-8 无协议通信数据传输

通信格式置 D8120 为 HOC96，其意义为：无协议、无和校验、无终止符、无起始符、19200bit/s、1 个停止位、偶校验、7 位字长，如表 6-9 所示。

表 6-9 PLC 通信格式

b15	b14	b13	b12	b11	b10	b9	b8	b7	b6	b5	b4	b3	b2	b1	b0
0	0	0	0	1	0	1	0	1	0	0	1	0	1	1	0
无协议使用 RS 指令			保留	RS-232C		无停止符、无起始符		波特率 19.2Kbit/s				1 个停止位	偶数		7 位字长

6.3 西门子 S7-200 系列 PLC 与 PC 的通信协议简介

6.3.1 PPI 通信及应用

PPI 协议是专门为 S7-200 开发的通信协议，是一种主—从协议：主站发送要求到从站，从站进行响应。从站不发送信息，只是等待主站的要求并对要求作出响应。S7-200 CPU 的通信口（Port0、Port1）支持 PPI 通信协议。

因为 S7-200 PLC 的编程口物理层为 RS-485 结构，所以西门子提供的 STEP 7 Micro/WIN 软件采用的是 PPI（Point To Point）协议，可以用来传输、调试 PLC 程序。

西门子的 PPI 通信协议采用主从式的通信方式，一次读/写操作的步骤为：首先上位机发出读/写命令，PLC 作出接收正确的响应，上位机接到此响应则发出确认申请命令，PLC 完成正确的读/写响应，回应给上位机数据。PPI 协议是 PLC 内部固化的通信协议，并不对外公开其协议。如果上位机遵循 PPI 协议来读/写 PLC，就可以省略编写 PLC 的通信代码。

1. PPI 网络

1）单台主站 PPI 网络

如图 6-9 所示为两个网络范例。在第一个范例中，编程站（STEP 7 Micro/WIN）是网络主站。在第二个范例中，一台人机接口（HMI）设备（如 TD、TP 或 OP）是网络主站。

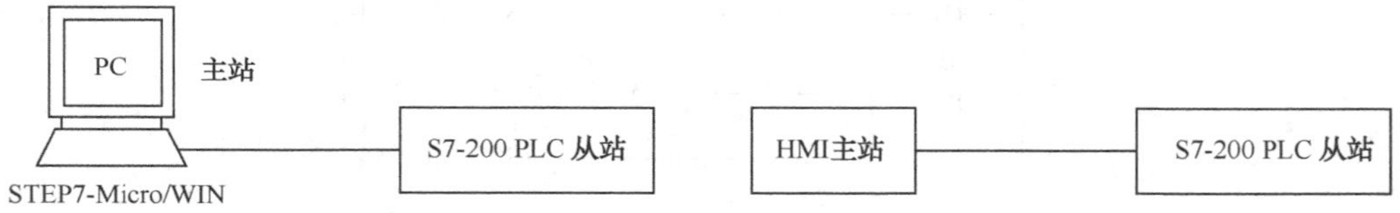

（a）STEP7-Micro/WIN与S7-200　　（b）HMI与S7-200

图 6-9　单台主站 PPI 网络

对于简单的单台主站网络，编程站和 S7-200 CPU 通过 PC/PPI 电缆或安装在编程站中的通信处理器（CP）卡连接。

在以上两个网络范例中，S7-200 CPU 是对来自主站的请求作出应答的从站。对于单台主站 PPI 配置，用户需要将 STEP 7 Micro/WIN 配置为使用 PPI 协议：选择单台主站、多台主站或 PPI 高级协议。

2）多台主站 PPI 网络

如图 6-10 所示为配备一台从站的多台主站网络范例。编程站（STEP 7 Micro/WIN）使用 CP 卡或 PC/PPI 电缆，STEP 7-Micro/WIN 和 HMI 设备共享设备。STEP 7 Micro/WIN 和 HMI 设备均为主站，必须具有不同的网络地址，而 S7-200 CPU 是从站。

对于多台主站访问一台从站的网络，将配置为使用 PPI 协议，并启用多台主站驱动程序。PPI 高级协议是最佳选择。当然，用户还可以购买 PPI 多台站电缆，用于多台主站网络。如果使用此种电缆，多台主站和高级 PPI 复选框则无任何意义。电缆无须配置即会自动调整为适当的设置。

3）复杂的 PPI 网络

如图 6-11 所示为使用具有对等通信功能的多台主站的网络范例。STEP 7 Micro/WIN 和 HMI 设备在网络上从 S7-200 CPU 读取数据和向 S7-200 CPU 写入数据，S7-200 CPU 使用“网络读取”（NETR）和“网络写入”（NETW）指令相互读取和写入数据（点到点通信）。

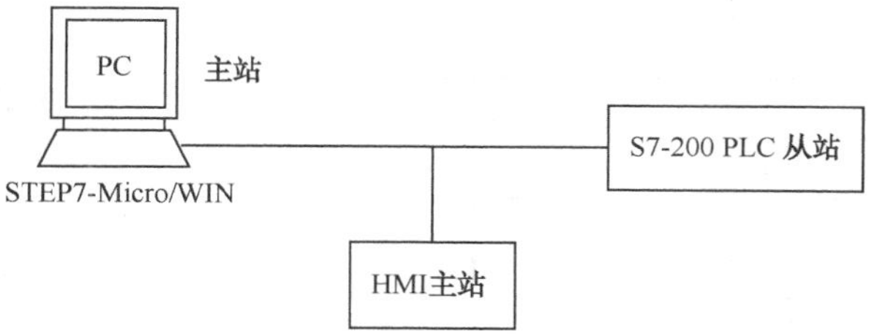

图 6-10 配备一台从站的多台主站网络

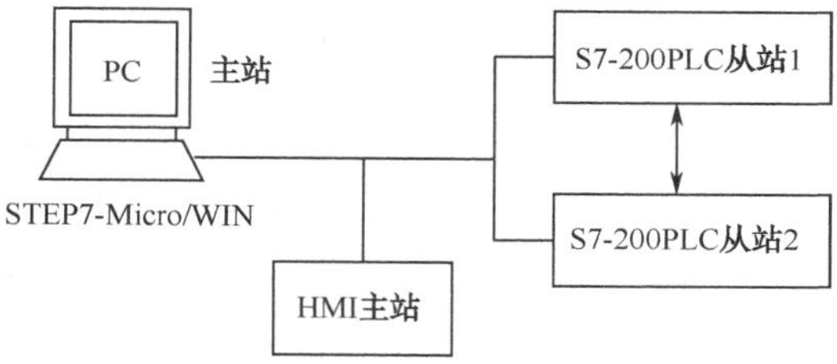

图 6-11 具有对等通信功能的多台主站的网络范例

对于此类复杂的 PPI 网络，将 STEP 7 Micro/WIN 配置为使用 PPI 协议，并启用多台主站驱动程序。PPI 高级协议是最佳选择。

如图 6-12 所示为另一个复杂 PPI 网络的范例，该网络使用具有点到点通信功能的多台主站。在该范例中，每台 HMI 监管一台 S7-200 CPU。S7-200 CPU 使用 NETR 和 NETW 命令相互读取和写入数据（对等通信）。对于该网络，将 STEP 7 Micro/WIN 配置为使用 PPI 协议，并启用多台主站驱动程序。PPI 高级协议是最佳选择。

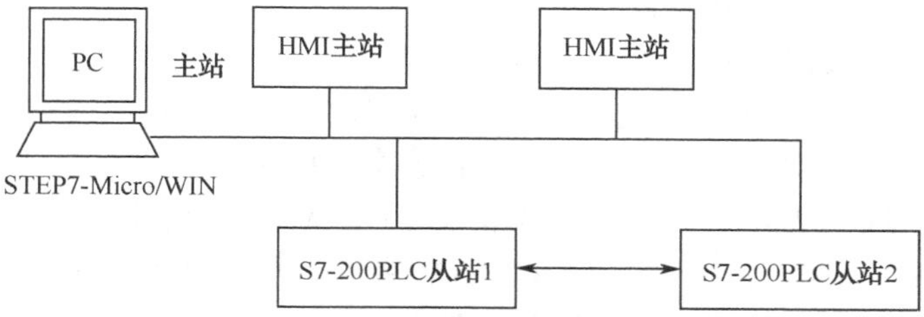

图 6-12 具有点到点通信功能的多台主站

2. NETR 与 NETW 指令介绍

S7-200 CPU 之间的 PPI 网络通信只需要两条简单的指令，即网络读（NETR）和网络写（NETW）指令，如图 6-13 所示。在网络读/写通信中，只有主站需要调用 NETR/NETW 指令，从站只需编程处理数据缓冲区（取用或准备数据）。

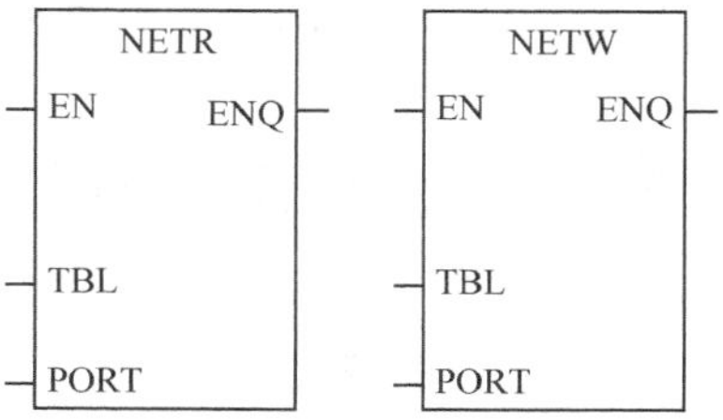

图 6-13 NETR 与 NETW 指令

网络读指令（NETR）开始一项通信操作，通过指定的端口从远程设备收集数据并形成表（TBL）。网络写指令（NETW）开始一项通信操作，通过指定的端口向远程设备写表（TBL）中的数据。

表 6-10 列出了表（TBL）的参数对照。

表 6-10　表（TBL）的参数对照

7		字节偏移量			0
0	D	A	E	O	错误代码
1	远程站地址				
2	指针指向				
3	数据区				
4	远程站				
5	I，Q，M or V				
6	数据长度				
7	数据字节 0				
8	数据字节 1				
⋮	⋮				
22	数据字节 15				

表 6-10 的说明如下。

D：完成（操作已完成），0=未完成，1=完成。

A：有效（操作已排队），0=无效，1=有效。

E：错误（操作返回一个错误），0=无错，1=错误。

远程站址：存取数据的 PLC 地址。

数据指针：指向 PLC 中数据的间接指针。

数据长度：存取的数据字节数目（1～16）。

数据字节 0～15 是接收和发送数据区：执行 NETR 后，从远程站读到的数据放在这个数据区；执行 NETW 后，要发送到远程站的数据放在这个数据区。

NETR 指令可从远程站最多读取 16 字节信息，NETW 指令可向远程站最多写入 16 字节信息。用户可在程序中保持任意数目的 NETR/NETW 指令，但在任何时间最多只能有 8 条 NETR 和 NETW 指令被激活。例如，用户可以在特定 S7-200 中的同一时间有 4 条 NETR 和 4 条 NETW 指令，或 2 条 NETR 和 6 条 NETW 指令处于现用状态。

有两种方法编程实现 PPI 网络读/写通信：

（1）使用 NETR/NETW 指令，编程实现。

（2）使用 Micro/Win 中的 NETR/NETW 向导。

6.3.2　自由口通信及应用

1. 自由口模式

1）概述

在现场应用中，当需要 PLC 与上位机通信时，常使用自定义协议与上位机通信。在这种通信方式中，需要编程者首先定义自己的自由通信格式，在 PLC 中编写代码，利用中断方式控制通信端口的数据收/发。当 PLC 的通信口定义为自由通信口时，PLC 的编程软件无法对 PLC 进行监控。

自由口通信是一种基于 RS-485 硬件，允许应用程序控制 S7-200 的通信端口，来实现一些自定义通信协议的通信方式。S7-200 处于自由口通信模式时，通信功能完全由用户程序控制，所有的通信任务和信息定义均需由用户编程实现。

自由口模式是一种可以用户自定义的通信模式。自由接口模式允许应用程序控制 S7-200 CPU 的通信端口，以实现一些特定的功能。用户可以使用自由接口模式使用户定义通信协议与多种智能设备通信。自由接口模式支持 ASCII 和二进制协议。

借助自由口通信模式，S7-200 可以与许多通信协议公开的设备、控制器等进行通信，其波特率为 1200～115200bit/s。S7-200 可通过自由口通信协议访问带用户端软件的 PC、条形码阅读器、串口打印机、并口打印机、S7-200、S7-300（带 CP 340 模块）、非 Siemens PLC、调制解调器等。

若启用自由接口模式，可使用特殊内存字节 SMB30（用于 0 号端口）和 SMB130（用于 1 号端口）。用户可以从 SMB30 和 SMB130 读取或向 SMB30 和 SMB130 写入。这些字节配置各自的通信端口，进行自由口操作，并提供自由口或系统协议支持选择。

用户程序使用以下功能控制通信端口的操作：

（1）“传送”指令（XMT）和传送中断：“传送”指令允许 S7-200 CPU 从 COM 端口最多传送 255 个字符。传送完成时，传送中断向 S7-200 中的程序发出通知。

（2）接收字符中断：接收字符中断通知用户程序在 COM 端口中收到一个字符。程序则可根据正在执行的协议处理该字符。

（3）“接收”指令（RCV）：“接收”指令从 COM 端口接收整条信息，完全收到信息后，为用户程序生成中断。使用 S7-200 的 SM 内存配置“接收”指令，根据定义的条件开始和停止信息接收。“接收”指令允许程序根据具体字符或时间间隙开始或停止信息。大多数协议可用“接收”指令执行。

自由接口模式仅限在 S7-200 处于 RUN（运行）模式时才激活。将 S7-200 设为“STOP”模式会使所有的自由接口通信暂停，通信端口则返回到在 S7-200 系统块中配置的 PPI 协议设置。

2）XMT 和 RCV 指令

自由口通信模式主要使用 XMT（发送）、RCV（接收）两条指令及相应的特殊寄存器，如图 6-14 所示。传送（XMT）指令在自由口模式中使用，通过通信端口传送数据。接收（RCV）指令用于开始或终止“接收信息”服务。

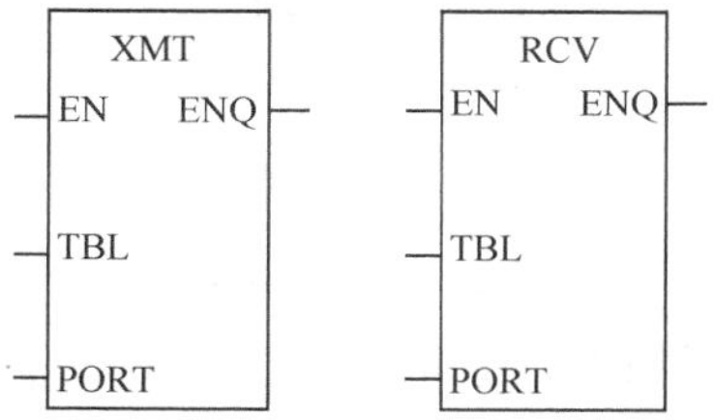

图 6-14 XMT 和 RCV 指令

XMT 指令利用数据缓冲区指定要发送的字符，用于向指定通信口以字节为单位发送一串数据字符，一次最多发送 255 个字节。XMT 指令完成后，会产生一个中断事件（Port0 为中断事件 9，Port1 为中断事件 26）。

RCV 指令可以从 S7-200 的通信口接收一个或多个数据字节，接收到的数据字节将被保存在接收数据缓冲区内。RCV 指令完成后，会产生一个中断事件（Port0 为中断事件 23，Port1 为中断事件 24）。特殊寄存器 SMB86 和 SMB186 则分别提供 Port0 和 Port1 的接收信息状态字节。

用户必须指定一个开始条件和一个结束条件，“接收”方框才能操作。通过指定端口（PORT）

接收的信息存储在数据缓冲区（TBL）中。数据缓冲区中的第一个条目指定接收的字节数目。

（1）传送数据。“传送”指令允许传送一个或多个字符的缓冲区，最多可达 255 个字符。如图 6-15 所示为“传送”缓冲区的格式。

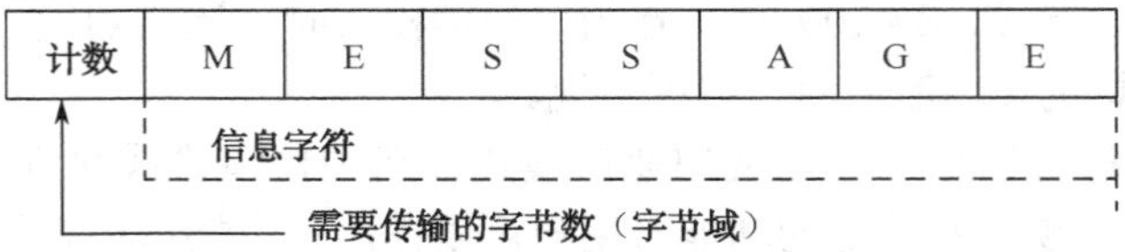

图 6-15 “传送”缓冲区的格式

如果在传送完成事件中附加一个中断例行程序，在缓冲区的最后一个字符传送后，S7-200 会生成一个中断（端口 0 为中断事件 9，端口 1 为中断事件 26）。用户可以不使用中断进行传送（如将信息传送至打印机），方法是在传送完成时监控 SM4.5 或 SM4.6 发送信号。

用户可以将字符数设为零，并执行“传送”指令，生成一个“断开”条件。这样可按当前波特率在 16 位时间行中生成一个“断开”条件。传送“断开”的处理方式与传送任何其他信息的相同之处在于，当“断开”完成时生成“传输”中断，且 SM4.5 或 SM4.6 发出“传送”操作当前状态的信号。

（2）接收数据。“接收”指令允许接收一个或多个字符的缓冲区，最多可达 255 个字符。如图 6-16 所示为“接收”缓冲区的格式。

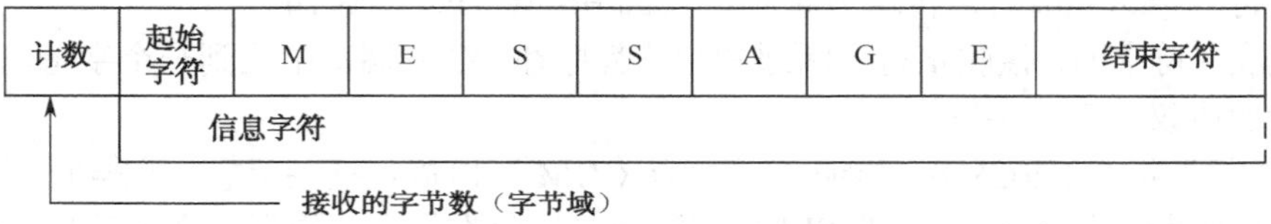

图 6-16 “接收”缓冲区的格式

如果在接收完成事件中附加一个中断例行程序，在缓冲区的最后一个字符接收后，S7-200 会生成一个中断（端口 0 为中断事件 23，端口 1 为中断事件 24）。用户可以不使用中断接收信息，方法是监控 SMB86（端口 0）或 SMB186（端口 1）。当“接收”指令为非现用或已经终止时，该字节则不是零。当接收正在执行时，该字节为零。

如同 SMB86～SMB94 和 SMB186～SMB194 接收信息控制中所示，“接收”指令允许用户选择信息开始和信息结束条件。端口 0 使用 SMB86～SMB94，端口 1 使用 SMB186～SMB194。

3）接收信息控制

尽管自由口通信的指令非常简单，但是如果在执行“接收”指令时通信端口中存在通信，接收功能可能会在该字符中间开始接收字符，并可能导致校验错误和接收信息终止。如果没有启用校验，接收的信息可能包含不正确的字符。为避免以上情况的发生，一般都需要进行接收信息控制。

SMB86～SMB94 及 SMB186～SMB194 被用于控制和读取有关“接收信息”指令的状态。

4）“接收”指令支持的几种开始条件

（1）空闲行检测。空闲行条件被定义为传输行中的静态或空闲时间。当通信行处于静态或空闲达到 SMW90 或 SMW190 中指定的毫秒数时，开始接收。执行程序中的“接收”指令时，接收信息功能开始搜索空闲行条件。如果在空闲行时间失效之前收到任何字符，接收信息功能会忽略这些字符，用来自 SMW90 或 SMW190 的时间重新启动空闲行计时器（如图 6-17 所示）。空闲行时间失效后，接收信息功能存储在信息缓冲区中随后接收的所有字符。

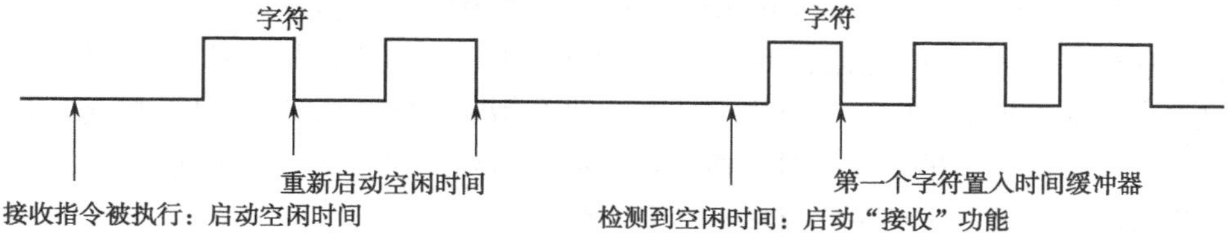

图 6-17　空闲行检测

按照指定的波特率，空闲行时间应当始终大于传输一个字符（起始位、数据位、校验位和停止位）的时间。按照指定的波特率，空闲行时间的典型数值是 3 个字符时间。

用户将空闲行检测用作没有特定起始字符或指定信息间最小时间的二进制协议的开始条件。

设置：il=1，sc=0，bk=0，SMW90/SMW190=空闲行超时（以毫秒为单位）（注：il、sc、bk 等均为 SMB87 和 SMB187 中的数据位）。

（2）起始字符检测。起始字符是任何被用作信息第一个字符的字符。当收到在 SMB88 或 SMB188 中指定的起始字符时，信息开始。接收信息功能在接收缓冲区中将起始字符存储为信息的第一个字符。接收信息功能忽略在起始字符之前接收的任何字符。起始字符和在起始字符之后接收的所有字符都存储在信息缓冲区中。

通常，在 ASCII 协议中使用起始字符检测。在 ASCII 协议中，所有的信息以相同的字符开始。

设置：il=0，sc=1，bk=0，SMW90/SMW190=无关紧要，SMB88/SMB188=起始字符。

（3）空闲行和起始字符。“接收”指令可以用空闲行和起始字符组合开始一则信息。执行“接收”指令时，接收信息功能搜索空闲行条件。找到空闲行条件后，接收信息功能寻找指定的起始字符。如果收到起始字符之外的任何字符，接收功能重新开始搜索空闲行条件。空闲行条件之前接收的所有字符均符合条件，起始字符之前接收的所有字符均被忽略。起始字符与所有其后的字符均被放置在信息缓冲区中。

通常，当存在指定信息间最小时间的协议且信息的第一个字符是地址，或者指定某一特定设备的符号时，则使用此类起始条件。这在实施通信链接上有多台设备的协议时十分有用。在这种情况下，只有在接收具体地址或由起始字符指定的设备时“接收”指令才触发中断。

设置：il=1，sc=1，bk=0，SMW90/SMW190>0，SMB88/SMB188=起始字符。

（4）断开检测。当接收的数据保持在零的时间大于一个整字符传输时间时，会指示断开。一个整字符传输时间被定义为起始位、数据位、校验位和停止位的总时间。如果“接收”指令被配置为在接收断开条件时起始信息，在断开条件之后接收的任何字符均放置在信息缓冲区中。在断开条件之前接收的任何字符均被忽略。

通常，仅在协议要求时才将“断开”检测用作起始条件。

设置：il=0，sc=0，bk=1，SMW90/SMW190=无关紧要，SMB88/SMB188=无关紧要。

（5）断开和起始字符。“接收”指令可以被配置为在接收断开条件且随之接收一个具体起始字符后开始接收字符。在断开条件后，接收信息功能寻找指定的起始字符。如果收到起始字符之外的任何字符，接收功能重新开始搜索断开条件。断开条件之前接收的所有字符均符合条件，起始字符之前接收的所有字符均被忽略。起始字符与所有其后的字符均被放置在信息缓冲区中。

设置：il=0，sc=1，bk=1，SMW90/SMW190=无关紧要，SMB88/SMB188=起始字符。

（6）任何字符。“接收”指令可以被配置为立即开始接收任何和所有的字符，并将字符放置在信息缓冲区中。此为空闲行检测的特殊情况。在这种情况下，空闲行时间（SMW90 或 SMW190）被设为零。这样会强制“接收”指令在执行时立即开始接收字符。

设置：il=1，sc=0，bk=0，SMW90/SMW190=0，SMB88/SMB188=无关紧要。

在接收任何字符时，开始信息允许信息计时器被用于使信息接收超时。这在使用自由口实施协议的主设备或主机部分时十分有用，此时如果在指定的时间内未从从属设备收到应答，则有必要超时。当“接收”指令执行时，信息计时器会启动，因为空闲行时间被设为零。如果未满足其他结束条件，信息计时器会超时并终止接收。

设置：il=1，sc=0，bk=0，SMW90/SMW190=0，SMB88/SMB188=无关紧要，c/m=1，tmr=1，SMW92=信息超时（以毫秒为单位）。

5）“接收”指令支持终止信息的几种方法

“接收”指令支持终止信息的几种方法，可在以下一种或几种条件组合的情况下终止信息。

（1）结束字符检测。结束字符是被用于指示信息结束的任何字符。找到起始条件后，“接收”指令会检查接收的每个字符，查看是否与结束字符相符。收到结束字符时，结束字符被置入信息缓冲区中，接收终止。

通常，在 ASCII 协议中使用结束字符检测。可以将结束字符检测与字符间计时器、信息计时器或最大字符计数组合在一起使用，终止信息。

设置：ec=1，SMB89/SMB189=结束字符。

（2）字符间计时器。字符间时间是指从一个字符的结束（停止位）到另一个字符的结束（停止位）之间的时间。如果字符间的时间（包括第二个字符）超过 SMW92 或 SMW192 中指定的毫秒数，接收信息被终止。在收到每个字符时，字符间计时器重新启动（如图 6-18 所示）。

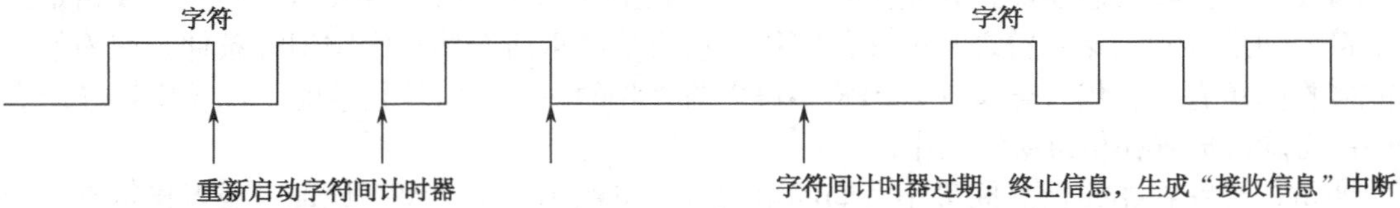

图 6-18　字符间计时器

可以使用字符间计时器终止用于无具体信息字符结束的协议的信息。该计时器必须按照所选的波特率设为大于一个字符时间的数值，因为该计时器总是包括接收一个整字符（起始位、数据位、校验位和停止位）的时间。

可以将字符间计时器与结束字符检测和最大字符计数组合在一起使用，终止信息。

设置：c/m=0，tmr=1，SMW92/SMW192=超时（以毫秒为单位）。

（3）信息计时器。信息计时器在信息开始后按照指定的时间终止信息。一旦符合接收信息的起始条件，信息计时器即启动。超过 SMW92 或 SMW192 中指定的毫秒数时，信息计时器失效（如图 6-19 所示）。

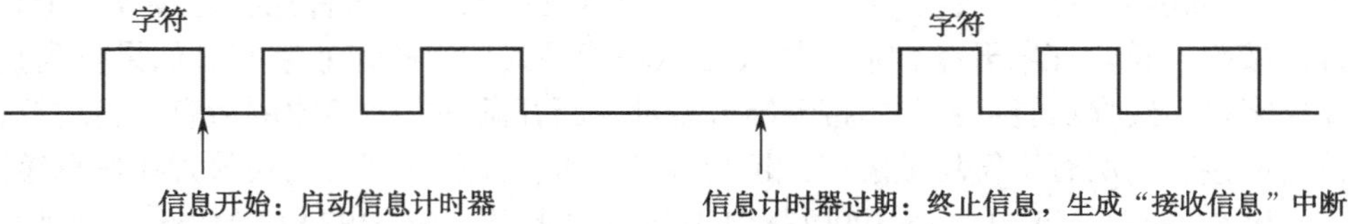

图 6-19　信息计时器

通常，当通信设备无法保证字符间不会有时间间隔或通过调制解调器操作时，可以使用信息计时器。对于调制解调器，可以使用信息计时器指定信息开始后允许接收信息的最长时间。信息计时器的典型数值约为按照选择的波特率接收最长信息所要求时间的 1.5 倍。

可以将信息计时器与结束字符检测和最大字符计数组合在一起使用，终止信息。

设置：c/m=1，tmr=1，SMW92/SMW192=超时（以毫秒为单位）。

（4）最大字符计数。必须将需要接收的最大字符数（SMB94 或 SMB194）通知“接收”信息。当达到或超过该数值时，接收信息被终止。“接收”指令要求用户指定一个最大字符计数，即使该计数并未专门用作终止条件也如此。这是因为“接收”指令需要了解接收信息的最大尺寸，以防止在信息缓冲区之后放置的数据被覆盖。

最大字符计数可用于为具有已知信息长度且信息长度始终相同的协议终止信息。最大字符计数始终与结束字符检测、字符间计时器或信息计时器组合在一起使用。

（5）校验错误。当硬件指示接收字符的校验错误时，“接收”指令会自动终止。只有当校验在 SMB30 或 SMB130 中被启用时，才会出现校验错误。

（6）用户终止。用户程序可以执行另一条“接收”指令，并将 SMB87 或 SMB187 中的启用位（en）设置为零，从而终止接收信息。这样会立即终止接收信息。

对于自由口通信，还要注意以下几点：

（1）由于 S7-200 通信端口是半双工通信口，所以发送和接收不能同时进行。

（2）S7-200 通信口处于自由口模式下时，该通信口不能同时工作在其他通信模式下；如不能在端口 1 进行自由口通信时，又使用端口 1 进行 PPI 编程。

（3）S7-200 通信端口是 RS-485 标准，因此如果通信对象是 RS-232 设备，则需要使用 RS-232/PPI 电缆。

（4）自由口通信只有在 S7-200 处于 RUN 模式下才能被激活，如果将 S7-200 设置为 STOP 模式，则通信端口将根据 S7-200 系统块中的配置转换到 PPI 协议。

使用自由口通信前，必须了解自由口通信工作模式的定义方法，即控制字的组态。S7-200 的自由口通信的数据字节格式必须含有一个起始位、一个停止位，数据位长度为 7 位或 8 位，校验位和校验类型（奇、偶校验）可选。

S7-200 的自由口通信定义方法为将自由口通信操作数传入特殊寄存器 SMB30（端口 0）和 SMB130（端口 1）进行端口定义。

2. 自由口接收实例

1）任务描述

S7-200 从端口 0 接收计算机发送来的字符串，并在信息接收中断服务程序中把接收到的第一个字节传送到 CPU 输出字节 QB0 上显示。

为便于实验，以 S7-200 与 Windows 操作系统提供的通信测试程序——超级终端（Hyper Terminal）进行自由口通信为例，计算机通过串口与 S7-200 连接。利用 PC/PPI 电缆作为自由口通信的硬件连线，如图 6-20 所示。

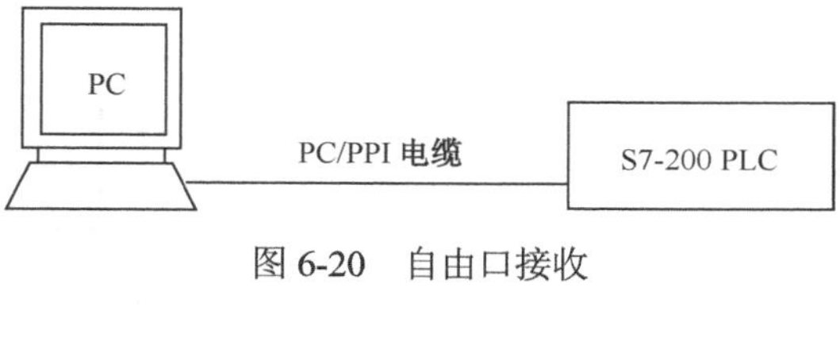

图 6-20 自由口接收

2）任务实施

（1）进行编程。程序清单包括主程序（如图 6-21 所示）、子程序 SBR_0（如图 6-22 和图 6-23 所示）、子程序 SBR_1（如图 6-24 所示）、中断程序 INT_0（如图 6-25 所示）。

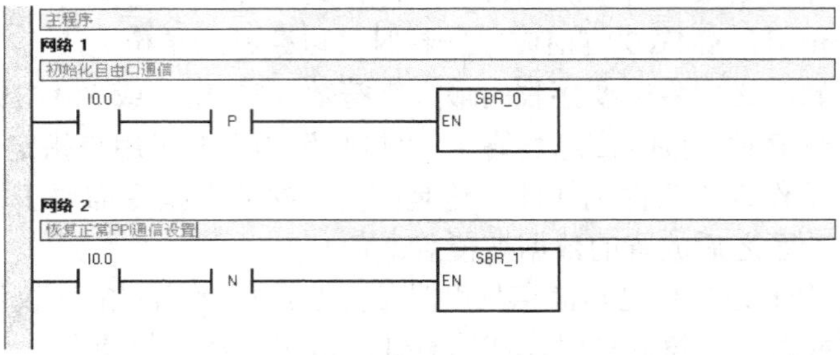

图 6-21　主程序

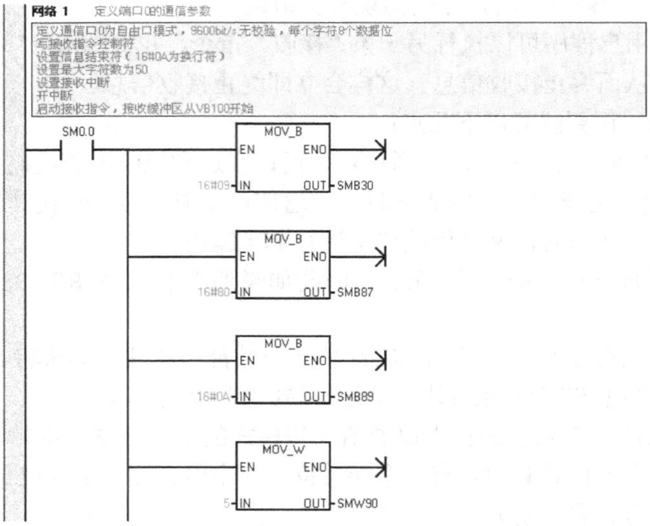

图 6-22　子程序 SBR_0

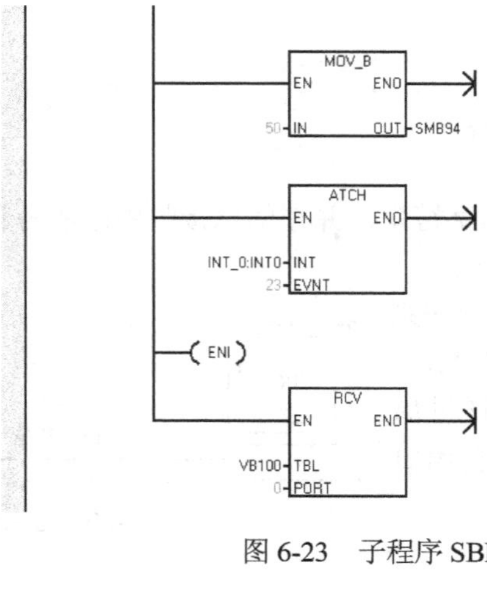

图 6-23　子程序 SBR_0 续

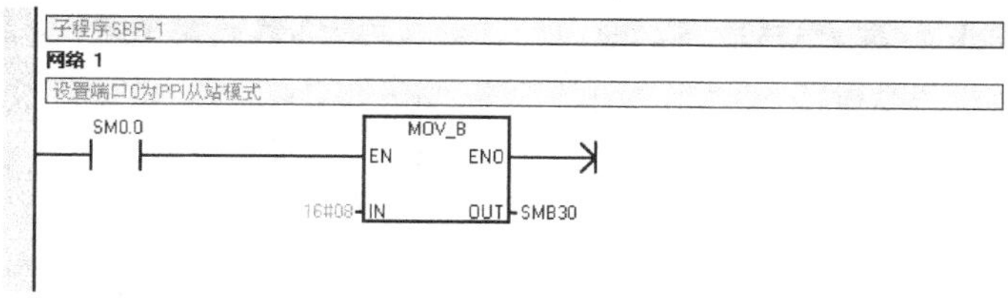

图 6-24　子程序 SBR_1

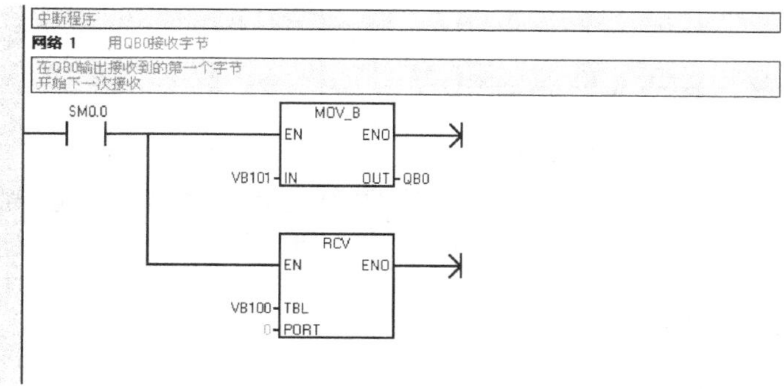

图 6-25　中断程序 INT_0

（2）超级终端发送组态。

第一步：把 PLC 的输入 I0.0 闭合，设置为“PPI 模式→自由口模式”。在 STEP 7 Micro/WIN 还打开的情况下则可以看到“硬件探测到一个组帧错误”提示框。

第二步：在 Windows 桌面上，选择“开始→附件→通信→超级终端”命令，为要建立的连接输入名称，如图 6-26 所示。

第三步：选择连接时要使用的串口，如图 6-27 所示。

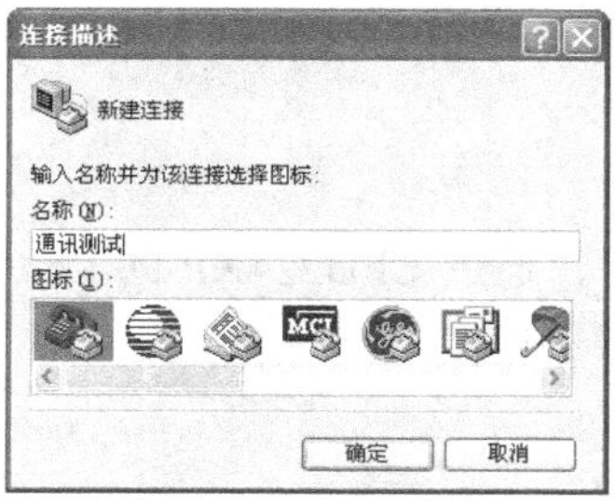

图 6-26　建立连接

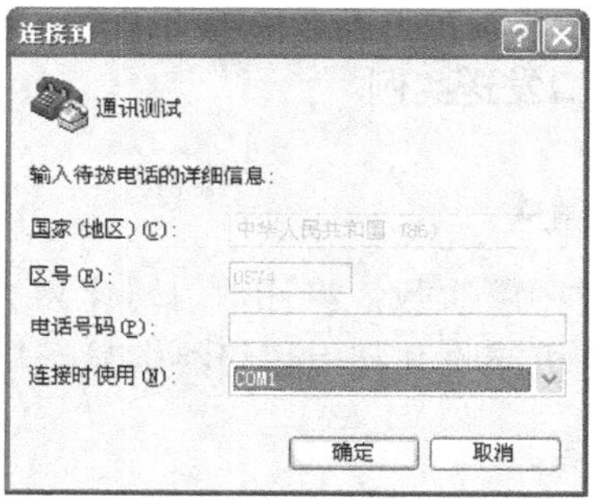

图 6-27　选择串口

第四步：设置串口通信参数并保存连接，注意此处设置要与 PLC 程序中对应，如图 6-28 所示。

第五步：对该连接进行属性设置，如图 6-29 所示，单击“ASCII 码设置...”按钮，在弹出的 ASCII 设置窗口中，“以换行符作为发送行末尾”等进行 ASCII 参数设置并保存，如图 6-30 所示。

第六步：把 PLC 调为运行状态，同时将 I0.0 设为 ON，在超级终端中输入字符串，如图 6-31 所示。这时可以观测到 QB0 的输出为“53H”（即“STEP”第一个字符“S”的十六进制输出）。

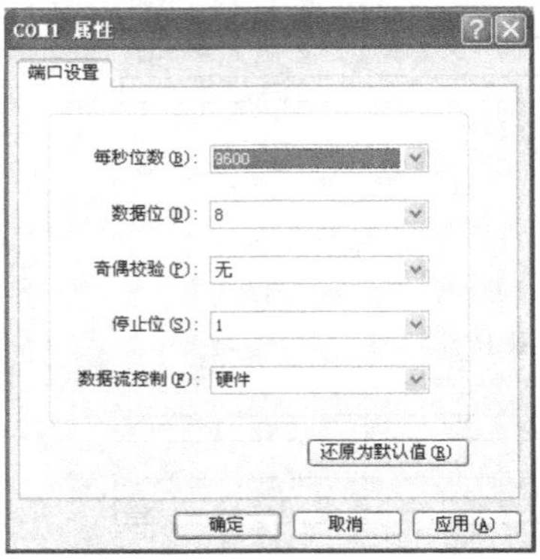

图 6-28　COM1 属性设置

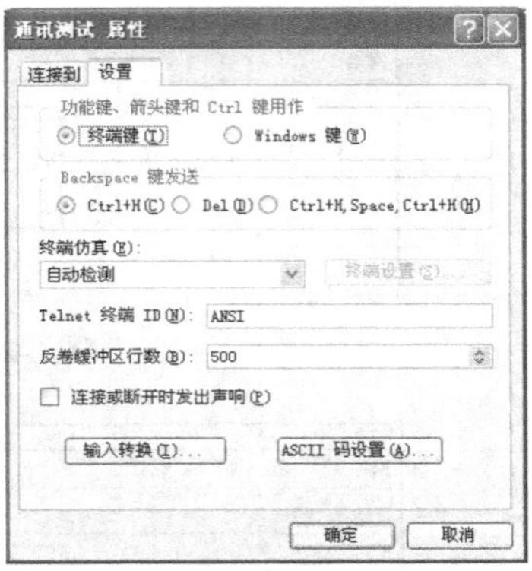

图 6-29　属性设置

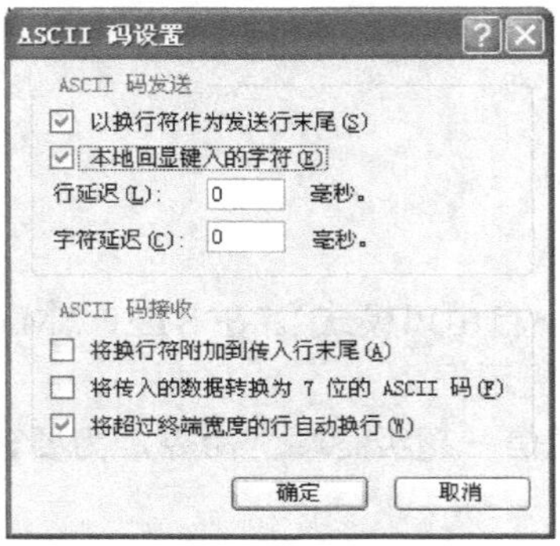

图 6-30　ASCII 参数设置

图 6-31　超级终端窗口

3. 自由口发送实例

1）任务描述

记录定时中断次数，将计数值转化为 ASCII 字符串，通过 CPU224XP 的 Port0 发送到计算机串口，计算机接收并利用超级终端显示与 S7-200 通信的内容。

2）任务实施

（1）缓冲区定义。规定缓冲区为 VB100～VB114，使用数据块进行缓冲区定义，如表 6-11 所示。其中，16#0D 和 16#0A 用于计算机的超级终端显示的需要。如图 6-32 所示为定义的数据块。

表 6-11　缓冲区定义

地　址	存 储 数 据	说　明
VB100	14	发送字节数
VB101～VB112	数据字节	数据字节
VB113	16#0D	消息结束字符
VB114	16#0A	回车符

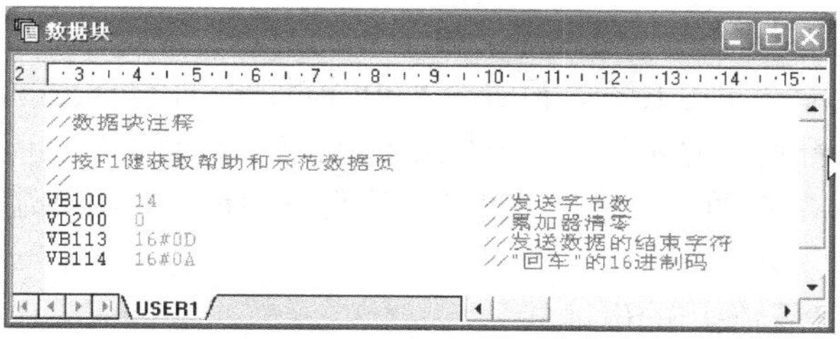

图 6-32　数据块

（2）进行编程。本例 PLC 程序包括主程序、子程序 SBR_0 和 SBR_1 及中断子程序 INT_0，程序清单及注释如图 6-33 至图 6-36 所示。

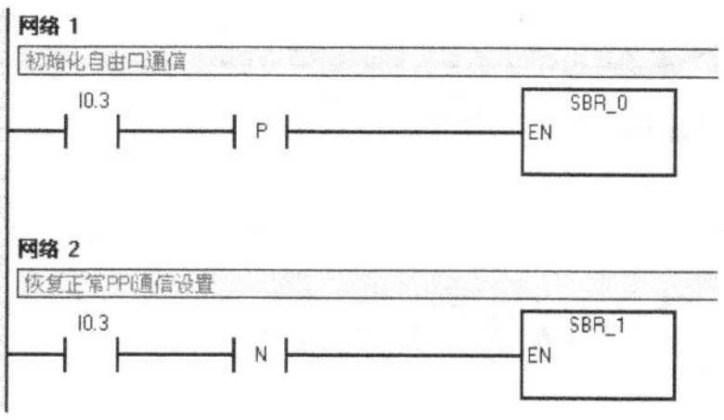

图 6-33　主程序

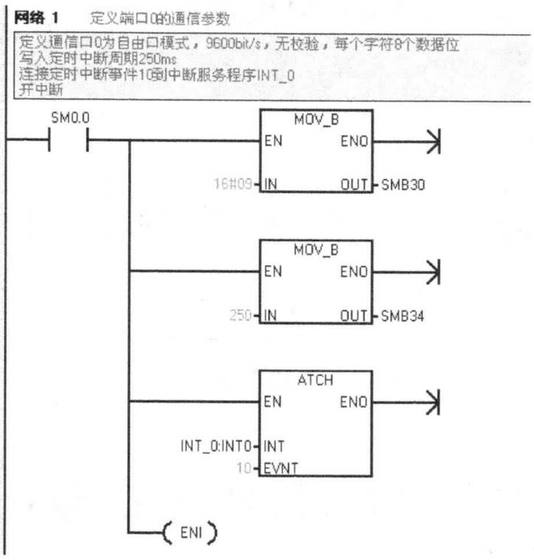

图 6-34　子程序 SBR_0

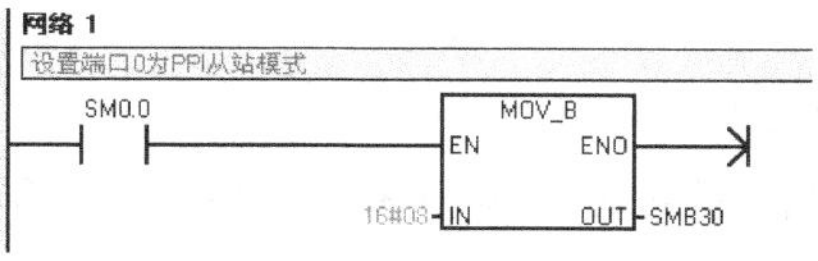

图 6-35　子程序 SBR_1

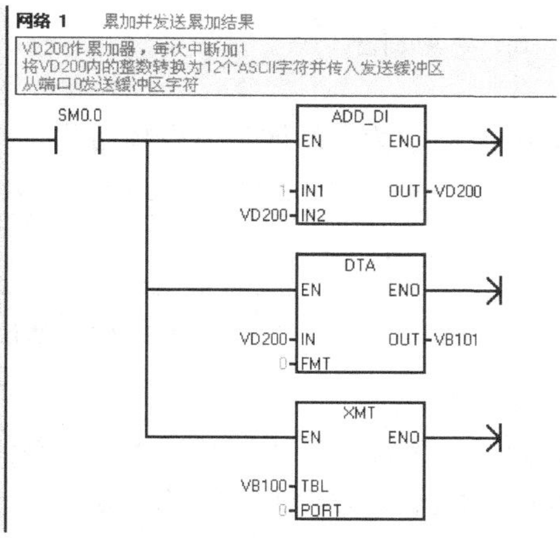

图 6-36　中断程序 INT_0

需要说明的是，中断事件 10 是由中断 0 产生的时间中断，该时间中断间隔的范围为 1～255ms，中断间隔的数值由 SMB34 定义。由于 RS-232 传输线由空闲状态切换到接收模式需要切换时间（一般为 0.15～14ms），故为防止传送失败，设置的中断间隔必须大于切换时间，并再增加一些余量。

（3）超级终端接收组态。

第一步：把 PLC 的输入 I0.3 闭合，设置为“PPI 模式→自由口模式”。在 STEP 7 Micro/WIN 还打开的情况下则可以看到“硬件探测到一个组帧错误”提示框。

第二步：在 Windows 桌面上，选择“开始→附件→通信→超级终端”命令，为要建立的连接输入名称，如图 6-37 所示。

第三步：选择连接时要使用的串口。

第四步：设置串口通信参数并保存连接，注意此处设置要与 PLC 程序中对应。

第五步：使用超级终端接收 S7-200 发送的信息。将 I0.3 置为 ON，单击按钮进行连接，超级终端的窗口会自动显示 S7-200 发送的字符串，如图 6-38 所示。

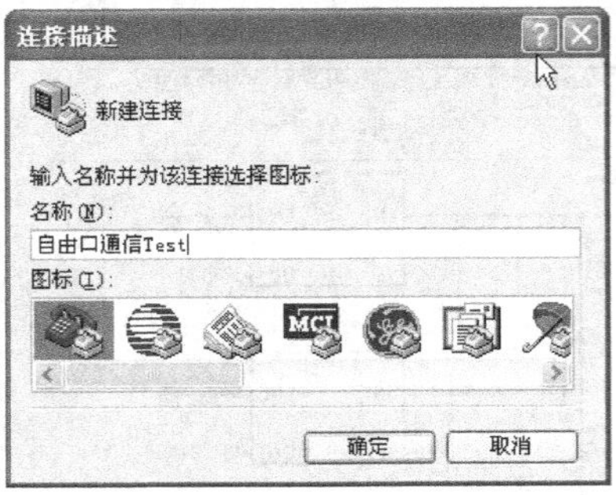

图 6-37　建立连接

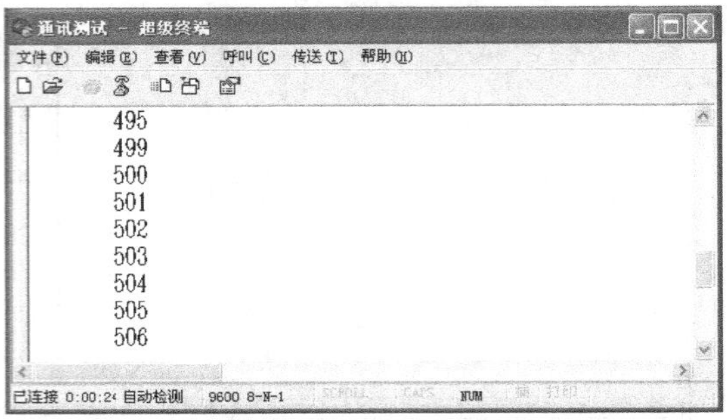

图 6-38　超级终端接收窗口

6.4　三菱 FX_{2N} 系列 PLC 与 PC 通信编程口协议

6.4.1　命令帧格式

如图 6-39 所示为发送通信命令帧格式。

开始字符	命令码	起始地址	字节数	数据	结束字符	累加和
STX	CMD	ADDR	NUM	DATA1 DATA2 ···	ETX	SUM

图 6-39　FX 协议发送通信命令帧格式

在此帧格式中：

STX 为开始字符，其 ASCII 码十六进制值为 02H。

CMD 为命令码，命令码有读或写等，占一个字节。读 ASCII 码为 30H，写 ASCII 码为 31H。读、写的对象可以是 FX 的数据区。

ADDR 为起始地址，十六进制表示，占 4 个字节，不足 4 个字节高位补 0。

NUM 为读或写的字节数，十六进制表示，占两个字符，不足两个字符高位补 0，最多可以读、写 64 个字节的数据。读可以为奇数字节，而写必须为偶数字节。

DATA 为写数据，在此填入要写的数据，每个字节两个字符。如字数据，则低字节在前，高字节在后。用十六进制表示，所填的数据个数应与 NUM 指定的数相符。

ETX 为结束字符，其 ASCII 码十六进制值为 03H。

SUM 为累加和，从命令码开始到结束字符（包含结束字符）的各个字符的 ASCII 码，进行十六进制累加。累加和超过两位数时，取它的低两位，不足两位时高位补 0，也是用十六进制表示。其计算公式为：

SUM = CMD+ADDR+NUM+DATA1+DATA2+…+ETX

6.4.2　响应帧格式

响应帧格式与所发的命令相关。

对写命令：如写成功，则应答 ACK，一个字符，其 ASCII 码的值是 06H；如写失败，则应答 NAK，一个字符，其 ASCII 码的值为 15H。

对读命令：如读失败，也是应答 NAK。如成功，其响应帧格式如图 6-40 所示。

开始字符	数据	结束字符	累加和
STX	DATA1 DATA2…	ETX	SUM

图 6-40　FX 协议读命令响应帧格式

DATA1、DATA2…为读出的数据，字节个数由命令帧格式中的 NUM 决定。

读数据或写数据总是低字节在前，高字节在后。如按字处理此数据，必须做相应处理。最多可以读取 64 个字节的数据。

6.4.3　地址计算

协议中地址 ADDR 的计算比较复杂，各个数据区算法都不同，分别说明如下。

（1）对于 D 区：

如地址 ADDR 小于 8000，则：ADDR=1000H+ADDR0 *2（ADDR0 为实际地址值，200～1023）

如 ADDR0 大于或等于 8000，则：ADDR0=0E00H+（ADDR0-8000）*2

如寄存器 D100 的地址算法：100*2 为 200，十进制数 200 转成十六进制数是 C8H，C8H+1000H 是 10C8H，10C8H 再转成 ASCII 码为 31 30 43 38，即 ADDR=31 30 43 38。

（2）对于 C 区（字或双字）：

如地址 ADDR 小于 200，则：ADDR=0A00H+ADDR0*2

如 ADDR0 大于或等于 200（为可双字逆计数器），则：

ADDR0=0C00H+（ADDR0-200）*4　（ADDR0 从 200～255）

对于 C 区（位）：

如地址 ADDR 小于 200，则：ADDR=01COH+ADDR0 *2

（3）对于 T 区（字）：

ADDR=0800H+ADDR *2　　（ADDR0 从 0～255）

对于 T 区（位）：

ADDR=00COH+ADDR*2　　（ADDR0 从 0～255）

（4）对于 M 区：

如地址 ADDR 小于 8000，则：ADDR=0100H+ADDR0/8　　（ADDR0 从 0～3071）

如 ADDR0 大于或等于 8000，则：ADDR=01EOH+（ADDR0-8000）/8

（5）对于 Y 区：

要先把地址转换成十进制数，再按下式计算。

ADDR=00AOH+ADDR0/8　（ADDR0 从 0～最大输出点数）

（6）对于 X 区：

要先把地址转换成十进制数，再按下式计算。

ADDR=0080H+ADDR0/8　（ADDR0 从 0～最大输入点数）

（7）对于 S 区：

ADDR=ADDR0/8　　（ADDR0 从 0～899）

如表 6-12 所示为三菱 FX 系列 PLC 用于读写时 X、Y、S、C 区的位地址表。

表 6-12　三菱 FX 系列 PLC 用于读写时 X、Y、S、C 区的位地址表

实际地址	位地址	实际地址	位地址	实际地址	位地址	实际地址	位地址
X00～X07	0080	Y00～Y07	00A0	S0～S7	0000	C0～C7	01C0
X10～X17	0081	Y10～Y17	00A1	S8～S15	0001	C8～C15	01C1
X20～X27	0082	Y20～Y27	00A2	S16～S23	0002	C16～C23	01C2
X30～X37	0083	Y30～Y37	00A3	S24～S31	0003	C24～C31	01C3
X40～X47	0084	Y40～Y47	00A4	S32～S39	0004	C32～C39	01C4
X50～X57	0085	Y50～Y57	00A5	S40～S47	0005	C40～C47	01C5
X60～X67	0086	Y60～Y67	00A6	S48～S55	0006	C48～C55	01C6
X70～X77	0087	Y70～Y77	00A7	S56～S63	0007	C56～C63	01C7
X100～X104	0088	Y100～Y104	00A8	S64～S71	0008	C64～C71	01C8
X110～X117	0089	Y110～Y117	00A9	S72～S79	0009	C72～C79	01C9
X120～X127	008A	Y120～Y127	00AA	S80～S87	000A	C80～C87	01CA
X130～X137	008B	Y130～Y137	00AB	S88～S95	000B	C88～C95	01CB
X140～X147	008C	Y140～Y147	00AC	S96～S103	000C	C96～C103	01CC
X150～X157	008D	Y150～Y157	00AD	S104～S111	000D	C104～C111	01CD
X160～X167	008E	Y160～Y167	00AE	S112～S119	000E	C112～C119	01CE
X170～X177	008F	Y170～Y177	00AF	S120～S127	000F	C120～C127	01CF

如表 6-13 所示为三菱 FX 系列 PLC 用于读写时 T、M、D 区的位地址表。

表 6-13　三菱 FX 系列 PLC 用于读写时 T、M、D 区的位地址表

实际地址	位地址	实际地址	位地址	实际地址	位地址	实际地址	位地址
T0～T7	00C0	M0～M7	0100	D0	1000	D999	17CE
T8～T15	00C1	M8～M15	0101	D1	1002	D1000	17D0
T16～T23	00C2	M16～M23	0102	D2	1004	D2000	1FA0

续表

实际地址	位地址	实际地址	位地址	实际地址	位地址	实际地址	位地址
T24～T31	00C3	M24～M31	0103	D3	1006	D7999	4E7E
T32～T39	00C4	M32～M39	0104	D4	1008	D8000	4E80
T40～T47	00C5	M40～M47	0105	D5	100A	D8254	507C
T48～T55	00C6	M48～M55	0106	D6	100C	D8255	507E
T56～T63	00C7	M56～M63	0107	D7	100E		
T64～T71	00C8	M64～M71	0108	D8	1010		
T72～T79	00C9	M72～M79	0109	D9	1012		
T80～T87	00CA	M80～M87	010A	D10	1014		
T88～T95	00CB	M88～M95	010B	D11	1016		
T96～T103	00CC	M96～M103	010C	D127	10FE		
T104～T111	00CD	M104～M111	010D	D128	1100		
T112～T119	00CE	M112～M119	010E	D255	11FE		
T120～T127	00CF	M120～M127	010F	D256	1200		

6.4.4　强制置位与复位

如图 6-41 所示为强制置位与复位命令帧格式。

开始字符	命令码	地址	结束字符	累加和
STX	CMD	ADDR	ETX	SUM

图 6-41　FX 协议强制置位与复位命令帧格式

在此帧格式中：

STX 为开始字符，其 ASCII 码十六进制值为 02H。

CMD 为命令码，命令码有读或写，占一个字节。强制置位 ASCII 码为 37H，强制复位 ASCII 码为 38H。其对象为位数据区。

ADDR 为地址，十六进制表示，占 4 个字节，不足 4 个字节高位补 0。

ETX 为结束字符，其 ASCII 码十六进制值为 03H。

SUM 为累加和，从命令码开始到结束字符（包含结束字符）的各个字符的 ASCII 码，进行十六进制累加。累加和超过两位数时，取它的低两位，不足两位时高位补 0，也是用十六进制表示。

累加和计算公式为：SUM＝CMD+ADDR+ETX。

如表 6-14 所示为用于强制置位、复位时的位地址。

表 6-14　强制置位、复位时的位地址

S 计算地址	S 实际地址	X 计算地址	X 实际地址	Y 计算地址	Y 实际地址
0000～000F	S0～S15	0400～040F	X0～X17	0500～050F	Y0～Y17
0010～001F	S16～S31	0410～041F	X20～X37	0510～051F	Y20～Y37

续表

S 计算地址	S 实际地址	X 计算地址	X 实际地址	Y 计算地址	Y 实际地址
0020～002F	S32～S47	0420～042F	X40～X57	0520～052F	Y40～Y57
0030～余类推～03E7	S48～余类推～S999	0430～余类推～047F	X60～余类推～X177	0530～余类推～057F	Y60～余类推～Y177

如表 6-15 所示为用于三菱 FX_{2N}32MR PLC 强制置位、复位时的位地址。

表 6-15　三菱 FX_{2N}32MR PLC 强制置位、复位时的位地址

X 实际地址	X 计算地址	ASCII 码值	Y 实际地址	Y 计算地址	ASCII 码值
X0	0400	30 34 30 30	Y0	0500	30 35 30 30
X1	0401	30 34 30 31	Y1	0501	30 35 30 31
X2	0402	30 34 30 32	Y2	0502	30 35 30 32
X3	0403	30 34 30 33	Y3	0503	30 35 30 33
X4	0404	30 34 30 34	Y4	0504	30 35 30 34
X5	0405	30 34 30 35	Y5	0505	30 35 30 35
X6	0406	30 34 30 36	Y6	0506	30 35 30 36
X7	0407	30 34 30 37	Y7	0507	30 35 30 37
X10	0408	30 34 30 38	Y10	0508	30 35 30 38
X11	0409	30 34 30 39	Y11	0509	30 35 30 39
X12	040A	30 34 30 41	Y12	050A	30 35 30 41
X13	040B	30 34 30 42	Y13	050B	30 35 30 42
X14	040C	30 34 30 43	Y14	050C	30 35 30 43
X15	040D	30 34 30 44	Y15	050D	30 35 30 44
X16	040E	30 34 30 45	Y16	050E	30 35 30 45
X17	040F	30 34 30 46	Y17	050F	30 35 30 46

地址具体表达时是后两位先送，其次为前两位。按照这个表与规则，如实际地址 Y000，其计算地址为 0500，ASCII 码值为 30 35 30 30；而表达此地址为 0005，发送指令的 ASCII 码值为 30 30 30 35。这种地址表达与字读/写是不同的。

6.4.5　读/写指令示例

【例 1】 读取 PLC 的 D10、D11 数据。D10 实际值为 ABCD，D11 实际值为 EF89。

发送读指令的获取过程如下：

开始字符 STX：02H。

命令码 CMD（读）：0，ASCII 码值为：30H。

起始地址：10*2 为 20，转成十六进制数为 14H，则：ADDR=1000H+14H=1014H，其 ASCII 码值为：31H 30H 31H 34H。

字节数 NUM：4，ASCII 码值为：30H 34H。

结束字符 EXT：03H。

累加和 SUM：30H+31H+30H+31H+34H+30H+34H+03H=15DH。

累加和超过两位数时，取它的低两位，即 SUM 为 5DH，5DH 的 ASCII 码值为：35H 44H。

对应的读命令帧格式为：

02 30 31 30 31 34 30 34 03 35 44

PLC 接收到此命令，如未正确执行，则返回 NAK 码（15H）；如正确执行返回应答帧如下：

02 43 44 41 42 38 39 45 46 03 46 44

D10 实际值为 ABCD，用 ASCII 码值表示为 41 42 43 44，在返回的应答帧中低字节在前，高字节在后，即 43 44 41 42；D11 实际值为 EF89，用 ASCII 码值表示为 45 46 38 39，在返回的应答帧中低字节在前，高字节在后，即 38 39 45 46。（因为 NUM=04H，所以返回两个数据。）

【例 2】 从 PLC 的 D123 开始读取 4 个字节数据。D123 中的数据为 3584。

发送读指令的获取过程如下：

开始字符 STX：02H。

命令码 CMD（读）：0，ASCII 码值为：30H。

起始地址：123*2 为 246，转成十六进制数为 F6H，则：ADDR=1000H+F6H=10F6H，其 ASCII 码值为：31H 30H 46H 36H。

字节数 NUM：2，ASCII 码值为：30H、32H。02H 表示往一个寄存器发送数值，04H 表示往两个寄存器发送数值，以此类推。

结束字符 EXT：03H。

累加和 SUM：30H+31H+30H+46H+36H+30H+32H+03H=172H。

累加和超过两位数时，取它的低两位，即 SUM 为 72H，72H 的 ASCII 码值为：37H 32H。

对应的读命令帧格式为：

02 30 31 30 46 36 30 32 03 37 32

PLC 接收到此命令，如未正确执行，则返回 NAK 码（15H）；如正确执行返回应答帧如下：

02 38 34 33 35 03 44 36

D123 中的数据为 3584，用 ASCII 码值表示为 33 35 38 34，在返回的应答帧中低字节在前，高字节在后，即 38 34 33 35。（因为 NUM=02H，所以返回 1 个数据。）

【例 3】 向 PLC 的 D0、D1 写 4 个字节数。要求写给 D0 的数为 1234，写给 D1 的数为 5678。

发送写指令的获取过程如下：

开始字符 STX：02H。

命令码 CMD（写）：1，ASCII 码值为：31H。

起始地址：ADDR=1000H+0*2=1000H，其 ASCII 码值为：31H 30H 30H 30H。

字节数 NUM：4，ASCII 码值为：30H 34H。

数据 DATA（低字节在前，高字节在后）：写给 D0 的数为 3（33H）4（34H）1（31H）2（32H）；写给 D1 的数为 7（37H）8（38H）5（35H）6（36H）。

结束字符 EXT：03H。

累加和 SUM：

31H+31H+30H+30H+30H+30H+34H+33H+34H+31H+32H+37H+38H+35H+36H+03H=2FDH

累加和超过两位数时，取它的低两位，即 SUM 为 FDH，FDH 的 ASCII 码值为：46H 44H。

对应的写命令帧格式为：

02 31 31 30 30 30 30 34 33 34 31 32 37 38 35 36 03 46 44

PLC 接收到此命令，如正确执行，则返回 ACK 码（06H），否则返回 NAK 码（15H）。

【例 4】 向 D123 开始的两个存储器中写入 1234 和 ABCD。

发送写指令的获取过程如下：

开始字符 STX：02H。

命令码 CMD（写）：1，ASCII 码值为：31H。

起始地址：123*2 为 246，转成十六进制数为 F6H，则：ADDR=1000H+F6H=10F6H，其 ASCII 码值为：31H 30H 46H 36H。

字节数 NUM：4，ASCII 码值为：30H 34H。

数据 DATA（低字节在前，高字节在后）：写给 D123 的数为 3（33H）4（34H）1（31H）2（32H）C（43H）D（44H）A（41H）B（42H）。

结束字符 EXT：03H。

累加和 SUM：

31H+31H+30H+46H+36H+30H+34H+33H+34H+31H+32H+43H+44H+41H+42H+03H=349H

累加和超过两位数时，取它的低两位，即 SUM 为 49H，49H 的 ASCII 码值为：34H 39H。

对应的写命令帧格式为：

02 31 31 30 46 36 30 34 33 34 31 32 43 44 41 42 03 34 39

PLC 接收到此命令，如正确执行，则返回 ACK 码（06H），否则返回 NAK 码（15H）。

【例 5】 从 PLC 的 X10～X17 读取 1 个字节数据，反映 X10～X17 的状态信息。

发送读指令的获取过程如下：

开始字符 STX：02H。

命令码 CMD（读）：0，ASCII 码值为：30H。

寄存器 X10～X17 的位地址为 0081H，其 ASCII 码值为：30H 30H 38H 31H。

字节数 NUM：1，ASCII 码值为：30H 31H。

结束字符 EXT：03H。

累加和 SUM：30H+30H+30H+38H+31H+30H+31H+03H=15DH。

累加和超过两位数时，取它的低两位，即 SUM 为 5DH，5DH 的 ASCII 码值为：35H 44H。

对应的读命令帧格式为：

02 30 30 30 38 31 30 31 03 35 44

PLC 接收到命令，如正确执行返回应答帧，如“02 **38 31** 03 36 43”。返回的应答帧中黑体字“38 31”表示 X10～X17 的状态，其十六进制为 81，81 的二进制为 10000001，表明触点 X10 和 X17 闭合，X11～X16 触点断开。如未正确执行，则返回 NAK 码（15H）。

同理，可以读取寄存器 X0～X7 的数据，其位地址为 0080H，对应的读命令帧格式为：

02 30 30 30 38 30 30 31 03 35 43

PLC 接收到命令，如正确执行返回应答帧，如“02 **30 34** 03 36 37”。返回的应答帧中黑体字“30 34”表示 X0～X7 的状态，其十六进制为 04，04 的二进制为 00000100，表明触点 X2 闭合，其他触点断开。

6.5 西门子 S7-200 系列 PLC 与 PC 通信 PPI 协议

PPI 是西门子专门为 S7-200 系统开发的通信协议。PPI 是一种主从协议，主站设备发送数据读/写请求到从站设备，从站设备响应。从站不主动发信息，只是等待主站的要求，并且根据地址信息对要求作出响应。

在采用上位机与 PLC 通信时，上位机采用 VC++、Delphi 等语言编程，计算机采用 PPI 电缆与 PLC 的编程口连接，通信系统采用主从结构，上位机遵循 PPI 协议格式，发出读/写申请，PLC 返回相应的数据，可以省略编写 PLC 的通信代码。

6.5.1 通信过程

西门子的 PPI 通信协议采用主从式的通信方式，一次读/写操作的步骤包括：首先上位机发出读/写命令，PLC 作出接收正确的响应，上位机接到此响应则发出确认申请命令，PLC 则完成正确的读/写响应，回应给上位机数据。这样收发两次数据，完成一次数据的读/写（从这里可以看出 PPI 协议的通信效率并不好，一次读/写需收发两次数据）。

在 PPI 网上，计算机与 PLC 通信，是采用主从方式，通信总是由计算机发起，PLC 予以响应。具体过程是：

（1）计算机按通信任务，用一定格式（格式见后）向 PLC 发送通信命令。

（2）PLC 收到命令后，进行命令校验，如校验后正确无误，则向计算机返回数据 E5H 或 F9H，作出初步应答。

（3）计算机收到初步应答后，再向 PLC 发送 SD DA SA FC FCS ED 确认命令。

这里，SD 为起始字符，为 10H；DA 为目的地址，即 PLC 地址 02H；SA 为数据源地址，即计算机地址 OOH；PC 为功能码，取 5CH；FCS 为 SA、DA、FC 和的 256 余数，为 5EH；末字节 ED 为结束符，也是 16H。

如按以上设定的计算机及 PLC 地址，则发送 10、02、00、5C、5E 及 16 这 6 个字节的十六进制数据，以确认所发命令。

（4）PLC 收到此确认后，执行计算机所发送的通信命令，并向计算机返回相应数据。

它的通信过程要往复两次，比较麻烦，但较严谨，不易出错。

提示：如为读命令，情况将如上所述。但如为写或控制命令，PLC 收到后，经校验，如无误，一方面向计算机发送数据 E5H，作出初步应答；另一方面不需计算机确认，也将执行所发命令。但当收到计算机确认信息命令后，会返回有关执行情况的信息代码。

6.5.2 命令格式

计算机向 PLC 发送命令的一般格式如下：

SD	LE	LEr	SD	DA	SA	FC	DSAP	SSAP	DU	FCS	ED

其中：

SD（Start Delimiter）——开始定界字符，占 1 个字节，为 68H。

LE（Length）——数据长度，占 1 个字节，标明报文以字节计，从 DA 到 DU 的数据长度。

LEr（Repeated Length）——重复数据长度，同 LE。

SD（Start Delimiter）——开始定界字符，占 1 个字节，为 68H。

DA（Destination Address）——目标地址，占 1 个字节，指 PLC 在 PPI 上的地址，一台 PLC 时，一般为 02，多台 PLC 时，则各有各的地址。

SA（Source Address）——源地址，占 1 个字节，指计算机在 PPI 上的地址，一般为 00。

FC（Function Code）——功能码，占 1 个字节，6CH 一般为读数据，7CH 一般为写数据。

DSAP（Destination Service Access Point）——目的服务存取点，占多个字节。

SSAP（Source Service Access Point）——源服务存取点，占多个字节。

DU（Data Unit）——数据单元，占多个字节。

FCS（Frame Check Sequence）——校验码，占 1 个字节，从 DA 到 DU 之间的校验和的 256 余数。

ED（End Delimiter）——结束分界符，占 1 个字节，为 16H。

6.5.3 命令类型

1. 读命令

读命令长度都是 33 个字节。字节 0～21，都是相同的，为“68 1B 1B 68 02 00 6C 32 01 00 00 00 00 00 0E 00 00 04 01 12 0A 10”，而从字节 22 开始，将根据读取数据的软器件类型及地址的不同而不同。

字节 22：表示读取数据的单位。为 01 时，1bit；为 02 时，1 字节；为 04 时，1 字；为 06 时，双字。建议用 02，即读字节。这样，一个字节或多个字节都可用。

字节 23：恒 0。

字节 24：表示数据个数。01，表示一次读一个数据。如为读字节，最多可读 208 个字节，即可设为 DEH。

字节 25：恒 0。

字节 26：表示软器件类型。为 01 时，V 存储器；为 00 时，其他。

字节 27：也表示软器件类型。为 04 时，S；为 05 时，SM；为 06 时，AI；为 07 时，AQ；为 1E 时，C；为 81 时，I；为 82 时，Q；为 83 时，M；为 84 时，V；为 1F 时，T。

字节 28、29 及 30：软器件偏移量指针（存储器地址乘 8），如 VB100，存储器地址为 100，偏移量指针为 800，转换成十六进制就是 320H，则字节 28～30 这 3 个字节就是 00、03 及 20。

字节 31、32：为 FCS 和 ED。

返回数据：与发送命令格数基本相同，但包含一条数据。具体是：

SD	LE	Ler	SD	DA	SA	FC	DSAP	SSAP	DU	FCS	ED

这里的 SD、LE、Ler、SD、SA 及 FC 与命令含义相同。但 SD 为 PLC 地址，DA 为计算机地址。此外：

字节 16：数据块占用的字节数，即从字节 21 到校验和前的字节数。一条数据时：字，为 06；双字，为 08；其他为 05。

字节 22：数据类型，读字节为 04。

字节 23、24：读字节时，为数据个数，单位以位计，1 个字节为 08；2 个字节为 10（十六进制计），其余类推。

字节 25 至校验和之前，为返回所读值。

如读 VB100 开始 3 个字节，其命令码为：68 1B 1B 68 02 00 6C 32 01 00 00 00 00 00 0E 00 00 04 01 12 0A 10 **02** 00 **03** 00 01 84 00 03 20 8D 16。

命令码中，黑体字 02 表示以字节为单位，黑体字 03 表示读 3 个字节。

如果通信正常，PLC 返回数据“E5”，再发确认指令“10 02 00 5C 5E 16”，返回码为：

68 18 18 68 00 02 08 32 03 00 00 00 00 00 02 00 07 00 00 04 01 FF 04 00 18 **99 34 56** 8B 16。

返回码中，黑体字 **99 34 56** 分别为 VB100、VB101、VB103 的值。

如读取 IB0 的数据值，其命令码为：68 1B 1B 68 02 00 6C 32 01 00 00 00 00 00 0E 00 00 04 01 12 0A 10 **02** 00 **01** 00 00 81 00 0 00 64 16。

2. 写命令

写一个字节，命令长为 38 个字节，字节 0～字节 21 为：68 **20 20** 68 02 00 6C 32 01 00 00 00 00 00 0E 00 00 04 01 12 0A 10。

写一个字，命令长为 39 个字节，字节 0～字节 21 为：68 **21 21** 68 02 00 6C 32 01 00 00 00 00 00 0E 00 00 04 01 12 0A 10。

写一个双字数据，命令长为 41 个字节，字节 0～字节 21 为：68 **23 23** 68 02 00 6C 32 01 00 00 00 00 00 0E 00 00 04 01 12 0A 10。

字节 22～字节 30，为写入数据的长度、存储器类型、存储器偏移量。这些与读数据的命令相同。字节 32 如果写入的是位数据，这一字节为 03，其他则为 04。

字节 34 写入数据的位数：01，1 位；08，1 字节；10H，1 字；20H，1 双字。

字节 35～字节 40 为校验码、结束符。

如果写入的是位、字节数据，字节 35 就是写入的值，字节 36 为 00，字节 37 为校验码，字节 38 为 16H、结束码。

如果写入的是字数据<双字节），字节 35、字节 36 就是写入的值，字节 37 为校验码，字节 38 为 16H、结束码。

如果写入的是双字数据（4 字节），字节 35～字节 38 就是写入的值，字节 39 为校验码，字节 40 为 16H、结束码。

如写 QB0=FF，其命令为：68 20 20 68 02 00 7C 32 01 00 00 00 00 00 0E 00 **05** 05 01 12 0A 10 **02** 00 01 00 00 **82 00 00 00** 00 04 00 **08 FF** 86 16。

如写 VB100=12，其命令为：68 20 20 68 02 00 7C 32 01 00 00 00 00 00 0E 00 **05** 05 01 12 0A 10 **02** 00 01 00 01 **84 00 03 20** 00 04 00 **08 12** BF 16。

如写 VW100=1234，其命令为：68 21 21 68 02 00 7C 32 01 00 00 00 00 00 0E 00 **06** 05 01 12 0A 10 **04** 00 01 00 01 **84 00 03 20** 00 04 00 **10 12 34** FE 16。

如写 VD100=12345678，其命令为：68 23 23 68 02 00 7C 32 01 00 00 00 00 00 0E 00 **08** 05 01 12 0A 10 06 00 01 00 01 84 00 03 20 00 04 00 **20 12 34 56 78** E0 16。

PLC 返回数据“E5”后，再发确认指令“10 02 00 5C 5E 16”，PLC 再返回数据“E5”后，写入成功。

注意以上诸黑体数字的含义!

3. STOP 命令

STOP 命令使得 S7-200 CPU 从 RUN 状态转换到 STOP 状态（此时 CPU 模块上的模式开关应处于 RUN 或 TERM 位置）。

计算机发出如下命令：68 1D 1D 68 02 00 6C 32 01 00 00 00 00 00 10 00 00 29 00 00 00 00 00 09 50 5F 50 52 4F 47 52 41 4D AA 16。

PLC 返回 E5，同时 PLC 即转为 STOP 状态。

但计算机再发确认报文“10 02 5C 5E 16”，PLC 将返回：68 10 10 68 00 02 08 32 03 00 00 00 00 00 01 00 00 00 00 29 69 16。

到此，才算完成这个通信过程。

4. RUN 命令

RUN 命令使得 S7-200 CPU 从 STOP 状态转换到 RUN 状态（此时 CPU 模块上的模式开关应处于 RUN 或 TERM 位置）。

计算机发出如下命令：68 21 21 68 02 00 6C 32 01 00 00 00 00 00 14 00 00 28 00 00 00 00 00 00 FD 00 00 09 50 5F 50 52 4F 47 52 41 4D AA 16。

PLC 返回 E5，同时 PLC 即转为 RUN 状态。

但计算机再发确认报文“10 02 5C 5E 16”，PLC 将返回：68 10 10 68 00 02 08 32 03 00 00 00 00 00 01 00 00 00 00 29 69 16。

到此，才算完成这个通信过程。

如 PLC CPU 模块上的模式开关处于 STOP 位置，则不能执行此命令。PLC 返回 E9，计算机再发确认报文“10 02 5C 5E 16”后，将返回如下数据：68 11 11 68 00 02 08 32 03 00 00 00 00 00 02 00 00 80 01 28 02 EC 16。

有了 PPI 协议，使用 VB、VC 等编程平台去编写计算机与 S7-200 的通信程序时，可利用 MSComm 控件完成串口数据通信，并遵循 PPI 通信协议，读/写 PLC 数据，实现人机操作任务。与一般的自由通信协议相比，省略了 PLC 的通信程序编写，只需编写上位机的通信程序。

在控制系统中，PLC 与上位计算机的通信，采用了 PPI 通信协议，上位机每 0.5s 循环读/写一次 PLC。PLC 编程时，将要读取的检测值、输出值等数据，存放在 PLC 的一个连续的变量区中，当上位机读取 PLC 的数据时，就可以一次读出这组连续的数据，减少数据的分次频繁读取。当修改设定值等数据时，进行写数据的通信操作。

第 7 章　三菱 PLC 与 PC 通信之模拟量输入

许多来自工业现场的检测信号都是模拟信号，如温度、液位、压力等，通常都是将现场待检测的物理量通过传感器或变送器转换为电压或电流信号。

本章通过三菱模拟量输入扩展模块 FX_{2N}-4AD 实现 PLC 电压检测，并将检测到的电压值通过通信电缆传送给计算机显示与处理。

7.1　三菱 PLC 模拟电压输入

7.1.1　设计任务

采用 SWOPC-FXGP/WIN-C 编程软件编写 PLC 程序，实现三菱 FX_{2N}-32MR PLC 模拟电压采集，并将采集到的电压值以数字量形式放入寄存器 D100 中。

7.1.2　线路连接

将模拟量输入扩展模块 FX_{2N}-4AD 与 PLC 主机通过扁平电缆相连，构成一套模拟电压采集系统，如图 7-1 所示。

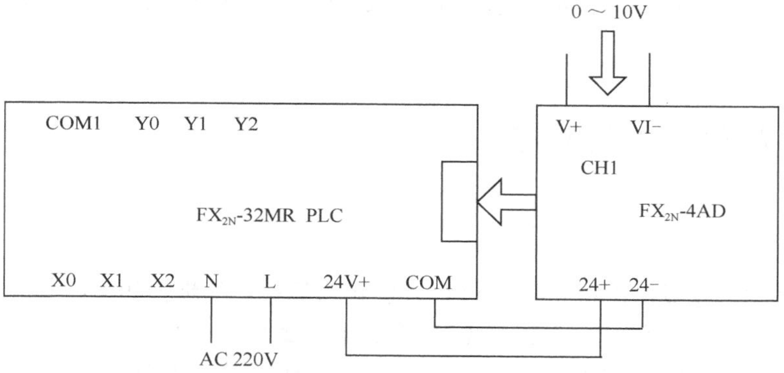

图 7-1　FX_{2N}　PLC 模拟电压采集系统

扩展模块的 DC 24V 电源由主机提供（也可使用外接电源）。FX_{2N}-4AD 模块的 ID 号为 0。
在 FX_{2N}-4AD 的模拟量输入 1 通道（CH1）V+与 VI−之间接输入电压 0～10V。
PLC 的模拟量输入模块（FX_{2N}-4AD）负责 A/D 转换，即将模拟量信号转换为 PLC 可以识别的数字量信号。

7.1.3 PLC 端电压输入程序设计

采用 SWOPC-FXGP/WIN-C 编程软件编写的 PLC 程序梯形图如图 7-2 所示。

程序的主要功能是：实现三菱 FX_{2N}-32MR PLC 模拟电压采集，并将采集到的电压值以数字量形式放入寄存器 D100 中。

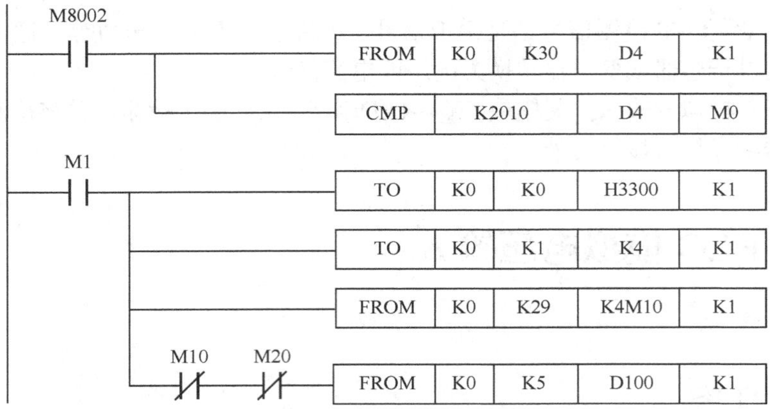

图 7-2 模拟量输入梯形图

程序说明：

第 1 逻辑行，首次扫描时从 0 号特殊功能模块的 BFM# 30 中读出标识码，即模块 ID 号，并放到基本单元的 D4 中。

第 2 逻辑行，检查模块 ID 号，如果是 FX_{2N}-4AD，结果送到 M0。

第 3 逻辑行，设定通道 1 的量程类型。

第 4 逻辑行，设定通道 1 平均滤波的周期数为 4。

第 5 逻辑行，将模块运行状态从 BFM#29 读入 M10～M25。

第 6 逻辑行，如果模块运行没有错，且模块数字量输出值正常，通道 1 的平均采样值存入寄存器 D100 中。

7.1.4 PLC 程序写入与监控

1. 程序写入

PLC 端程序编写完成后需将其写入 PLC 才能正常运行。其步骤如下：

（1）接通 PLC 主机电源，将 RUN/STOP 转换开关置于 STOP 位置。

（2）运行 SWOPC-FXGP/WIN-C 编程软件，打开模拟量输入程序，执行“转换”命令。

（3）执行菜单“PLC”→“传送”→“写出”命令，如图 7-3 所示，打开“PC 程序写入”对话框，选中“范围设置”项，终止步设为 50，单击“确定”按钮，即开始写入程序，如图 7-4 所示。

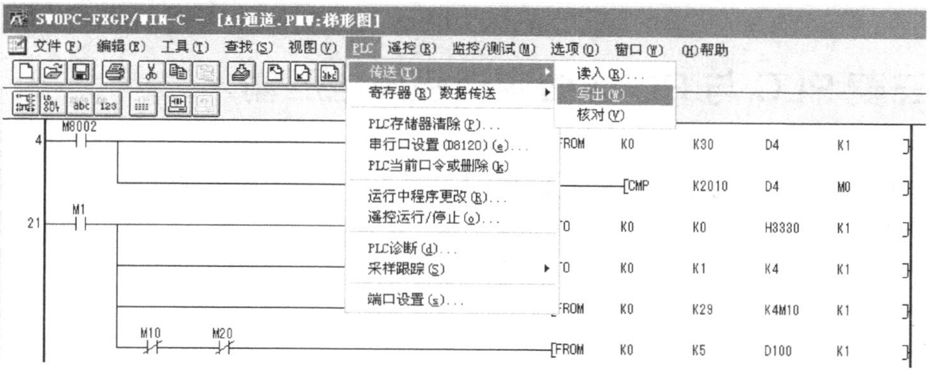

图 7-3　执行菜单“PLC/传送/写出”命令

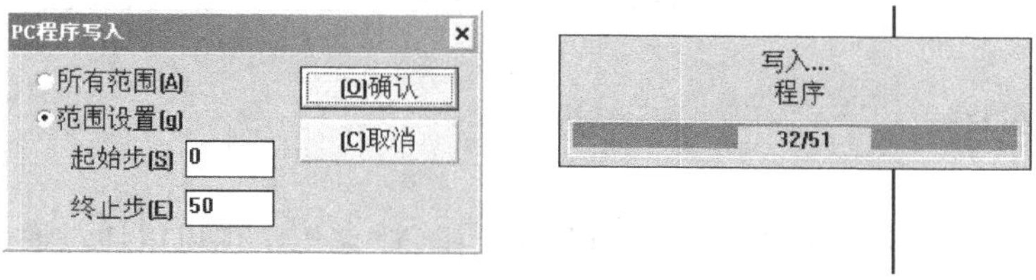

图 7-4　PC 程序写入

（4）程序写入完毕将 RUN/STOP 转换开关置于 RUN 位置，即可进行模拟电压的采集。

2. 程序监控

PLC 端程序写入后，可以进行实时监控。其步骤如下：

（1）接通 PLC 主机电源，将 RUN/STOP 转换开关置于 RUN 位置。

（2）运行 SWOPC-FXGP/WIN-C 编程软件，打开模拟量输入程序并写入。

（3）执行菜单“监控/测试”→“开始监控”命令，即可开始监控程序的运行，如图 7-5 所示。

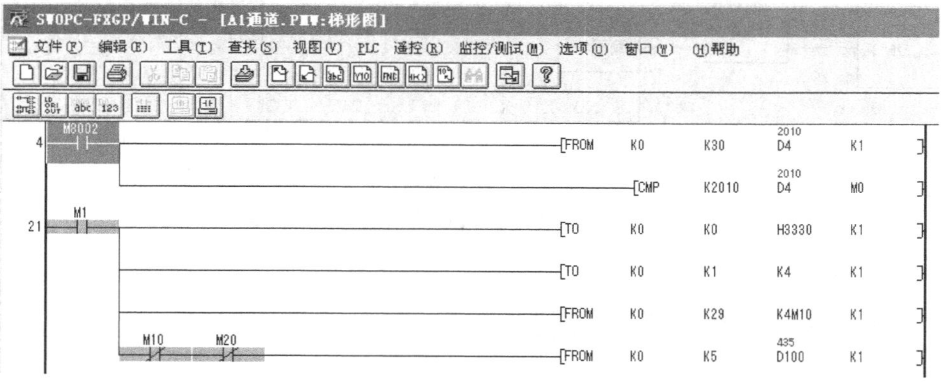

图 7-5　PLC 程序监控

监控画面中，寄存器 D100 上的蓝色数字如 435 就是模拟量输入 1 通道的电压实时采集值（换算后的电压值为 2.175V，与万用表测量值相同），改变输入电压，该数值随着改变。

（4）监控完毕，执行菜单“监控/测试”→“停止监控”命令，即可停止监控程序的运行。

注意：必须停止监控，否则影响上位机程序的运行。

7.2 三菱 PLC 与 PC 通信实现模拟电压输入

三菱 PLC 与 PC 通信实现模拟电压采集，在程序设计上涉及两个部分的内容：一是 PLC 端数据采集程序；二是 PC 端通信程序。

7.2.1 设计任务

同时采用 VB、VC++、组态王和 LabVIEW 软件编写程序，实现 PC 与三菱 FX_{2N}-32MR PLC 数据通信。要求：PC 接收 PLC 采集的电压值，转换成十进制形式，以数字、曲线的形式显示。

7.2.2 线路连接

三菱 FX_{2N}-32MR PLC 可以通过自身的编程口和 PC 通信，也可以通过通信口和 PC 通信。通过编程口，一台 PC 只能和一台 PLC 通信，实现对 PLC 中软元件的间接访问（每个软元件具有唯一的地址映射）；通过通信口，一台 PC 可以和多台 PLC 通信，并实现对 PLC 中软元件的直接访问，两者使用不同的通信协议。

将三菱 FX_{2N}-32MR PLC 的编程口通过 SC-09 编程电缆与 PC 的串口 COM1 连接起来，组成电压检测系统，如图 7-6 所示。

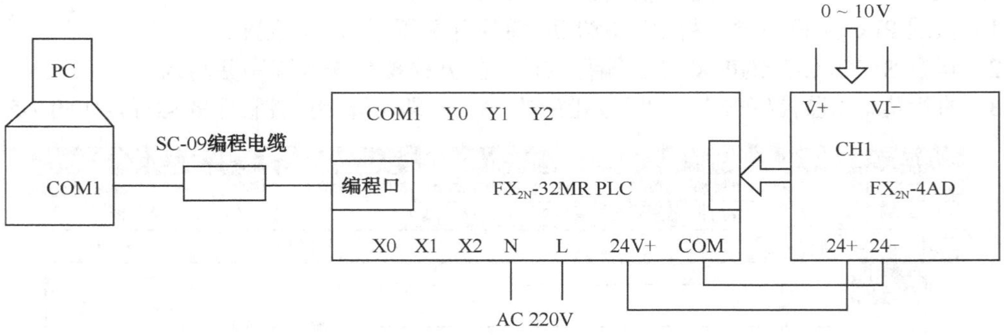

图 7-6 PC 与 FX_{2N} PLC 通信实现电压检测

7.2.3 指令获取与串口通信调试

1. 指令获取

本章从寄存器 D100 中读取输入的电压值。发送读指令的获取过程如下：

开始字符 STX：02H。

命令码 CMD（读）：0（ASCII 码值为：30H）。

寄存器 D100 起始地址计算：100*2 为 200，转换成十六进制数为 C8H，则：

ADDR=1000H+C8H=10C8H（其 ASCII 码值为：31H 30H 43H 38H）

字节数 NUM：02H（ASCII 码值为：30H、32H），返回 1 个通道的数据。

结束字符 EXT：03H。

累加和 SUM：30H+31H+30H+43H+38H+30H+32H+03H=171H。

累加和超过两位数时，取它的低两位，即 SUM 为 71H，71H 的 ASCII 码值为：37H、31H。

因此，对应的读命令帧格式为：**02 30 31 30 43 38 30 32 03 37 31**。

2. 串口通信调试

打开“串口调试助手”程序，首先设置串口号 COM1、波特率 9600、校验位 EVEN（偶校验）、数据位 7、停止位 1 等参数（注意：设置的参数必须与 PLC 设置的一致），选择“十六进制显示”和“十六进制发送”，打开串口。

将指令“02 30 31 30 43 38 30 32 03 37 31”写入发送字符区，单击“手动发送”按钮，如果指令正确执行，接收区显示返回应答帧如“02 45 43 30 32 03 45 44”，如图 7-7 所示。返回的应答帧中，从第 2 字节开始的 4 个字节即“45 43 30 32”反映第一通道检测的电压大小，为 ASCII 码形式，低字节在前，高字节在后，实际为“30 32 45 43”，转换成十六进制为“02 EC”，再转换成十进制值为“748”，此值除以 200 即为采集的电压值 3.74V（数字量-2000～2000 对应电压值-10～10V），与万用表测量值相同。

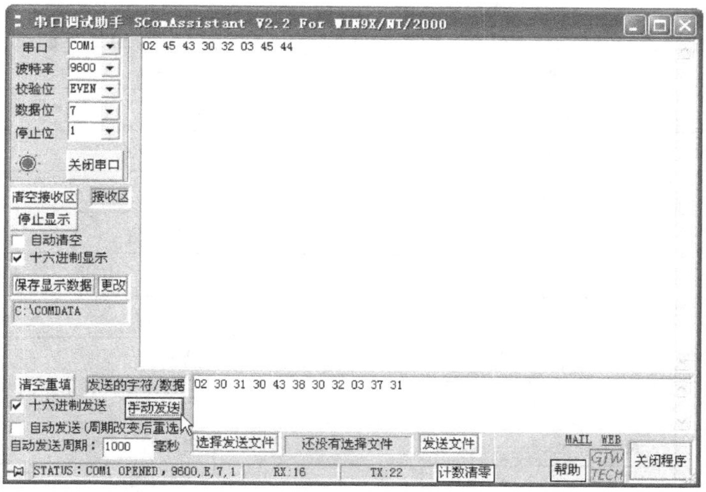

图 7-7　PC 与 PLC 串口通信调试

PLC 接收到命令，如未正确执行，则返回 NAK 码（15H）。

7.2.4　PC 端 VB 程序设计详解

1. 程序界面设计

1）添加控件

（1）为了实现 PC 与 PLC 串口通信，添加一个 MSComm 通信控件。

（2）为了实现连续检测输入电压信号，添加一个 Timer 时钟控件。
（3）为了显示输入电压值，添加两个 TextBox 文本框控件。
（4）为了表示文本框的作用，添加 3 个 Label 标签控件。
（5）为了绘制电压变化曲线，添加一个 PictureBox 图形控件。
（6）为了执行关闭程序命令，添加一个 CommandButton 按钮控件。

2）属性设置

程序窗体、控件对象的主要属性设置如表 7-1 所示。

表 7-1　程序窗体、控件对象的主要属性设置

控件类型	主要属性	功　能
Form	（名称）=Form1	窗体控件
	BorderStyle=3	运行时窗体固定大小
	Caption=PLC 模拟电压输入	窗体标题栏显示程序名称
TextBox	（名称）=Tdata	文本框控件
	Text 为空	显示输入电压数字量值
TextBox	（名称）=Tv	文本框控件
	Text 为空	显示输入电压十进制值
Label	（名称）=Label1	标签控件
	Caption= 数字量：	标签
Label	（名称）=Label2	标签控件
	Caption= 电压值：	标签
Label	（名称）=Label3	标签控件
	Caption=V	标签
Picture	（名称）=Picture1	图形控件，绘制曲线
	BackColor 设为白色	背景色
Timer	（名称）=Timer1	时钟控件，自动发生指令
	Enabled=True	时钟初始可用
	Interval=500	设置检测周期（毫秒）
MSComm	（名称）=MSComm1	串口通信控件
	在程序中设置	串口参数设置
CommandButton	（名称）=Cmdquit	按钮控件，关闭程序命令
	Caption= 关闭	按钮标签

程序设计界面如图 7-8 所示。

2. 程序设计详解

1）定义窗体级变量

电压值及采样个数不仅在 MSComm 事件过程中读取显示使用，还用于绘图过程，因此需要在本窗体所有过程之前定义两个窗体级变量。

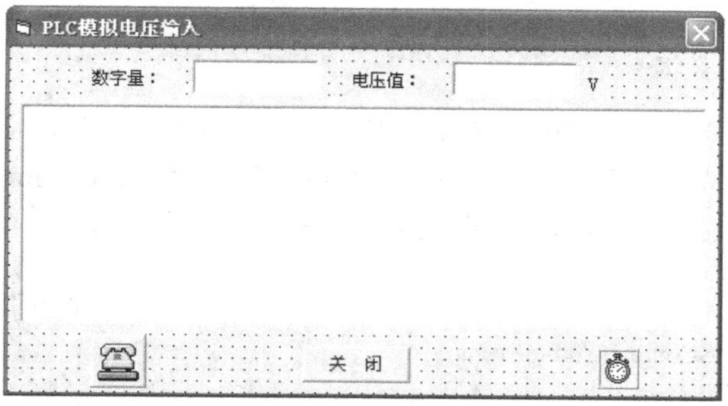

图 7-8　程序设计界面

```
Dim data(1000) As Single                    //存储电压采样值
Dim num As Integer                          //存储采样值个数
```

2）串口初始化

程序运行后，要实现 PC 与 PLC 串口通信，首先要进行串口初始化，包括设置端口号、通信参数（波特率、校验位、数据位、停止位）、收/发数据类型、打开串口等，这些程序在 Form_Load()事件过程中编写。

（1）PC 与三菱 PLC 串口通信使用 COM1。利用 MSComm 控件的 CommPort 属性来设置端口号。

```
MSComm1.CommPort = 1
```

（2）PC 与三菱 PLC 的通信参数必须一致，即波特率 9600、偶校验、数据位 7、停止位 1。利用 MSComm 控件的 Settings 属性来设置通信参数。

```
MSComm1.Settings = "9600,E,7,1"
```

（3）发送的指令与接收的数据都是十六进制编码数据，即二进制数据流，需要将 MSComm 控件的 InputMode 属性值设为 1，即：

```
MSComm1.InputMode =1
```

如果发送与接收的是字符串文本数据，InputMode 属性值设为 0（详见第 4～5 章实例）。

（4）如果接收数据时使用事件方式，还需增加下面语句，当接收缓冲区收到字符时都会使 MSComm 控件触发 OnComm 事件。

```
MSComm1.RThreshold = 1              //设置并返回要接收的字符数
MSComm1.SThreshold = 1              //设置并返回发送缓冲区中允许的最小字符数
```

（5）在 Windows 环境下，串口是系统资源的一部分，应用程序要使用串口进行通信，必须在使用之前向操作系统提出资源申请要求即打开串口。

```
MSComm1.PortOpen = True
```

3）发送读指令

PC 每隔一定时间（由 Timer 控件的 Interval 属性决定，本例为 500ms）向三菱 PLC 发送读数据命令串“02 30 31 30 43 38 30 32 03 37 31”（由串口通信调试获取），功能是从寄存器 D100 中读取输入的电压值。使用 MSComm 控件的 Output 属性发送指令。

```
Private Sub Timer1_Timer()
  MSComm1.Output = Chr(&H2) & Chr(&H30) & Chr(&H31) & Chr(&H30) & Chr(&H43) & Chr(&H38)
```

```
& Chr(&H30) & Chr(&H32) & Chr(&H3) & Chr(&H37) & Chr(&H31)
        End Sub
```

4）读取 PLC 返回数据

每发送一次指令，当接收缓冲区中有数据到达时便会触发 MSComm1_OnComm 事件，使得 CommEvent 属性值变成 comEvReceive，接收数据程序（使用 MSComm 控件的 Input 属性）便会被执行，将接收的数据赋给字节型数组变量 Inbyte。

```
Private Sub MSComm1_OnComm()
  Dim Inbyte() As Byte                        //字节型变量，存储返回数据
  Select Case MSComm1.CommEvent
    Case comEvReceive
      Inbyte = MSComm1.Input                  //读取返回的数据串
     Case comEvSend
  End Select
   ⋮
End Sub
```

在 Inbyte = MSComm1.Input 语句后面增加下面的语句：

```
Dim buffer as string
For i = LBound(Inbyte) To UBound(Inbyte)
   buffer = buffer + Hex(Inbyte(i)) + Chr(32)
Next i
```

这样字符串型变量 buffer 中就存储了 PLC 返回的完整数据串（如 02 45 43 30 32 03 45 44，ASCII 码）。

调试程序时，可在程序界面中添加一个文本框控件来完整地显示 PLC 返回的数据串，如 Text1.text=buffer。

5）获取反映电压的数字量值

PLC 返回数据为 ASCII 码形式，需要转换为十六进制形式，再转换成十进制形式。

返回的应答帧中，从第二个字节开始的 4 个字节即 Inbyte(1)、Inbyte(2)、Inbyte(3)和 Inbyte(4)（如 45 43 30 32）反映了第一通道的检测电压，为 ASCII 码形式，根据协议，低字节在前，高字节在后，因此实际顺序为 Inbyte(3)、Inbyte(4)、Inbyte(1)和 Inbyte(2)（如 30 32 45 43）。

本例采用两种方法将 ASCII 码值转换为十六进制值。

（1）方法 1。根据二者数值大小的对应关系，当 ASCII 码值小于 40 时，该值减 30 就是其十六进制值（如第 2 字节数 ASCII 码值是 32，减 30 为 2，该位的十六进制数为 2）；当 ASCII 码值大于等于 40 时，该值减 31 就是其十六进制值的十进制形式（如第 3 字节数 ASCII 码值是 45，减 31 为十进制数 14，该位的十六进制数为 E）。

```
Private Sub MSComm1_OnComm()
    ⋮
    Dim datastr1(20) As String
    Dim datastr(20) As Integer
    Dim dataV As Long                         //存储电压值的数字量值
    datastr1(1) = Hex(Inbyte(3))              //取第 1 字节，如 30
    datastr1(2) = Hex(Inbyte(4))              //取第 2 字节，如 32
    datastr1(3) = Hex(Inbyte(1))              //取第 3 字节，如 45
```

```
        datastr1(4) = Hex(Inbyte(2))                    //取第 4 字节，如 43
        If Val(datastr1(1)) < 40 Then
          datastr(1) = Val(datastr1(1)) - 30
        Else
          datastr(1) = Val(datastr1(1)) - 31
        End If
        If Val(datastr1(2)) < 40 Then
          datastr(2) = Val(datastr1(2)) - 30
        Else
          datastr(2) = Val(datastr1(2)) - 31
        End If
        If Val(datastr1(3)) < 40 Then
          datastr(3) = Val(datastr1(3)) - 30
        Else
          datastr(3) = Val(datastr1(3)) - 31
        End If
        If Val(datastr1(4)) < 40 Then
          datastr(4) = Val(datastr1(4)) - 30
        Else
          datastr(4) = Val(datastr1(4)) - 31
        End If
        //使用进制转换公式将十六进制数转换为十进制数，得到的就是电压的数字量值
        dataV = datastr(1) * (16 ^ 3) + datastr(2) * (16 ^ 2) + datastr(3) * (16 ^ 1) + datastr(4) * (16 ^ 0)
        Tdata.Text = Str(dataV)                         //显示电压的数字量值
        ⋮
    End Sub
```

（2）方法 2。使用 Chr()函数，将各字节转换为十六进制数。

```
      Private Sub MSComm1_OnComm()
        ⋮
        Dim datastr(20) As String
        Dim dataV As Long                               //存储电压值的数字量值
        datastr(1) = Chr(Inbyte(3))                     //取第 1 字节
        datastr(2) = Chr(Inbyte(4))                     //取第 2 字节
        datastr(3) = Chr(Inbyte(1))                     //取第 3 字节
        datastr(4) = Chr(Inbyte(2))                     //取第 4 字节
      //使用进制转换公式将十六进制数转换为十进制数，得到的就是电压的数字量值
      dataV = Val("&H" & datastr(1)) * (16 ^ 3) + Val("&H" & datastr(2)) * (16 ^ 2) + Val("&H" & datastr(3))
* (16 ^ 1) + Val("&H" & datastr(4)) * (16 ^ 0)
      ⋮
    End Sub
```

6）获取并显示测量电压值

根据三菱模拟扩展模块 FX_{2N}-4AD 的输出特性，数字量值-2000～2000 对应电压值-10～10V，因此得到的数字量值 dataV 除以 200 即为采集的电压值。

```
    Private Sub MSComm1_OnComm()
    ⋮
```

```
    If dataV > 0 Then
      data(num) = dataV / 200                        //将数字量值换算为电压值
      Tdata.Text = Str(dataV)                        //显示电压的数字量值
      Tv.Text = Str(data(num))                       //显示电压实际值
      num = num + 1                                  //每读取 1 个电压值，采样个数进行累加
      Call draw                                      //调用绘制曲线过程
    End If
End Sub
```

7）绘制电压实时变化曲线

为了实时显示测量电压变化过程，需要绘制数据曲线，在 draw()过程中实现。

```
Private Sub draw()
    Picture1.Cls                                     //清除曲线
    Picture1.DrawWidth = 1                           //线条宽度
    Picture1.BackColor = QBColor(15)                 //背景白色
    Picture1.Scale (0, 10)-(200, 0)          //绘制曲线的坐标系，最大可显示 10V 电压，200 个数据
    For i = 1 To num - 1
      X1 = (i - 1): Y1 = data(i - 1)                 //坐标值(X1,Y1)
      X2 = i: Y2 = data(i)                           //坐标值(X2,Y2)
      Picture1.Line (X1, Y1)-(X2, Y2), QBColor(0)    //将(X1,Y1)和(X2,Y2)连线，黑色
    Next i
End Sub
```

8）退出程序

通信完成后必须释放资源即关闭串口。

```
Private Sub Cmdquit_Click()
    MSComm1.PortOpen = False                         //关闭通信端口
    Unload Me                                        //卸载窗体
End Sub
```

3. 系统运行测试

程序设计、调试完毕，运行程序。

启动 PLC，往 FX_{2N}-4AD 模拟量输入模块 1 通道输入变化的电压值，PC 程序画面显示电压的数字量值、实际值，并绘制实时变化曲线。

程序运行界面如图 7-9 所示。

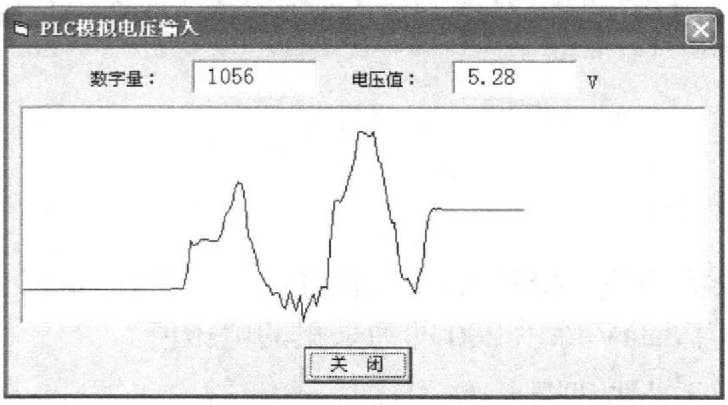

图 7-9 程序运行界面

7.2.5　PC 端 VC++程序设计详解

1. 程序界面设计

1）添加控件

（1）为了实现 PC 与 PLC 串口通信，添加一个 MSComm 通信控件。
（2）为了显示输入电压值，添加两个 EditBox 编辑框控件。
（3）为了表示编辑框的作用，添加两个 StaticText 静态文本控件。
（4）为了绘制电压变化曲线，添加一个 Picture 控件。
（5）为了执行关闭程序命令，添加一个 Button 命令按钮控件。

2）属性设置

程序窗体、控件对象的主要属性设置如表 7-2 所示。

表 7-2　程序窗体、控件对象的主要属性设置

控件类型	主要属性	功　能
Dialog	ID：IDD_PLC_DIALOG	对话框控件，控件标识
	Caption：　PLC 模拟电压输入	对话框标题栏显示程序名称
EditBox	ID：IDC_EDIT1	编辑框控件，显示输入电压数字量值
	Member variable name：m_data1	CString 型成员变量，与控件相互映射
EditBox	ID：IDC_EDIT2	编辑框控件，显示输入电压十进制值
	Member variable name：m_data2	CString 型成员变量，与控件相互映射
StaticText	ID：IDC_STATIC	静态文本控件，控件标识
	Caption：数字量	静态文本内容，显示编辑框作用
StaticText	ID：IDC_STATIC	静态文本控件，控件标识
	Caption：电压值	静态文本内容，显示编辑框作用
Picture	ID：IDC_PICTURE	图形控件，绘制电压曲线
	Color：White	背景色设为白色
MSComm	ID：IDC_MSCOMM1	串口通信控件
	Member variable name：m_Comm	CMSComm 型成员变量，与控件相互映射
	其他属性在程序中设置	串口参数设置
Button	ID：IDCANCEL	按钮控件，关闭程序命令
	Caption：关闭	按钮标签

程序设计界面如图 7-10 所示。

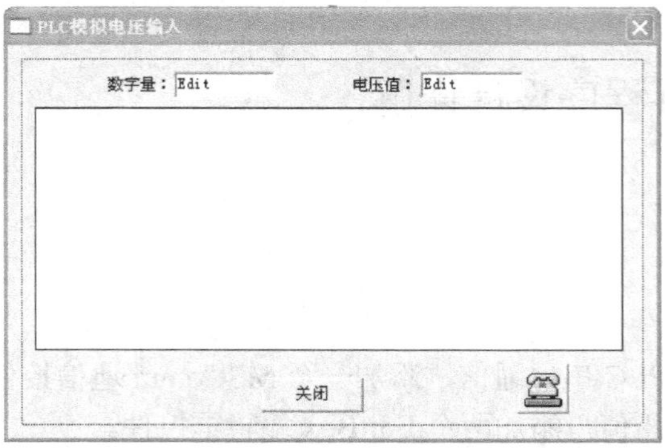

图 7-10　程序设计界面

2. 程序设计详解

1）定义全局变量

电压值及采样个数不仅在 MSComm 事件过程中读取显示使用，还用于绘图过程，因此需要在本窗体所有过程之前定义两个全局变量。

```
float datatemp[1000];          //用于存储电压采样值
int num;                       //用于存储采样值个数
```

2）串口初始化

程序运行后，要实现 PC 与 PLC 串口通信，首先要进行串口初始化，包括设置端口号、通信参数（波特率、校验位、数据位、停止位）、收/发数据类型、打开串口等，这些程序在 OnInitDialog() 函数中编写。

（1）PC 与三菱 PLC 串口通信使用 COM1。利用 MSComm 控件的 SetCommPort 方法来设置端口号。

```
m_Comm.SetCommPort(1)
```

（2）PC 与三菱 PLC 的通信参数必须一致，即波特率 9600、偶校验、数据位 7、停止位 1。利用 MSComm 控件的 SetSettings 方法来设置通信参数。

```
m_Comm.SetSettings("9600,e,7,1")
```

（3）接收与发送的数据以二进制方式读写，需要将 MSComm 控件的 InputMode 属性值设为 1，用 SetInputMode 方法来实现。

```
m_Comm.SetInputMode(1)
```

如果接收与发送的数据以文本方式读写，则将 InputMode 属性值设为 0。

（4）如果接收数据时使用事件方式，还需增加下面语句，当接收缓冲区收到字符时都会使 MSComm 控件触发 OnComm 事件。

```
m_Comm.SetRThreshold(1)          //参数 1 表示当串口接收缓冲区中有多于或等于 1
                                 //个字符时将触发 OnComm 事件
```

（5）在 Windows 环境下，串口是系统资源的一部分，应用程序要使用串口进行通信，必须在使用之前向操作系统提出资源申请要求即打开串口。

```
m_Comm.SetPortOpen(TRUE)
```

3）设置 Timer 计时器

PC 要周期性地向三菱 PLC 发送读数据命令串，因此在程序开发时需要用到 Timer 计时器，Timer 的属性设置在 OnInitDialog()函数中完成。

```
SetTimer(1,500,NULL)                                  //激活计时器 1，时间间隔为 500ms
```

4）发送读指令

PC 每隔一定时间（由 Timer 计时器的 Interval 属性决定，本例为 500ms）向三菱 PLC 发送读数据命令串"02 30 31 30 43 38 30 32 03 37 31"（由串口通信调试获取），功能是从寄存器 D100 中读取输入的电压值。使用 MSComm 控件的 SetOutput 方法发送指令。

```
void CPlcDlg::OnTimer(UINT nIDEvent)
{
    CByteArray send;                                  //定义动态字节数组，存放要发送的数据
    CString m_send;
    m_send="02 30 31 30 43 38 30 32 03 37 31";        //读数据命令串
    int len=Str2Hex(m_send,send);                     //调用函数将命令串各字节十六进制数转换为十进
                                                      //制数，并存放到 send
    m_Comm.SetOutput(COleVariant(send));              //将发送的数据转换为 VARIANT 类型后通过串口
                                                      //发送出去
    CDialog::OnTimer(nIDEvent);
}
```

5）读取 PLC 返回数据

每发送一次指令，当接收缓冲区中有数据到达时便会触发 OnComm 事件，使得 CommEvent 属性值变成 2，接收数据程序（使用 MSComm 控件的 GetInput 方法）便会被执行，将接收的数据赋给字符串变量 buffer。

```
void CPlcDlg::OnOnCommMscomm1()
{
    VARIANT data2;                                    //定义 VARIANT 类型变量，用于接收数据
    COleSafeArray data1;
    CString strtemp,buffer;                           //存放返回的数据串
    LONG len,i;
    BYTE Inbyte[2048],temp;                           //定义 BYTE 数组
    int data[4];
    float datav;
    if(m_Comm.GetCommEvent()==2)                      //事件值为 2 表示接收缓冲区内有字符
    {
        //读取 PLC 返回数据串
        data2=m_Comm.GetInput();                      //读缓冲区
        data1=data2;                                  //VARIANT 型变量转换为 ColeSafeArray 型变量
        len=data1.GetOneDimSize();                    //得到有效数据长度
        for(i=0;i<len;i++)
            data1.GetElement(&i,Inbyte+i);            //转换为 BYTE 型数组
        for(i=0;i<len;i++)                            //将数组转换为 Cstring 型变量
        {
            temp=*(char*)(Inbyte+i);                  //字符型
```

```
                    strtemp.Format("%02X",temp);  //将字符送入临时变量 strtemp 存放
                    buffer=buffer+strtemp;         //加入接收字符串
                }
                ⋮
            }
        }
```

这样字符串型变量 buffer 中就存储了 PLC 返回的完整数据串（如 02 45 43 30 32 03 45 44，十六进制 ASCII 码）。

调试程序时可在程序窗体中添加一个编辑框来显示返回数据，查看返回数据是否正确。

6）获取反映电压的数字量值

PLC 返回数据为 ASCII 码形式，需要转换为十六进制形式，再转换成十进制形式。

返回的应答帧中，从第 2 字节开始的 4 个字节即 Inbyte[1]、Inbyte[2]、Inbyte[3]和 Inbyte[4]（如 45 43 30 32）反映了第一通道的检测电压，为 ASCII 码形式，根据协议，低字节在前，高字节在后，因此实际顺序为 Inbyte[3]、Inbyte[4]、Inbyte[1]和 Inbyte[2]（如 30 32 45 43）。因为本程序中已经将数据存放在 buffer，因此电压的数字量值可按下面的方法获得。

```
void CPlcDlg::OnOnCommMscomm1()
{
    ⋮
    //将十六进制 ASCII 码值转成十六进制值
    data[1]=atoi(buffer.Mid(2,2))-30;
    data[2]=atoi(buffer.Mid(4,2))-30;
    data[3]=atoi(buffer.Mid(6,2))-30;
    data[4]=atoi(buffer.Mid(8,2))-30;
    datav=data[3]*16*16*16+data[4]*16*16+data[1]*16+data[2];   //使用进制转换公式将十六进制数
                                                               //转换为十进制数，得到的就是电
                                                               //压的数字量值
    m_data1.Format("%d",(int)datav);                           //显示电压的数字量值
    ⋮
}
```

7）获取并显示测量电压值

根据三菱模拟扩展模块 FX_{2N}-4AD 的输出特性，数字量值-2000～2000 对应电压值-10～10V，因此得到的数字量值 dataV 除以 200 即为采集的电压值。

```
void CPlcDlg::OnOnCommMscomm1()
{
    ⋮
    m_data2.Format("%0.3f",datav/200.0);    //将数字量值换算为电压值并在编辑框内显示
    datatemp[num]=datav/200;                //将电压值存放到数组
    num=num+1;                              //每读取 1 个温度值，采样个数进行累加
    if(num==1000)                           //如果采样个数等于 1000 则重新计数
        num=0;
    ondraw();                               //调用绘图函数
    UpdateData(false);                      //将变量值传给控件显示
    ⋮
}
```

8）绘制电压实时变化曲线

为了实时显示测量电压变化过程，需要绘制数据曲线，在ondraw()函数中实现。

```
void CPlcDlg::ondraw()
{
    int k=num-1;
    CWnd* pWnd=GetDlgItem(IDC_PICTURE);                //获取Picture控件指针
    CRect   rect;                                      //定义矩形对象
    pWnd->GetClientRect(rect);                         //获得当前窗口的客户区大小
    CDC* pDC=pWnd->GetDC();                            //得到其设备上下文
    CPen* pNewPen=new CPen;                            //定义画笔
    pNewPen->CreatePen(PS_SOLID,2,RGB(255,0,0));       //创建红色实线画笔
    //选择新画笔，同时将原画笔指针返回给pOldPen
    CPen* pOldPen=pDC->SelectObject(pNewPen);
    if(k>=1)
    {
        //将画笔移动到下一段画线的起点
      pDC->MoveTo((k-1),rect.bottom-(int)(50*datatemp[k-1]));
      pDC->LineTo(k,rect.bottom-(int)(50*datatemp[k]));   //在两点之间画线
      pDC->SelectObject(pOldPen);                      //选择旧画笔，还原为原来的画笔
    }
    else
    {
        pDC->MoveTo(k,rect.bottom-(int)(50*datatemp[0]));  //将画笔移动到起始点位置
        pDC->LineTo(k,rect.bottom-(int)(50*datatemp[0]));
    }
    if(k>=rect.right-5)                                //如果将要绘制到Picture控件尽头，则
                                                       //重新开始绘制曲线
    {
        num=0;
        pDC->MoveTo(0,rect.bottom-(int)(50*datatemp[k]));
    }
    delete    pNewPen;                                 //删除画笔
}
```

9）十六进制字符串转换为十进制

在程序中，需要将读数据命令串各字节十六进制数转换为十进制，在Str2Hex函数中实现。

```
int CPlcDlg::Str2Hex(CString str, CByteArray &senddata)
{
    int hexdata,lowhexdata;
    int hexdatalen=0;
    int len=str.GetLength();                           //得到字符串的长度
    senddata.SetSize(len/2);                           //设置字节动态数组的数组长度
    for(int i=0;i<len;)
    {
        char lstr,hstr=str[i];                         //将字节的高位存放到hstr
        if(hstr==' ')                                  //如果遇到空格则不做处理
```

```
			{
				i++;
				continue;
			}
			i++;
			if(i>=len)                                  //字符串遍历完毕后退出
				break;
			lstr=str[i];                                //将字节低位存放到 lstr
			hexdata=HexChar(hstr);                      //将高位十六进制数转换为十进制数
			lowhexdata=HexChar(lstr);                   //将低位十六进制数转换为十进制数
			if((hexdata==16)||(lowhexdata==16))
				break;
			else
				hexdata=hexdata*16+lowhexdata;          //将该字节十六进制数转换为十进制数
			i++;
			senddata[hexdatalen]=(char)hexdata;         //将转换后的结果存放到 senddata 数组
			hexdatalen++;
		}
		return hexdatalen;                              //返回转换结果
	}
	//将 1 位十六进制数转换为十进制数函数
	char CPlcDlg::HexChar(char c)
	{
		if((c>='0')&&(c<='9'))                          //十六进制数字转换为十进制
			return c-0x30;
		else if((c>='A')&&(c<='F'))                     //十六进制大写字母转换为十进制
			return c-'A'+10;
		else if((c>='a')&&(c<='f'))                     //十六进制小写字母转换为十进制
			return c-'a'+10;
		else
			return -1;
	}
```

10）退出程序

通信完成后必须释放资源即关闭串口。

```
	void CXmtDlg::OnCancel()
	{
		KillTimer(1);                                   //关闭计时器 Timer1
		m_Comm.SetPortOpen(false);                      //关闭串口
		CDialog::OnCancel();
	}
```

3. 系统运行测试

程序设计、调试完毕，运行程序。

启动 PLC，往 FX_{2N}-4AD 模拟量输入模块 1 通道输入变化的电压值，PC 程序画面显示电压的数字量值、实际值，并绘制实时变化曲线。

程序运行界面如图 7-11 所示。

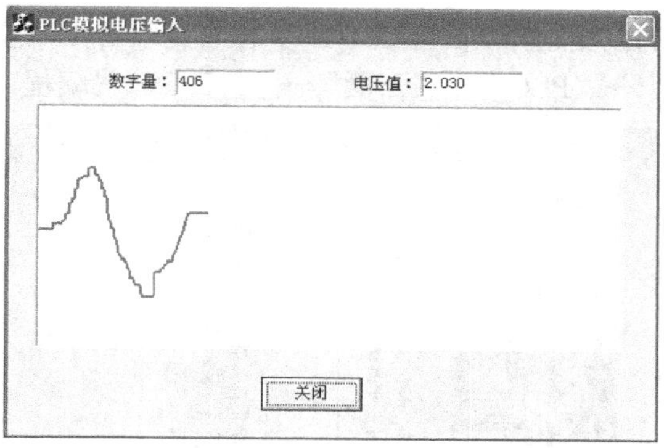

图 7-11　程序运行界面

7.2.6　PC 端监控组态程序设计

1. 建立新工程项目

运行组态王程序，在工程管理器中创建新的工程项目。
工程名称：AI。
工程描述：模拟电压输入。

2. 制作图形画面

画面名称为“电压测量”。

（1）通过开发系统工具箱中为图形画面添加 3 个文本对象：标签“电压值:”、当前电压值显示文本“000”和标签“V”。

（2）通过开发系统工具箱为图形画面添加一个“实时趋势曲线”控件。

（3）在工具箱中选择“按钮”控件添加到画面中，将按钮“文本”改为“关闭”。

设计的图形画面如图 7-12 所示。

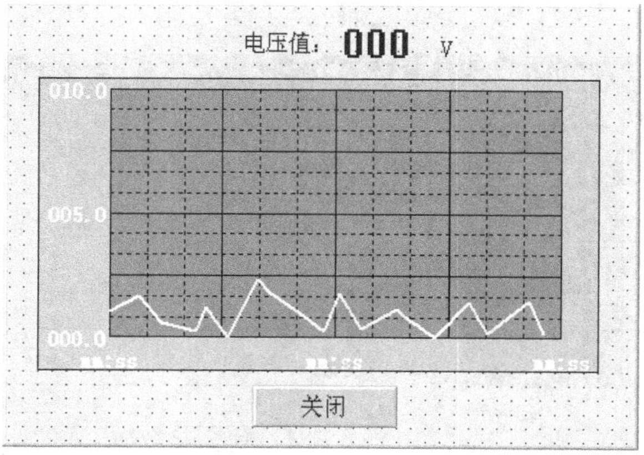

图 7-12　图形画面

3. 添加串口设备

在组态王工程浏览器的左侧选择“设备/COM1”，在右侧双击“新建”，运行“设备配置向导”。

（1）选择“设备驱动”→“PLC”→“三菱”→“FX2”→“编程口”命令，如图7-13所示。

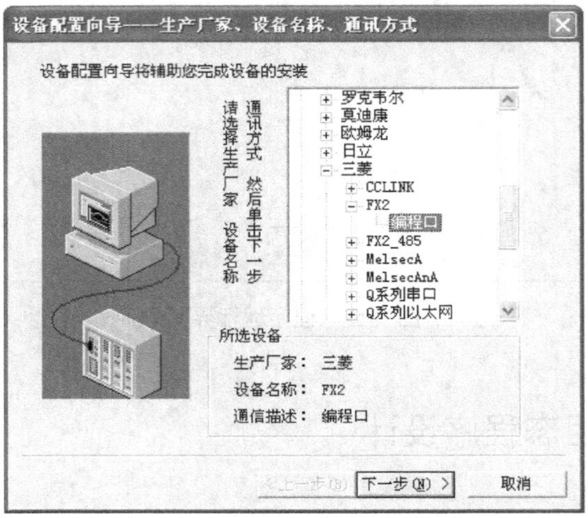

图7-13　选择串口设备

（2）单击“下一步”按钮，给要安装的设备指定唯一的逻辑名称，如PLC。

（3）单击“下一步”按钮，选择串口号，如COM1（须与PLC在PC上使用的串口号一致）。

（4）单击“下一步”按钮，为要安装的PLC指定地址，如1（注意：这个地址应该与PLC通信参数设置程序中设定的地址相同）。

（5）单击“下一步”按钮，出现“通信故障恢复策略”设定窗口，使用默认设置即可。

（6）单击“下一步”按钮，显示所要安装的设备信息，请检查各项设置是否正确，确认无误后，单击“完成”按钮，完成设备的配置。

4. 串口通信参数设置

双击“设备/COM1”，弹出“设置串口”对话框，设置串口COM1的通信参数：波特率选“9600”，奇偶校验选“偶校验”，数据位选“7”，停止位选“1”，通信方式选“RS232”，如图7-14所示。

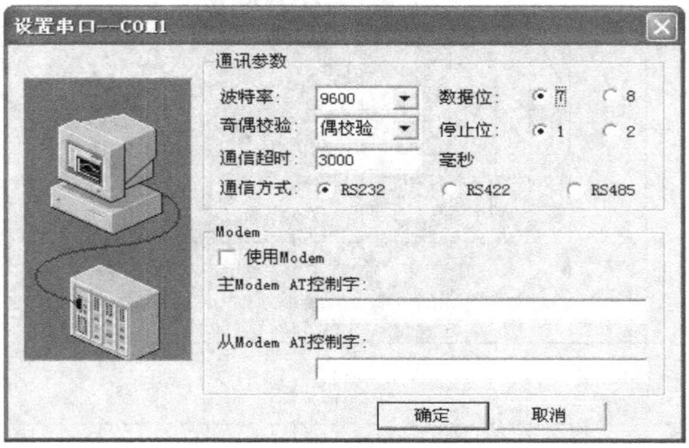

图7-14　设置串口COM1

设置完毕，单击“确定”按钮，就完成了对COM1的通信参数配置，保证组态王与PLC的通信能够正常进行。

注意：设置的参数必须与PLC设置的一致，否则不能正常通信。

5. PLC通信测试

选择新建的串口设备“PLC”，单击右键，出现一弹出式下拉菜单，选择“测试 PLC”项，出现“串口设备测试”画面，观察设备参数与通信参数是否正确，若正确，选择“设备测试”选项卡。

寄存器选择D，再添加数字100，即设为“D100”，数据类型选择“SHORT”，单击“添加”按钮，D100进入采集列表。

给线路中模拟量输入1通道输入电压，单击“串口设备测试”画面中的“读取”命令，寄存器D100的变量值为一整型数字量，如“435”，如图7-15所示。该数值反映了输入电压的大小，换算后的电压值为2.175V。用万用表测量PLC的输入电压，观察是否与测试值一致。

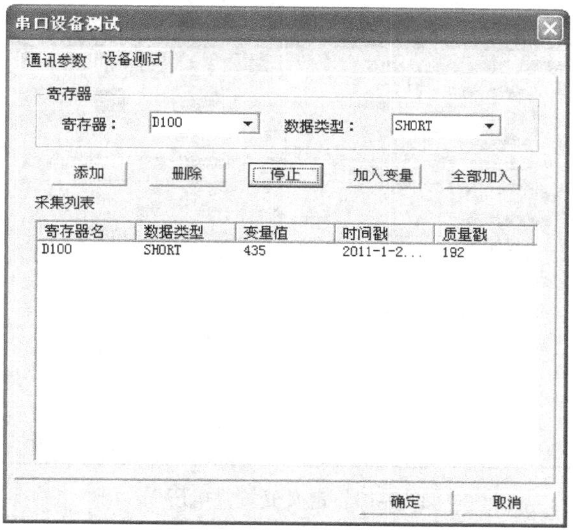

图7-15　PLC寄存器测试

6. 定义变量

1）定义变量“数字量”

变量类型选“I/O 整数”。初始值、最小值、最小原始值设为“0”，最大值、最大原始值设为“2000”；连接设备选“PLC”，寄存器设置为“D100”，数据类型选“SHORT”，读写属性选“只读”，如图7-16所示。

定义完成后，单击“确定”按钮，则在数据词典中出现定义好的变量“数字量”。

2）定义变量“电压”

变量类型选“内存实数”。初始值、最小值设为“0”，最大值设为“10”，如图7-17所示。

定义完成后，单击“确定”按钮，则在数据词典中出现定义好的变量“电压”。

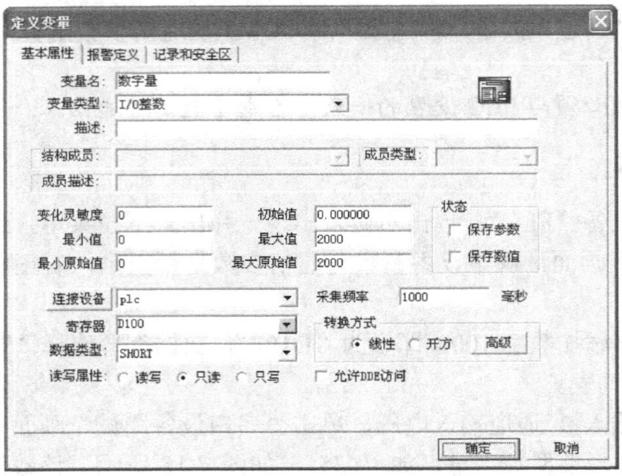

图 7-16　定义变量“数字量”

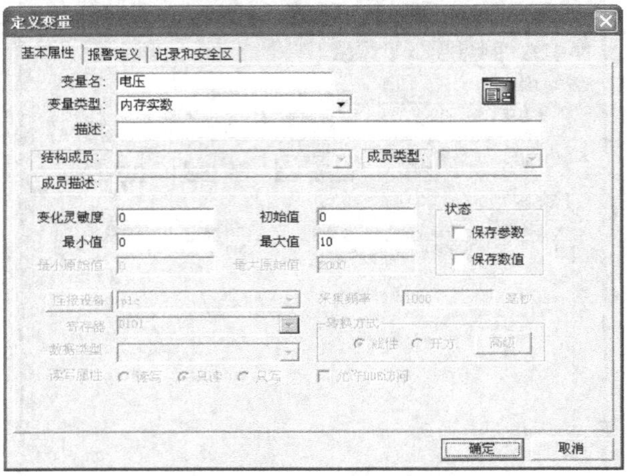

图 7-17　定义变量“电压”

7. 建立动画连接

1）建立当前电压值显示文本对象动画连接

双击画面中当前电压值显示文本对象“000”，出现“动画连接”对话框，单击“模拟值输出”按钮，则弹出“模拟值输出连接”对话框，将其中的表达式设置为“\\本站点\电压”（可以直接输入，也可以单击表达式文本框右边的“？”号，选择已定义好的变量名“电压”，单击“确定”按钮，文本框中出现“\\本站点\电压”表达式），整数位数设为“1”，小数位数设为“2”，单击“确定”按钮返回到“动画连接”对话框，再次单击“确定”按钮，动画连接设置完成，如图 7-18 所示。

2）建立实时趋势曲线对象的动画连接

双击画面中实时趋势曲线对象。在曲线定义选项中，单击曲线 1 表达式文本框右边的“？”号，选择已定义好的变量“电压”，并设置其他参数值，如图 7-19 所示。

在标识定义选项中，数值轴最大值设为 10，数值格式选“实际值”，时间轴长度设为“2”分钟。

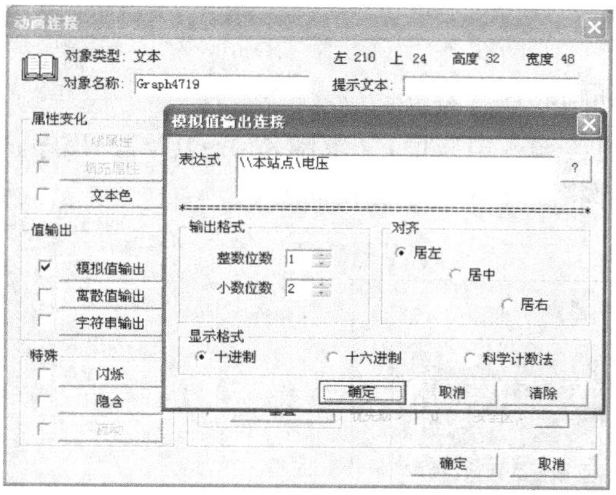

图 7-18　当前电压值显示文本对象动画连接

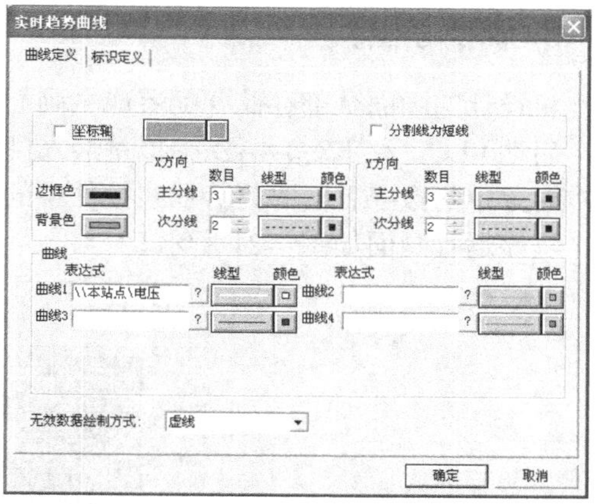

图 7-19　实时趋势曲线对象动画连接

3）建立按钮对象的动画连接

双击“关闭”按钮对象，出现“动画连接”对话框。单击命令语言连接中的“弹起时”按钮，出现“命令语言”窗口，在编辑栏中输入以下命令：“exit(0);”。

单击“确定”按钮，返回到“动画连接”对话框，再单击“确定”按钮，则“关闭”按钮的动画连接完成。程序运行时，单击“关闭”按钮，程序停止运行并退出。

8. 编写命令语言

在工程浏览器左侧树形菜单中双击命令语言“应用程序命令语言”项，出现“应用程序命令语言”编辑对话框，单击“运行时”，将循环执行时间设定为 200ms，然后在命令语言编辑框中输入数值转换程序“\\本站点\电压=\\本站点\数字量/200;”，如图 7-20 所示。然后单击“确定”按钮，完成命令语言的输入。

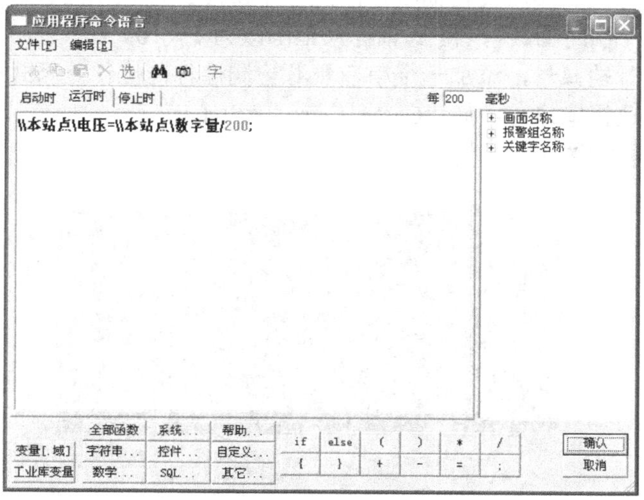

图 7-20　编写命令语言

注意：命令输入要求在语句的尾部加分号。输入程序时，各种符号如括号、分号等应在英文输入法状态下输入。

9. **调试与运行**

将设计的画面全部存储并配置成主画面，启动画面运行程序。

启动 PLC，往 FX_{2N}-4AD 模拟量输入模块 1 通道输入电压值，（范围是 0～10V），程序画面文本对象中的数字、实时趋势曲线控件中的曲线都将随输入电压变化而变化。

程序运行画面如图 7-21 所示。

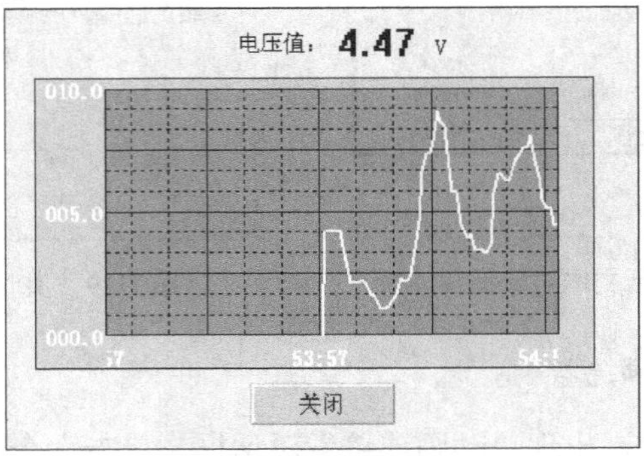

图 7-21　程序运行画面

7.2.7　PC 端 LabVIEW 程序设计

1. **程序前面板设计**

（1）为了以数字形式显示测量电压值，添加一个数值显示控件：控件→新式→数值→数值显示控件，将标签改为“电压值：”。

（2）为了显示测量电压实时变化曲线，添加一个实时图形显示控件：控件→新式→图形→波形图，将标签改为“实时曲线”，将 Y 轴标尺范围改为 1～10。

（3）为了获得串行端口号，添加一个串口资源检测控件：控件→新式→I/O→VISA 资源名称；单击控件箭头，选择串口号，如“COM1”或“ASRL1:”。

设计的程序前面板如图 7-22 所示。

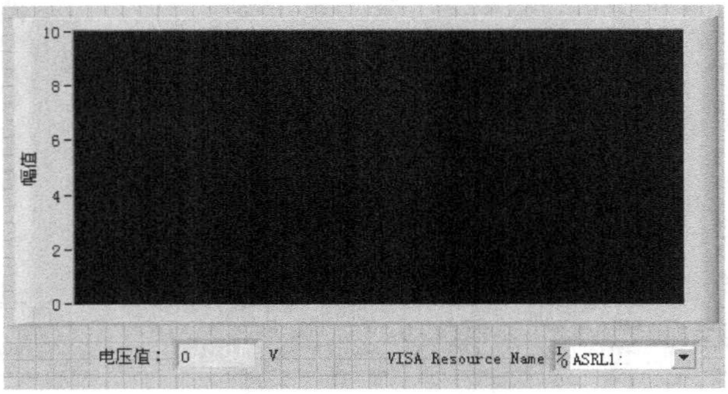

图 7-22　程序前面板

2. 框图程序设计

1）串口初始化框图程序

（1）添加一个顺序结构：函数→编程→结构→层叠式顺序结构。

将其帧设置为 4 个（序号为 0～3）。设置方法：选中层叠式顺序结构上边框，单击右键，执行在后面添加帧选项 3 次。

（2）为了设置通信参数，在顺序结构 Frame 0 中添加一个串口配置函数：函数→仪器 I/O→串口→VISA 配置串口。

（3）为了设置通信参数值，在顺序结构 Frame0 中添加 4 个数值常量：函数→编程→数值→数值常量，值分别为 9600（波特率）、7（数据位）、2（校验位，偶校验）、10（停止位 1，注意这里的设定值为 10）。

（4）将 VISA 资源名称函数的输出端口与串口配置函数的输入端口 VISA 资源名称相连。

（5）将数值常量 9600、7、2、10 分别与 VISA 配置串口函数的输入端口波特率、数据比特、奇偶、停止位相连。

连接好的框图程序如图 7-23 所示。

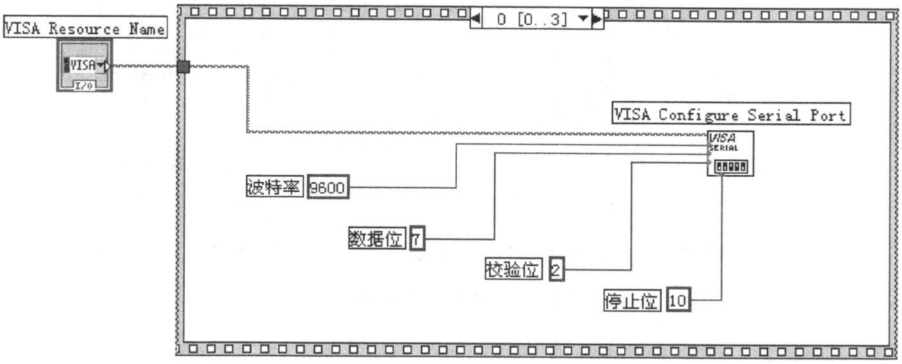

图 7-23　串口初始化框图程序

2）发送指令框图程序

（1）为了发送指令到串口，在顺序结构 Frame 1 中添加一个串口写入函数：函数→仪器 I/O→串口→VISA 写入。

（2）在顺序结构 Frame1 中添加 11 个字符串常量：函数→编程→字符串→字符串常量。

将 11 个字符串常量的值分别改为 02、30、31、30、43、38、30、32、03、37、31（即读 PLC 寄存器 D100 中的数据指令）。

（3）在顺序结构 Frame1 中添加 11 个十六进制数字符串至数值转换函数：函数→编程→字符串/数值转换→十六进制数字符串至数值转换。

（4）将 11 个字符串常量分别与 11 个十六进制数字符串至数值转换函数的输入端口字符串相连。

（5）在顺序结构 Frame1 中添加一个创建数组函数：函数→编程→数组→创建数组，并设置为 11 个元素。

（6）将 11 个十六进制数字符串至数值转换函数的输出端口分别与创建数组函数的对应输入

端口元素相连。

（7）在顺序结构 Frame1 中添加字节数组转字符串函数：函数→编程→字符串→字符串/数组/路径转换→字节数组至字符串转换。

（8）将创建数组函数的输出端口添加的数组与字节数组至字符串转换函数的输入端口无符号字节数组相连。

（9）将字节数组至字符串转换函数的输出端口字符串与 VISA 写入函数的输入端口写入缓冲区相连。

（10）将 VISA 资源名称函数的输出端口与 VISA 写入函数的输入端口 VISA 资源名称相连。

连接好的框图程序如图 7-24 所示。

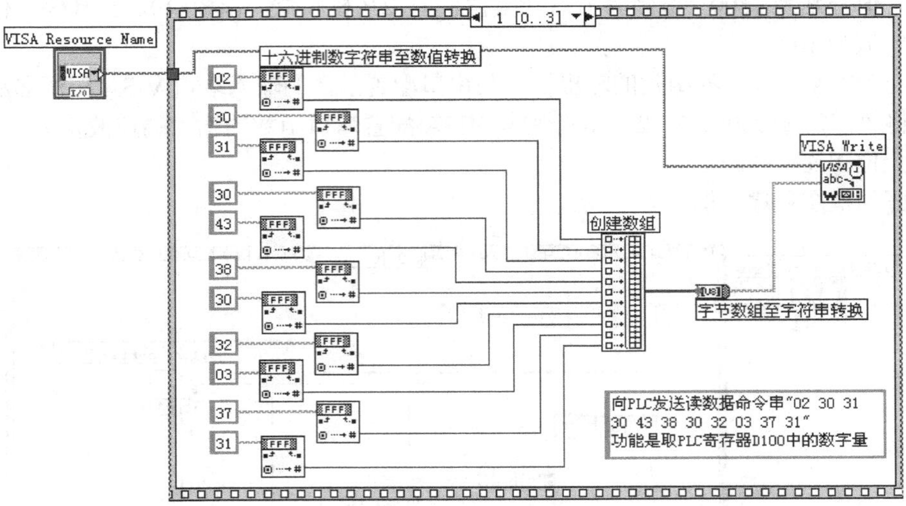

图 7-24　发送指令框图程序

3）延时框图程序

（1）为了以一定的周期读取 PLC 的返回数据，在顺序结构 Frame2 中添加一个时钟函数：函数→编程→定时→等待下一个整数倍毫秒。

（2）在顺序结构 Frame2 中添加一个数值常量：函数→编程→数值→数值常量，将值改为 500（时钟频率值）。

（3）将数值常量（值为 500）与等待下一个整数倍毫秒函数的输入端口毫秒倍数相连。

连接好的框图程序如图 7-25 所示。

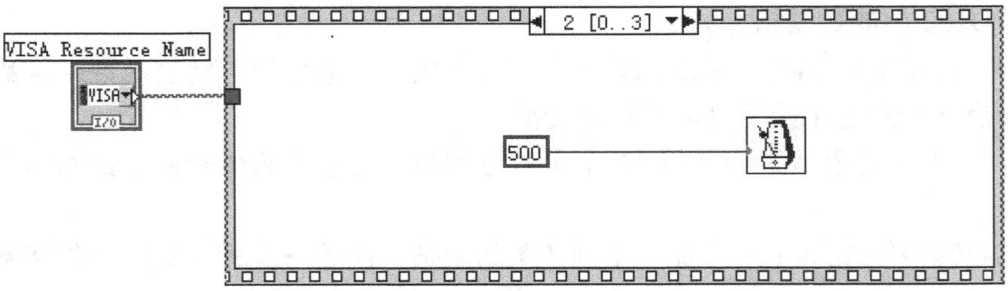

图 7-25　延时程序

4）接收数据框图程序

（1）为了获得串口缓冲区数据个数，在顺序结构 Frame3 中添加一个串口字节数函数：函数→仪器 I/O→串口→VISA 串口字节数，标签为“Property Node”。

（2）为了从串口缓冲区获取返回数据，在顺序结构 Frame3 中添加一个串口读取函数：函数→仪器 I/O→串口→VISA 读取。

（3）在顺序结构 Frame3 中添加字符串转字节数组函数：函数→编程→字符串→字符串/数组/路径转换→字符串至字节数组转换。

（4）在顺序结构 Frame3 中添加 4 个索引数组函数：函数→编程→数组→索引数组。

（5）添加 4 个数值常量：函数→编程→数值→ 数值常量，值分别为 1、2、3、4。

（6）将 VISA 资源名称函数的输出端口与 VISA 读取函数的输入端口 VISA 资源名称相连；将 VISA 资源名称函数的输出端口与串口字节数函数的输入端口引用相连。

（7）将串口字节数函数的输出端口 Number of bytes at Serial port 与 VISA 读取函数的输入端口字节总数相连。

（8）将 VISA 读取函数的输出端口读取缓冲区与字符串至字节数组转换函数的输入端口字符串相连。

（9）将字符串至字节数组转换函数的输出端口无符号字节数组分别与 4 个索引数组函数的输入端口数组相连。

（10）将数值常量（值为 1、2、3、4）分别与索引数组函数的输入端口索引相连。

（11）添加一个数值常量：函数→编程→数值→数值常量，选中该常量，单击右键，选择“属性”项，出现“数值常量”属性对话框，选择“格式与精度”，选择“十六进制”，确定后输入“30”。减 30 的作用是将读取的 ASCII 值转换为十六进制。

（12）再添加如下功能函数并连线：将十六进制电压值转换为十进制数（PLC 寄存器中的数字量值），然后除以 200 就是 1 通道的十进制电压值。

连接好的框图程序如图 7-26 所示。

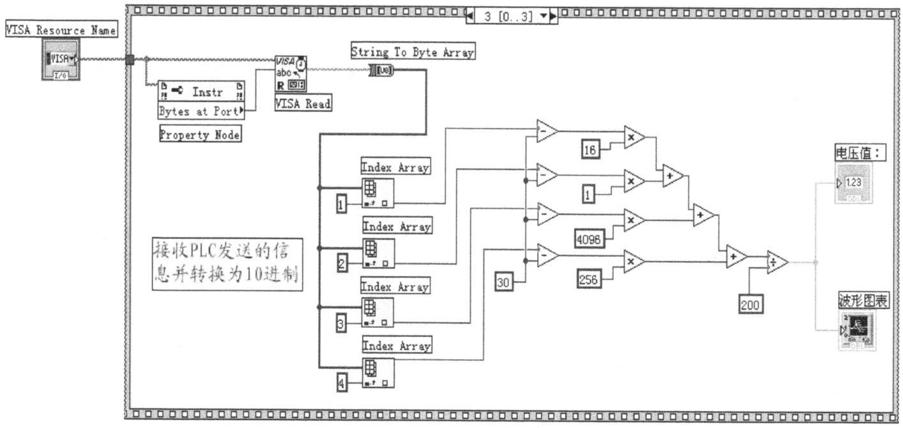

图 7-26 接收数据框图程序

3. 运行程序

程序设计、调试完毕，单击快捷工具栏中的“连续运行”按钮，运行程序。

PC 读取并显示三菱 PLC 检测的电压值，并绘制电压实时变化曲线。

程序运行界面如图 7-27 所示。

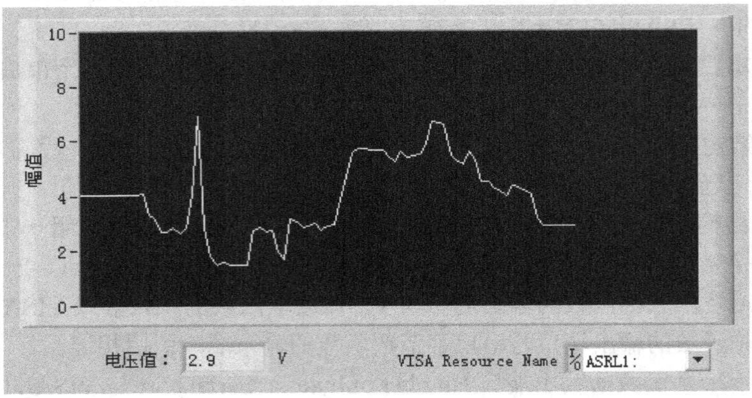

图 7-27　程序运行界面

第 8 章　西门子 PLC 与 PC 通信之模拟量输入

许多来自工业现场的检测信号都是模拟信号，如温度、液位、压力等，通常都是将现场待检测的物理量通过传感器或变送器转换为电压或电流信号。

本章通过西门子模拟量扩展模块 EM235 实现 PLC 电压检测，并将检测到的电压值通过通信电缆传送给上位计算机显示并处理。

8.1　西门子 PLC 模拟电压输入

8.1.1　设计任务

采用 STEP 7-Micro/WIN 编程软件编写 PLC 程序，实现西门子 S7-200 PLC 模拟电压采集，并将采集到的电压值以数字量形式放入寄存器 VW100 中。

8.1.2　线路连接

将模拟量扩展模块 EM235 与 PLC 主机通过扁平电缆相连构成一套模拟电压采集系统，如图 8-1 所示。模拟电压 0～5V 从 CH1（A+和 A−）输入。

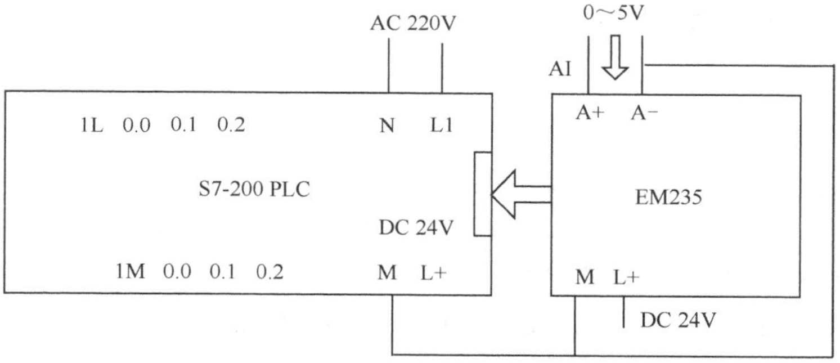

图 8-1　S7-200 PLC 模拟电压采集系统

EM235 扩展模块的电源是 DC 24V，这个电源一定要外接而不可就近接 PLC 本身输出的 DC 24V 电源，但两者一定要共地。

为避免共模电压，须将主机 M 端、扩展模块 M 端和所有信号负端连接，未接输入信号的通道要短接。在 DIP 开关设置中，将开关 SW1 和 SW6 设为 ON，其他设为 OFF，表示电压单极性输入，范围是 0～5V。

8.1.3 PLC 端电压输入程序设计

为了保证 S7-200 PLC 能够正常采集电压，需要在 PLC 中运行一段程序。

可采用两种设计思路。

思路 1：将采集到的电压数字量值（0～32000，在寄存器 AIW0 中）送给寄存器 VW100。上位机程序读取 PLC 寄存器 VW100 中的数字量值，然后根据电压与数字量的对应关系（0～5V 对应 0～32000）计算出电压实际值。PLC 程序如图 8-2 所示。

思路 2：将采集到的电压数字量值（0～32000，在寄存器 AIW0 中）送给寄存器 VW415，该数字量值除以 6400 就是采集的电压值（0～5V 对应 0～32000），再送给寄存器 VW100。上位机程序读取 PLC 寄存器 VW100 中的值就是电压实际值。PLC 程序如图 8-3 所示。

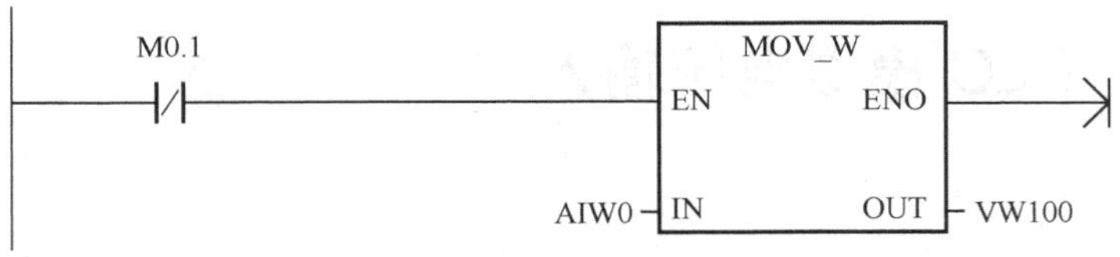

图 8-2 PLC 电压采集程序 1

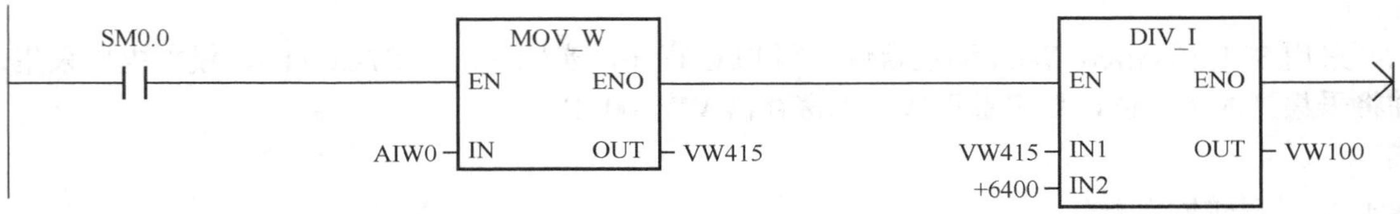

图 8-3 PLC 电压采集程序 2

本章采用思路 1，也就是由上位机程序将反映电压的数字量值转换为电压实际值。

8.1.4 PLC 程序下载与监控

1. 程序下载

PLC 端程序编写完成后需将其下载到 PLC 才能正常运行。其步骤如下：

（1）接通 PLC 主机电源，将 RUN/STOP 转换开关置于 STOP 位置。

（2）运行 STEP 7-Micro/WIN 编程软件，打开模拟量输入程序。

（3）执行菜单“File”→“Download...”命令，打开“Download”对话框，单击“Download”按钮，即开始下载程序，如图 8-4 所示。

（4）程序下载完毕将 RUN/STOP 转换开关置于 RUN 位置，即可进行模拟电压的采集。

2. 程序监控

PLC 端程序写入后，可以进行实时监控。其步骤如下：

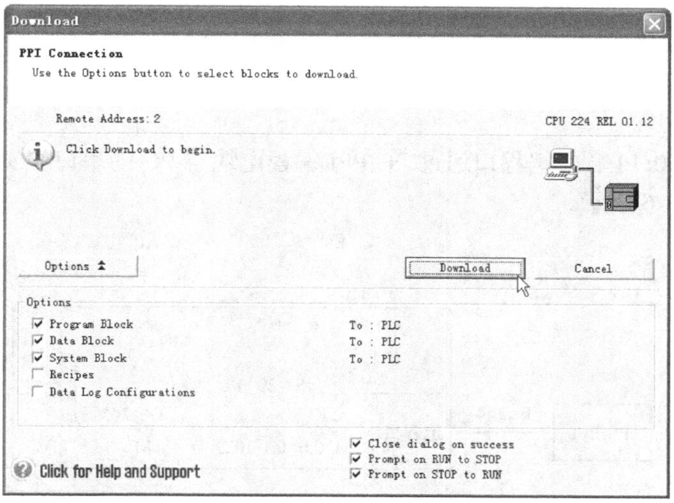

图 8-4　程序下载对话框

（1）接通 PLC 主机电源，将 RUN/STOP 转换开关置于 RUN 位置。

（2）运行 STEP 7-Micro/WIN 编程软件，打开模拟量输入程序并下载。

（3）执行菜单“Debug”→“Start Program Status”命令，即可开始监控程序的运行，如图 8-5 所示。

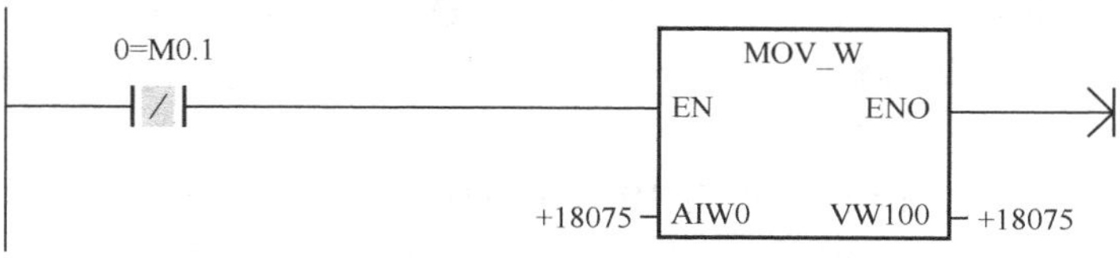

图 8-5　PLC 程序监控

寄存器 VW100 右边的黄色数字如 18075 就是模拟量输入 1 通道的电压实时采集值（数字量形式，根据 0～5V 对应 0～32000，换算后的电压实际值为 2.82V，与万用表测量值相同），改变输入电压，该数值随着改变。

（4）监控完毕，执行菜单“Debug”→“Stop Program Status”命令，即可停止监控程序的运行。注意：必须停止监控，否则影响上位机程序的运行。

8.2　西门子 PLC 与 PC 通信实现模拟电压输入

西门子 PLC 与 PC 通信实现模拟电压采集，在程序设计上涉及两个部分的内容：一是 PLC 端数据采集程序；二是 PC 端通信程序。

8.2.1　设计任务

同时采用 VB、VC++、组态王和 LabVIEW 软件编写程序，实现 PC 与西门子 S7-200 PLC 数据通信。要求：PC 接收 PLC 采集的电压值，转换成十进制形式，以数字、曲线的形式显示。

8.2.2 线路连接

将西门子 S7-200 PLC 的编程口通过 PC/PPI 编程电缆与 PC 的串口 COM1 连接起来组成电压检测系统，如图 8-6 所示。

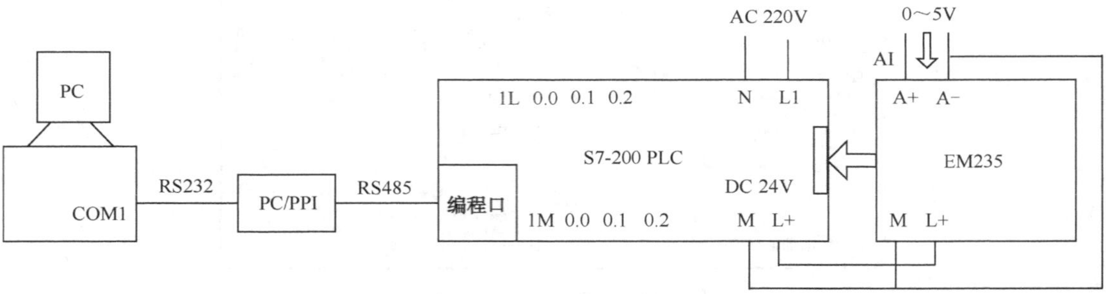

图 8-6 PC 与 S7-200 PLC 通信实现电压检测

8.2.3 串口通信调试

打开“串口调试助手”程序，首先设置串口号 COM1、波特率 9600、校验位 EVEN（偶校验）、数据位 8、停止位 1 等参数（注意：设置的参数必须与 PLC 设置的一致），选择“十六进制显示”和“十六进制发送”，打开串口。

本例向 S7-200 PLC 发送指令“68 1B 1B 68 02 00 6C 32 01 00 00 00 00 00 0E 00 00 04 01 12 0A 10 04 00 01 00 01 84 00 03 20 8D 16”，单击“手动发送”按钮，读取寄存器 VW100 中的数据。

如果 PC 与 PLC 串口通信正常，接收区显示返回的数据串“E5”，如图 8-7 所示。

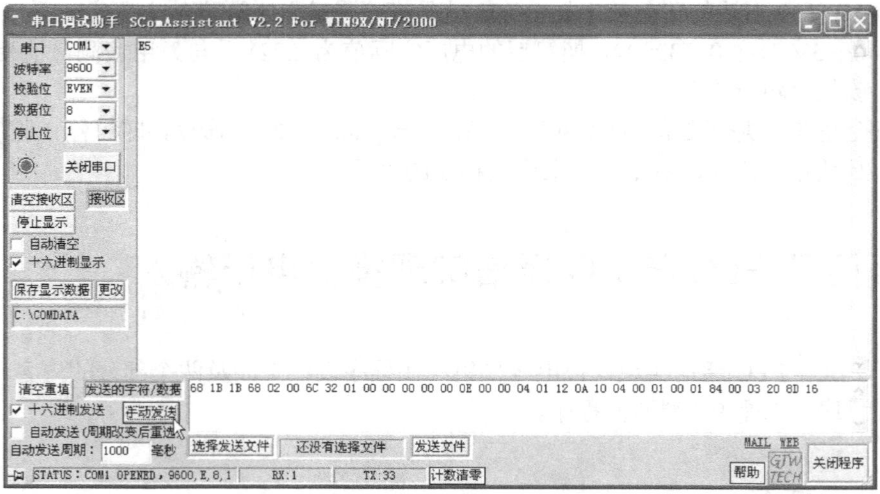

图 8-7 西门子 PLC 模拟输入串口调试 1

再发确认指令“10 02 00 5C 5E 16”，PLC 返回数据如“68 17 17 68 00 02 08 32 03 00 00 00 00 00 02 00 06 00 00 04 01 FF 04 00 10 50 F8 A7 16”，如图 8-8 所示，其中第 25 字节“50”和第 26

字节“F8”反映输入电压值。将“50F8”转换为十进制数 20728 再除以 6400 就是采集的电压值 3.24V，与万用表测量值相同。

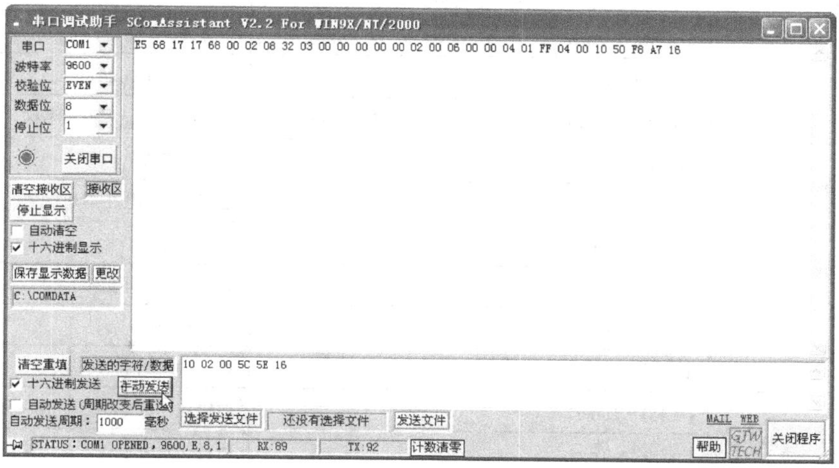

图 8-8　西门子 PLC 模拟输入串口调试 2

注意： 发送两次指令时，串口调试助手程序始终要保持在所有程序界面的前面。

8.2.4　PC 端 VB 程序设计详解

1. 程序界面设计

1）添加控件

（1）为了实现 PC 与 PLC 串口通信，添加一个 MSComm 通信控件。
（2）为了实现连续检测，添加一个 Timer 时钟控件。
（3）为了显示输入电压值，添加 3 个 TextBox 文本框控件。
（4）为了表示文本框的作用，添加 4 个 Label 标签控件。
（5）为了执行关闭程序命令，添加一个 CommandButton 按钮控件。
程序设计界面如图 8-9 所示。

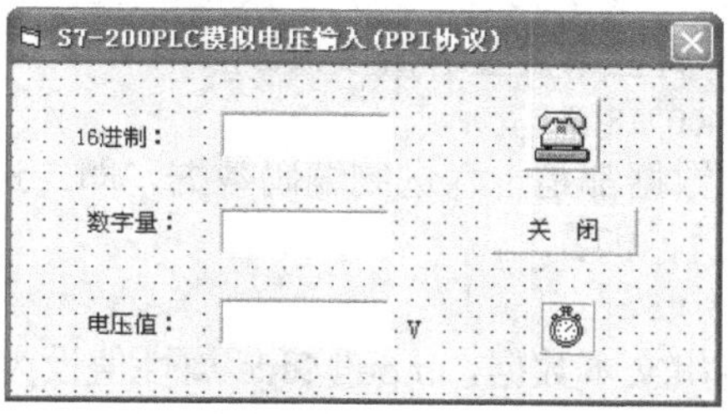

图 8-9　程序设计界面

2）属性设置

程序窗体、控件对象的主要属性设置如表 8-1 所示。

表 8-1 程序窗体、控件对象的主要属性设置

控件类型	主要属性	功能
Form	(名称) = Form1	窗体控件
	BorderStyle = 3	运行时窗体固定大小
	Caption = S7-200 PLC 模拟电压输入(PPI 协议)	窗体标题栏显示程序名称
TextBox	(名称) = T16	文本框控件
	Text 为空	显示输入电压十六进制值
TextBox	(名称) = Tdata	文本框控件
	Text 为空	显示输入电压数字量值
TextBox	(名称) = Tv	文本框控件
	Text 为空	显示输入电压十进制值
Timer	(名称) = Timer1	时钟控件，自动发生指令
	Enabled = True	时钟初始可用
	Interval = 500	设置检测周期(毫秒)
MSComm	(名称) = MSComm1	串口通信控件
	在程序中设置	串口参数设置
CommandButton	(名称) = Cmdquit	按钮控件，关闭程序命令
	Caption = 关闭	按钮标签

2. 程序设计详解

1）串口初始化

程序运行后，要实现 PC 与 PLC 串口通信，首先要进行串口初始化，包括设置端口号、通信参数（波特率、校验位、数据位、停止位）、收/发数据类型、打开串口等，这些程序在 Form_Load() 事件过程中编写。

（1）PC 与西门子 PLC 串口通信使用 COM1。利用 MSComm 控件的 CommPort 属性来设置端口号。

```
MSComm1.CommPort = 1
```

（2）PC 与西门子 PLC 的通信参数必须一致，即波特率 9600、偶校验、数据位 8、停止位 1。利用 MSComm 控件的 Settings 属性来设置通信参数。

```
MSComm1.Settings = "9600,E,8,1"
```

（3）发送的指令与接收的数据都是十六进制编码数据，即二进制数据流，需要将 MSComm 控件的 InputMode 属性值设为 1，即：

```
MSComm1.InputMode =1
```

如果发送与接收的是字符串文本数据，InputMode 属性值设为 0（详见第 4～5 章实例）。

（4）如果接收数据时使用事件方式，还需增加下面语句，当接收缓冲区收到字符时都会使 MSComm 控件触发 OnComm 事件。

```
MSComm1.RThreshold = 1                    //设置并返回要接收的字符数
MSComm1.SThreshold = 1                    //设置并返回发送缓冲区中允许的最小字符数
```

（5）在 Windows 环境下，串口是系统资源的一部分，应用程序要使用串口进行通信，必须

在使用之前向操作系统提出资源申请要求即打开串口。

```
MSComm1.PortOpen = True
```

2）发送读指令

PC每隔一定时间（由Timer控件的Interval属性决定）向S7-200 PLC发送指令“68 1B 1B 68 02 00 6C 32 01 00 00 00 00 00 0E 00 00 04 01 12 0A 10 04 00 01 00 01 84 00 03 20 8D 16”，功能是取寄存器VW100中的数据。使用MSComm控件的Output属性发送指令。

```
Private Sub Timer1_Timer()
    Dim temp As String
    Dim n As Integer
    Dim arr() As Byte
    bz = bz + 1                                    //bz为全局变量，起延时作用
    If bz = 1 Then
      temp = "681B1B6802006C320100000000000E00000401120A10040001000184000320 8D16"
      n = Len(temp) \ 2 - 1
      For i = 0 To n
        arr(i) = Val("&H" & Mid(temp, i * 2 + 1, 2))
      Next i
      MSComm1.Output = arr                         //发送读指令
    End If
    ⋮
End Sub
```

3）读取PLC返回数据“E5”，并发送确认指令

发送读指令成功后，PLC返回数据“E5”。使用MSComm控件的Input属性读取返回数据，将接收的数据赋给字节型数组变量Inbyte。一旦接收到数据“E5”，发送确认指令“10 02 00 5C 5E 16”。

```
Private Sub Timer1_Timer()
    ⋮
    Dim Inbyte() As Byte
    Dim temp1 As String
    Dim arr1() As Byte
    Dim n1 As Integer
    If bz = 2 Then
      Inbyte = MSComm1.Input                       //读取返回数据串“E5”
      temp1 = "1002005C5E16"
      n1 = Len(temp1) \ 2 - 1
      For i = 0 To n1
        arr1(i) = Val("&H" & Mid(temp1, i * 2 + 1, 2))
      Next i
      If Hex(Inbyte(0)) = "E5" Then
        MSComm1.Output = arr1                      //发送确认指令
      End If
    End If
    ⋮
End Sub
```

4）读取 PLC 返回电压数据并显示

确认指令发出后，PLC 返回包含检测电压的数据串，其中第 25 和第 26 字节反映电压值，为十六进制形式，将其转换为十进制就是反映电压的数字量值。根据数字量值与电压实际值之间的换算关系得到电压实际值。

```
Private Sub Timer1_Timer()
  ⋮
  Dim Inbyte1() As Byte
  Dim buffer As String                    //存储返回数据串
  Dim data(10) As String                  //存储电压值十六进制各位
  Dim datan As Long                       //存储电压值的数字量形式
  Dim dataV As Single                     //存储电压实际值
  If bz = 3 Then
    //读取返回数据串
    Inbyte1 = MSComm1.Input
    //显示电压值的十六进制数
    T16.Text = Hex(Inbyte1(25)) & Hex(Inbyte1(26))
    //取电压十六进制值各位，各字节长度不足两位的高位补 0
    If Len(Hex(Inbyte1(25))) = 1 Then
      data(1) = "0"
      data(2) = Mid(Hex(Inbyte1(25)), 1, 1)
    Else
      data(1) = Mid(Hex(Inbyte1(25)), 1, 1)
      data(2) = Mid(Hex(Inbyte1(25)), 2, 1)
    End If
    If Len(Hex(Inbyte1(26))) = 1 Then
      data(3) = "0"
      data(4) = Mid(Hex(Inbyte1(26)), 1, 1)
    Else
      data(3) = Mid(Hex(Inbyte1(26)), 1, 1)
      data(4) = Mid(Hex(Inbyte1(26)), 2, 1)
    End If
    //使用进制转换公式将十六进制数转换为十进制数，得到的就是电压的数字量值
    datan = Val("&H" & data(1)) * (16 ^ 3) + Val("&H" & data(2)) * (16 ^ 2) + Val("&H" & data(3)) * (16
^ 1) + Val("&H" & data(4)) * (16 ^ 0)
    Tdata.Text = Str(datan)                 //显示电压数字量值
    //根据西门子 S7-200 PLC 模拟量输入模块 EM235 的输出特性，数字量值 0～32000 对应电压值 0～
5V，因此得到的数字量值 datan 除以 6400 即为检测的电压实际值
    dataV = datan / 6400                    //将数字量值转换为电压值
    Tv.Text = Format(dataV, "0.00")         //显示电压实际值，保留两位小数
    bz = 0
  End If
End Sub
```

5）退出程序

通信完成后必须释放资源即关闭串口。

```
Private Sub Cmdquit_Click()
    MSComm1.PortOpen = False                    //关闭通信端口
    Unload Me                                   //卸载窗体
End Sub
```

3. 系统运行测试

程序设计、调试完毕，运行程序。

启动 S7-200 PLC，给 EM235 模拟量扩展模块 CH1 通道输入变化电压值，PC 程序画面显示该电压的十六进制值、数字量值和十进制实际值。

程序运行界面如图 8-10 所示。

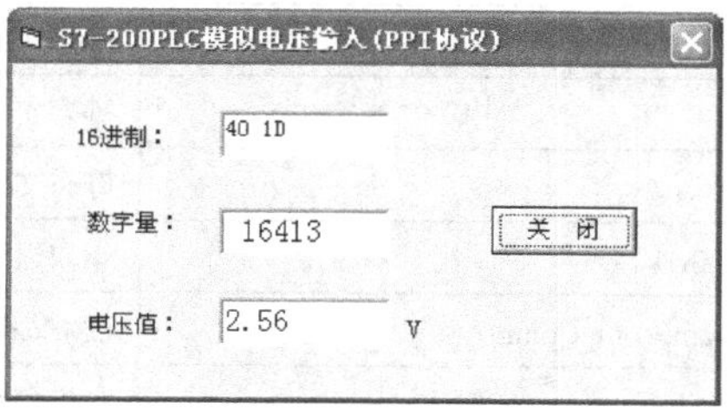

图 8-10　程序运行界面

8.2.5　PC 端 VC++程序设计详解

1. 程序界面设计

1）添加控件

（1）为了实现 PC 与 PLC 串口通信，添加一个 MSComm 通信控件。

（2）为了显示输入电压值，添加 3 个 EditBox 编辑框控件。

（3）为了表示编辑框的作用，添加 4 个 StaticText 静态文本控件。

（4）为了执行关闭程序命令，添加一个 Button 命令按钮控件。

2）属性设置

程序窗体、控件对象的主要属性设置如表 8-2 所示。

表 8-2　程序窗体、控件对象的主要属性设置

控件类型	主要属性	功　能
Dialog	ID：IDD_PLC_DIALOG	对话框控件，控件标识
	Caption：S7-200 PLC 模拟电压输入(PPI 协议)	对话框标题栏显示程序名称
EditBox	ID：IDC_EDIT1	编辑框控件，显示输入电压十六进制值
	Member variable name：m_data16	CString 型成员变量，与控件相互映射
EditBox	ID：IDC_EDIT2	编辑框控件，显示输入电压数字量值
	Member variable name：m_data	float 型成员变量，与控件相互映射

续表

控件类型	主要属性	功能
EditBox	ID：IDC_EDIT3	编辑框控件，显示输入电压十进制值
	Member variable name：m_datav	CString 型成员变量，与控件相互映射
StaticText	ID：IDC_STATIC	静态文本控件，控件标识
	Caption：16 进制：	静态文本内容，显示编辑框作用
StaticText	ID：IDC_STATIC	静态文本控件，控件标识
	Caption：数字量：	静态文本内容，显示编辑框作用
StaticText	ID：IDC_STATIC	静态文本控件，控件标识
	Caption：电压值：	静态文本内容，显示编辑框作用
StaticText	ID：IDC_STATIC	静态文本控件，控件标识
	Caption：V	静态文本内容，显示电压单位
MSComm	ID：IDC_MSCOMM1	串口通信控件
	Member variable name：m_Comm	CMSComm 型成员变量，与控件相互映射
	其他属性在程序中设置	串口参数设置
Button	ID：IDC_BUTTON1	按钮控件，关闭程序命令
	Caption：关闭	按钮标签

程序设计界面如图 8-11 所示。

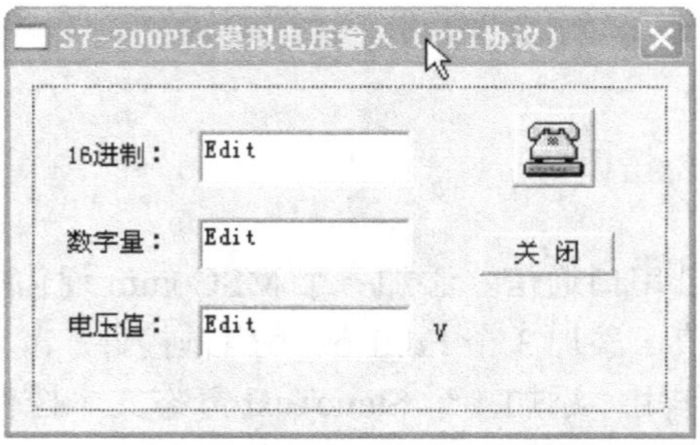

图 8-11　程序设计界面

2. 程序设计详解

1）定义全局变量

程序在运行时需要周期性地循环向 S7-200 PLC 发送指令和读取缓冲区数据，共有 3 种状态，且每种状态下执行的操作各不相同，因此在设计程序时定义一个全局变量，通过改变变量的值来标识各种状态。

```
int bz=0;                                    //定义状态变量
```

2）串口初始化

程序运行后，要实现 PC 与 PLC 串口通信，首先要进行串口初始化，包括设置端口号、通信参数（波特率、校验位、数据位、停止位）、收发数据类型、打开串口等，这些程序在

OnInitDialog()函数中编写。

（1）PC 与西门子 PLC 串口通信使用 COM1。利用 MSComm 控件的 SetCommPort 方法来设置端口号。

```
m_Comm.SetCommPort(1)
```

（2）PC 与西门子 PLC 的通信参数必须一致，即波特率 9600、偶校验、数据位 8、停止位 1。利用 MSComm 控件的 SetSettings 方法来设置通信参数。

```
m_Comm.SetSettings("9600,E,8,1")
```

（3）接收与发送的数据以二进制方式读写，需要将 MSComm 控件的 InputMode 属性值设为 1，用 SetInputMode 方法来实现。

```
m_Comm.SetInputMode(1)
```

如果接收与发送的数据以文本方式读写，则将 InputMode 属性值设为 0。

（4）如果接收数据时使用事件方式，还需增加下面语句，当接收缓冲区收到字符时都会使 MSComm 控件触发 OnComm 事件。

```
m_Comm.SetRThreshold(1)          //参数 1 表示当串口接收缓冲区中有多于或等于 1 个字符时将触发
                                 //OnComm 事件
m_Comm.SetSThreshold(1)          //参数 1 表示当串口发送缓冲区中少 1 个字符时将触发 OnComm 事件
```

（5）在 Windows 环境下，串口是系统资源的一部分，应用程序要使用串口进行通信，必须在使用之前向操作系统提出资源申请要求即打开串口。

```
m_Comm.SetPortOpen(TRUE)
```

3）设置 Timer 计时器

在本程序中，PC 要周期性地向 S7-200 PLC 发送指令，因此在程序开发时需要用到 Timer 计时器，Timer 的属性设置在 OnInitDialog()函数中完成。

```
SetTimer(1,200,NULL)             //激活计时器 1，时间间隔为 200ms
```

4）发送读指令

PC 每隔一定时间（由 Timer 控件的 Interval 属性决定）向 S7-200 PLC 发送指令“68 1B 1B 68 02 00 6C 32 01 00 00 00 00 00 0E 00 00 04 01 12 0A 10 04 00 01 00 01 84 00 03 20 8D 16”，功能是取寄存器 VW100 中的数据。使用 MSComm 控件的 SetOutput 方法发送指令。

```
void CPlcDlg::OnTimer(UINT nIDEvent)
{
    BYTE hexdata[33],hexdata1[6];
    CByteArray send,send1;         //定义动态字节数组，用于存放发送数据
    VARIANT data;                  //定义 VARIANT 类型变量，用于接收数据
    COleSafeArray data1;
    CByteArray datatemp;           //定义动态字节数组
    CString strtemp,buffer;        //存放返回的数据串
    LONG len,i;
    BYTE Inbyte[2048],temp;        //定义 BYTE 数组
    float datan,dataV;             //电压值的数字量形式和电压实际值
    bz=bz+1;                       //bz 为全局变量，标识不同状态
    if(bz==1)
    {
        hexdata[0]=0x68;
```

```
            hexdata[1]=0x1B;
            hexdata[2]=0x1B;
            hexdata[3]=0x68;
            hexdata[4]=0x02;
            hexdata[5]=0x00;
            hexdata[6]=0x6C;
            hexdata[7]=0x32;
            hexdata[8]=0x01;
            hexdata[9]=0x00;
            hexdata[10]=0x00;
            hexdata[11]=0x00;
            hexdata[12]=0x00;
            hexdata[13]=0x00;
            hexdata[14]=0x0E;
            hexdata[15]=0x00;
            hexdata[16]=0x00;
            hexdata[17]=0x04;
            hexdata[18]=0x01;
            hexdata[19]=0x12;
            hexdata[20]=0x0A;
            hexdata[21]=0x10;
            hexdata[22]=0x04;
            hexdata[23]=0x00;
            hexdata[24]=0x01;
            hexdata[25]=0x00;
            hexdata[26]=0x01;
            hexdata[27]=0x84;
            hexdata[28]=0x00;
            hexdata[29]=0x03;
            hexdata[30]=0x20;
            hexdata[31]=0x8D;
            hexdata[32]=0x16;
            for(int i=0;i<33;i++)
            {
                send.Add(hexdata[i]);                      //将读指令存放到send
            }
            m_Comm.SetOutput(COleVariant(send));  //将读指令转换为VARIANT类型后通过串口发送
                                                   //出去

        }
        ⋮
}
```

5）读取 PLC 返回数据“E5”，并发送确认指令

发送读指令成功后，PLC 返回数据“E5”。使用 MSComm 控件的 GetInput 方法读取返回数据，将接收的数据赋给字符串变量 buffer。一旦接收到数据“E5”，发送确认指令“10 02 00 5C 5E 16”。

```
void CPlcDlg::OnTimer(UINT nIDEvent)
{
    ⋮
    if(bz==2)
    {
        data=m_Comm.GetInput();                     //读缓冲区
        data1=data;                                 //VARIANT 型变量转换为 ColeSafeArray 型变量
        len=data1.GetOneDimSize();                  //得到有效数据长度
        for(i=0;i<len;i++)
            data1.GetElement(&i,Inbyte+i);          //转换为 BYTE 型数组
        for(i=0;i<len;i++)                              //将数组转换为 Cstring 型变量
        {
            temp=*(char*)(Inbyte+i);                    //字符型
            strtemp.Format("%02X",temp);                //将字符送入临时变量 strtemp 存放
            buffer+=strtemp;                            //加入接收字符串
        }
        //PLC 返回数据“E5”后，确认写入命令，发送以下数据“10 02 00 5C 5E 16”
       if(buffer.Mid(0,2)=="E5")
        {
            hexdata1[0]=0x10;
            hexdata1[1]=0x02;
            hexdata1[2]=0x00;
            hexdata1[3]=0x5C;
            hexdata1[4]=0x5E;
            hexdata1[5]=0x16;
            CByteArray send1;
            for(int i=0;i<6;i++)
            {
                send1.Add(hexdata1[i]);                 //将确认指令存放到 send1
            }
            m_Comm.SetOutput(COleVariant(send1)); //将确认指令转换为 VARIANT 类型后通过串
                                                        //口发送出去
        }
    }
    ⋮
}
```

6）读取 PLC 返回电压数据并显示

确认指令发出后，PLC 返回包含检测电压的数据串，其中第 25 和第 26 字节反映电压值，为十六进制形式，将其转换为十进制就是反映电压的数字量值。根据数字量值与电压实际值之间的换算关系得到电压实际值。

```
void CPlcDlg::OnTimer(UINT nIDEvent)
{
    ⋮
    if(bz==3)
    {
```

```
            data=m_Comm.GetInput();                        //读缓冲区
            data1=data;                                    //VARIANT 型变量转换为 ColeSafeArray 型变量
            len=data1.GetOneDimSize();                     //得到有效数据长度
            for(i=0;i<len;i++)
                data1.GetElement(&i,Inbyte+i);             //转换为 BYTE 型数组
            for(i=0;i<len;i++)                             //将数组转换为 Cstring 型变量
            {
                temp=*(char*)(Inbyte+i);                   //字符型
                strtemp.Format("%02X",temp);               //将字符送入临时变量 strtemp 存放
                buffer+=strtemp;                           //加入接收字符串
            }
            m_data16=buffer.Mid(50,4);                     //显示电压值的十六进制数
            datan=(float)(HexChar(buffer[50])*16*16*16+HexChar(buffer[51])*16*16+HexChar(buffer[52])*
16+HexChar(buffer[53]));        //使用进制转换公式将十六进制数转换为十进制数
            m_data=datan;                                  //显示电压数字量值
            //根据西门子 S7-200 PLC 模拟量输入模块 EM235 的输出特性，数字量值 0～32000 对应电压
            //值 0～5V，因此得到的数字量值 datan 除以 6400 即为检测的电压实际值
            m_datav.Format("%0.2f",datan/6400);            //显示电压实际值
            bz=0;
        }
        ⋮
    }
    //十六进制数转换为十进制数函数
    char CPlcDlg::HexChar(char c)
    {
        if((c>='0')&&(c<='9'))
            return c-0x30;
        else if((c>='A')&&(c<='F'))
            return c-'A'+10;
        else if((c>='a')&&(c<='f'))
            return c-'a'+10;
        else
            return 0x10;
    }
```

7）退出程序

通信完成后必须释放资源即关闭串口。

```
    void CPlcDlg::OnButton1()
    {
        KillTimer(1);                                      //关闭计时器 Timer1
        m_Comm.SetPortOpen(FALSE);                         //关闭串口
        CDialog::OnCancel();
    }
```

3. 系统运行测试

程序设计、调试完毕，运行程序。

启动S7-200 PLC，给EM235模拟量扩展模块CH1通道输入变化电压值，PC程序画面显示该电压的十六进制值、数字量值和十进制实际值。

程序运行界面如图8-12所示。

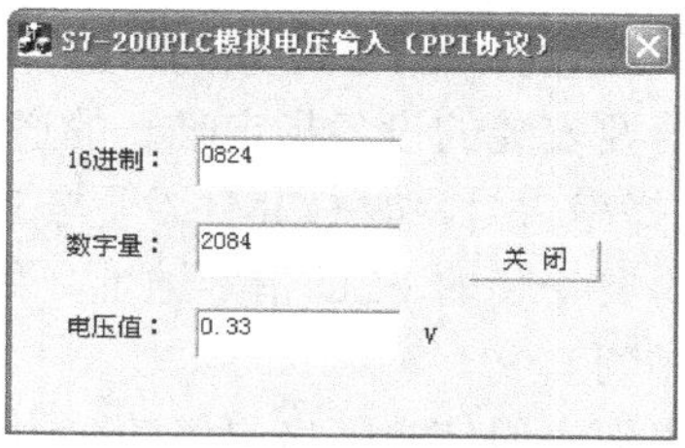

图8-12　程序运行界面

8.2.6　PC端监控组态程序设计

1. 建立新工程项目

运行组态王程序，在工程管理器中创建新的工程项目。

工程名称：AI。

工程描述：模拟电压输入。

2. 制作图形画面

（1）通过开发系统工具箱为图形画面添加3个文本对象：标签"当前电压值："、当前电压值显示文本"000"和标签"V"。

（2）通过开发系统工具箱为图形画面添加一个"实时趋势曲线"控件。

（3）在工具箱中选择"按钮"控件添加到画面中，然后选中该按钮，单击鼠标右键，选择"字符串替换"，将按钮"文本"改为"关闭"。

设计的图形画面如图8-13所示。

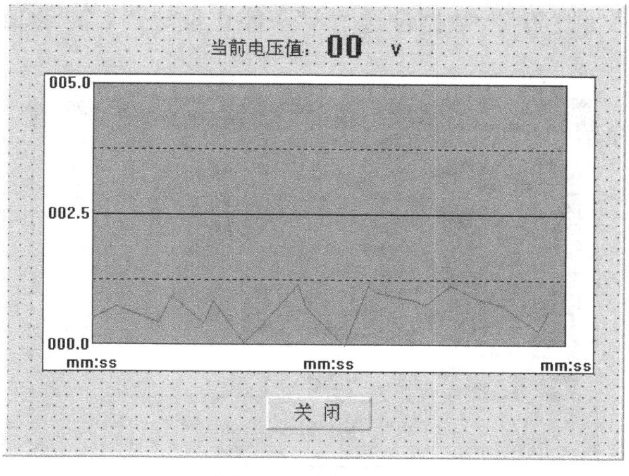

图8-13　图形画面

3. 添加串口设备

在组态王工程浏览器的左侧选择“设备/COM1”，在右侧双击“新建”，运行“设备配置向导”。

（1）选择：设备驱动→PLC→西门子→S7-200系列→PPI，如图8-14所示。

（2）单击“下一步”按钮，给要安装的设备指定唯一的逻辑名称，如PLC。

（3）单击“下一步”按钮，选择串口号，如COM1（须与PLC在PC上使用的串口号一致）。

（4）单击“下一步”按钮，为要安装的PLC指定地址，如2（注意，这个地址应该与PLC通信参数设置程序中设定的地址相同）。

（5）单击“下一步”按钮，出现“通信故障恢复策略”设定窗口，使用默认设置即可。

（6）单击“下一步”按钮，显示所要安装的设备信息，请检查各项设置是否正确，确认无误后，单击“完成”按钮，完成设备的配置。

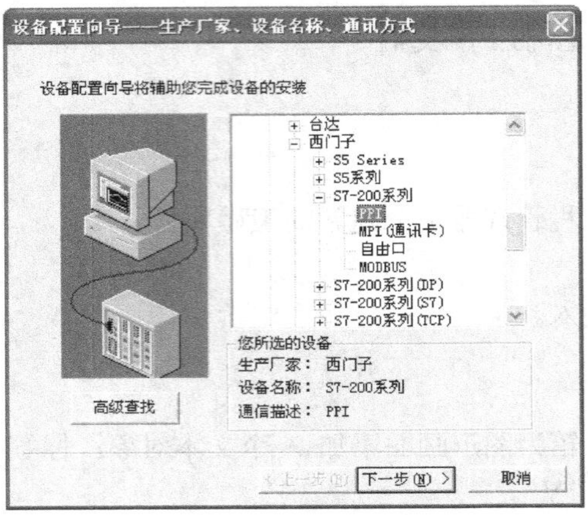

图8-14　设备配置向导

4. 串口通信参数设置

双击“设备/COM1”，弹出“设置串口”对话框，设置串口COM1的通信参数：波特率选“9600”，奇偶校验选“偶校验”，数据位选“8”，停止位选“1”，通信方式选“RS232”，如图8-15所示。

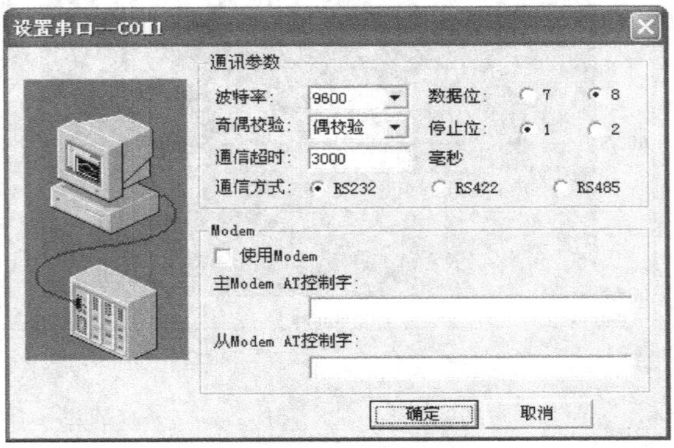

图8-15　设置串口

设置完毕，单击“确定”按钮，就完成了对 COM1 的通信参数配置，保证组态王与 PLC 的通信能够正常进行。

注意： 设置的参数必须与 PLC 设置的一致，否则不能正常通信。

5. PLC 通信测试

选择新建的串口设备“PLC”，单击右键，出现一弹出式下拉菜单，选择“测试 PLC”项，出现“串口设备测试”画面，观察设备参数与通信参数是否正确，若正确，选择“设备测试”选项卡。

寄存器选择 V，再添加数字 100，即设为“V100”（PLC 采集的电压值存在该寄存器中），数据类型选择“SHORT”，单击“添加”按钮，V100 进入采集列表。

单击串口设备测试画面中的“读取”命令，寄存器 V100 的变量值为“17916”，即 PLC 采集的电压值（数字量形式），根据 0～5V 对应 0～32000，换算后的电压实际值为 2.80V，与万用表测量值相同，如图 8-16 所示。

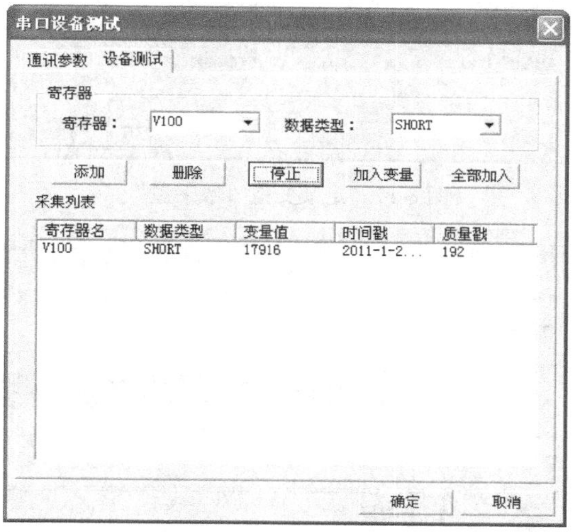

图 8-16　串口设备测试

6. 定义变量

（1）定义变量“数字量”：变量类型选“I/O 整数”，初始值设为“0”，最小值和最小原始值设为“0”，最大值和最大原始值设为“32000”，连接设备选“PLC”，寄存器设为“V100”，数据类型选“SHORT”，读写属性选“只读”，采集频率设为“500”，如图 8-17 所示。

定义完成后，单击“确定”按钮，则在数据词典中出现定义好的变量“数字量”。

（2）定义变量“电压值”：变量类型选“内存实数”，最大值设为“5”。

定义完成后，单击“确定”按钮，则在数据词典中出现定义好的变量“电压值”。

7. 动画连接

1）建立当前电压值显示文本对象动画连接

双击画面中当前电压值显示文本对象“00”，出现“动画连接”对话框，单击“模拟值输出”

按钮，则弹出“模拟值输出连接”对话框，将其中的表达式设置为“\\本站点\电压值”（可以直接输入，也可以单击表达式文本框右边的“？”号，选择已定义好的变量名“电压值”，单击“确定”按钮，文本框中出现“\\本站点\电压值”表达式），整数位数设为“1”，小数位数设为“1”，单击“确定”按钮返回到“动画连接”对话框，再次单击“确定”按钮，动画连接设置完成，如图8-18所示。

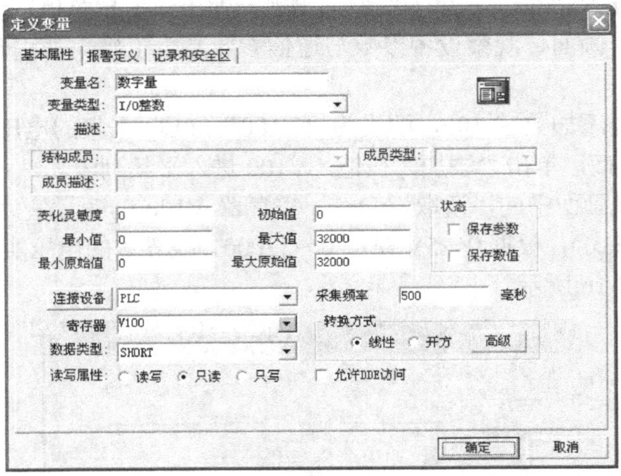

图8-17　定义变量“数字量”

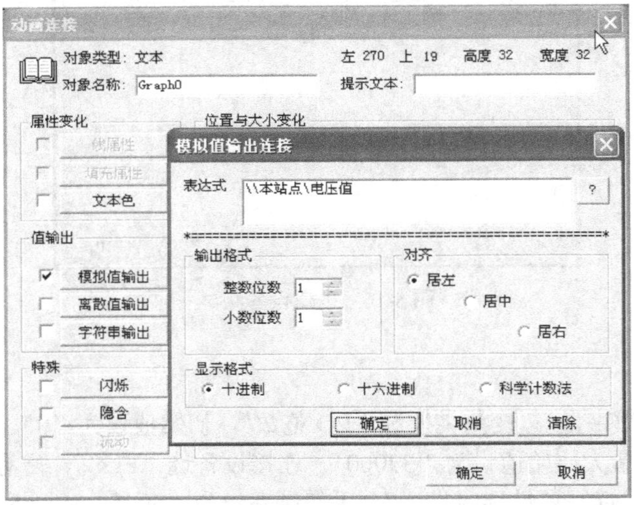

图8-18　当前电压测量值显示文本对象动画连接

2）建立实时趋势曲线对象的动画连接

双击画面中实时趋势曲线对象，出现“实时趋势曲线”对话框。在“曲线定义”选项卡中，单击曲线1表达式文本框右边的“？”号，选择已定义好的变量“电压值”，并设置其他参数值，如图8-19所示。

进入“标识定义”选项卡，设置数值轴最大值为“5”，数据格式选“实际值”，时间轴标识数目为“3”，格式为“分”、“秒”，更新频率为“1秒”，时间长度为“2分”，如图8-20所示。

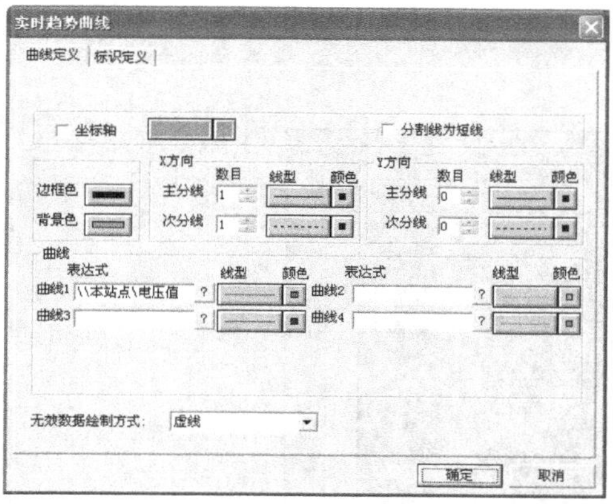

图 8-19　实时趋势曲线——曲线定义

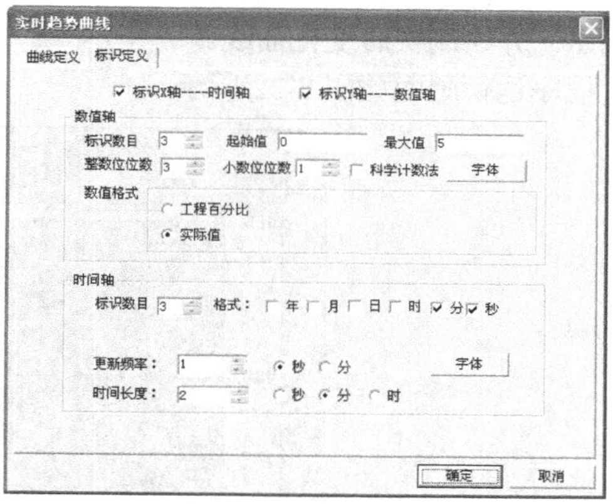

图 8-20　实时趋势曲线——标识定义

3）建立“关闭”按钮对象的动画连接

双击“关闭”按钮对象，出现“动画连接”对话框。单击命令语言连接中的“弹起时”按钮，出现“命令语言”窗口，在编辑栏中输入以下命令：“exit(0);”。

单击“确定”按钮，返回到“动画连接”对话框，再单击“确定”按钮，则“关闭”按钮的动画连接完成。程序运行时，单击“关闭”按钮，程序停止运行并退出。

8. 编写命令语言

在工程浏览器左侧树形菜单中双击命令语言“应用程序命令语言”项，出现“应用程序命令语言”编辑对话框，单击“运行时”，将循环执行时间设定为 200ms，然后在命令语言编辑框中输入数值转换程序“\\本站点\电压值=\\本站点\数字量/6400;”，如图 8-21 所示。然后单击“确定”按钮，完成命令语言的输入。

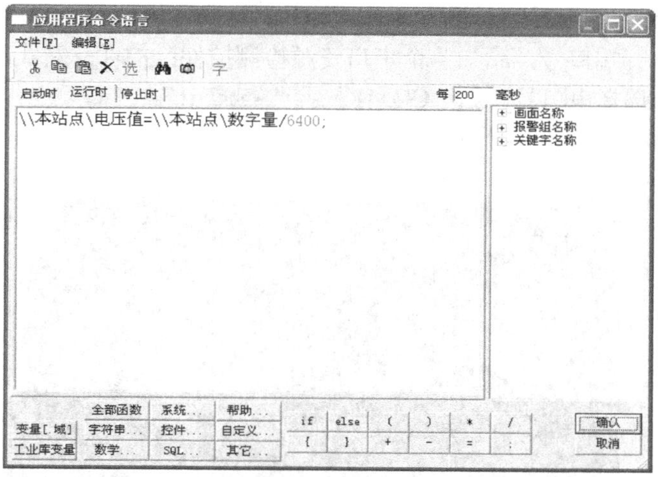

图 8-21　编写命令语言

9. 调试与运行

将设计的画面全部存储并配置成主画面，启动画面运行程序。

启动 S7-200 PLC，给 EM235 模拟量扩展模块 CH1 通道输入变化电压值，PC 程序画面显示该电压，并绘制实时变化曲线。

程序运行画面如图 8-22 所示。

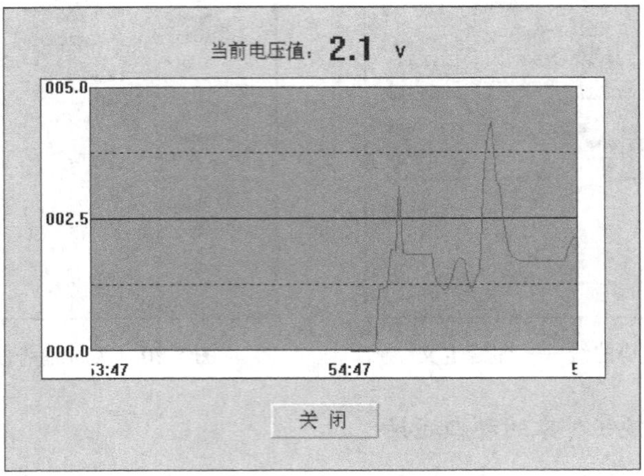

图 8-22 程序运行画面

8.2.7 PC 端 LabVIEW 程序设计

1. 程序前面板设计

（1）为了以数字形式显示测量电压值，添加一个数值显示控件：控件→新式→数值→数值显示控件，将标签改为“电压值:”。

（2）为了显示测量电压实时变化曲线，添加一个实时图形显示控件：控件→新式→图形→波形图，将标签改为“实时曲线”，将 Y 轴标尺范围改为 1～100。

（3）为了获得串行端口号，添加一个串口资源检测控件：控件→新式→I/O→VISA 资源名称；单击控件箭头，选择串口号，如“COM1”或“ASRL1:”。

设计的程序前面板如图 8-23 所示。

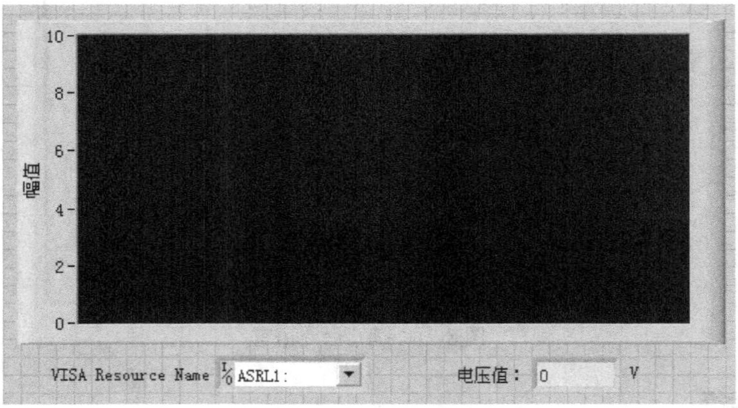

图 8-23 程序前面板

2. 框图程序设计

1）串口初始化框图程序

（1）为了设置通信参数，添加一个串口配置函数：函数→仪器 I/O→串口→VISA 配置串口。

（2）添加一个顺序结构：函数→编程→结构→层叠式顺序结构。

将其帧设置为 6 个（序号为 0～5）。设置方法：选中层叠式顺序结构上边框，单击右键，执行在后面添加帧选项 5 次。

（3）为了设置通信参数值，在顺序结构 Frame0 中添加 4 个数值常量：函数→编程→数值→数值常量，值分别为 9600（波特率）、8（数据位）、2（校验位，偶校验）、10（停止位 1，注意这里的设定值为 10）。

（4）将 VISA 资源名称函数的输出端口与串口配置函数的输入端口 VISA 资源名称相连。

（5）将数值常量 9600、8、2、10 分别与 VISA 配置串口函数的输入端口波特率、数据比特、奇偶、停止位相连。

连接好的框图程序如图 8-24 所示。

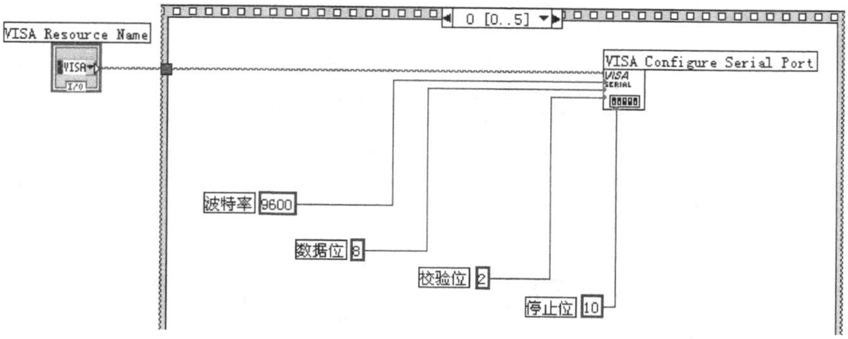

图 8-24　串口初始化框图程序

2）发送读指令框图程序

（1）为了发送指令到串口，在顺序结构 Frame1 中添加一个串口写入函数：函数→仪器 I/O→串口→VISA 写入。

（2）在顺序结构 Frame1 中添加 33 个字符串常量：函数→编程→字符串→字符串常量。将 33 个字符串常量的值分别改为 68、1B、1B、68、02、00、6C、32、01、00、00、00、00、00、0E、00、00、04、01、12、0A、10、04、00、01、00、01、84、00、03、20、8D、16（即读取寄存器 VW100 中的数据）。

（3）在顺序结构 Frame1 中添加 33 个十六进制数字符串至数值转换函数：函数→编程→字符串/数值转换→十六进制数字符串至数值转换。

（4）将 33 个字符串常量分别与 33 个十六进制数字符串至数值转换函数的输入端口字符串相连。

（5）在顺序结构 Frame1 中添加一个创建数组函数：函数→编程→数组→创建数组，并设置为 33 个元素。

（6）将 33 个十六进制数字符串至数值转换函数的输出端口分别与创建数组函数的对应输入端口元素相连。

（7）在顺序结构 Frame1 中添加字节数组转字符串函数：函数→编程→字符串→字符串/数组/路径转换→字节数组至字符串转换。

（8）将创建数组函数的输出端口添加的数组与字节数组至字符串转换函数的输入端口无符号字节数组相连。

（9）将字节数组至字符串转换函数的输出端口字符串与 VISA 写入函数的输入端口写入缓冲区相连。

（10）将 VISA 资源名称函数的输出端口与 VISA 写入函数的输入端口 VISA 资源名称相连。

连接好的框图程序如图 8-25 所示。

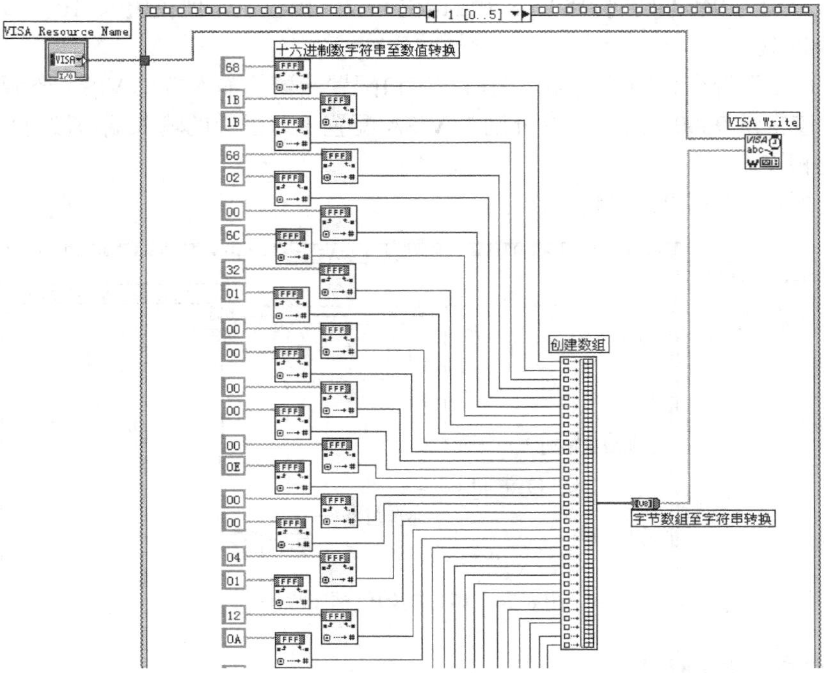

图 8-25　发送读指令框图程序

3）延时框图程序

（1）为了以一定的周期读取 PLC 的电压测量数据，在顺序结构 Frame2 中添加一个时钟函数：函数→编程→定时→等待下一个整数倍毫秒。

（2）在顺序结构 Frame2 中添加一个数值常量：函数→编程→数值→数值常量，将值改为 500（时钟频率值）。

（3）将数值常量（值为 1000）与等待下一个整数倍毫秒函数的输入端口毫秒倍数相连。

连接好的框图程序如图 8-26 所示。

4）发送确认指令框图程序

（1）为了获得串口缓冲区数据个数，在顺序结构 Frame3 中添加一个串口字节数函数：函数→仪器 I/O→串口→VISA 串口字节数，标签为“Property Node”。

（2）为了从串口缓冲区获取返回数据，在顺序结构 Frame3 中添加一个串口读取函数：函数

→仪器 I/O→串口→VISA 读取。

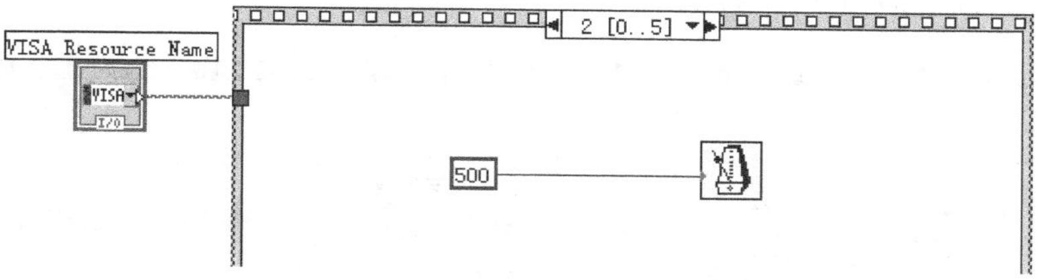

图 8-26 延时框图程序

（3）在顺序结构 Frame3 中添加一个扫描值函数：函数→编程→字符串→字符串/数值转换→扫描值。

（4）在顺序结构 Frame3 中添加一个字符串常量：函数→编程→字符串→字符串常量，值为“%b”，表示输入的是二进制数据。

（5）在顺序结构 Frame3 中添加一个数值常量：函数→编程→数值→数值常量，值为 0。

（6）在顺序结构 Frame3 中添加一个强制类型转换函数：函数→编程→数值→数据操作→强制类型转换。

（7）将 VISA 资源名称函数的输出端口分别与串口字节数函数的输入端口引用、VISA 读取函数的输入端口 VISA 资源名称相连。

（8）将串口字节数函数的输出端口 Number of bytes at Serial port 与 VISA 读取函数的输入端口字节总数相连。

（9）将 VISA 读取函数的输出端口读取缓冲区与扫描值函数的输入端口字符串相连。

（10）将字符串常量（值为%b）与扫描值函数的输入端口“格式字符串”相连。

（11）将扫描值函数的输出端口“输出字符串”与强制类型转换函数的输入端口 x 相连。

（12）添加一个字符串常量：函数→编程→字符串→字符串常量，值为“E5”，表示返回值。

（13）添加一个比较函数：函数→编程→比较→等于?。

（14）添加一个条件结构：函数→编程→结构→条件结构。

（15）将强制类型转换函数的输出端口与比较函数“=”的输入端口 x 相连。

（16）将字符串常量“E5”与比较函数“=”的输入端口 y 相连。

（17）将比较函数“=”的输出端口“x=y?”与条件结构的选择端口？相连。

（18）在条件结构中添加数组常量：函数→编程→数组→数组常量。

再往数组常量中添加数值常量，设置为 6 个，将其数据格式设置为十六进制，方法为：选中数组常量中的数值常量，单击右键，执行格式与精度选项，在出现的对话框中，从格式与精度选项中选择十六进制，单击“OK”按钮确定。将 6 个数值常量的值分别改为 10、02、00 、5C、5E、16。

（19）在条件结构中添加一个字节数组转字符串函数：函数→编程→字符串→字符串/数组/路径转换→字节数组至字符串转换。

（20）为了发送指令到串口，在条件结构中添加一个串口写入函数：函数→仪器 I/O→串口→VISA 写入。

（21）将 VISA 资源名称函数的输出端口与 VISA 写入函数的输入端口 VISA 资源名称相连。

（22）将数组常量的输出端口与字节数组至字符串转换函数的输入端口无符号字节数组相连。

（23）将字节数组至字符串转换函数的输出端口字符串与 VISA 写入函数的输入端口写入缓

冲区相连。

连接好的框图程序如图 8-27 所示。

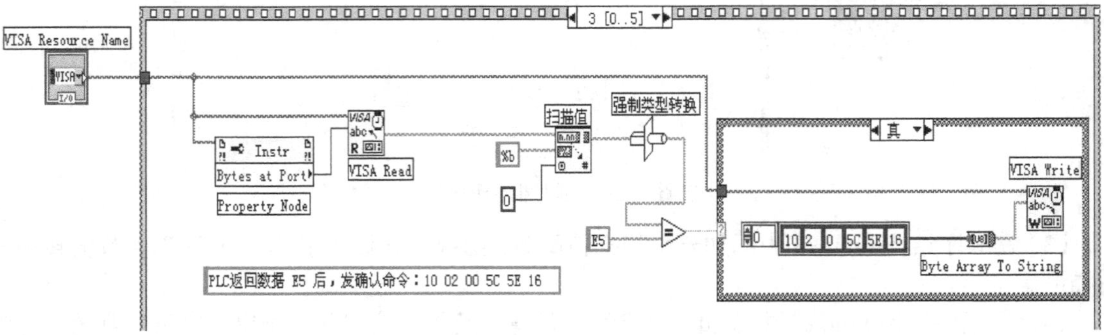

图 8-27　发送确认指令框图程序

5）延时框图程序

在顺序结构 Frame4 中添加一个时钟函数和一个数值常量（值为 500），并将二者连接起来。

6）接收数据框图程序

（1）为了获得串口缓冲区数据个数，在顺序结构 Frame5 中添加一个串口字节数函数：函数→仪器 I/O→串口→VISA 串口字节数，标签为“Property Node”。

（2）在顺序结构 Frame5 中添加一个串口读取函数：函数→仪器 I/O→串口→VISA 读取。

（3）在顺序结构 Frame5 中添加字符串转字节数组函数：函数→编程→字符串→字符串/数组/路径转换→字符串至字节数组转换。

（4）在顺序结构 Frame5 中添加两个索引数组函数：函数→编程→数组→索引数组。

（5）在顺序结构 Frame5 中添加两个数值常量：函数→编程→数值→数值常量，值分别为 25 和 26。

（6）将 VISA 资源名称函数的输出端口分别与串口字节数函数的输入端口引用、VISA 读取函数的输入端口 VISA 资源名称相连。

（7）将串口字节数函数的输出端口 Number of bytes at Serial port 与 VISA 读取函数的输入端口字节总数相连。

（8）将 VISA 读取函数的输出端口读取缓冲区与字符串至字节数组转换函数的输入端口字符串相连。

（9）将字符串至字节数组转换函数的输出端口无符号字节数组分别与两个索引数组函数的输入端口数组相连。

（10）将数值常量（值为 25、26）分别与索引数组函数的输入端口索引相连。

（11）再添加其他功能函数并连线：将读取的十六进制数据值转换为十进制数（PLC 寄存器中的数字量值），然后除以 6400 就是 1 通道的十进制电压值。

连接好的框图程序如图 8-28 所示。

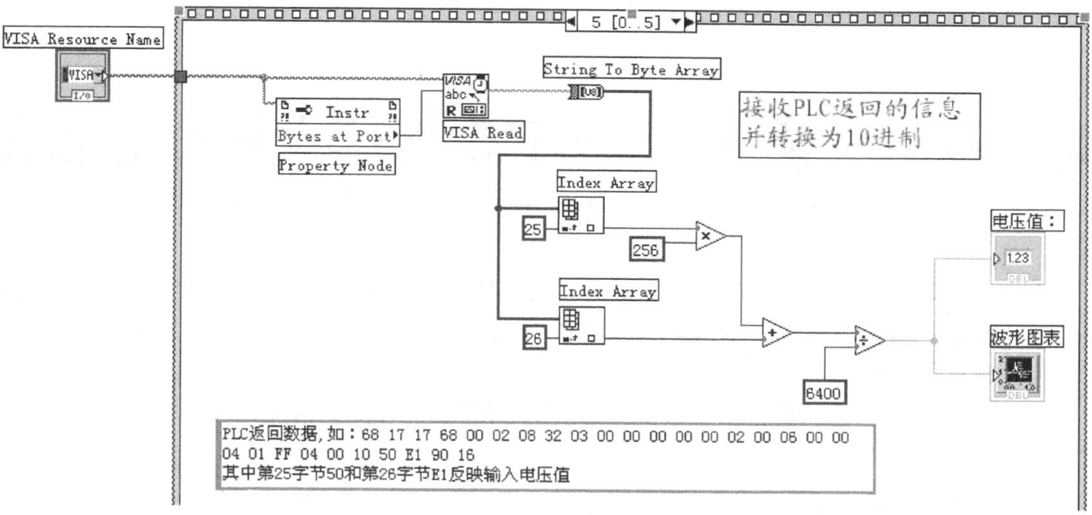

图 8-28　接收数据框图程序

3. 运行程序

程序设计、调试完毕，单击快捷工具栏中的“连续运行”按钮，运行程序。

PC 读取并显示西门子 PLC 检测的电压值，绘制电压实时变化曲线。

初始化显示数值时需要一定时间。

程序运行界面如图 8-29 所示。

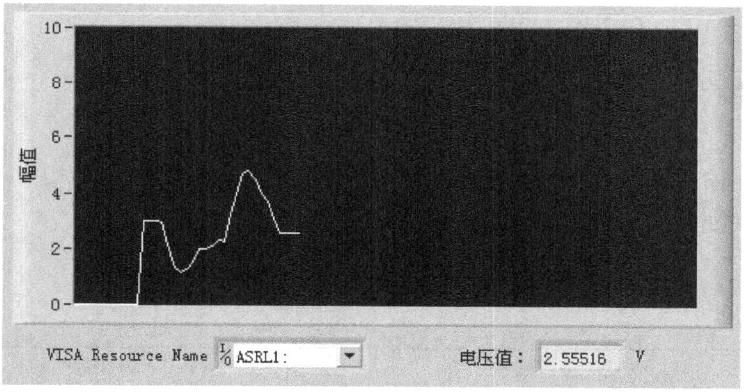

图 8-29　程序运行界面

第 9 章　三菱 PLC 与 PC 通信之模拟量输出

许多执行装置所需的控制信号是模拟量，如调节阀、电动机、电力电子的功率器件等的控制信号。PLC 的模拟量输出包括-10～10V、0～10V、0～5V 电压信号及 0～20mA、4～20mA 电流信号等几种规格。

本章实现 PC 与 PLC 通信并通过模拟量输出扩展模块 FX_{2N}-4DA 输出模拟电压。

9.1　三菱 PLC 模拟电压输出

9.1.1　设计任务

采用 SWOPC-FXGP/WIN-C 编程软件编写 PLC 程序，将计算机输出的电压值（数字量形式，在寄存器 D123 中）放入寄存器 D100 中，并在 FX_{2N}-4DA 模拟量输出 1 通道输出同样大小的电压值（0～10V）。

9.1.2　线路连接

将模拟量输出扩展模块 FX_{2N}-4DA 与 PLC 主机通过扁平电缆相连，构成一套模拟电压输出系统，如图 9-1 所示。

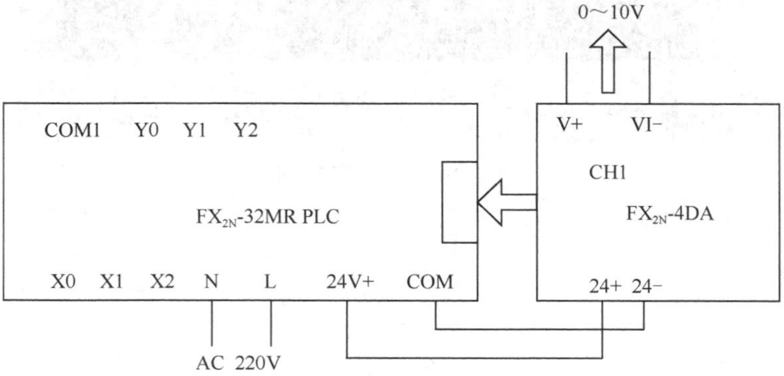

图 9-1　FX_{2N} PLC 模拟电压输出系统

扩展模块的 DC 24V 电源由主机提供（也可使用外接电源）。FX_{2N}-4DA 模块的 ID 号为 0。

PC 发送到 PLC 的数值（范围 0～10，反映电压大小）由 FX2N-4DA 的模拟量输出 1 通道（CH1）V+与 VI-之间输出。

PLC 的模拟量输出模块（FX_{2N}-4DA）负责 D/A 转换，即将数字量信号转换为模拟量信号输出。

9.1.3 PLC 端电压输出程序设计

采用 SWOPC-FXGP/WIN-C 编程软件编写的 PLC 程序梯形图如图 9-2 所示。

程序的主要功能是：PC 程序中设置的数值写入 PLC 的寄存器 D123 中，并将数据传送到寄存器 D100 中，在扩展模块 FX_{2N}-4DA 模拟量输出 1 通道输出同样大小的电压值。

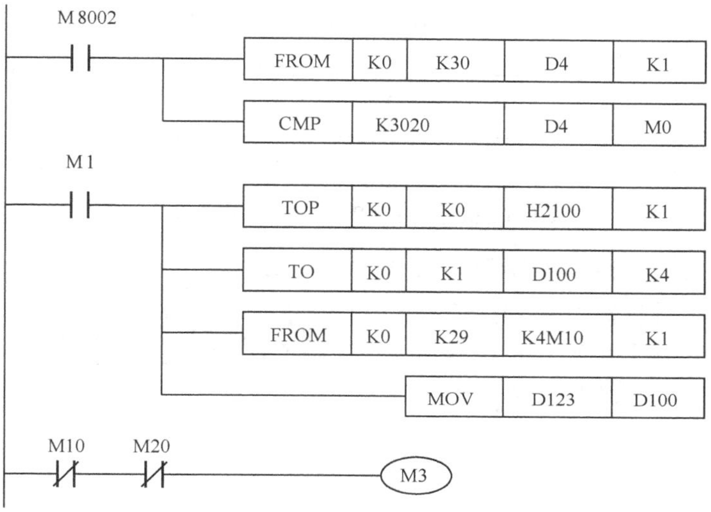

图 9-2 模拟量输出梯形图

程序说明：

第 1 逻辑行，首次扫描时从 0 号特殊功能模块的 BFM# 30 中读出标识码，即模块 ID 号，并放到基本单元的 D4 中。

第 2 逻辑行，检查模块 ID 号，如果是 FX_{2N}-4DA，结果送到 M0。

第 3 逻辑行，传送控制字，设置模拟量输出类型。

第 4 逻辑行，将从 D100 开始的 4 个字节数据写到 0 号特殊功能模块的编号从 1 开始的 4 个缓冲寄存器中。

第 5 逻辑行，独处通道工作状态，将模块运行状态从 BFM#29 读入 M10～M17。

第 6 逻辑行，将上位计算机传送到 D123 的数据传送给寄存器 D100。

第 7 逻辑行，如果模块运行没有错，且模块数字量输出值正常，将内部寄存器 M3 置“1”。

9.1.4 PLC 程序写入与监控

1. 程序写入

PLC 端程序编写完成后需将其写入 PLC 才能正常运行。其步骤如下：

（1）接通 PLC 主机电源，将 RUN/STOP 转换开关置于 STOP 位置。

（2）运行 SWOPC-FXGP/WIN-C 编程软件，打开模拟量输出程序，执行“转换”命令。

（3）执行菜单“PLC”→“传送”→“写出”命令，如图 9-3 所示，打开“PC 程序写入”对话框，选中“范围设置”项，“终止步”设为“100”，单击“确定”按钮，即开始写入程序，如图 9-4 所示。

（4）程序写入完毕将 RUN/STOP 转换开关置于 RUN 位置，即可进行模拟电压的输出。

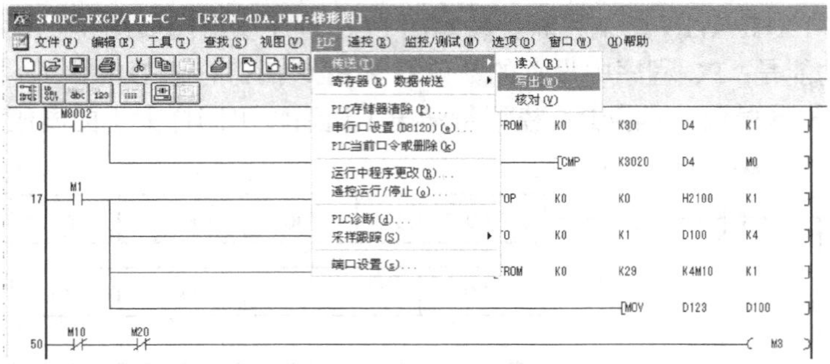

图 9-3　执行菜单“PLC/传送/写出”命令

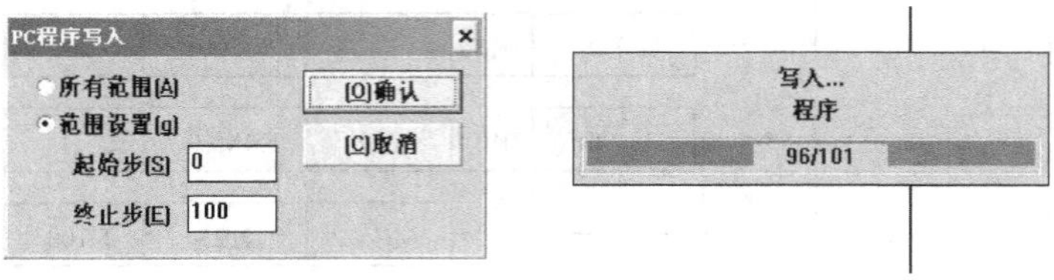

图 9-4　PC 程序写入

2. 程序监控

PLC 端程序写入后，可以进行实时监控。其步骤如下：

（1）接通 PLC 主机电源，将 RUN/STOP 转换开关置于 RUN 位置。

（2）运行 SWOPC-FXGP/WIN-C 编程软件，打开模拟量输出程序并写入。

（3）执行菜单“监控/测试”→“开始监控”命令，即可开始监控程序的运行，如图 9-5 所示。

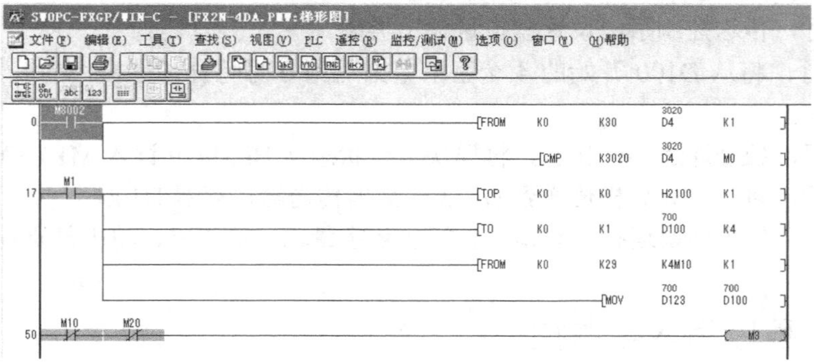

图 9-5　PLC 程序监控

监控画面中，寄存器 D123 和 D100 上的蓝色数字如 700 就是要输出到模拟量输出 1 通道的电压值（换算后的电压值为 3.5V，与万用表测量值相同）。

注意： 模拟量输出程序监控前，要保证向寄存器 D123 中发送数字量 700。实际测试时先运行上位机程序，输入数值 3.5（反映电压大小），转换成数字量 700 再发送给 PLC。

（4）监控完毕，执行菜单“监控/测试”→“停止监控”命令，即可停止监控程序的运行。

注意：必须停止监控，否则影响上位机程序的运行。

9.2 三菱PLC与PC通信实现模拟电压输出

9.2.1 设计任务

同时采用VB、VC++、组态王和LabVIEW软件编写程序，实现PC与三菱FX_{2N}-32MR PLC数据通信。要求：在PC程序界面中输入一个数值（范围：0～10），转换成数字量形式，发送到PLC的寄存器D123中。

9.2.2 线路连接

三菱FX_{2N}-32MR可以通过自身的编程口和PC通信，也可以通过通信口和PC通信。通过编程口，一台PC只能和一台PLC通信，实现对PLC中软元件的间接访问（每个软元件具有唯一的地址映射）；通过通信口，一台PC可以和多台PLC通信，并实现对PLC中软元件的直接访问，两者使用不同的通信协议。

将三菱FX_{2N}-32MR PLC的编程口通过SC-09编程电缆与PC的串口COM1连接起来组成电压输出系统，如图9-6所示。

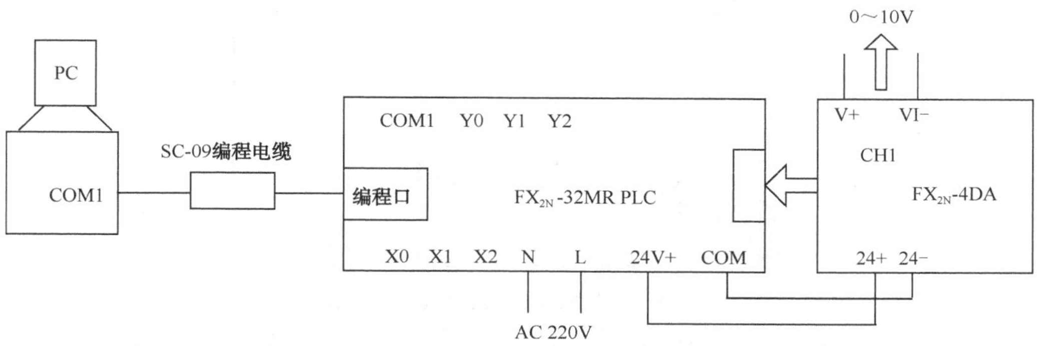

图9-6 PC与FX_{2N} PLC通信实现电压输出

9.2.3 指令获取与串口通信调试

1. 指令获取

本章向寄存器D123中写入数值500（即输出2.5V）。发送写指令的获取过程如下。

开始字符STX：02H。

命令码CMD（写）：1（其ASCII码值为：31H）。

起始地址：123*2 为 246，转成十六进制数为 F6H，则：

ADDR=1000H+F6H=10F6H（其 ASCII 码值为：31H 30H 46H 36H）

字节数 NUM：02H（其 ASCII 码值为：30H 32H）。02H 表示往一个寄存器发送数值，04H 表示往两个寄存器发送数值，以此类推。

数据 DATA：写给 D123 的数为 500，转成十六进制数为 01F4，其 ASCII 码值为：30 31 46 34，低字节在前，高字节在后，在指令中应为 46 34 30 31。

结束字符 EXT：03H。

累加和 SUM：

31H+31H+30H+46H+36H+30H+32H+46H+34H+30H+31H+03H = 24EH

累加和超过两位数时，取它的低两位，即 SUM 为 4EH，4EH 的 ASCII 码值为：34H 45H。

对应的写命令帧格式为：02 31 31 30 46 36 30 32 46 34 30 31 03 34 45。

2. 串口通信调试

打开“串口调试助手”程序，首先设置串口号 COM1、波特率 9600、校验位 EVEN（偶校验）、数据位 7、停止位 1 等参数（注意：设置的参数必须与 PLC 设置的一致），选择“十六进制显示”和“十六进制发送”，打开串口。

在发送字符区输入指令“02 31 31 30 46 36 30 32 46 34 30 31 03 34 45”，PLC 接收到此命令，如正确执行，则返回 ACK 码（06H），如图 9-7 所示，否则返回 NAK 码（15H）。

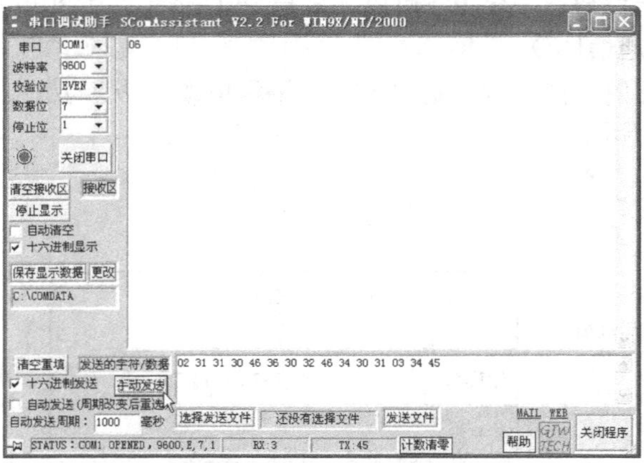

图 9-7 三菱 PLC 模拟量输出串口调试

发送成功后，使用万用表测量 FX_{2N}-4DA 扩展模块模拟量输出 1 通道，输出电压值应该是 2.5V（数字量-2000～2000 对应电压值-10～10V）。

9.2.4 PC 端 VB 程序设计详解

1. 程序界面设计

1）添加控件

（1）为了实现 PC 与 PLC 串口通信，添加一个 MSComm 通信控件。

（2）为了设置输出电压值，添加两个 TextBox 文本框控件。
（3）为了表示文本框的作用，添加 3 个 Label 标签控件。
（4）为了执行输出电压命令，添加一个 CommandButton 按钮控件。
（5）为了执行关闭程序命令，再添加一个 CommandButton 按钮控件。

2）属性设置

程序窗体、控件对象的主要属性设置如表 9-1 所示。

表 9-1　程序窗体、控件对象的主要属性设置

控件类型	主要属性	功　能
Form	（名称）= Form1	窗体控件
	BorderStyle = 3	运行时窗体固定大小
	Caption = PLC 模拟电压输出	窗体标题栏显示程序名称
TextBox	（名称）= Tdata	文本框控件
	Text 为空	显示输入电压数字量值
TextBox	（名称）= Tv	文本框控件
	Text = 2.5	显示输入电压值
Label	（名称）= Label1	标签控件
	Caption = 数字量：	标签
Label	（名称）= Label2	标签控件
	Caption = 电压值：	标签
Label	（名称）= Label3	标签控件
	Caption = V	标签
CommandButton	（名称）= Cmdsend	按钮控件，执行输出电压命令
	Caption = 输出	按钮标签
CommandButton	（名称）= Cmdquit	按钮控件，执行关闭程序命令
	Caption = 关闭	按钮标签
MSComm	（名称）= MSComm1	串口通信控件
	在程序中设置	串口参数设置

程序设计界面如图 9-8 所示。

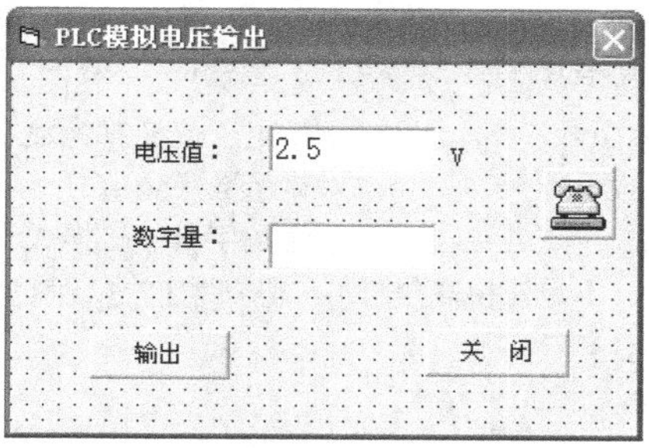

图 9-8　程序设计界面

2. 程序设计详解

1）串口初始化

程序运行后，要实现 PC 与 PLC 串口通信，首先要进行串口初始化，包括设置端口号、通信参数（波特率、校验位、数据位、停止位）、收/发数据类型、打开串口等，这些程序在 Form_Load() 事件过程中编写。

（1）PC 与三菱 PLC 串口通信使用 COM1。利用 MSComm 控件的 CommPort 属性来设置端口号。

```
MSComm1.CommPort = 1
```

（2）PC 与三菱 PLC 的通信参数必须一致，即波特率 9600、偶校验、数据位 7、停止位 1。利用 MSComm 控件的 Settings 属性来设置通信参数。

```
MSComm1.Settings = "9600,E,7,1"
```

（3）发送的指令是十六进制编码数据，即二进制数据流，需要将 MSComm 控件的 InputMode 属性值设为 1，即：

```
MSComm1.InputMode =1
```

如果发送的是字符串文本数据，InputMode 属性值设为 0（详见第 4～5 章实例）。

（4）如果接收数据时使用事件方式，还需增加下面语句，当接收缓冲区收到字符时都会使 MSComm 控件触发 OnComm 事件。

```
MSComm1.RThreshold = 1                  //设置并返回要接收的字符数
MSComm1.SThreshold = 1                  //设置并返回发送缓冲区中允许的最小字符数
```

（5）在 Windows 环境下，串口是系统资源的一部分，应用程序要使用串口进行通信，必须在使用之前向操作系统提出资源申请要求即打开串口。

```
MSComm1.PortOpen = True
```

2）发送控制指令输出电压

在本程序中，要发送的电压数值不是固定值，而是人为输入的随机值，这样指令中反映电压值的数据部分与累加和部分就要用变量表示，其他部分是固定数据。

在串口通信调试中得到的指令应该表达为“02 31 31 30 46 36 30 32 data1 data2 data3 data4 03 data5 data6”，程序设计的关键就是要得到变量值 data1～data6。

（1）得到指令中输出电压的数据变量 data1～data4。

```
Private Sub Cmdsend_Click()
    Dim hexnum(10) As Integer               //存储反映电压值的数字量的每一字节
    Dim checknum(10) As String              //存储校验和（2 字节）
//根据三菱模拟扩展模块 FX2N-4DA 的输出特性，电压值 0～10V 对应数字量值 0~2000，因此将输出
//电压值乘以 200 得到其数字量值
    dnum = Val(Tv.Text) * 200               //将电压值换算为数字量值
    Tdata.Text = Str(dnum)                  //显示数字量值
    hexdata = Hex(dnum)                     //将数字量值转换成十六进制值
//判断十六进制数的长度，不足 4 位高位补 0，得到完整的十六进制数
  If Len(hexdata) = 3 Then
    hexstr = "0" & hexdata
  Else
    hexstr = hexdata
```

```
    End If
  //将十六进制数 hexstr 中的每一位转成 ASCII 码值，得到反映输出电压的 4 个字节
    hexnum(1) = Hex(Asc(Mid(hexstr, 1, 1)))
    hexnum(2) = Hex(Asc(Mid(hexstr, 2, 1)))
    hexnum(3) = Hex(Asc(Mid(hexstr, 3, 1)))
    hexnum(4) = Hex(Asc(Mid(hexstr, 4, 1)))
  //根据协议，反映输出电压的 ASCII 码值，在指令中低字节在前，高字节在后，因此指令中反映电压
  //值的数据部分变量应该为：
    Data1 = "&H" & hexnum(3)
    Data2 = "&H" & hexnum(4)
    Data3 = "&H" & hexnum(1)
    Data4 = "&H" & hexnum(2)
      ⋮
  End Sub
```

（2）得到指令中累加和的数据变量 data5～data6。

```
  Private Sub Cmdsend_Click()
      ⋮
  //累加和计算：从指令中的第 2 字节开始加到倒数第 3 字节
    addnum = Hex(&H31 + &H31 + &H30 + &H46 + &H36 + &H30 + &H32 + Data1 + Data2 + Data3 + Data4 + &H3)
  //取累加和的后两位，分别将每位转成 ASCII 码值，即作为指令中的后两个字节
    checkdata = Right(addnum, 2)
    checknum(1) = Hex(Asc(Mid(checkdata, 1, 1)))
    checknum(2) = Hex(Asc(Mid(checkdata, 2, 1)))
  //得到指令中反映累加和的数据部分变量
    Data5 = "&H" & checknum(1)
    Data6 = "&H" & checknum(2)
      ⋮
  End Sub
```

（3）发送控制指令。

单击“输出”按钮，向 PLC 发送指令“02 31 31 30 46 36 30 32 data1 data2 data3 data4 03 data5 data6”，功能是往 PLC 寄存器 D123 中写对应电压值的数字量值。

使用 MSComm 控件的 Output 属性发送指令。

```
  Private Sub Cmdsend_Click()
      ⋮
    MSComm1.Output = Chr(&H2) & Chr(&H31) & Chr(&H31) & Chr(&H30) & Chr(&H46) & Chr(&H36) & Chr(&H30) & Chr(&H32) & Chr(Data1) & Chr(Data2) & Chr(Data3) & Chr(Data4) & Chr(&H3) & Chr(Data5) & Chr(Data6)
  End Sub
```

3）退出程序

通信完成后必须释放资源即关闭串口。

```
  Private Sub Cmdquit_Click()
    MSComm1.PortOpen = False          //关闭通信端口
    Unload Me                         //卸载窗体
  End Sub
```

3. 系统运行测试

程序设计、调试完毕，运行程序。

在 PC 程序画面电压值文本框中输入数值，单击“输出”按钮，如果 PC 与 PLC 通信正常，在 FX_{2N}-4DA 模拟量输出模块 1 通道将输出同样大小的电压值（可使用万用表测量）。

程序运行界面如图 9-9 所示。

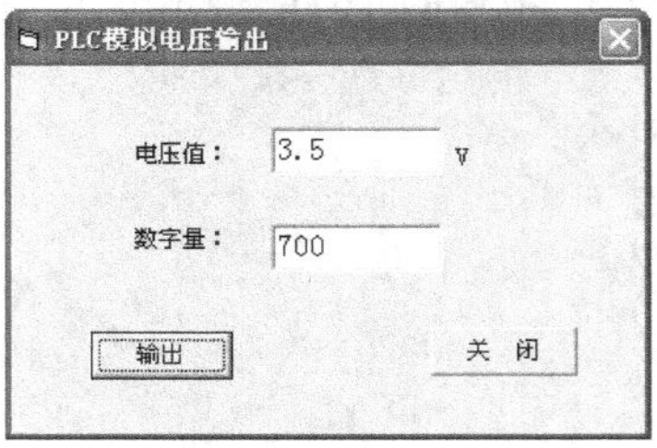

图 9-9 程序运行界面

9.2.5 PC 端 VC++程序设计详解

1. 程序界面设计

1）添加控件

（1）为了实现 PC 与 PLC 串口通信，添加一个 MSComm 通信控件。
（2）为了设置输出电压值，添加两个 EditBox 编辑框控件。
（3）为了表示编辑框的作用，添加 3 个 StaticText 静态文本控件。
（4）为了执行输出电压命令，添加一个 Button 命令按钮控件。
（5）为了执行关闭程序命令，再添加一个 Button 命令按钮控件。

2）属性设置

程序窗体、控件对象的主要属性设置如表 9-2 所示。

表 9-2 程序窗体、控件对象的主要属性设置

控件类型	主要属性	功能
Dialog	ID：IDD_PLC_DIALOG	对话框控件，控件标识
	Caption ：PLC 模拟电压输出	对话框标题栏显示程序名称
EditBox	ID：IDC_EDIT2	编辑框控件，显示输入电压数字量值，初始值为 2.5
	Member variable name：m_data1	float 型成员变量，与控件相互映射
EditBox	ID：IDC_EDIT3	编辑框控件，显示输入电压值
	Member variable name：m_data2	CString 型成员变量，与控件相互映射
StaticText	ID：IDC_STATIC	静态文本控件，控件标识
	Caption：电压值：	静态文本内容，显示编辑框作用

续表

控 件 类 型	主 要 属 性	功　　能
StaticText	ID：IDC_STATIC	静态文本控件，控件标识
	Caption = V	静态文本内容，显示电压单位
StaticText	ID：IDC_STATIC	静态文本控件，控件标识
	Caption：数字量：	静态文本内容，显示编辑框作用
Button	ID：IDC_BUTTON1	按钮控件，执行输出电压命令
	Caption：输出	按钮标签
Button	ID：IDC_BUTTON2	按钮控件，执行关闭程序命令
	Caption：关闭	按钮标签
MSComm	ID：IDC_MSCOMM1	串口通信控件
	Member variable name：m_Comm	CMSComm 型成员变量，与控件相互映射
	其他属性在程序中设置	串口参数设置

程序设计界面如图 9-10 所示。

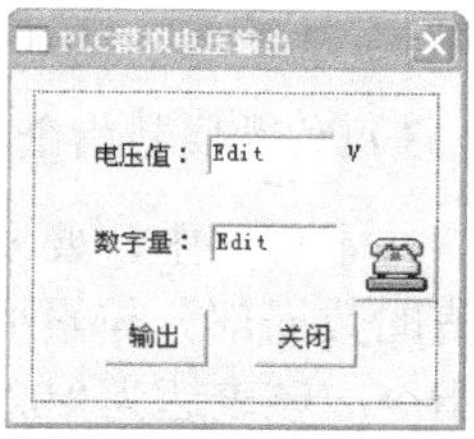

图 9-10　程序设计界面

2. 程序设计详解

1）串口初始化

程序运行后，要实现 PC 与 PLC 串口通信，首先要进行串口初始化，包括设置端口号、通信参数（波特率、校验位、数据位、停止位）、收/发数据类型、打开串口等，这些程序在 OnInitDialog()函数中编写。

（1）PC 与三菱 PLC 串口通信使用 COM1。利用 MSComm 控件的 SetCommPort 方法来设置端口号。

```
m_Comm.SetCommPort(1)
```

（2）PC 与三菱 PLC 的通信参数必须一致，即波特率 9600、偶校验、数据位 7、停止位 1。利用 MSComm 控件的 SetSettings 方法来设置通信参数。

```
m_Comm.SetSettings("9600,E,7,1")
```

（3）接收与发送的数据以二进制方式读写，需要将 MSComm 控件的 InputMode 属性值设为 1，用 SetInputMode 方法来实现。

```
m_Comm.SetInputMode(1)
```

如果接收与发送的数据以文本方式读写，则将 InputMode 属性值设为 0。

（4）如果接收数据时使用事件方式，还需增加下面语句，当接收缓冲区收到字符时都会使 MSComm 控件触发 OnComm 事件。

```
m_Comm.SetRThreshold(1)          //参数 1 表示当串口接收缓冲区中有多于或等于 1 个字符时将
                                 //触发 OnComm 事件
```

（5）串口输入缓冲区 InBufferSize 和输出缓冲区 OutBufferSize 的大小都设为 1024，使用 MSComm 控件的 SetInBufferSize 方法和 SetOutBufferSize 方法进行设置。

```
m_Comm.SetInBufferSize(1024)
m_Comm.SetOutBufferSize(1024)
```

（6）本程序无须设置握手协议，Handshaking 属性值设为 0，使用 MSComm 控件的

SetHandshaking 方法来设置。

```
m_Comm.SetHandshaking(0)        //属性值为 0，代表无握手协议
```

（7）在使用 GetInput 方法读取串口接收缓冲区数据时，要读取全部的内容，因此需要将 InputLen 的属性值设为 0，使用 MSComm 控件的 SetInputLen 方法来设置。

```
m_Comm.SetInputLen(0)   //设置和返回 input 每次读出的字节数，设为 0 时读出接收缓冲区中的内容
```

（8）在程序中需要清除接收缓冲区和发送缓冲区，把 InBufferCount 和 OutBufferCount 的属性值设为 0，使用 MSComm 控件的 SetInBufferCount 方法和 SetOutBufferCount 方法进行设置。

```
m_Comm.SetInBufferCount(0)      //设置和返回接收缓冲区的字节数，设为 0 时清空接收缓冲区
m_Comm.SetOutBufferCount(0)     //设置和返回发送缓冲区的字节数，设为 0 时清空发送缓冲区
```

（9）在 Windows 环境下，串口是系统资源的一部分，应用程序要使用串口进行通信，必须在使用之前向操作系统提出资源申请要求即打开串口。

```
m_Comm.SetPortOpen(TRUE)
```

2）电压值初始化

在程序运行时，电压值初始化为 2.5，在 OnInitDialog()函数中进行初始化。初始化代码为：

```
m_data1=2.5                     //给电压值编辑框的成员变量赋值
UpdateData(false)               //将变量值传给控件显示
```

3）发送控制指令输出电压

在本程序中，要发送的电压数值不是固定值，而是人为输入的随机值，这样指令中反映电压值的数据部分与累加和部分就要用变量表示，其他部分是固定数据，在串口通信调试中得到的指令应该表达为“02 31 31 30 46 36 30 32 data1 data2 data3 data4 03 data5 data6”，程序设计的关键就是要得到变量值 data1～data6。在本程序中，将指令存放在字节数组 commstr 中，对应地要得到 commstr[8]、commstr[9]、commstr[10]、commstr[11] 、commstr[13]和 commstr[14]的值。

（1）计算 commstr[8]～commstr[11]、commstr[13]和 commstr[14]的值。

```
void CPlcDlg::OnButton1()
{
    CByteArray send_data;                       //定义动态字节数组，存放要发送的数据
    CString datav,checkdata;
    BYTE commstr[15];
    UpdateData(true);                           //将控件里的值传给变量
    m_data2.Format("%d",int(m_data1*200));      //显示数字量，根据三菱模拟扩展模块 FX2N-4DA 的
                                                //输出特性，电压值 0～10V 对应数字量值 0~2000，
                                                //因此将输出电压值乘以 200 得到其数字量值
    datav.Format("%04X",int(m_data1*200));      //将数字量转换为十六进制后赋值给 datav
    //将指令存放在字节数组 commstr
    commstr[0]=0x02;
    commstr[1]=0x31;
    commstr[2]=0x31;
    commstr[3]=0x30;
    commstr[4]=0x46;
    commstr[5]=0x36;
    commstr[6]=0x30;
    commstr[7]=0x32;
```

```
    //根据协议，反映输出电压的 ASCII 码值，在指令中低字节在前，高字节在后，因此指令中反映
    //电压值的数据部分变量应该为：
    commstr[8]=datav[2];
    commstr[9]=datav[3];
    commstr[10]=datav[0];
    commstr[11]=datav[1];
    commstr[12]=0x03;
    checkdata=sumchk(commstr);          //累加和计算：从指令中的第 2 个字节开始加到倒数第
                                        //3 个字节累加和的两个字节即为指令中的后两个字节
    commstr[13]=checkdata[0];
    commstr[14]=checkdata[1];
    ⋮
    UpdateData(false);                  //将变量值传给控件显示
}
CString sumchk(BYTE *temp)              //累加和计算函数
 {
     int chk=0;
     CString temp1;
      for(int i=1;i<=12;i++)
       chk=(chk+(int)temp[i]) & 0xFF;   //将结果限定在 0xFF 以内
    temp1.Format("%02X",chk);
    return(temp1);
 }
```

（2）发送控制指令。单击“输出”按钮，向 PLC 发送指令“02 31 31 30 46 36 30 32 data1 data2 data3 data4 03 data5 data6”，功能是往 PLC 寄存器 D123 中写对应电压值的数字量值。

使用 MSComm 控件的 SetOutput 方法发送指令。

```
void CPlcDlg::OnButton1()
{
    ⋮
    for (int i=0;i<15;i++)
    {
        send_data.Add(commstr[i]);                    //将指令存入 send_data
    }
    m_Comm.SetOutput(COleVariant(send_data));         //将控制指令转换为 VARIANT 类型后通过串
                                                      //口发送出去
    UpdateData(false);                                //将变量值传给控件显示
}
```

4）退出程序

通信完成后必须释放资源即关闭串口。

```
void CPlcDlg::OnButton2()
{
    m_Comm.SetPortOpen(FALSE);                        //关闭串口
    CDialog::OnCancel();
}
```

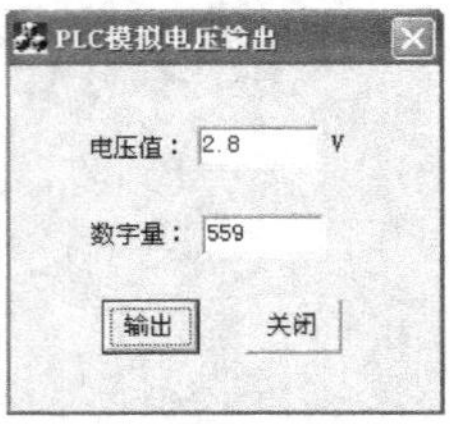

图 9-11　程序运行界面

3. 系统运行测试

程序设计、调试完毕，运行程序。

在 PC 程序画面电压值文本框中输入数值，单击“输出”按钮，如果 PC 与 PLC 通信正常，在 FX_{2N}-4DA 模拟量输出模块 1 通道将输出同样大小的电压值（可使用万用表测量）。

程序运行界面如图 9-11 所示。

9.2.6　PC 端监控组态程序设计

1. 建立新工程项目

运行组态王程序，在工程管理器中创建新的工程项目。

工程名称：AO。

工程描述：模拟量输出。

2. 制作图形画面

（1）通过开发系统工具箱为图形画面添加两个文本对象：标签“输出电压值：”和当前电压值显示文本“000”。

（2）通过开发系统工具箱为图形画面添加一个“实时趋势曲线”控件。

（3）为图形画面添加一个游标对象。

（4）在工具箱中选择“按钮”控件添加到画面中，将按钮“文本”改为“关闭”。

设计的图形画面如图 9-12 所示。

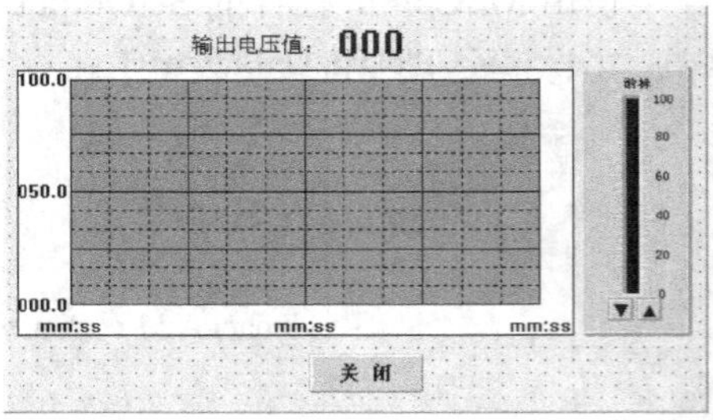

图 9-12　图形画面

3. 添加设备

在组态王工程浏览器的左侧选择“设备/COM1”，在右侧双击“新建”，运行“设备配置向导”。

（1）选择：设备驱动→PLC→三菱→FX2→编程口，如图 9-13 所示。

（2）单击“下一步”按钮，给要安装的设备指定唯一的逻辑名称，如“FX2NPLC”。

（3）单击“下一步”按钮，选择串口号，如“COM1”（须与 PLC 在 PC 上使用的串口号一致）。

（4）单击“下一步”按钮，为要安装的 PLC 指定地址，如“1”（注意，这个地址应该与 PLC 通信参数设置程序中设定的地址相同）。

（5）单击“下一步”按钮，出现“通信故障恢复策略”设定窗口，使用默认设置即可。

（6）单击“下一步”按钮，显示所要安装的设备信息，请检查各项设置是否正确，确认无误后，单击“完成”按钮，完成设备的配置。

4. 串口通信参数设置

双击“设备/COM1”，弹出“设置串口”对话框，设置串口 COM1 的通信参数：波特率选

"9600"，奇偶校验选"偶校验"，数据位选"7"，停止位选"1"，通信方式选"RS232"，如图 9-14 所示。

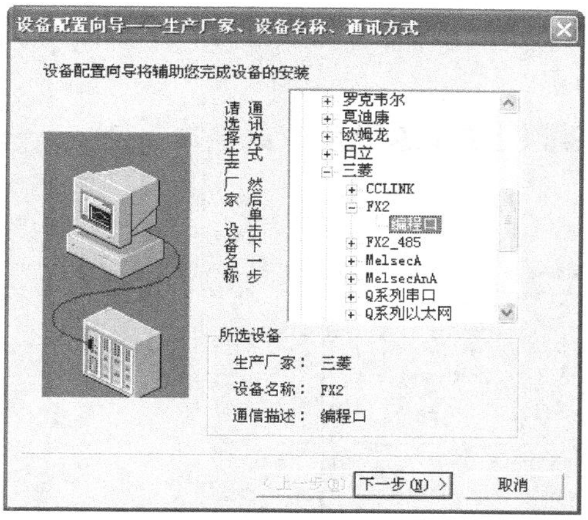

图 9-13　选择串口设备

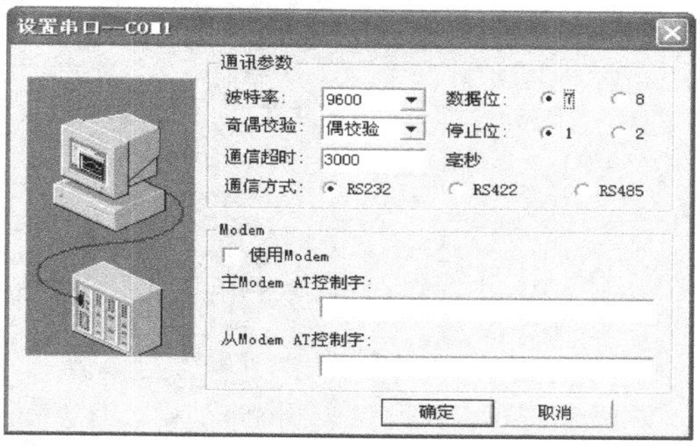

图 9-14　设置串口 COM1

设置完毕，单击"确定"按钮，就完成了对 COM1 的通信参数配置，保证组态王与 PLC 的通信能够正常进行。

注意： 设置的参数必须与 PLC 设置的一致，否则不能正常通信。

5. PLC 通信测试

选择新建的串口设备"FX2NPLC"，单击右键，出现一弹出式下拉菜单，选择"测试 FX2NPLC"项，出现"串口设备测试"画面，观察设备参数与通信参数是否正确，若正确，选择"设备测试"选项卡。

寄存器选择 D，再添加数字 123，即设为"D123"，数据类型选择"SHORT"，单击"添加"按钮，D123 进入采集列表。

在采集列表中，双击寄存器名 D123，出现"数据输入"对话框，在"输入数据"栏中输入数值，如"700"，单击"确定"按钮，寄存器 D123 的变量值变为 700，如图 9-15 所示。

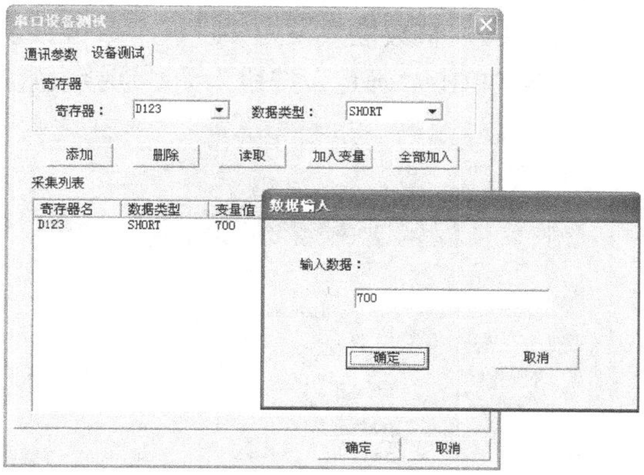

图 9-15　PLC 寄存器测试

如果通信正常，使用万用表测量 FX_{2N}-4DA 扩展模块模拟量输出 1 通道，输出电压值应该是 3.5V（数字量-2000～2000 对应电压值-10～10V）。

6. 定义 I/O 变量

（1）定义变量“AO”：变量类型选“I/O 整数”，初始值、最小值、最小原始值设为“0”，最大值、最大原始值设为“2000”；连接设备选“FX2NPLC”，寄存器设置为“D123”，数据类型选“SHORT”，读写属性选“只写”，如图 9-16 所示。

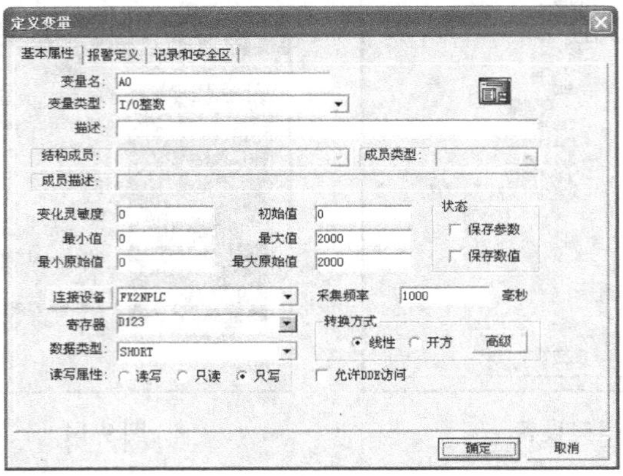

图 9-16　定义变量“AO”

定义完成后，单击“确定”按钮，则在数据词典中出现定义好的变量“AO”。

（2）定义变量“电压”：变量类型选“内存实数”。初始值、最小值设为“0”，最大值设为“10”。

定义完成后，单击“确定”按钮，则在数据词典中出现定义好的变量“电压”。

7. 建立动画连接

1）建立输出电压值显示文本对象动画连接

双击画面中电压值显示文本对象“000”，出现“动画连接”对话框，单击“模拟值输出”按钮，则弹出“模拟值输出连接”对话框，将其中的表达式设置为“\\本站点\电压”（可以直接输入，也可以单击表达式文本框右边的“?”号，选择已定义好的变量名“电压”，单击“确定”按钮，文本框中出现“\\本站点\电压”表达式），整数位数设为“1”，小数位数设为“2”，单击“确定”按钮返回到“动画连接”对话框，再次单击“确定”按钮，动画连接设置完成，如图 9-17 所示。

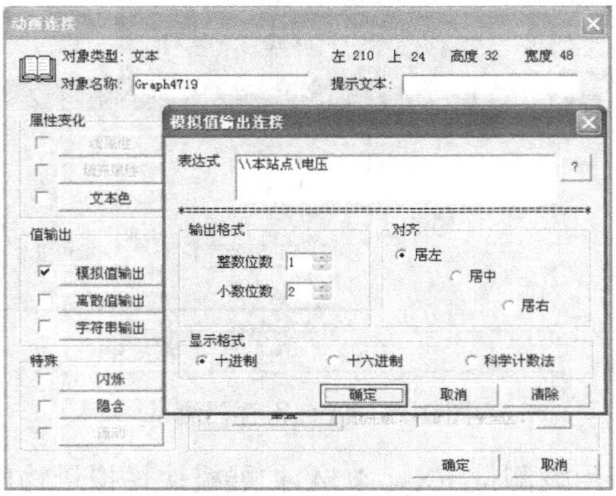

图 9-17　电压值显示文本对象动画连接

2）建立实时趋势曲线对象的动画连接

双击画面中的实时趋势曲线对象，出现“实时趋势曲线”对话框。在“曲线定义”选项卡中，单击曲线 1 表达式文本框右边的“?”号，选择已定义好的变量“电压”，如图 9-18 所示。

在“标识定义”选项卡中，数值轴最大值设为 10，数值格式选“实际值”，时间轴长度设为 2 分钟。

3）建立游标对象动画连接

双击画面中的游标对象，出现“游标”对话框。单击变量名（模拟量）文本框右边的“？”号，选择已定义好的变量“电压”；并将滑动范围的最大值改为“10”，如图 9-19 所示。

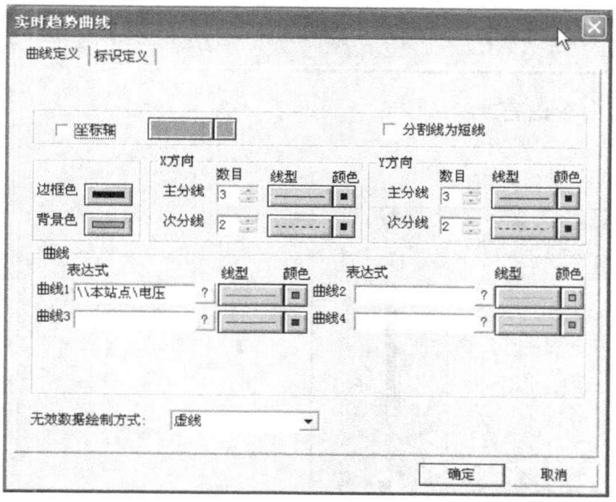

图 9-18　实时趋势曲线对象动画连接

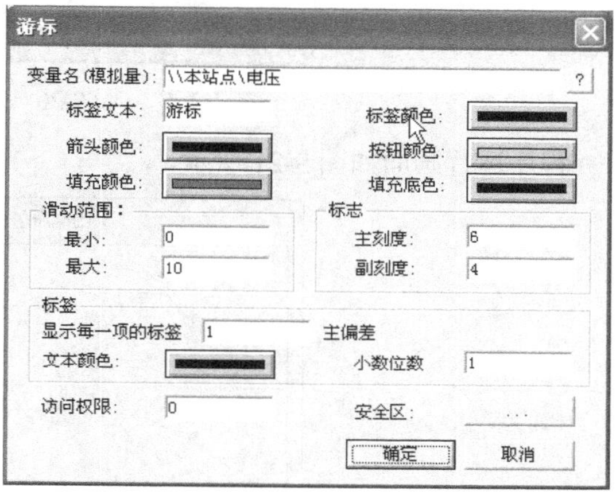

图 9-19　游标对象动画连接

4）建立按钮对象的动画连接

双击画面中的“关闭”按钮对象，出现“动画连接”对话框。单击命令语言连接中的“弹起时”按钮，出现“命令语言”窗口，在编辑栏中输入命令“exit(0);”。

单击“确定”按钮，返回到“动画连接”对话框，再单击“确定”按钮，则“关闭”按钮的动画连接完成。程序运行时，单击“关闭”按钮，程序停止运行并退出。

8. 编写命令语言

在工程浏览器左侧树形菜单中双击命令语言“应用程序命令语言”项，出现“应用程序命令语言”编辑对话框，单击“运行时”，将循环执行时间设定为 200ms，然后在命令语言编辑框中输入数值转换程序“\\本站点\AO=\\本站点\电压*200;”，如图 9-20 所示。然后单击“确定”按钮，完成命令语言的输入。

9. 调试与运行

将设计的画面全部存储并配置成主画面，启动画面运行程序。

启动 PLC，单击游标上下箭头，生成一间断变化的数值（0～10），在程序界面中产生一个随之变化的曲线。同时，“组态王”系统中的 I/O 变量“AO”值也会自动更新不断变化，线路中在 FX_{2N}-4DA 模拟量输出模块 1 通道将输出同样大小的电压值。

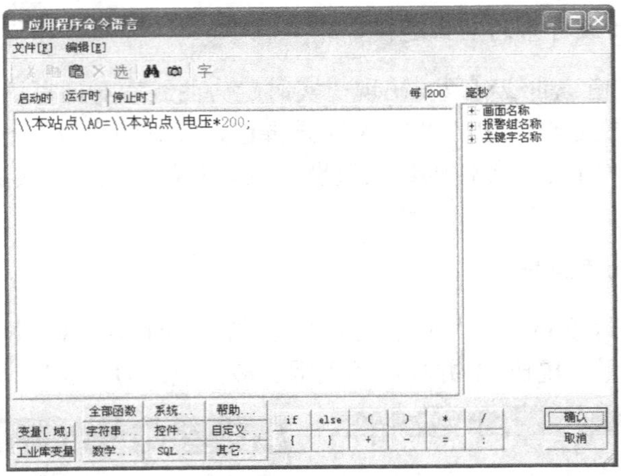

图 9-20 编写命令语言

程序运行画面如图 9-21 所示。

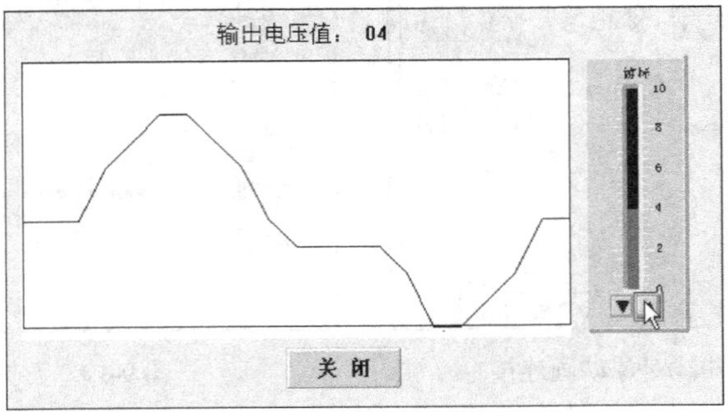

图 9-21 程序运行画面

9.2.7 PC 端 LabVIEW 程序设计

1. 程序前面板设计

（1）为了输出电压值，添加一个开关控件：控件→新式→布尔→垂直滑动杆开关控件，将标签改为“输出 2.5V”。

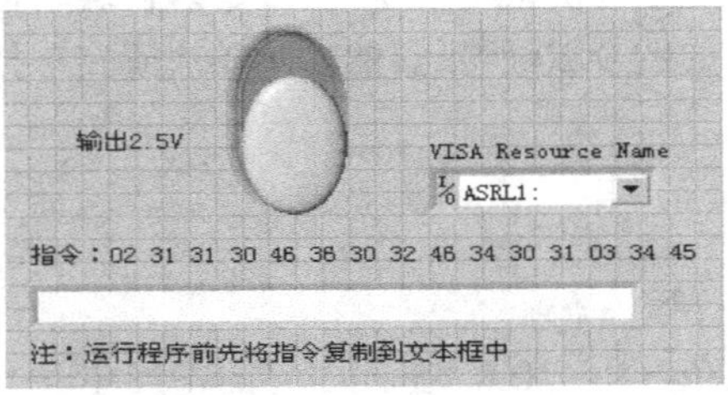

图 9-22 程序前面板

（2）为了输入指令，添加一个字符串输入控件：控件→新式→字符串与路径→字符串输入控件，将标签改为“指令：02 31 31 30 46 36 30 32 46 34 30 31 03 34 45”。

（3）为了获得串行端口号，添加一个串口资源检测控件：控件→新式→I/O→VISA 资源名称；单击控件箭头，选择串口号，如“COM1”或“ASRL1:”。

设计的程序前面板如图 9-22 所示。

2. 框图程序设计

1）串口初始化框图程序

（1）添加一个顺序结构：函数→编程→结构→层叠式顺序结构。

将其帧设置为 4 个（序号为 0～3）。设置方法：选中层叠式顺序结构上边框，单击右键，执行在后面添加帧选项 3 次。

（2）为了设置通信参数，在顺序结构 Frame0 中添加一个串口配置函数：函数→仪器 I/O→串口→VISA 配置串口。

（3）为了设置通信参数值，在顺序结构 Frame0 中添加 4 个数值常量：函数→编程→数值→数值常量，值分别为 9600（波特率）、7（数据位）、2（校验位，偶校验）、10（停止位 1，注意这里的设定值为 10）。

（4）将 VISA 资源名称函数的输出端口与串口配置函数的输入端口 VISA 资源名称相连。

（5）将数值常量 9600、7、2、10 分别与 VISA 配置串口函数的输入端口波特率、数据比特、奇偶、停止位相连。

连接好的框图程序如图 9-23 所示。

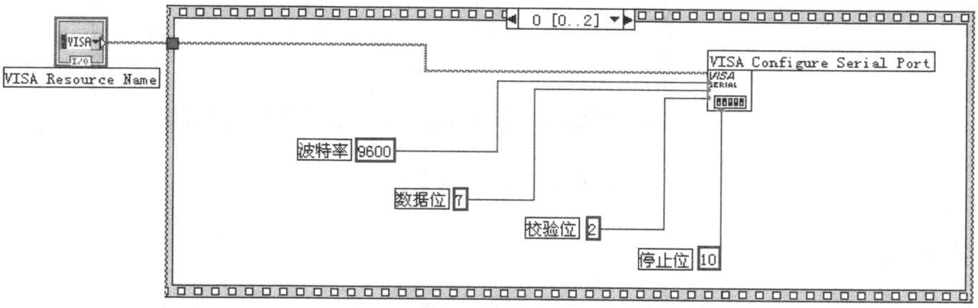

图 9-23　串口初始化框图程序

2）发送指令框图程序

（1）在顺序结构 Frame1 中添加一个条件结构：函数→编程→结构→条件结构。

（2）为了发送指令到串口，在条件结构真选项中添加一个串口写入函数：函数→仪器 I/O→串口→VISA 写入。

（3）将垂直滑动杆开关控件图标移到顺序结构 Frame1 中；将字符串输入控件图标移到条件结构真选项中。

（4）将 VISA 资源名称函数的输出端口与 VISA 写入函数的输入端口 VISA 资源名称相连。

（5）将垂直滑动杆开关控件的输出端口与条件结构的选择端口?相连。

（6）将字符串输入控件的输出端口与 VISA 写入函数的输入端口写入缓冲区相连。

连接好的框图程序如图 9-24 所示。

3）延时框图程序

（1）在顺序结构 Frame2 中添加一个时钟函数：函数→编程→定时→等待下一个整数倍毫秒。

（2）在顺序结构 Frame2 中添加一个数值常量：函数→编程→数值→数值常量，将值改为 200

（时钟频率值）。

（3）将数值常量（值为 200）与等待下一个整数倍毫秒函数的输入端口毫秒倍数相连。

连接好的框图程序如图 9-25 所示。

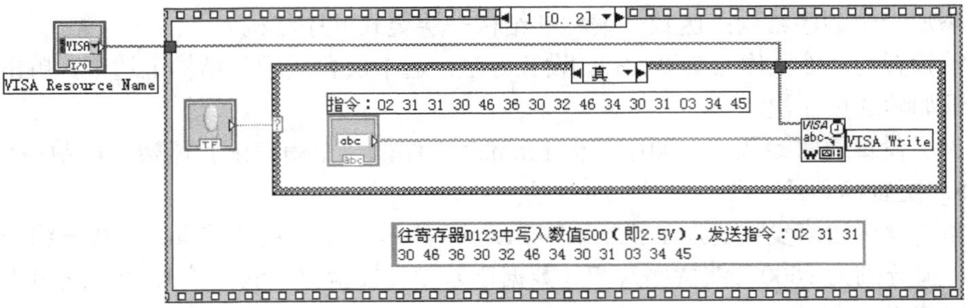

图 9-24　发送指令框图程序

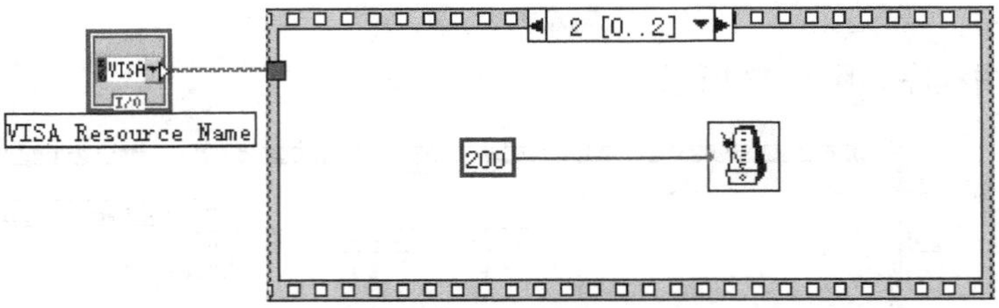

图 9-25　延时框图程序

3. 运行程序

程序设计、调试完毕，单击快捷工具栏中的“连续运行”按钮，运行程序。

将指令“02 31 31 30 46 36 30 32 46 34 30 31 03 34 45”复制到字符串输入控件中，单击滑动开关，三菱 PLC 模拟量输出模块 1 通道输出 2.5V 电压。

程序运行界面如图 9-26 所示。

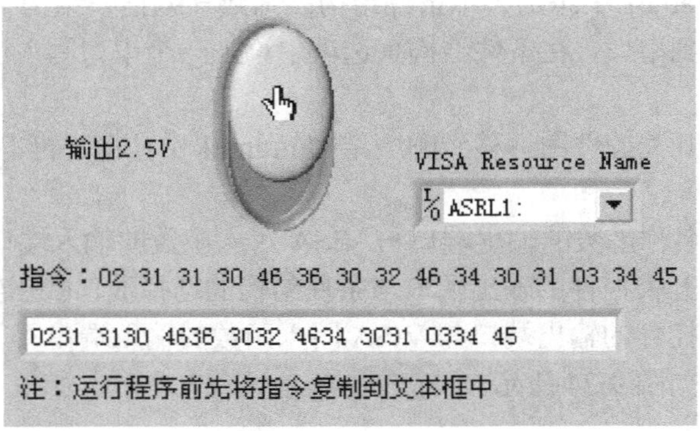

图 9-26　程序运行界面

第 10 章　西门子 PLC 与 PC 通信之模拟量输出

许多执行装置所需的控制信号是模拟量，如调节阀、电动机、电力电子的功率器件等的控制信号。PLC 的模拟量输出包括-10～10V、0～10V、0～5V 电压信号及 0～20mA、4～20mA 电流信号等几种规格。

本章实现 PC 与 PLC 通信并通过西门子模拟量扩展模块 EM235 输出模拟电压。

10.1　西门子 PLC 模拟电压输出

10.1.1　设计任务

采用 STEP 7-Micro/WIN 编程软件编写 PLC 程序，将计算机输出的电压值（数字量形式，在寄存器 VW100 中）放入寄存器 AQW0 中，并在 EM235 模拟量输出通道输出同样大小的电压值（0～10V）。

10.1.2　线路连接

将模拟量输出扩展模块 EM235 与 PLC 主机通过扁平电缆相连，构成一套模拟电压输出系统，如图 10-1 所示。

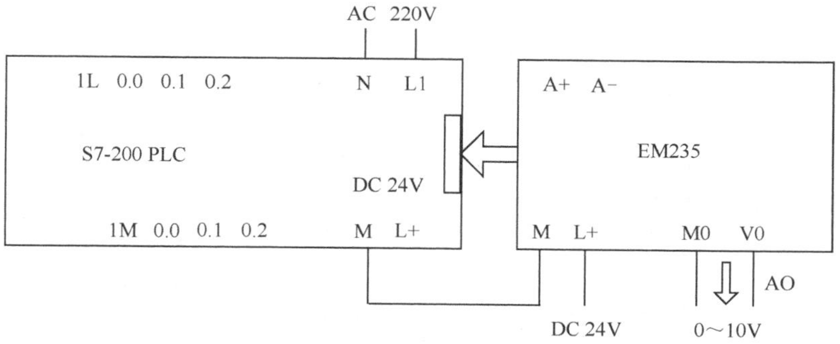

图 10-1　S7-200 PLC 模拟电压输出系统

PC 发送到 PLC 的数值（范围 0～10，反映电压大小）由 M0（-）和 V0（+）输出（0～10V）。不需连线，直接用万用表测量输出电压。

EM235 扩展模块的电源是 DC 24V，这个电源一定要外接而不可就近接 PLC 本身输出的 DC 24V 电源，但两者一定要共地。

10.1.3 PLC 端电压输出程序设计

为了保证 S7-200 PLC 能够正常与 PC 进行模拟量输出通信，需要在 PLC 中运行一段程序。PLC 程序如图 10-2 所示。

在上位机程序中输入数值（范围 0～10）并转换为数字量值（0～32000），发送到 PLC 寄存器 VW100 中。在下位机程序中，将寄存器 VW100 中的数字量值送给输出寄存器 AQW0。PLC 自动将数字量值转换为对应的电压值（0～10V）在模拟量输出通道输出。

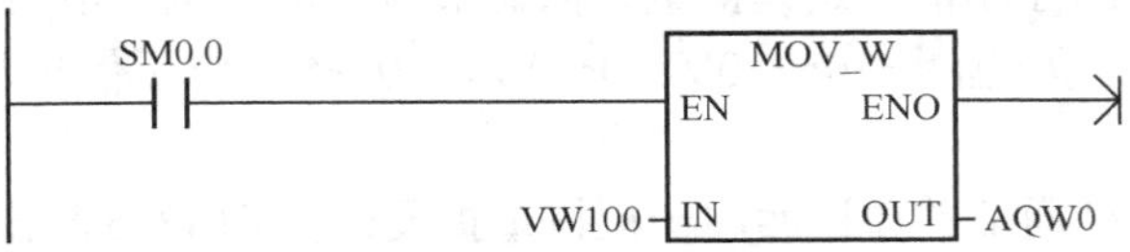

图 10-2　PLC 电压输出程序

10.1.4 PLC 程序下载与监控

1. 程序下载

PLC 端程序编写完成后需将其下载到 PLC 才能正常运行。其步骤如下：

（1）接通 PLC 主机电源，将 RUN/STOP 转换开关置于 STOP 位置。

（2）运行 STEP 7-Micro/WIN 编程软件，打开模拟量输出程序。

（3）执行菜单“File”→“Download...”命令，打开“Download”对话框，单击“Download”按钮，即开始下载程序，如图 10-3 所示。

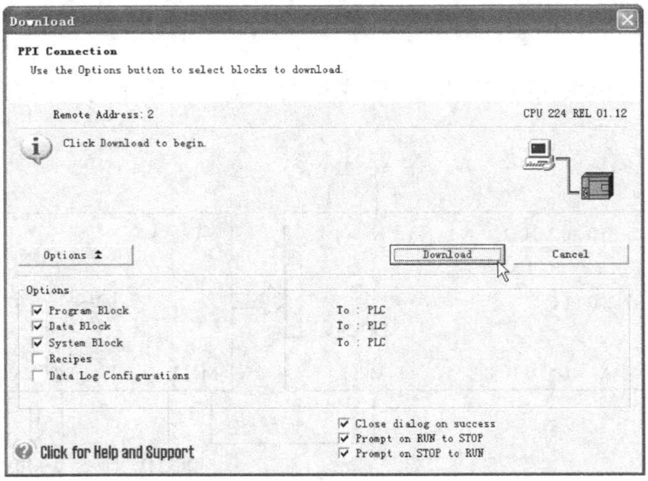

图 10-3　程序下载对话框

（4）程序下载完毕将 RUN/STOP 转换开关置于 RUN 位置，即可进行模拟电压的输出。

2. 程序监控

PLC 端程序写入后，可以进行实时监控。其步骤如下：

（1）接通 PLC 主机电源，将 RUN/STOP 转换开关置于 RUN 位置。

（2）运行 STEP 7-Micro/WIN 编程软件，打开模拟量输出程序并下载。

（3）执行菜单"Debug"→"Start Program Status"命令，即可开始监控程序的运行，如图 10-4 所示。

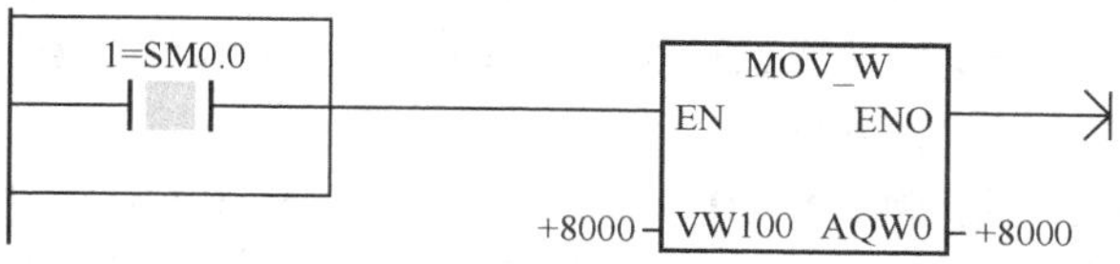

图 10-4　PLC 程序监控

寄存器 AQW0 右边的黄色数字如 8000 就是要输出到模拟量输出通道的电压值（数字量形式，根据 0～32000 对应 0～10V，换算后的电压实际值为 2.5V，与万用表测量值相同），改变输入电压，该数值随着改变。

注意：模拟量输出程序监控前，要保证向寄存器 VW100 中发送数字量 8000。实际测试时先运行上位机程序，输入数值 2.5（反映电压大小），转换成数字量 8000 再发送给 PLC。

（4）监控完毕，执行菜单"Debug"→"Stop Program Status"命令，即可停止监控程序的运行。

注意：必须停止监控，否则影响上位机程序的运行。

10.2　西门子 PLC 与 PC 通信实现模拟电压输出

10.2.1　设计任务

同时采用 VB、VC++、组态王和 LabVIEW 软件编写程序，实现 PC 与西门子 S7-200 PLC 数据通信。要求：在 PC 程序界面中输入一个数值（范围：0～10），转换成数字量形式，并发送到 PLC 的寄存器 VW100 中。

10.2.2　线路连接

将西门子 S7-200 PLC 的编程口通过 PC/PPI 编程电缆与 PC 的串口 COM1 连接起来组成电压输出系统，如图 10-5 所示。

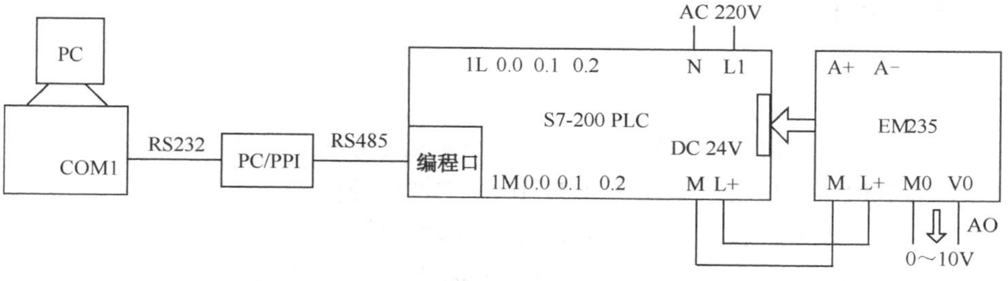

图 10-5　PC 与 S7-200 PLC 通信实现电压输出

10.2.3 串口通信调试

打开“串口调试助手”程序，首先设置串口号 COM1、波特率 9600、校验位 EVEN（偶校验）、数据位 8、停止位 1 等参数（注意：设置的参数必须与 PLC 设置的一致），选择“十六进制显示”和“十六进制发送”，打开串口。

例如，向 S7-200 PLC 寄存器 VW100（00 03 20）写入 3E 80（数字量值 16000 的十六进制），即输出 5V，向 PLC 发指令“68 21 21 68 02 00 7C 32 01 00 00 00 00 00 0E 00 06 05 01 12 0A 10 04 00 01 00 01 84 00 03 20 00 04 00 10 3E 80 76 16”，如图 10-6 所示。

PLC 返回数据“E5”后，再发送确认指令“10 02 00 5C 5E 16”，PLC 再返回数据“E5”后，写入成功。用万用表测试 EM235 模块输出端口电压应该是 5V。

同样可知向 S7-200 PLC 寄存器 VW100（00 03 20）写入 1F 40（数字量值 8000 的十六进制），即输出 2.5V，向 PLC 发送指令“68 21 21 68 02 00 7C 32 01 00 00 00 00 00 0E 00 06 05 01 12 0A 10 04 00 01 00 01 84 **00 03 20** 00 04 00 10 **1F 40** 17 16”。

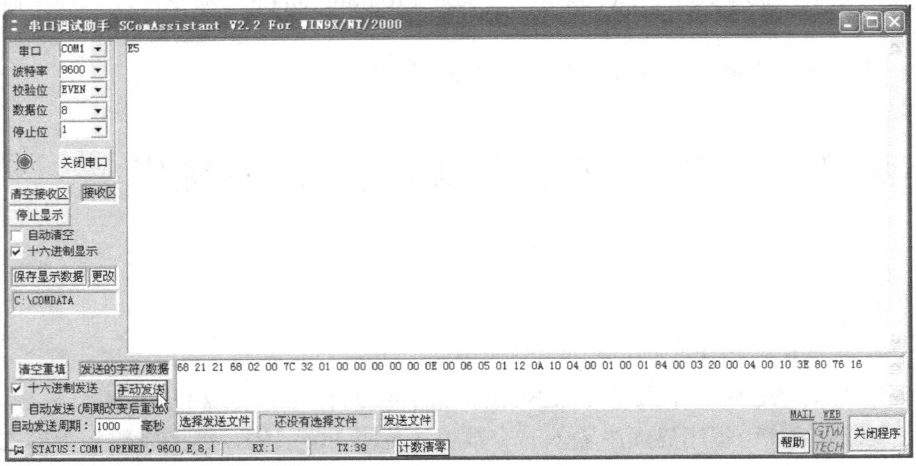

图 10-6 西门子 PLC 模拟输出串口调试

注意：发送两次指令时，串口调试助手程序始终要保持在所有程序界面的前面。

10.2.4 PC 端 VB 程序设计详解

1. 程序界面设计

1）添加控件

（1）为了实现 PC 与 PLC 串口通信，添加一个 MSComm 通信控件。
（2）为了设置输出电压值，添加两个 TextBox 文本框控件。
（3）为了表示文本框的作用，添加 3 个 Label 标签控件。
（4）为了执行输出电压命令，添加一个 CommandButton 按钮控件。

（5）为了执行关闭程序命令，再添加一个 CommandButton 按钮控件。

2）属性设置

程序窗体、控件对象的主要属性设置如表 10-1 所示。

表 10-1　程序窗体、控件对象的主要属性设置

控件类型	主要属性	功　能
Form	（名称） = Form1	窗体控件
	BorderStyle = 3	运行时窗体固定大小
	Caption =S7-200 PLC 模拟电压输出	窗体标题栏显示程序名称
TextBox	（名称）= Tdata	文本框控件
	Text 为空	显示输入电压数字量值
TextBox	（名称）= Tv	文本框控件
	Text 为空	显示输入电压十进制值
MSComm	（名称）= MSComm1	串口通信控件
	在程序中设置	串口参数设置
CommandButton	（名称）= Cmdsend	按钮控件，执行输出电压命令
	Caption = 输出	按钮标签
CommandButton	（名称）= Cmdquit	按钮控件，执行关闭程序命令
	Caption = 关闭	按钮标签

程序设计界面如图 10-7 所示。

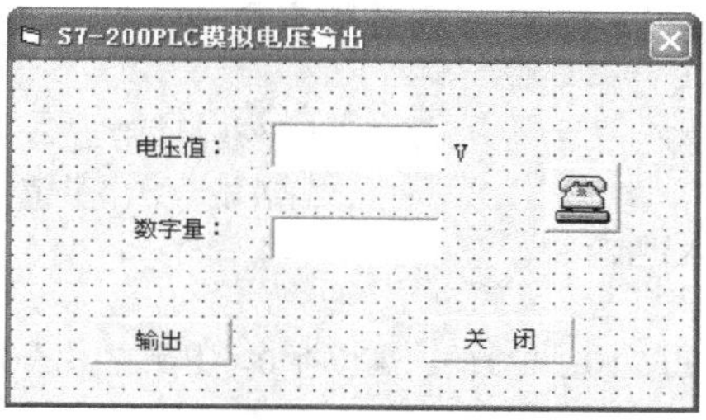

图 10-7　程序设计界面

2. 程序设计详解

1）串口初始化

程序运行后，要实现 PC 与 PLC 串口通信，首先要进行串口初始化，包括设置端口号、通信参数(波特率、校验位、数据位、停止位)、收/发数据类型、打开串口等，这些程序在 Form_Load() 事件过程中编写。

（1）PC 与西门子 PLC 串口通信使用 COM1。利用 MSComm 控件的 CommPort 属性来设置端口号。

```
MSComm1.CommPort = 1
```

（2）PC 与西门子 PLC 的通信参数必须一致，即波特率 9600、偶校验、数据位 8、停止位 1。利用 MSComm 控件的 Settings 属性来设置通信参数。

```
MSComm1.Settings = "9600,E,8,1"
```

（3）发送的指令与接收的数据都是十六进制编码数据，即二进制数据流，需要将 MSComm 控件的 InputMode 属性值设为 1，即：

```
MSComm1.InputMode =1
```

如果发送与接收的是字符串文本数据，InputMode 属性值设为 0（详见第 4～5 章实例）。

（4）如果接收数据时使用事件方式，还需增加下面语句，当接收缓冲区收到字符时都会使 MSComm 控件触发 OnComm 事件。

```
MSComm1.RThreshold = 1                //设置并返回要接收的字符数
MSComm1.SThreshold = 1                //设置并返回发送缓冲区中允许的最小字符数
```

（5）在 Windows 环境下，串口是系统资源的一部分，应用程序要使用串口进行通信，必须在使用之前向操作系统提出资源申请要求即打开串口。

```
MSComm1.PortOpen = True
```

2）发送控制指令输出电压

在本程序中，要发送的电压数值不是固定值，而是人为输入的随机值，这样指令中反映电压值的数据部分与校验和部分就要用变量表示，其他部分是固定数据，在串口通信调试中输出指令应该表达为“68 21 21 68 02 00 7C 32 01 00 00 00 00 00 0E 00 06 05 01 12 0A 10 04 00 01 00 01 84 00 03 20 00 04 00 10 Data1 Data2 checkdata 16”，程序设计的关键就是要得到反映输出电压的变量值 data1、data2 和反映校验和的变量值 checkdata。

（1）得到指令中输出电压的数据变量 data1 和 data2。

根据西门子 S7-200 PLC 模拟量输出模块 EM235 的输出特性，电压值 0～10V 对应数字量值 0～32000，因此将输出电压值乘以 3200 得到其数字量值。

```
Private Sub Cmdsend_Click()
 dnum = Val(Tv.Text) * 3200                //获得数字量
 Tdata.Text = Str(dnum)                    //显示数字量值
 //将数字量值转换成十六进制值
 hexdata = Hex(dnum)
 //判断十六进制数的长度，不足 4 位的，高位补 0，得到完整的十六进制数
 If Len(hexdata) = 3 Then
     hexstr = "0" & hexdata
  Else
     hexstr = hexdata
 End If
 //指令中反映电压值的数据部分变量应该为：
  Data1 = Mid(hexstr, 1, 2)                //电压值的第 1 个字节（字符串形式）
  Data2 = Mid(hexstr, 3, 2)                //电压值的第 2 个字节（字符串形式）
 ⋮
End Sub
```

（2）得到指令中校验和的数据变量 checkdata。

```
Private Sub Cmdsend_Click()
     ⋮
    //获取电压值的十六进制数
```

```
        Data3 = "&H" & Mid(hexstr, 1, 2)                    //电压值的第 1 个字节
        Data4 = "&H" & Mid(hexstr, 3, 2)                    //电压值的第 2 个字节
        //求校验和：从指令第 5 个字节即 02 开始加到反映电压值的字节为止
        addnum = Hex(&H2 + &H7C + &H32 + &H1 + &HE + &H6 + &H5 + &H1 + &H12 + &HA + &H10
+ &H4 + &H1 + &H1 + _ &H84 + &H3 + &H20 + &H4 + &H10 + Data3 + Data4)
        //取校验和的后两位，得到指令中反映校验和的数据部分变量
        checkdata = Right(addnum, 2)
        ⋮
    End Sub
```

（3）发送控制指令。

单击“输出”按钮，向 PLC 发送指令“68 21 21 68 02 00 7C 32 01 00 00 00 00 00 0E 00 06 05 01 12 0A 10 04 00 01 00 01 84 00 03 20 00 04 00 10 Data1 Data2 checkdata 16”，功能是往 PLC 寄存器 VW100 中写对应电压值的数字量值。

```
    Private Sub Cmdsend_Click()
      ⋮
      Dim arr() As Byte
      temp = "6821216802007C320100000000000E00060501120A10040001000184000320000400010" & _
              Data1 & Data2 & checkdata & "16"
      n = Len(temp) \ 2 - 1
      For i = 0 To n
          arr(i) = Val("&H" & Mid(temp, i * 2 + 1, 2))
      Next i
      //使用 MSComm 控件的 Output 属性发送指令
      MSComm1.Output = arr                          //发送输出电压指令
      ⋮
    End Sub
```

3）读取 PLC 返回数据“E5”，并发送确认指令

发送指令成功后，PLC 返回数据“E5”。一旦接收到数据“E5”，发送确认指令“10 02 00 5C 5E 16”。使用 MSComm 控件的 Input 属性读取返回数据，将接收的数据赋给字节型数组变量 Inbyte。

```
    Private Sub Cmdsend_Click()
      ⋮
      Dim arr1() As Byte
      For i = 0 To 10000000   //延时
     //读取返回数据串
     Inbyte = MSComm1.Input
     //得到返回数据串“E5”
     For i = LBound(Inbyte) To UBound(Inbyte)
         buffer = buffer + Hex(Inbyte(i)) + Chr(32)
      Next i
    //得到确认指令数据串
      temp 1= "1002005C5E16"
      n 1= Len(temp1) \ 2 - 1
      For i = 0 To n1
        arr1(i) = Val("&H" & Mid(temp1, i * 2 + 1, 2))
```

```
    Next i
    //PLC 返回数据"E5"后，确认写入命令，发送以下数据"10 02 00 5C 5E 16"
    If Trim(buffer) = "E5" Then
        MSComm1.Output = arr1   //发送确认指令
    End If
End Sub
```

4）退出程序

通信完成后必须释放资源即关闭串口。

```
Private Sub Cmdquit_Click()
    MSComm1.PortOpen = False            //关闭通信端口
    Unload Me                           //卸载窗体
End Sub
```

3. 系统运行测试

程序设计、调试完毕，运行程序。

在 PC 程序画面中输入数值，单击"输出"按钮，在 S7-200 模拟量扩展模块输出通道（M0 和 V0 之间）将输出同样大小的电压值。

程序运行界面如图 10-8 所示。

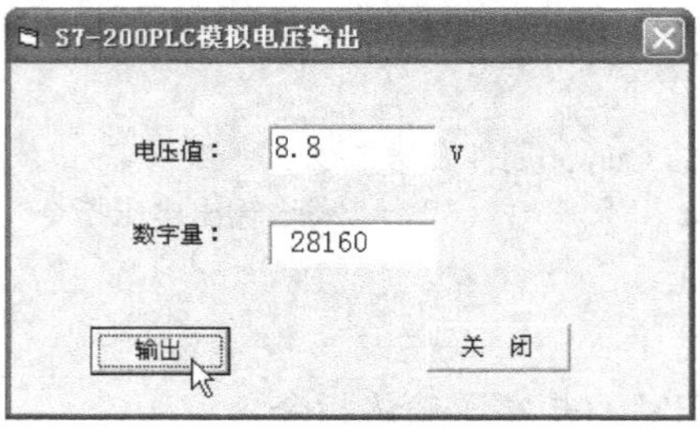

图 10-8　程序运行界面

10.2.5　PC 端 VC++程序设计详解

1. 程序界面设计

1）添加控件

（1）为了实现 PC 与 PLC 串口通信，添加一个 MSComm 通信控件。
（2）为了设置输出电压值，添加两个 EditBox 编辑框控件。
（3）为了表示编辑框的作用，添加 3 个 StaticText 静态文本控件。
（4）为了执行输出电压命令，添加一个 Button 命令按钮控件。
（5）为了执行关闭程序命令，再添加一个 Button 命令按钮控件。

2）属性设置

程序窗体、控件对象的主要属性设置如表 10-2 所示。

表 10-2 程序窗体、控件对象的主要属性设置

控件类型	主要属性	功能
Dialog	ID：IDD_PLC_DIALOG	对话框控件，控件标识
	Caption：S7-200 PLC 模拟电压输出	对话框标题栏显示程序名称
StaticText	ID：IDC_STATIC	静态文本控件，控件标识
	Caption：电压值：	静态文本内容，显示编辑框作用
StaticText	ID：IDC_STATIC	静态文本控件，控件标识
	Caption：V	静态文本内容，显示电压单位
StaticText	ID：IDC_STATIC	静态文本控件，控件标识
	Caption：数字量：	静态文本内容，显示编辑框作用
EditBox	ID：IDC_EDIT1	编辑框控件，显示输入电压数字量值，默认值 2.5
	Member variable name：m_datav	float 型成员变量，与控件相互映射
EditBox	ID：IDC_EDIT2	编辑框控件，显示输入电压十进制值
	Member variable name：m_data	float 型成员变量，与控件相互映射
MSComm	ID：IDC_MSCOMM1	串口通信控件
	Member variable name：m_Comm	CMSComm 型成员变量，与控件相互映射
	其他属性在程序中设置	串口参数设置
Button	ID：IDC_BUTTON1	按钮控件，执行输出电压命令
	Caption ：输出	按钮标签
Button	ID：IDC_BUTTON2	按钮控件，执行关闭程序命令
	Caption ：关闭	按钮标签

程序设计界面如图 10-9 所示。

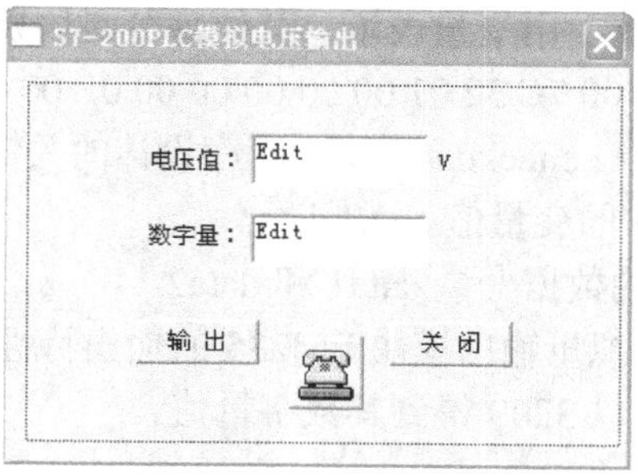

图 10-9 程序设计界面

2. PC 端程序设计详解

1）串口初始化

程序运行后，要实现 PC 与 PLC 串口通信，首先要进行串口初始化，包括设置端口号、通信参数(波特率、校验位、数据位、停止位)、收/发数据类型、打开串口等，这些程序在 OnInitDialog() 函数中编写。

（1）PC 与西门子 PLC 串口通信使用 COM1。利用 MSComm 控件的 SetCommPort 方法来设置端口号。

```
m_Comm.SetCommPort(1)
```

（2）PC 与西门子 PLC 的通信参数必须一致，即波特率 9600、偶校验、数据位 8、停止位 1。利用 MSComm 控件的 SetSettings 方法来设置通信参数。

```
m_Comm.SetSettings("9600,E,8,1")
```

（3）接收与发送的数据以二进制方式读写，需要将 MSComm 控件的 InputMode 属性值设为 1，用 SetInputMode 方法来实现。

```
m_Comm.SetInputMode(1)
```

如果接收与发送的数据以文本方式读写，则将 InputMode 属性值设为 0。

（4）如果接收数据时使用事件方式，还需增加下面语句，当接收缓冲区收到字符时都会使 MSComm 控件触发 OnComm 事件。

```
m_Comm.SetRThreshold(1)   //参数 1 表示当串口接收缓冲区中有多于或等于 1 个字符时将触发
                          //OnComm 事件
m_Comm.SetSThreshold(1)   //参数 1 表示当串口发送缓冲区中少于 1 个字符时将触发 OnComm 事件
```

（5）在 Windows 环境下，串口是系统资源的一部分，应用程序要使用串口进行通信，必须在使用之前向操作系统提出资源申请要求即打开串口。

```
m_Comm.SetPortOpen(TRUE)
```

2）电压值初始化

在程序运行时，电压值初始化为 2.5，在 OnInitDialog()函数中进行初始化。初始化代码为：

```
m_datav=(float)2.5   //给电压值编辑框的成员变量赋值
UpdateData(false)   //将变量值传给控件显示
```

3）发送控制指令输出电压

在本程序中，要发送的电压数值不是固定值，而是人为输入的随机值，这样指令中反映电压值的数据部分与校验和部分就要用变量表示，其他部分是固定数据，在串口通信调试中输出指令应该表达为“68 21 21 68 02 00 7C 32 01 00 00 00 00 00 0E 00 06 05 01 12 0A 10 04 00 01 00 01 84 00 03 20 00 04 00 10 data1 data2 checkdata 16”，程序设计的关键就是要得到反映输出电压的变量值 data1、data2 和反映校验和的变量值 checkdata。

（1）得到指令中输出电压的数据变量 data1 和 data2。

根据西门子 S7-200 PLC 模拟量输出模块 EM235 的输出特性，电压值 0～10V 对应数字量值 0~32000，因此将输出电压值乘以 3200 得到其数字量值。

```
void CPlcDlg::OnButton1()
{
    CString dataV16,temp,checkdata;
    int data1,data2;
    BYTE hexdata[38];                       //定义 BYTE 数组
    long addnum;
    CByteArray send_data;                   //定义动态字节数组，用于存放发送数据
    UpdateData(true);                       //将控件里的值传给变量
    if(m_datav>0)  m_data=m_datav*3200;     //显示数字量
    dataV16.Format("%04X",int(m_data));     //将数字量值转换成十六进制值
```

```
        //指令中反映电压值的数据部分变量应该为：
        data1=HexChar(dataV16[0])*16+HexChar(dataV16[1]);
        data2=HexChar(dataV16[2])*16+HexChar(dataV16[3]);
        ⋮
    }
```

（2）得到指令中校验和的数据变量 checkdata。

```
    void CPlcDlg::OnButton1()
    {
        ⋮
        //求校验和：从第 5 个字节即 02 开始加到反映电压值的字节为止，即到 Data1+Data2 为止
        addnum=0x02+0x7C+0x32+0x01+0x0E+0x06+0x05+0x01+0x12+0x0A+0x10+0x04+0x01+0x01+0x
84+0x3+0x20+0x04+0x10+data1+data2;
        temp.Format("%X",addnum);                    //格式化为十六进制
        //取校验和的后两位，得到指令中反映校验和的数据部分变量
        checkdata=temp.Right(2);
        ⋮
    }
```

（3）发送控制指令。

单击“输出”按钮，向 PLC 发送指令“68 21 21 68 02 00 7C 32 01 00 00 00 00 00 0E 00 06 05 01 12 0A 10 04 00 01 00 01 84 00 03 20 00 04 00 10 Data1 Data2 checkdata 16”，功能是往 PLC 寄存器 VW100 中写对应电压值的数字量值。

```
    void CPlcDlg::OnButton1()
    {
        ⋮
        hexdata[0]=0x68;      hexdata[1]=0x21;
        hexdata[2]=0x21;      hexdata[3]=0x68;
        hexdata[4]=0x02;      hexdata[5]=0x00;
        hexdata[6]=0x7C;      hexdata[7]=0x32;
        hexdata[8]=0x01;      hexdata[9]=0x00;
        hexdata[10]=0x00;     hexdata[11]=0x00;
        hexdata[12]=0x00;     hexdata[13]=0x00;
        hexdata[14]=0x0E;     hexdata[15]=0x00;
        hexdata[16]=0x06;     hexdata[17]=0x05;
        hexdata[18]=0x01;     hexdata[19]=0x12;
        hexdata[20]=0x0A;     hexdata[21]=0x10;
        hexdata[22]=0x04;     hexdata[23]=0x00;
        hexdata[24]=0x01;     hexdata[25]=0x00;
        hexdata[26]=0x01;     hexdata[27]=0x84;
        hexdata[28]=0x00;     hexdata[29]=0x03;
        hexdata[30]=0x20;     hexdata[31]=0x00;
        hexdata[32]=0x04;     hexdata[33]=0x00;
        hexdata[34]=0x10;
        hexdata[35]=data1;
        hexdata[36]=data2;
        hexdata[37]=HexChar(checkdata[0])*16+HexChar(checkdata[1]);
        hexdata[38]=0x16;
```

```
        for (int i=0;i<39;i++)
            send_data.Add(hexdata[i]);              //将控制指令存放到 send_data
        m_Comm.SetOutput(COleVariant(send_data)); //将控制指令转换为 VARIANT 类型后通过串口发送出去
  ⋮
    }
    //十六进制转换十进制函数
    char CPlcDlg::HexChar(char c)
    {
        if((c>='0')&&(c<='9'))
            return c-0x30;
        else if((c>='A')&&(c<='F'))
            return c-'A'+10;
        else
            return 0x10;
    }
```

4）读取 PLC 返回数据“E5”，并发送确认指令

发送指令成功后，PLC 返回数据“E5”。一旦接收到数据“E5”，发送确认指令“10 02 00 5C 5E 16”。使用 MSComm 控件的 GetInput 方法读取返回数据，将接收的数据赋给字符串变量 buffer。

```
    void CPlcDlg::OnOnCommMscomm1()
    {
        VARIANT data;                               //定义 VARIANT 类型变量，用于接收数据
        COleSafeArray data1;
        CString strtemp,buffer;                     //存放返回的数据串
        LONG len,i;
        BYTE Inbyte[2048],temp,hexdata[6];          //定义 BYTE 数组
        CByteArray send;                            //定义动态字节数组，用于存放发送数据
        if(m_Comm.GetCommEvent()==2)                //事件值为 2 表示接收缓冲区内有字符
        {
            data=m_Comm.GetInput();                 //读缓冲区
            data1=data;                             //VARIANT 型变量转换为 ColeSafeArray 型变量
            len=data1.GetOneDimSize();              //得到有效数据长度
            for(i=0;i<len;i++)
                data1.GetElement(&i,Inbyte+i);      //转换为 BYTE 型数组
            for(i=0;i<len;i++)                      //将数组转换为 Cstring 型变量
            {
                temp=*(char*)(Inbyte+i);            //字符型
                strtemp.Format("%02X",temp);        //将字符送入临时变量 strtemp 存放
                buffer=buffer+strtemp;              //加入接收字符串
            }
          //PLC 返回数据“E5”后，确认写入命令，发送以下数据“10 02 00 5C 5E 16”
            if(buffer=="E5")
            {
                hexdata[0]=0x10;
                hexdata[1]=0x02;
                hexdata[2]=0x00;
```

```
            hexdata[3]=0x5C;
            hexdata[4]=0x5E;
            hexdata[5]=0x16;
            CByteArray send1;
            for(int i=0;i<6;i++)
                send.Add(hexdata[i]);                  //将确认指令存放在 send
            m_Comm.SetOutput(COleVariant(send));       //将确认指令转换为 VARIANT 类型后通
                                                       //过串口发送出去
        }
    }
}
```

5）退出程序

通信完成后必须释放资源即关闭串口。

```
void CPlcDlg::OnButton2()
{
    m_Comm.SetPortOpen(FALSE);                         //关闭串口
    CDialog::OnCancel();
}
```

3. 系统运行测试

程序设计、调试完毕，运行程序。

在 PC 程序画面中输入数值，单击“输出”按钮，在 S7-200 模拟量扩展模块输出通道（M0 和 V0 之间）将输出同样大小的电压值。

程序运行界面如图 10-10 所示。

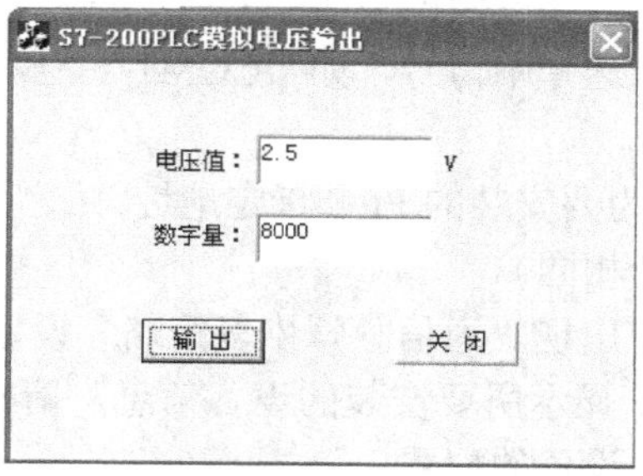

图 10-10　程序运行界面

10.2.6　PC 端监控组态程序设计

1. 建立新工程项目

运行组态王程序，在工程管理器中创建新的工程项目。

工程名称：AO。

工程描述：模拟量输出。

2. 制作图形画面

（1）通过开发系统工具箱为图形画面添加两个文本对象：标签“电压值：”和电压值显示文本“00”。

（2）通过开发系统工具箱为图形画面添加两个按钮对象：“输出”和“关闭”。

设计的图形画面如图 10-11 所示。

3. 添加串口设备

在组态王工程浏览器的左侧选择“设备/COM1”，在右侧双击“新建”，运行“设备配置向导”。

（1）选择：设备驱动→PLC→西门子→S7-200 系列→PPI，如图 10-12 所示。

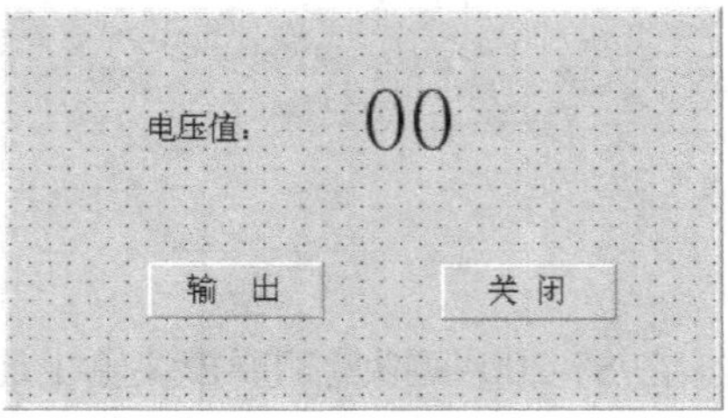

图 10-11　图形画面

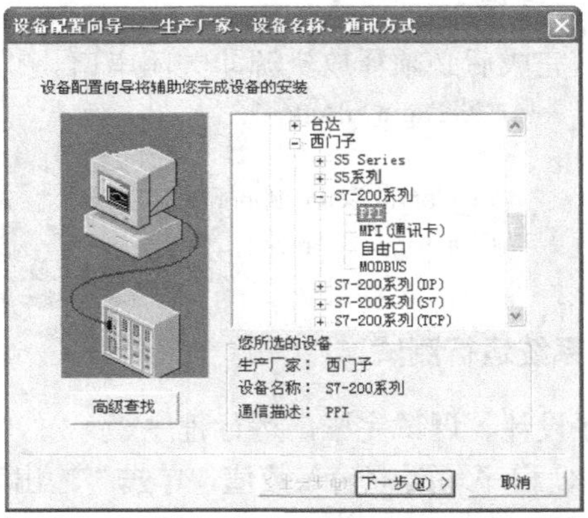

图 10-12　设备配置向导

（2）单击“下一步”按钮，给要安装的设备指定唯一的逻辑名称，如“S7PLC”。

（3）单击“下一步”按钮，选择串口号，如“COM1”（须与 PLC 在 PC 上使用的串口号一致）。

（4）单击“下一步”按钮，为要安装的 PLC 指定地址，如“2”（注意，这个地址应该与 PLC 通信参数设置程序中设定的地址相同）。

（5）单击“下一步”按钮，出现“通信故障恢复策略”设定窗口，使用默认设置即可。

（6）单击“下一步”按钮，显示所要安装的设备信息，请检查各项设置是否正确，确认无误后，单击“完成”按钮，完成设备的配置。

4. 串口通信参数设置

双击“设备/COM1”，弹出“设置串口”对话框，设置串口 COM1 的通信参数：波特率选“9600”，奇偶校验选“偶校验”，数据位选“8”，停止位选“1”，通信方式选“RS232”，如图 10-13 所示。

设置完毕，单击“确定”按钮，就完成了对 COM1 的通信参数配置，保证组态王与 PLC 的通信能够正常进行。

注意：设置的参数必须与 PLC 设置的一致，否则不能正常通信。

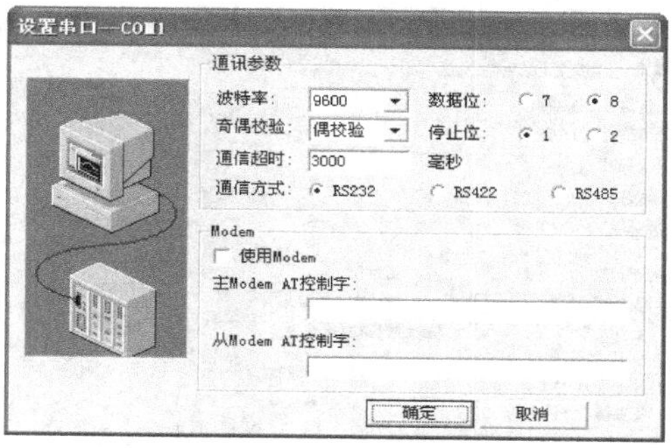

图 10-13　设置串口

5. PLC 通信测试

选择新建的串口设备“S7PLC”，单击右键，出现一弹出式下拉菜单，选择“测试 S7PLC”项，出现“串口设备测试”对话框，观察设备参数与通信参数是否正确，若正确，选择“设备测试”选项卡。

寄存器选择 V，再添加数字 100，即设为“V100”，数据类型选择“SHORT”，单击“添加”按钮，V100 进入采集列表。

在采集列表中，双击寄存器名 V100，出现“数据输入”对话框，在输入数据栏中输入数值，如 8000，单击“确定”按钮，寄存器 V100 的变量值变为“8000”，如图 10-14 所示。

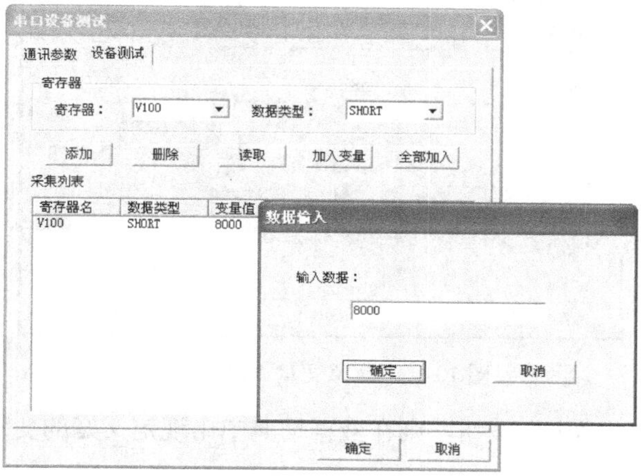

图 10-14　PLC 寄存器测试

如果通信正常，使用万用表测量 EM235 扩展模块模拟量输出通道，输出电压值应该是 2.5V（数字量 0～32000 对应 0～10V）。

6. 定义变量

（1）定义变量“数字量”：变量类型选“I/O 整数”，初始值设为“0”，最小值和最小原始值设为“0”，最大值和最大原始值设为“32000”，连接设备选“S7PLC”，寄存器设为“V100”，数据类型选“SHORT”，读写属性选“只写”，采集频率设为“200”，如图 10-15 所示。

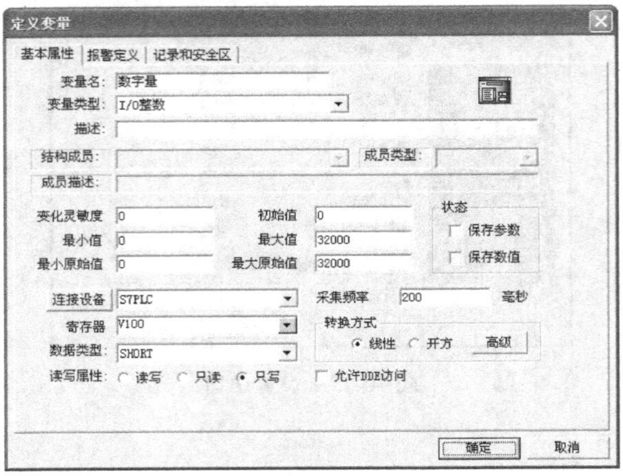

图 10-15　定义变量“数字量”

定义完成后，单击“确定”按钮，则在数据词典中出现定义好的变量“数字量”。

（2）定义变量“电压值”：变量类型选“内存实数”。初始值、最小值设为“0”，最大值设为“10”，如图 10-16 所示。

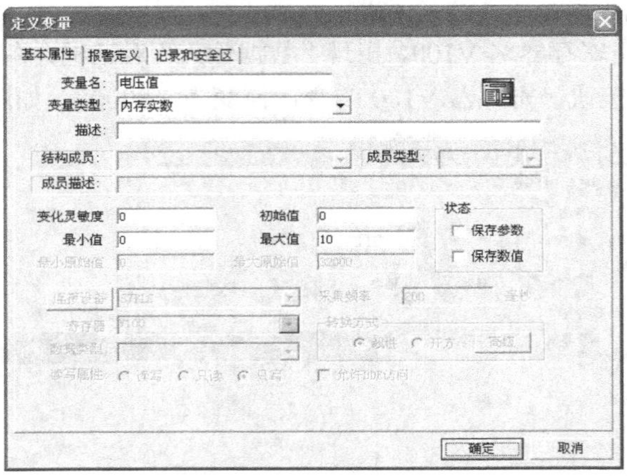

图 10-16　定义变量“电压值”

定义完成后，单击“确定”按钮，则在数据词典中出现定义好的变量“电压值”。

7. 动画连接

1）建立输出电压值显示文本对象动画连接

双击画面中电压值显示文本对象“00”，出现“动画连接”对话框，单击“模拟值输出”按钮，则弹出“模拟值输出连接”对话框，将其中的表达式设置为“\\本站点\电压值”（可以直接输入，也可以单击表达式文本框右边的“？”号，选择已定义好的变量名“电压值”，单击“确定”按钮，文本框中出现“\\本站点\电压值”表达式），整数位数设为“2”，小数位数设为“1”，单击“确定”按钮返回到“动画连接”对话框；单击“模拟值输入”按钮，则弹出“模拟值输入连接”对话框，将其中的变量名设置为“\\本站点\电压值”，值范围最大设为“10”，最小设为“0”，单击“确定”按钮返回到“动画连接”对话框。

单击“确定”按钮，动画连接设置完成，如图 10-17 所示。

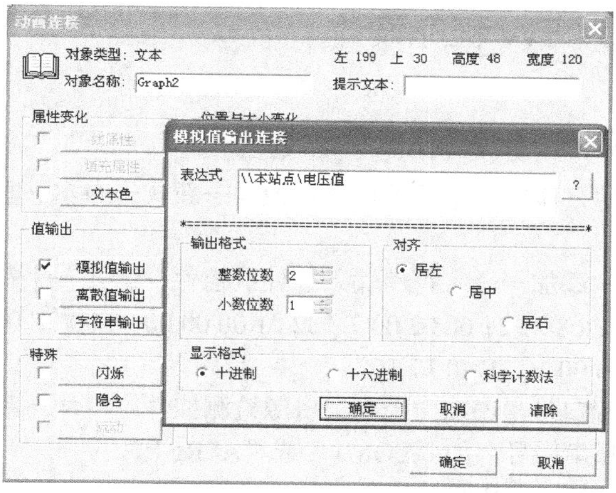

图 10-17　电压值显示文本对象动画连接

2）建立“输出”按钮对象的动画连接

双击画面中的“输出”按钮对象，出现“动画连接”对话框，选择命令语言连接功能，单击“弹起时”按钮，在“命令语言”编辑栏中输入以下命令：

```
\\本站点\数字量=\\本站点\电压值*3200;
```

程序的作用是将画面中输入的电压数值（0～10）转换为对应的数字量值（0～32000）。

3）建立“关闭”按钮对象的动画连接

双击画面中的“关闭”按钮对象，出现“动画连接”对话框。单击命令语言连接中的“弹起时”按钮，出现“命令语言”窗口，在编辑栏中输入命令“exit(0);”。

单击“确定”按钮，返回到“动画连接”对话框，再单击“确定”按钮，则“关闭”按钮的动画连接完成。程序运行时，单击“关闭”按钮，程序停止运行并退出。

8. 调试与运行

将设计的画面全部存储并配置成主画面，启动画面运行程序。

在程序画面中输入数值（范围为 0～10），单击“输出”按钮，EM235 模拟量扩展模块模拟量输出通道（M0 和 V0 之间）将输出同样大小的电压值。

程序运行界面如图 10-18 所示。

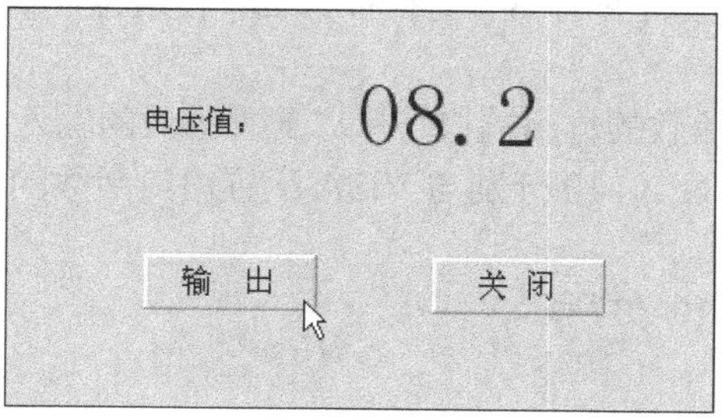

图 10-18　程序运行界面

10.2.7 PC 端 LabVIEW 程序设计

1. 程序前面板设计

（1）为了输出电压值，添加一个开关控件：控件→新式→布尔→垂直滑动杆开关控件，将标签改为“输出 2.5V”。

（2）为了输入指令，添加一个字符串输入控件：控件→新式→字符串与路径→字符串输入控件，将标签改为“指令：68 21 21 68 02 00 7C 32 01 00 00 00 00 00 0E 00 06 05 01 12 0A 10 04 00 01 00 01 84 00 03 20 00 04 00 10 1F 40 17 16”。

（3）为了获得串行端口号，添加一个串口资源检测控件：控件→新式→I/O→VISA 资源名称；单击控件箭头，选择串口号，如“COM1”或“ASRL1:”。

设计的程序前面板如图 10-19 所示。

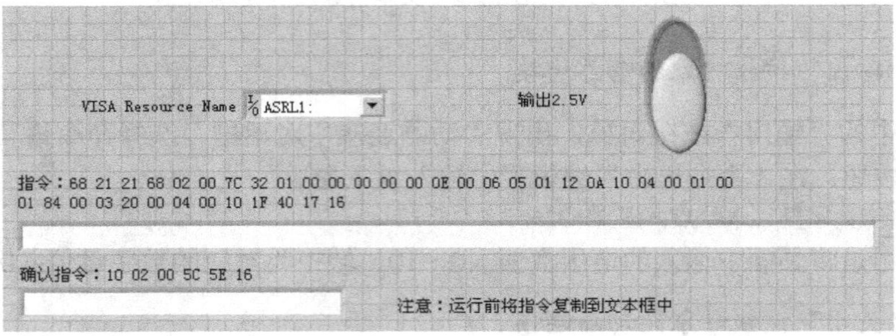

图 10-19　程序前面板

2. 框图程序设计

1）串口初始化框图程序

（1）为了设置通信参数，添加一个串口配置函数：函数→仪器 I/O→串口→VISA 配置串口。

（2）添加一个顺序结构：函数→编程→结构→层叠式顺序结构。

将其帧设置为 4 个（序号为 0～3）。设置方法：选中层叠式顺序结构上边框，单击右键，执行在后面添加帧选项 3 次。

（3）为了设置通信参数值，在顺序结构 Frame0 中添加 4 个数值常量：函数→编程→数值→数值常量，值分别为 9600（波特率）、8（数据位）、2（校验位，偶校验）、10（停止位 1，注意这里的设定值为 10）。

（4）将 VISA 资源名称函数的输出端口与串口配置函数的输入端口 VISA 资源名称相连。

（5）将数值常量 9600、8、2、10 分别与 VISA 配置串口函数的输入端口波特率、数据比特、奇偶、停止位相连。

连接好的框图程序如图 10-20 所示。

2）发送指令框图程序

（1）在顺序结构 Frame1 中添加一个条件结构：函数→编程→结构→条件结构。

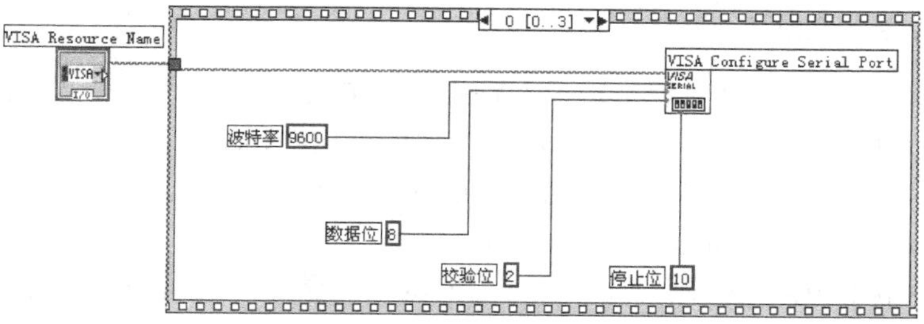

图 10-20 串口初始化框图程序

（2）为了发送指令到串口，在条件结构真选项中添加一个串口写入函数：函数→仪器 I/O→串口→VISA 写入。

（3）将垂直滑动杆开关控件图标移到顺序结构 Frame1 中；将字符串输入控件图标移到条件结构真选项中。

（4）将 VISA 资源名称函数的输出端口与 VISA 写入函数的输入端口 VISA 资源名称相连。

（5）将垂直滑动杆开关控件的输出端口与条件结构的选择端口?相连。

（6）将字符串输入控件的输出端口与 VISA 写入函数的输入端口写入缓冲区相连。

连接好的框图程序如图 10-21 所示。

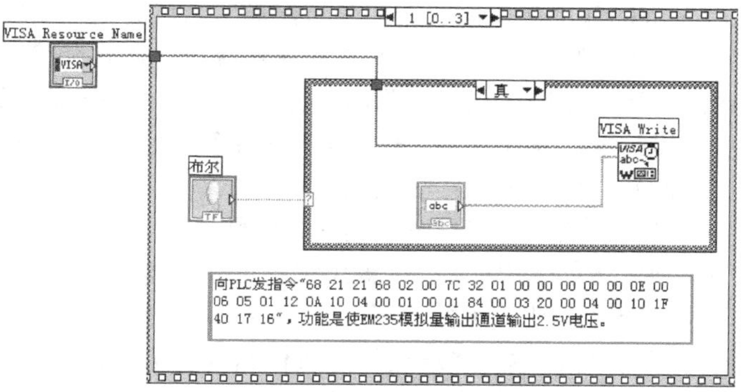

图 10-21 发送指令框图程序

3）延时框图程序

（1）在顺序结构 Frame2 中添加一个时钟函数：函数→编程→定时→等待下一个整数倍毫秒。

（2）在顺序结构 Frame2 中添加一个数值常量：函数→编程→数值→数值常量，将值改为 500（时钟频率值）。

（3）将数值常量（值为 500）与等待下一个整数倍毫秒函数的输入端口毫秒倍数相连。

连接好的框图程序如图 10-22 所示。

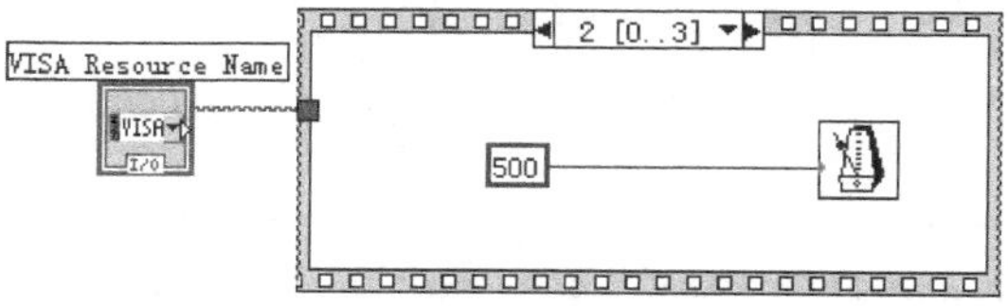

图 10-22 延时框图程序

4）发送确认指令框图程序

（1）为了获得串口缓冲区数据个数，在顺序结构 Frame3 中添加一个串口字节数函数：函数→仪器 I/O→串口→VISA 串口字节数，标签为“Property Node”。

（2）为了从串口缓冲区获取返回数据，在顺序结构 Frame3 中添加一个串口读取函数：函数→仪器 I/O→串口→VISA 读取。

（3）在顺序结构 Frame3 中添加一个扫描值函数：函数→编程→字符串→字符串/数值转换→扫描值。

（4）在顺序结构 Frame3 中添加一个字符串常量：函数→编程→字符串→字符串常量，值为“%b”，表示输入的是二进制数据。

（5）在顺序结构 Frame3 中添加一个数值常量：函数→编程→数值→数值常量，值为 0。

（6）在顺序结构 Frame3 中添加一个强制类型转换函数：函数→编程→数值→数据操作→强制类型转换。

（7）将 VISA 资源名称函数的输出端口分别与串口字节数函数的输入端口引用、VISA 读取函数的输入端口 VISA 资源名称相连。

（8）将串口字节数函数的输出端口 Number of bytes at Serial port 与 VISA 读取函数的输入端口字节总数相连。

（9）将 VISA 读取函数的输出端口读取缓冲区与扫描值函数的输入端口字符串相连。

（10）将字符串常量（值为%b）与扫描值函数的输入端口“格式字符串”相连。

（11）将扫描值函数的输出端口“输出字符串”与强制类型转换函数的输入端口 x 相连。

（12）添加一个字符串常量：函数→编程→字符串→字符串常量，值为“E5”，表示返回值。

（13）添加一个比较函数：函数→编程→比较→等于?。

（14）添加一个条件结构：函数→编程→结构→条件结构。

（15）将强制类型转换函数的输出端口与比较函数“=”的输入端口 x 相连。

（16）将字符串常量“E5”与比较函数“=”的输入端口 y 相连。

（17）将比较函数“=”的输出端口“x=y?”与条件结构的选择端口?相连。

（18）为了发送指令到串口，在条件结构中添加一个串口写入函数：函数→仪器 I/O→串口→VISA 写入。

（19）将 VISA 资源名称函数的输出端口与 VISA 写入函数的输入端口 VISA 资源名称相连。

（20）将确认指令字符串输入控件图标移到条件结构真选项中；将字符串输入控件的输出端口与 VISA 写入函数的输入端口写入缓冲区相连。

连接好的框图程序如图 10-23 所示。

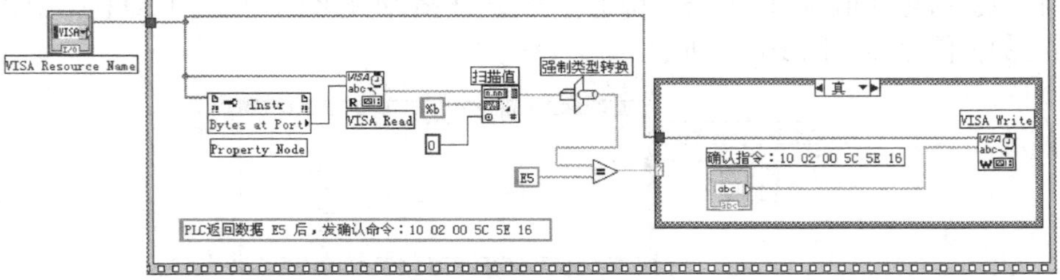

图 10-23　发送确认指令框图程序

3. 运行程序

程序设计、调试完毕，单击快捷工具栏中的“连续运行”按钮，运行程序。

将指令“68 21 21 68 02 00 7C 32 01 00 00 00 00 00 0E 00 06 05 01 12 0A 10 04 00 01 00 01 84 00 03 20 00 04 00 10 1F 40 17 16”复制到字符串输入控件中；将确认指令“10 02 00 5C 5E 16”复制到字符串输入控件中，单击滑动开关，西门子 PLC 模拟量扩展模块输出 2.5V 电压。

程序运行界面如图 10-24 所示。

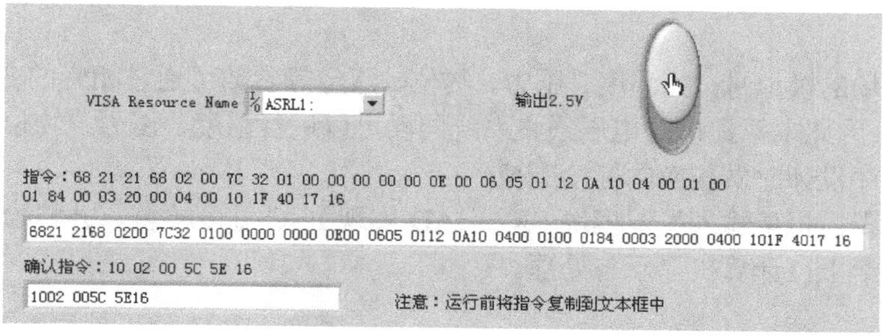

图 10-24　程序运行界面

第 11 章　三菱 PLC 与 PC 通信之温度检测

工业控制现场的模拟量，如温度、压力、物位、流量等参数可通过相应的变送器转换为 1～5V 的电压信号，因此本章提供的电压采集系统同样可以进行温度、压力、物位、流量等参数的采集，只需在程序设计时做相应的标度变换。

本章通过三菱模拟量输入扩展模块 FX_{2N}-4AD 实现 PLC 温度检测，并将检测到的温度值通过通信电缆传送给上位计算机显示与处理。

11.1　三菱 PLC 温度检测

11.1.1　设计任务

采用 SWOPC-FXGP/WIN-C 编程软件编写 PLC 程序，实现三菱 FX_{2N}-32MR PLC 温度检测。当测量温度小于 30℃时，Y0 端口置位；当测量温度大于或等于 30℃且小于或等于 50℃时，Y0 和 Y1 端口复位；当测量温度大于 50℃时，Y1 端口置位。

11.1.2　线路连接

三菱 FX_{2N} PLC 与模拟量输入模块 FX_{2N}-4AD 构成的温度测控系统如图 11-1 所示。

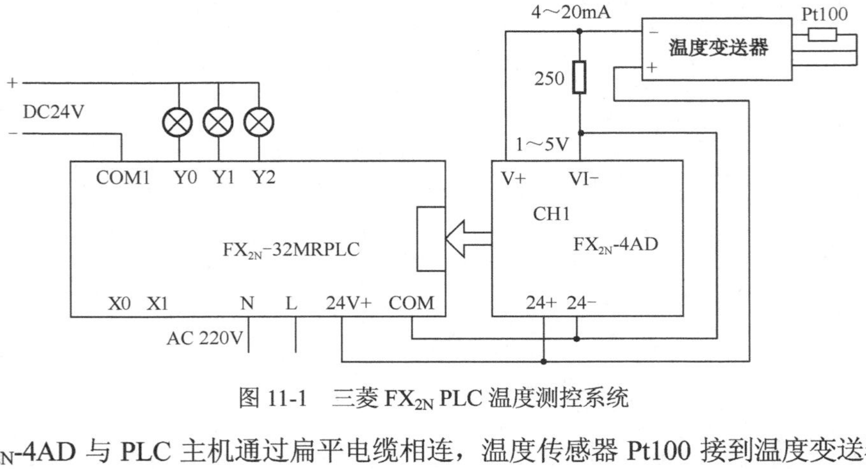

图 11-1　三菱 FX_{2N} PLC 温度测控系统

将 FX_{2N}-4AD 与 PLC 主机通过扁平电缆相连，温度传感器 Pt100 接到温度变送器输入端，温度变送器输入范围是 0～200℃，输出为 4～200mA，经过 250Ω电阻将电流信号转换为 1～5V

电压信号输入到扩展模块 FX_{2N}-4AD 模拟量输入 1 通道（CH1）端口 V+和 V-。PLC 主机输出端口 Y0、Y1、Y2 接指示灯。

扩展模块的 DC 24V 电源由主机提供（也可使用外接电源）。FX_{2N}-4AD 模块的 ID 号为 0。FX_{2N}-4AD 空闲的输入端口一定要用导线短接以免干扰信号窜入。

PLC 的模拟量输入模块（FX_{2N}-4AD）负责 A/D 转换，即将模拟量信号转换为 PLC 可以识别的数字量信号。

11.1.3 PLC 端温度检测程序设计

采用 SWOPC-FXGP/WIN-C 编程软件编写的温度测控程序梯形图如图 11-2 所示。

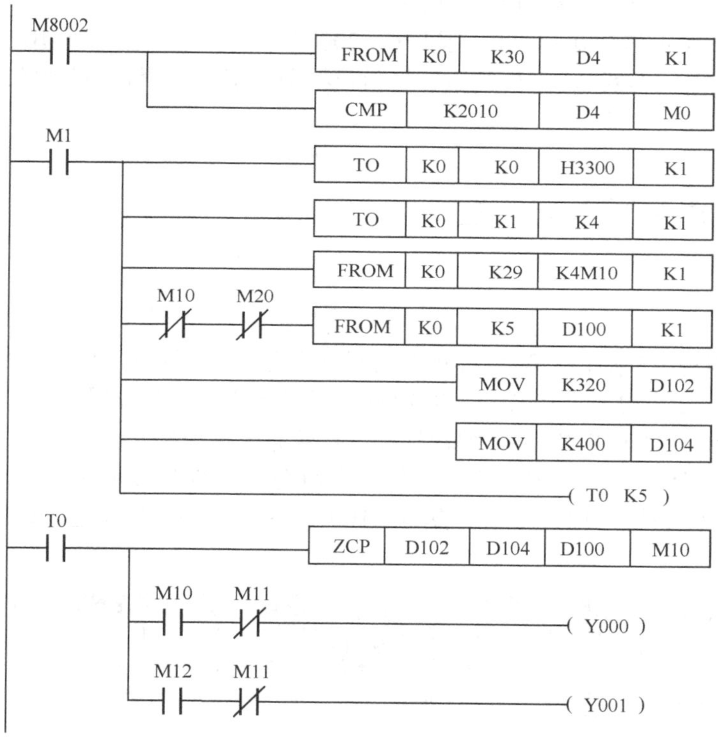

图 11-2 PLC 温度测控程序梯形图

程序的主要功能是：实现三菱 FX_{2N}-32MR PLC 温度采集，当测量温度小于 30℃时，Y0 端口置位；当测量温度大于等于 30℃而小于或等于 50℃时，Y0 和 Y1 端口复位；当测量温度大于 50℃时，Y1 端口置位。

程序说明：

第 1 逻辑行，首次扫描时从 0 号特殊功能模块的 BFM# 30 中读出标识码，即模块 ID 号，并放到基本单元的 D4 中。

第 2 逻辑行，检查模块 ID 号，如果是 FX_{2N}-4AD，结果送到 M0。

第 3 逻辑行，设定通道 1 的量程类型。

第 4 逻辑行，设定通道 1 平均滤波的周期数为 4。

第 5 逻辑行，将模块运行状态从 BFM#29 读入 M10～M25。

第 6 逻辑行，如果模块运行正常，且模块数字量输出值正常，通道 1 的平均采样值（温度的数字量值）存入寄存器 D100 中。

第 7 逻辑行，将下限温度数字量值 320（对应温度 30℃）放入寄存器 D102 中。

第 8 逻辑行，将上限温度数字量值 400（对应温度 50℃）放入寄存器 D104 中。

第 9 逻辑行，延时 0.5s。

第 10 逻辑行，将寄存器 D102 和 D104 中的值（上、下限）与寄存器 D100 中的值（温度采样值）进行比较。

第 11 逻辑行，当寄存器 D100 中的值小于寄存器 D102 中的值，Y000 端口置位。

第 12 逻辑行，当寄存器 D100 中的值大于寄存器 D104 中的值，Y001 端口置位。

温度与数字量值的换算关系：0～200℃对应电压值 1～5V，0～10V 对应数字量值 0～2000，那么 1～5V 对应数字量值 200～1000，因此 0～200℃对应数字量值 200～1000。

上位机程序读取寄存器 D100 中的数字量值，然后根据温度与数字量值的对应关系计算出温度测量值。

11.1.4 PLC 程序写入与监控

1. 程序写入

PLC 端程序编写完成后需将其写入 PLC 才能正常运行。其步骤如下：

（1）接通 PLC 主机电源，将 RUN/STOP 转换开关置于 STOP 位置。

（2）运行 SWOPC-FXGP/WIN-C 编程软件，打开温度测控程序。

（3）执行菜单“PLC”→“传送”→“写出”命令，如图 11-3 所示，打开“PC 程序写入”对话框，选中“范围设置”项，终止步设为“100”，单击“确定”按钮，即开始写入程序，如图 11-4 所示。

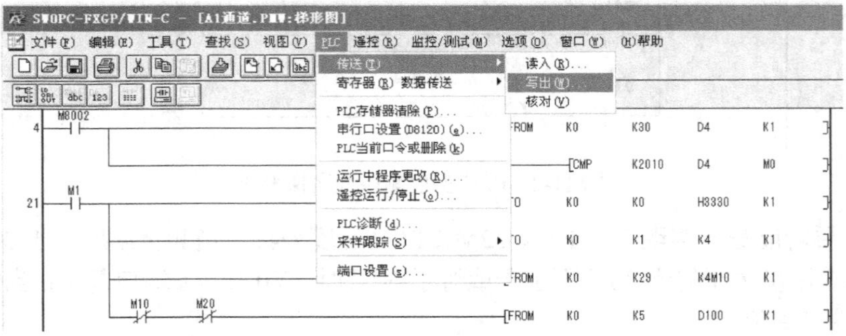

图 11-3 执行菜单“PLC/传送/写出”命令

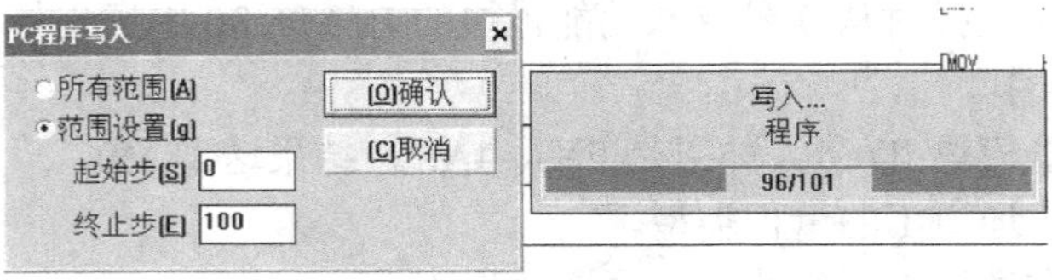

图 11-4 PC 程序写入

（4）程序写入完毕将 RUN/STOP 转换开关置于 RUN 位置，即可进行温度测控。

2. 程序监控

PLC 端程序写入后，可以进行实时监控。其步骤如下：

（1）接通 PLC 主机电源，将 RUN/STOP 转换开关置于 RUN 位置。

（2）运行 SWOPC-FXGP/WIN-C 编程软件，打开温度测控程序并写入。

（3）执行菜单“监控/测试”→“开始监控”命令，即可开始监控程序的运行，如图 11-5 所示。

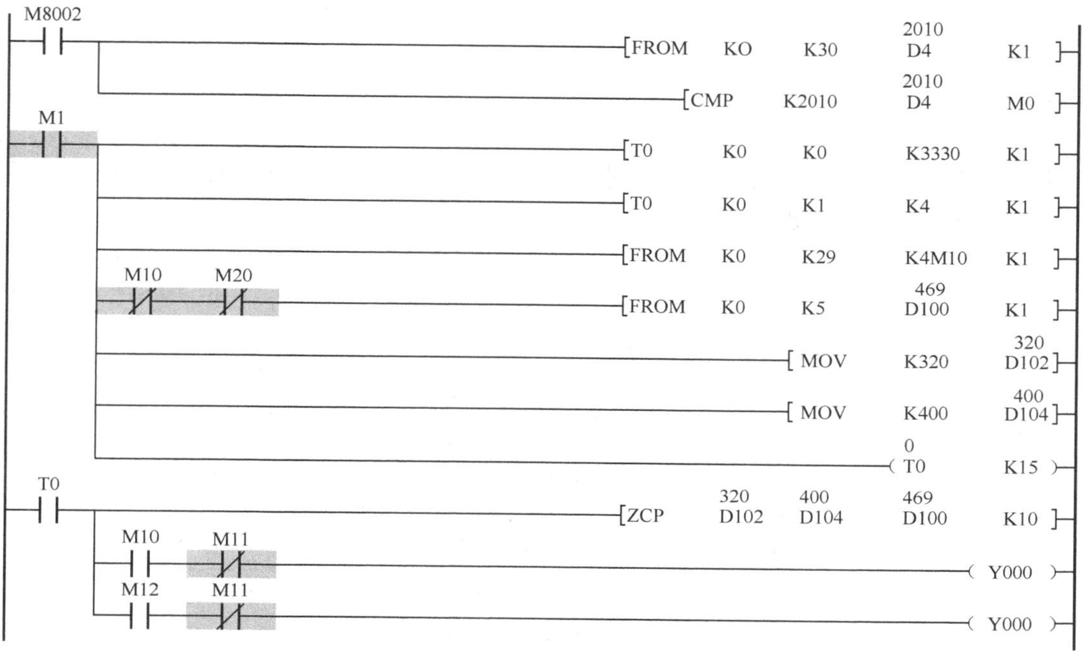

图 11-5　PLC 程序监控

监控画面中，寄存器 D100 上的蓝色数字如 469 就是模拟量输入 1 通道的电压实时采集值（换算后的电压值为 2.345V，与万用表测量值相同，换算为温度值为 67.25℃），改变温度值，输入电压改变，该数值随着改变。

当寄存器 D100 中的值小于寄存器 D102 中的值，Y000 端口置位；当寄存器 D100 中的值大于寄存器 D104 中的值，Y001 端口置位。

（4）监控完毕，执行菜单“监控/测试”→“停止监控”命令，即可停止监控程序的运行。

注意：必须停止监控，否则影响上位机程序的运行。

11.2　三菱 PLC 与 PC 通信实现温度检测

三菱 PLC 与 PC 通信实现温度测控，在程序设计上涉及两个部分的内容：一是 PLC 端数据采集、控制和通信程序；二是 PC 端通信和功能程序。

11.2.1 设计任务

同时采用 VB、VC++、组态王和 LabVIEW 软件编写程序，实现 PC 与三菱 FX_{2N}-32MR PLC 数据通信。要求：

（1）读取并显示三菱 PLC 检测的温度值，绘制温度变化曲线。

（2）当测量温度小于 30℃时，程序界面下限指示灯为红色；当测量温度大于或等于 30℃且小于或等于 50℃时，上、下限指示灯均为绿色；当测量温度大于 50℃时，上限指示灯为红色。

11.2.2 线路连接

将三菱 FX_{2N}-32MR PLC 的编程口通过 SC-09 编程电缆与 PC 的串口 COM1 连接起来，组成温度检测系统，如图 11-6 所示。

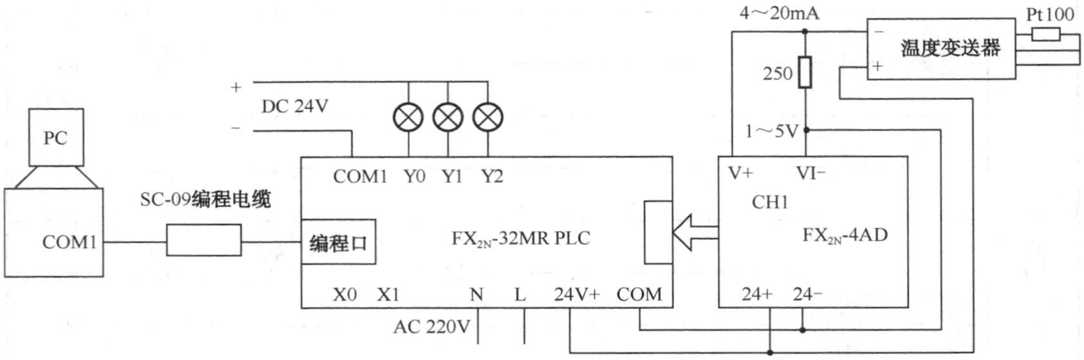

图 11-6 PC 与三菱 FX_{2N} PLC 通信实现温度检测

11.2.3 指令获取与串口通信调试

1. 指令获取

本章从寄存器 D100 中读取反映温度的数字量值，发送读指令的获取过程如下。

发送指令：02 30 31 30 43 38 30 32 03 37 31，功能是取 PLC 寄存器 D100 中的数字量。

开始字符 STX：02H。

命令码 CMD：0（ASCII 码值为：30H）。

寄存器 D100 起始地址计算：100*2 为 200，转成十六进制数为 C8H，则：ADDR=1000H+C8H=10C8H，其 ASCII 码值为：31H、30H、43H、38H。

字节数 NUM：02H（ASCII 码值为：30H、32H）。

结束字符 EXT：03H。

累加和 SUM：30H+31H+30H+43H+38H+30H+32H+03H=171H。

累加和超过两位数时，取它的低两位，即 SUM 为 71H，71H 的 ASCII 码值为：37H、31H。

因此，对应的读命令帧格式为：02 30 31 30 43 38 30 32 03 37 31。

2. 串口通信调试

打开“串口调试助手”程序，首先设置串口号 COM1、波特率 9600、校验位 EVEN（偶校验）、数据位 7、停止位 1 等参数（注意：设置的参数必须与 PLC 设置的一致），选择“十六进制显示”和“十六进制发送”，打开串口。

将指令“02 30 31 30 43 38 30 32 03 37 31”写入发送字符区，单击“手动发送”按钮，如果指令正确执行，接收区显示返回应答帧如“02 45 43 30 32 03 45 44”，如图 11-7 所示。返回的应答帧中，从第 2 个字节开始的 4 个字节即“45 43 30 32”反映第一通道检测的电压大小，为 ASCII 码形式，低字节在前，高字节在后，实际为“30 32 45 43”，转成十六进制为“02 EC”，再转成十进制值就是反映温度的数字量值“748”，该值除以 200 即为采集的电压值 3.74V（数字量-2000～2000 对应电压值-10～10V），与万用表测量值相同。

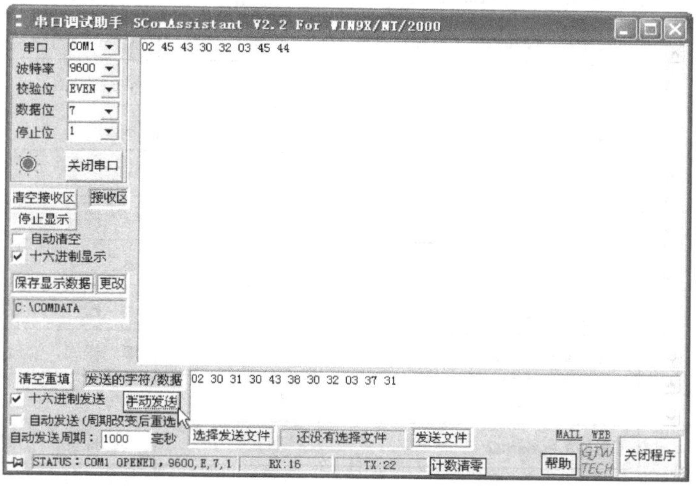

图 11-7　PC 与 PLC 串口通信调试

因为温度变送器输入 0～200℃转换为电压值 1～5V 输入 PLC，因此采集的电压值换算成温度值为 137℃。

PLC 接收到命令，如未正确执行，则返回 NAK 码（15H）。

11.2.4　PC 端 VB 程序设计详解

1. 程序界面设计

1）添加控件

（1）为了实现 PC 与 PLC 串口通信，添加一个 MSComm 通信控件。

（2）为了实现连续检测，添加一个 Timer 时钟控件。

（3）为了显示检测温度值，添加一个 TextBox 文本框控件。

（4）为了绘制温度变化曲线，添加一个 PictureBox 图形控件。

（5）为了显示温度上、下限报警状态，添加两个 Shape 形状控件。
（6）为了表示文本框和形状控件的作用，添加 4 个 Label 标签控件。
（7）为了执行关闭程序命令，添加一个 CommandButton 按钮控件。

2）属性设置

程序窗体、控件对象的主要属性设置如表 11-1 所示。

表 11-1　程序窗体、控件对象的主要属性设置

控件类型	主要属性	功能
Form	（名称）= Form1	窗体控件
	BorderStyle = 3	运行时窗体固定大小
	Caption = 三菱 PLC 温度检测	窗体标题栏显示程序名称
TextBox	（名称）= Tdata	文本框控件
	Text 为空	显示温度值
Label	（名称）= Label1	标签控件
	Caption =温度值：	标签
Label	（名称）= Label3	标签控件
	Caption = ℃	标签
Shape	（名称）= alarm1	形状控件，下限报警指示
	FillStyle = 0-Solid	填充样式，实线
	Shape = 3-Circle	圆形
Shape	（名称）= alarm2	形状控件，上限报警指示
	FillStyle = 0-Solid	填充样式，实线
	Shape = 3-Circle	圆形
Picture	（名称）= Picture1	图形控件，绘制曲线
	BackColor 设为白色	背景色
Timer	（名称）= Timer1	时钟控件，实现自动发送指令
	Enabled = True	时钟初始可用
	Interval = 500	设置检测周期（毫秒）
MSComm	（名称）= MSComm1	串口通信控件
	在程序中设置	串口参数设置
CommandButton	（名称）= Cmdquit	按钮控件
	Caption = 关闭	关闭程序命令

程序设计界面如图 11-8 所示。

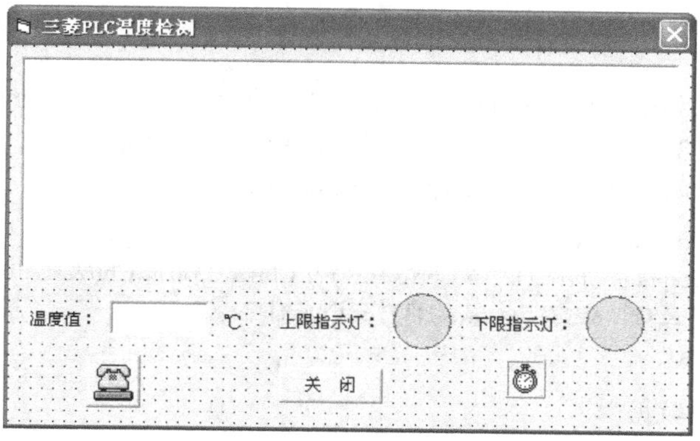

图 11-8　程序设计界面

2. 程序设计详解

1）定义窗体级变量

温度值及采样个数不仅在 MSComm 事件过程中读取显示使用，还用于绘图和报警过程，因此需要在本窗体所有过程之前定义两个窗体级变量。

```
Dim datatemp(1000) As Single          //存储温度采样值
Dim num As Integer                    //存储采样值个数
```

2）串口初始化

程序运行后，要实现 PC 与 PLC 串口通信，首先要进行串口初始化，包括设置端口号、通信参数（波特率、校验位、数据位、停止位）、收/发数据类型、打开串口等，这些程序在 Form_Load() 事件过程中编写。

（1）PC 与三菱 PLC 串口通信使用 COM1。利用 MSComm 控件的 CommPort 属性来设置端口号。

```
MSComm1.CommPort = 1
```

（2）PC 与三菱 PLC 的通信参数必须一致，即波特率 9600、偶校验、数据位 7、停止位 1。利用 MSComm 控件的 Settings 属性来设置通信参数。

```
MSComm1.Settings = "9600,E,7,1"
```

（3）发送的指令与接收的数据都是十六进制编码数据，即二进制数据流，需要将 MSComm 控件的 InputMode 属性值设为 1，即：

```
MSComm1.InputMode =1
```

如果发送与接收的是字符串文本数据，InputMode 属性值设为 0（详见第 4～5 章实例）。

（4）如果接收数据时使用事件方式，还需增加下面语句，当接收缓冲区收到字符时都会使 MSComm 控件触发 OnComm 事件。

```
MSComm1.RThreshold = 1          //设置并返回要接收的字符数
MSComm1.SThreshold = 1          //设置并返回发送缓冲区中允许的最小字符数
```

（5）在 Windows 环境下，串口是系统资源的一部分，应用程序要使用串口进行通信，必须在使用之前向操作系统提出资源申请要求即打开串口。

```
MSComm1.PortOpen = True
```

3）发送读指令

PC 每隔一定时间（由 Timer 控件的 Interval 属性决定，本例为 500ms）向三菱 PLC 发送读数据命令串“02 30 31 30 43 38 30 32 03 37 31”（由串口通信调试获取），功能是从寄存器 D100 中读取输入的电压值。使用 MSComm 控件的 Output 属性发送指令。

```
Private Sub Timer1_Timer()
  MSComm1.Output = Chr(&H2) & Chr(&H30) & Chr(&H31) & Chr(&H30) & Chr(&H43) & Chr(&H38)
& Chr(&H30) & Chr(&H32) & Chr(&H3) & Chr(&H37) & Chr(&H31)
End Sub
```

4）读取 PLC 返回数据

每发送一次指令，当接收缓冲区中有数据到达时便会触发 MSComm1_OnComm 事件，使得 CommEvent 属性值变成 comEvReceive，接收数据程序（使用 MSComm 控件的 Input 属性）便会被执行，将接收的数据赋给字节型数组变量 Inbyte。

```
Private Sub MSComm1_OnComm()
  Dim Inbyte() As Byte
  Select Case MSComm1.CommEvent
    Case comEvReceive
      Inbyte = MSComm1.Input                         //读取返回的数据串
     Case comEvSend
  End Select
  ⋮
End Sub
```

5）获取反映电压的数字量值

PLC 返回数据为 ASCII 码形式，需要转换为十六进制形式，再转成十进制形式。

返回的应答帧中，从第 2 个字节开始的 4 个字节即 Inbyte(1)、Inbyte(2)、Inbyte(3)和 Inbyte(4)反映了第一通道的检测电压，为 ASCII 码形式，根据协议，低字节在前，高字节在后，因此实际顺序为 Inbyte(3)、Inbyte(4)、Inbyte(1)和 Inbyte(2)。

使用 Chr()函数，将各字节转换为十六进制数。

```
Private Sub MSComm1_OnComm()
    ⋮
    Dim datastr(20) As String
    Dim datan As Long                               //存储数字量值
    Dim dataV As Single                             //存储电压值
    datastr(1) = Chr(Inbyte(3))                     //取第 1 字节
    datastr(2) = Chr(Inbyte(4))                     //取第 2 字节
    datastr(3) = Chr(Inbyte(1))                     //取第 3 字节
    datastr(4) = Chr(Inbyte(2))                     //取第 4 字节
    '使用进制转换公式将十六进制数转换为十进制数，得到的就是电压的数字量值
  datan = Val("&H" & datastr(1)) * (16 ^ 3) + Val("&H" & datastr(2)) * (16 ^ 2) + Val("&H" & datastr(3)) *
(16 ^ 1) + Val("&H" & datastr(4)) * (16 ^ 0)
   ⋮
End Sub
```

6）获取并显示测量温度值

根据三菱模拟量扩展模块 FX_{2N}-4AD 的输出特性数字量值-2000～2000 对应电压值-10～10V，因此得到的数字量值 datan 除以 200 即为反映温度的电压值。

因为温度变送器的测温范围是 0～200℃，输出 4～20mA 电流信号，经过 250Ω电阻转换为 1～5V 电压信号送入 PLC 的模拟量输入 1 通道，输入电压与检测温度是线性关系。

得到温度值后再调用报警控制过程子程序和绘图过程子程序。

```
Private Sub MSComm1_OnComm()
  ⋮
  If datan >= 0 Then
    dataV = datan/ 200                        //将数字量值换算为电压值
    datatemp(num) = (dataV - 1) * 50          //将电压值换算为温度值
    Tdata.Text = Format(datatemp(num), "0.0") //显示温度值，保留 1 位小数
    Call alarm                                //调用报警过程
    num = num + 1                             //每读取 1 个温度值，采样个数进行累加
    Call draw                                 //调用绘曲线过程
  End If
End Sub
```

7）温度报警控制指示

为了显示 PLC 测量温度值超过上限或低于下限报警值的状态，在程序界面中通过形状控件（指示灯）的颜色变化来反映，在线路中通过指示灯的亮灭来反映。

本例测量温度小于 30℃时下限指示灯亮，程序界面中下限指示灯为红色；大于 50℃时上限指示灯亮，程序界面中下限指示灯为红色；在二者之间时，上、下限指示灯均为绿色。

```
Sub alarm()
  If datatemp(num) < 30 Then
    alarm1.FillColor = QBColor(12)          //下限指示灯设为红色
  End If
  If datatemp(num) >= 30 And datatemp(num) <= 50 Then
    alarm1.FillColor = QBColor(10)          //下限指示灯设为绿色
    alarm2.FillColor = QBColor(10)          //上限指示灯设为绿色
  End If
  If datatemp(num) > 50 Then
    alarm2.FillColor = QBColor(12)          //上限指示灯设为红色
  End If
End Sub
```

8）绘制温度实时变化曲线

为了实时显示测量温度变化过程，需要绘制数据曲线，在 draw()过程中实现。

```
Private Sub draw()
  Picture1.Cls                          //清除曲线
  Picture1.DrawWidth = 1                //线条宽度
  Picture1.BackColor = QBColor(15)      //背景白色
  Picture1.Scale (0, 100)-(200, 0)      //绘制曲线的坐标系，最大可显示 100℃，200 个数据
  For i = 1 To num - 1
```

```
        X1 = (i - 1): Y1 = datatemp(i - 1)          //坐标值(X1,Y1)
        X2 = i: Y2 = datatemp(i)                    //坐标值(X2,Y2)
        Picture1.Line (X1, Y1)-(X2, Y2), QBColor(0)  //将(X1,Y1)和(X2,Y2)连线，黑色
    Next i
End Sub
```

9）退出程序

通信完成后必须释放资源即关闭串口。

```
Private Sub Cmdquit_Click()
    MSComm1.PortOpen = False                //关闭通信端口
    Unload Me                               //卸载窗体
End Sub
```

3. 系统运行测试

程序设计、调试完毕，运行程序。

PC 读取并显示三菱 PLC 检测的温度值，绘制温度变化曲线。

当测量温度小于 30℃时，程序界面下限指示灯为红色，PLC 的 Y0 端口置位；当测量温度大于或等于 30℃且小于或等于 50℃时，程序界面上、下限指示灯均为绿色，Y0 和 Y1 端口复位；当测量温度大于 50℃时，程序界面上限指示灯为红色，Y1 端口置位。

程序运行界面如图 11-9 所示。

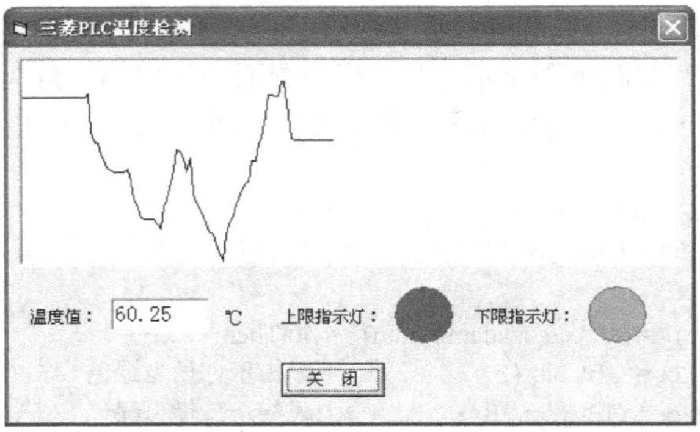

图 11-9　程序运行界面

11.2.5　PC 端 VC++程序设计详解

1. 程序界面设计

1）添加控件

（1）为了实现 PC 与 PLC 串口通信，添加一个 MSComm 通信控件。
（2）为了绘制温度变化曲线，添加一个 Picture 控件。
（3）为了显示检测温度值，添加一个 EditBox 编辑框控件。
（4）为了显示温度上、下限报警状态，添加两个 Picture 控件。

（5）为了表示编辑框和 Picture 控件的作用，添加 4 个 Static Text 静态文本控件。
（6）为了执行关闭程序命令，添加一个 Button 命令按钮控件。

2）属性设置

程序窗体、控件对象的主要属性设置如表 11-2 所示。

表 11-2　程序窗体、控件对象的主要属性设置

控件类型	主要属性	功　能
Dialog	ID：IDD_TEMP_DIALOG	对话框控件，控件标识
	Caption：三菱 PLC 温度检测	对话框标题栏显示程序名称
Picture	ID：IDC_PICTURE	图形控件，绘制温度曲线
	Color：White	背景色设为白色
EditBox	ID：IDC_EDIT1	编辑框控件，显示温度值
	Member variable name：m_temp	float 型成员变量，与控件相互映射
StaticText	ID：IDC_STATIC	静态文本控件，控件标识
	Caption ：温度值：	静态文本内容，显示编辑框作用
StaticText	ID：IDC_STATIC	静态文本控件，控件标识
	Caption ：℃	静态文本内容，显示温度单位
Picture	ID：IDC_STATIC1	图形控件，上限报警指示
	Color：Gray	背景色设为灰色
Picture	ID：IDC_STATIC2	图形控件，下限报警指示
	Color：Gray	背景色设为灰色
MSComm	ID：IDC_MSCOMM1	串口通信控件
	Member variable name：m_Comm	CMSComm 型成员变量，与控件相互映射
	其他属性在程序中设置	串口参数设置
Button	ID：IDC_BUTTON1	按钮控件
	Caption：关闭	关闭程序命令

程序设计界面如图 11-10 所示。

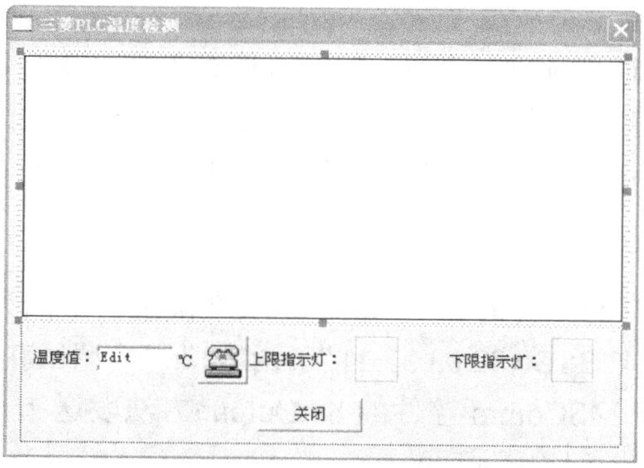

图 11-10　程序设计界面

2. 程序设计详解

1）定义全局变量

温度值及采样个数不仅在 MSComm 事件过程中读取显示使用，还用于绘图和报警过程，因此需要在本窗体所有过程之前定义两个全局变量。

```
float datatemp[1000];                    //用于存储温度采样值
int num;                                 //用于存储采样值个数
```

2）串口初始化

程序运行后，要实现 PC 与 PLC 串口通信，首先要进行串口初始化，包括设置端口号、通信参数（波特率、校验位、数据位、停止位）、收/发数据类型、打开串口等，这些程序在 OnInitDialog() 函数中编写。

（1）PC 与三菱 PLC 串口通信使用 COM1。利用 MSComm 控件的 SetCommPort 方法来设置端口号。

```
m_Comm.SetCommPort(1)
```

（2）PC 与三菱 PLC 的通信参数必须一致，即波特率 9600、偶校验、数据位 7、停止位 1。利用 MSComm 控件的 SetSettings 方法来设置通信参数。

```
m_Comm.SetSettings("9600,e,7,1")
```

（3）接收与发送的数据以二进制方式读写，需要将 MSComm 控件的 InputMode 属性值设为 1，用 SetInputMode 方法来实现。

```
m_Comm.SetInputMode(1)
```

如果接收与发送的数据以文本方式读写，则将 InputMode 属性值设为 0。

（4）如果接收数据时使用事件方式，还需增加下面语句，当接收缓冲区收到字符时都会使 MSComm 控件触发 OnComm 事件。

```
m_Comm.SetRThreshold(1)        //参数 1 表示当串口接收缓冲区中有多于或等于 1 个字符时将触发
                               //OnComm 事件
m_Comm.SetSThreshold(1)        //参数 1 表示当串口发送缓冲区少于 1 个字符时将触发 OnComm 事件
```

（5）在 Windows 环境下，串口是系统资源的一部分，应用程序要使用串口进行通信，必须在使用之前向操作系统提出资源申请要求即打开串口。

```
m_Comm.SetPortOpen(TRUE)
```

3）设置 Timer 计时器

在本程序中，PC 要周期性地向三菱 PLC 发送读数据命令串，因此在程序开发时需要用到 Timer 计时器，Timer 的属性设置在 OnInitDialog()函数中完成。

```
SetTimer(1,500,NULL)           //激活计时器 1，时间间隔为 500ms
```

4）发送读指令

PC 每隔一定时间（由 Timer 计时器的 Interval 属性决定，本例为 500ms）向三菱 PLC 发送读数据命令串“02 30 31 30 43 38 30 32 03 37 31”（由串口通信调试获取），功能是从寄存器 D100 中读取输入的电压值。使用 MSComm 控件的 SetOutput 方法发送指令。

```
void CTempDlg::OnTimer(UINT nIDEvent)
{
```

```
    m_Comm.SetOutput(COleVariant("\x02\x30\x31\x30\x43\x38\x30\x32\x03\x37\x31"));
                                    //将读指令转换为 VARIANT 类型后通过串口发送出去
    log::OnTimer(nIDEvent);
}
```

5）读取 PLC 返回数据

每发送一次指令，当接收缓冲区中有数据到达时便会触发 OnComm 事件，使得 CommEvent 属性值变成 2，接收数据程序（使用 MSComm 控件的 GetInput 方法）便会被执行，将接收的数据赋给字符串变量 buffer。

```
void CTempDlg::OnOnCommMscomm1()
{
    VARIANT data;                    //定义 VARIANT 类型变量，用于接收数据
    COleSafeArray data1;
    CString strtemp,buffer,datastr1[20];
    LONG len,i,datastr2[20];
    BYTE Inbyte[2048],temp;     //定义 BYTE 数组
    float datan,dataV;
    if(m_Comm.GetCommEvent()==2)          //事件值为 2 表示接收缓冲区内有字符
    {
        data=m_Comm.GetInput();           //读缓冲区
        data1=data;                       //VARIANT 型变量转换为 ColeSafeArray 型变量
        len=data1.GetOneDimSize();        //得到有效数据长度
        for(i=0;i<len;i++)
            data1.GetElement(&i,Inbyte+i); //转换为 BYTE 型数组
        for(i=0;i<len;i++)                //将数组转换为 Cstring 型变量
        {
            temp=*(char*)(Inbyte+i);      //字符型
            strtemp.Format("%02X",temp); //将字符送入临时变量 strtemp 存放
            buffer=buffer+strtemp;        //加入接收字符串
        }
        ⋮
    }
}
```

6）获取反映电压的数字量值

PLC 返回数据为 ASCII 码形式，需要转换为十六进制形式，再转成十进制形式。

返回的应答帧中，从第 2 个字节开始的 4 个字节即 Inbyte[1]、Inbyte[2]、Inbyte[3]和 Inbyte[4]反映了第一通道的检测电压，为 ASCII 码形式，根据协议，低字节在前，高字节在后，因此实际顺序为 Inbyte[3]、Inbyte[4]、Inbyte[1]和 Inbyte[2]。 因数据已经存放在 buffer 中，所以：

```
void CTempDlg::OnOnCommMscomm1()
{
    ⋮
    datastr1[1]=buffer.Mid(6,2);
    datastr1[2]=buffer.Mid(8,2);
    datastr1[3]=buffer.Mid(2,2);
    datastr1[4]=buffer.Mid(4,2);
```

```
        //转换为十六进制
        if(atoi(datastr1[1])<40)
            datastr2[1]=atoi(datastr1[1])-30;
        else
            datastr2[1]=atoi(datastr1[1])-31;
        if(atoi(datastr1[2])<40)
            datastr2[2]=atoi(datastr1[2])-30;
        else
            datastr2[2]=atoi(datastr1[2])-31;
        if(atoi(datastr1[3])<40)
            datastr2[3]=atoi(datastr1[3])-30;
        else
            datastr2[3]=atoi(datastr1[3])-31;
        if(atoi(datastr1[4])<40)
            datastr2[4]=atoi(datastr1[4])-30;
        else
            datastr2[4]=atoi(datastr1[4])-31;
        //使用进制转换公式将十六进制数转换为十进制数，得到的就是电压的数字量值
        datan = datastr2[1]*(16*16*16)+datastr2[2]*(16*16)+datastr2[3]*16+datastr2[4];
        ⋮
    }
```

7）获取并显示测量温度值

根据三菱模拟量扩展模块 FX_{2N}-4AD 的输出特性，数字量值-2000～2000 对应电压值-10～10V，因此得到的数字量值 datan 除以 200 即为反映温度的电压值。

因为温度变送器的测温范围是 0～200℃，输出 4～20mA 电流信号，经过 250Ω电阻转换为 1～5V 电压信号送入 PLC 的模拟量输入 1 通道，输入电压与检测温度是线性关系。

得到温度值后再调用报警控制过程子程序和绘图函数。

```
    void CTempDlg::OnOnCommMscomm1()
    {
        ⋮
        if(datan>=0)
        {
            dataV=datan/200;          //计算电压实际值，算法：数字量-2000～2000 对应电压值-10～10V
            datatemp[num]=(dataV-1)*50;              //电压转换为温度值
            m_temp=datatemp[num];                    //显示温度值
            alarm();                                 //调用报警函数
            num=num+1;
            ondraw();                                //调用绘图函数，绘制温度曲线
        }
        ⋮
    }
```

8）温度报警控制指示

为了显示 PLC 测量温度值超过上限或低于下限报警值的状态，在程序界面中通过形状控件（指示灯）的颜色变化来反映，在线路中通过指示灯的亮灭来反映。

本例测量温度小于 30℃时下限指示灯亮，程序界面中下限指示灯为红色；大于 50℃时上限指示灯亮，程序界面中下限指示灯为红色；在二者之间时，上、下限指示灯均为绿色。

```
void CTempDlg::alarm()
{
    if(datatemp[num]<30)
    {
        state(IDC_STATIC2,0x00000FF0);          //下限指示灯红色
        state(IDC_STATIC1,0x0000FF00);          //上限指示灯绿色
    }
    if((datatemp[num]>=30) && (datatemp[num]<=50))
    {
        state(IDC_STATIC2,0x0000FF00);          //下限指示灯绿色
        state(IDC_STATIC1,0x0000FF00);          //上限指示灯绿色
    }
    if(datatemp[num]>50)
    {
        state(IDC_STATIC2,0x00000FF0);          //下限指示灯绿色
        state(IDC_STATIC1,0x0000FF00);          //上限指示灯红色
    }
}
```

9）绘制温度实时变化曲线

为了实时显示测量温度变化过程，需要绘制数据曲线，在 ondraw()函数中实现。

```
void CTempDlg::ondraw()
{
    int k=num-1;
    CWnd* pWnd=GetDlgItem(IDC_PICTURE);  //获取 Picture 控件指针
    CRect    rect;                        //定义矩形对象
    pWnd->GetClientRect(rect);            //获得当前窗口的客户区大小
    CDC* pDC=pWnd->GetDC();               //得到其设备上下文
    CPen* pNewPen=new CPen;               //定义画笔
    pNewPen->CreatePen(PS_SOLID,2,RGB(255,0,0));          //创建红色实线画笔
    CPen* pOldPen=pDC->SelectObject(pNewPen);//选择新画笔，同时将原画笔指针返回给 pOldPen
    if(k>=1)
    {
        pDC->MoveTo((k-1),rect.bottom-(int)(2*datatemp[k-1]));    //将画笔移动到下一段画线的起点
        pDC->LineTo(k,rect.bottom-(int)(2*datatemp[k]));       //在两点之间画线
        pDC->SelectObject(pOldPen);                            //选择旧画笔，还原为原来的画笔
    }
    else
    {
        pDC->MoveTo(k,rect.bottom-(int)(2*datatemp[0]));      //将画笔移动到起始点位置
        pDC->LineTo(k,rect.bottom-(int)(2*datatemp[0]));
    }
    if(k>=rect.right-5)                                       //如果将要绘制到 Picture 控件尽头，则
                                                              //重新开始绘制曲线
```

```
        {
                num=0;
                pDC->MoveTo(0,rect.bottom-(int)(2*datatemp[k]));
        }
        Delete    pNewPen;                                    //删除画笔
    }
```

10）退出程序

通信完成后必须释放资源即关闭串口。在 Cmdquit _Click()事件中写入下面程序：

```
    void CTempDlg::OnButton1()
    {
        KillTimer(1);                               //关闭计时器 Timer1
        m_Comm.SetPortOpen(false);                  //关闭串口
        CDialog::OnCancel();
    }
```

3. 系统运行测试

程序设计、调试完毕，运行程序。

PC 读取并显示三菱 PLC 检测的温度值，绘制温度变化曲线。当测量温度小于 30℃时，程序界面下限指示灯为红色，PLC 的 Y0 端口置位；当测量温度大于或等于 30℃且小于或等于 50℃时，程序界面上、下限指示灯均为绿色，Y0 和 Y1 端口复位；当测量温度大于 50℃时，程序界面上限指示灯为红色，Y1 端口置位。

程序运行界面如图 11-11 所示。

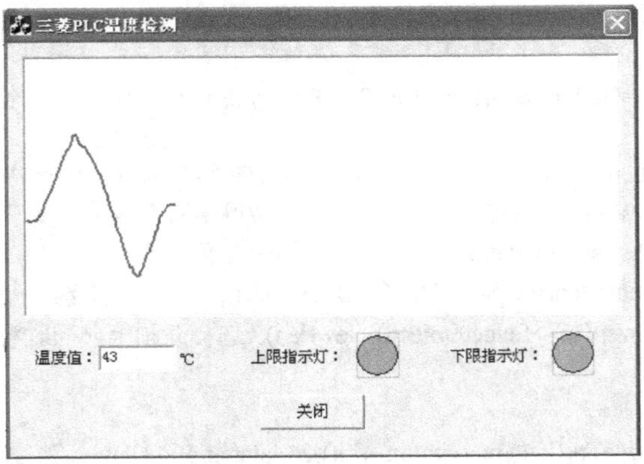

图 11-11　程序运行界面

11.2.6　PC 端监控组态程序设计

1. 建立新工程项目

输入工程名称：AI（必需，可以任意指定）。

工程描述：温度检测（可选）。

2. 制作图形画面

在工程浏览器左侧树形菜单中选择“文件/画面”，在右侧视图中双击“新建”，出现“画面”属性对话框，输入画面名称“温度检测”，设置画面位置、大小等，然后单击“确定”按钮，进入组态王画面开发系统，此时工具箱自动加载。

绘制图素的主要工具放在图形编辑工具箱中，各基本工具的使用方法与“画笔”类似。

（1）通过开发系统工具箱为图形画面添加一个“实时趋势曲线”控件。

画面程序运行时，实时趋势曲线可以随时间变化自动卷动，以快速反应变量随时间的变化；用户只要定义几个相关变量适当调整曲线外观，即可完成曲线的指定的复杂功能。

（2）通过开发系统工具箱为图形画面添加 4 个文本对象：标签“温度值:”、当前电压值显示文本“000”、标签“下限灯”、标签“上限灯”。

（3）通过图库为图形画面添加两个指示灯对象。

（4）在工具箱中选择“按钮”控件添加到画面中，然后选中该按钮，单击鼠标右键，选择“字符串替换”，将按钮“文本”改为“关闭”。

设计的图形画面如图 11-12 所示。

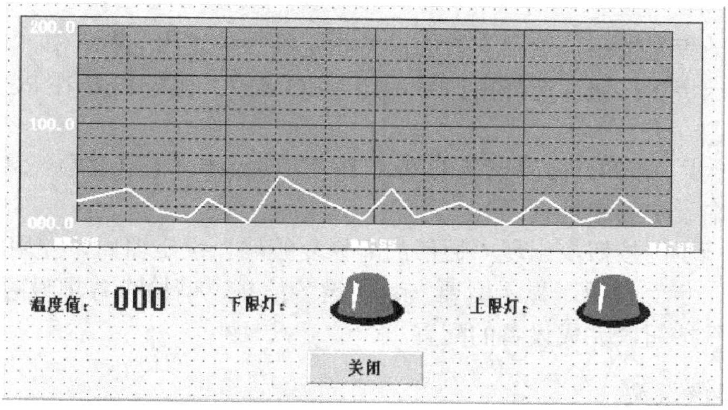

图 11-12　图形画面

注意：建立仪表、文本、按钮等对象和变量的动画连接后，才可对这些对象进行各种属性设置。

3. 定义串口设备

作为上位机，KingView 把那些需要与之交换数据的设备或程序都作为外部设备（即 I/O 设备，又称为逻辑设备）。KingView 支持的 I/O 设备包括：可编程控制器（PLC）、智能模块、板卡、智能仪表、变频器等。

KingView 设备管理中的逻辑设备分为 DDE 设备、板卡类设备（即总线型设备）、串口类设备、人机界面卡、网络模块，工程人员根据自己的实际情况通过 KingView 的设备管理功能来配置定义这些逻辑设备。

1）添加设备

在组态王工程浏览器的左侧选择“设备/COM1”，在右侧双击“新建”，运行“设备配置向导”。

（1）选择：设备驱动→PLC→三菱→FX2→编程口，如图 11-13 所示。

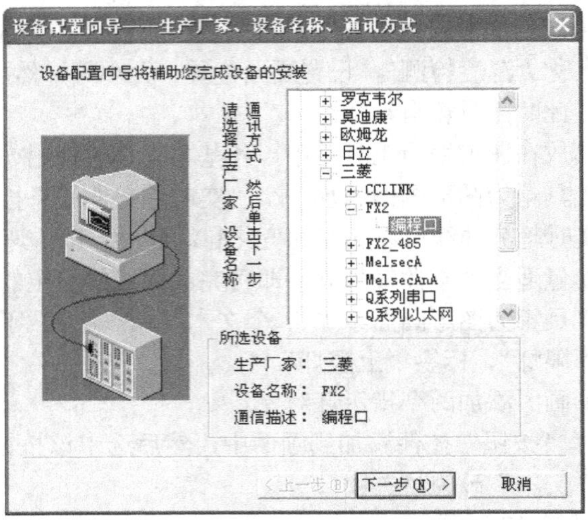

图 11-13　选择串口设备

（2）单击“下一步”按钮，给要安装的设备指定唯一的逻辑名称，如“PLC”（任意取）。

（3）单击“下一步”按钮，选择串口号，如“COM1”（须与 PLC 在 PC 上使用的串口号一致）。

（4）单击“下一步”按钮，为要安装的 PLC 指定地址，如“1”（注意，这个地址应该与 PLC 通信参数设置程序中设定的地址相同）。

（5）单击“下一步”按钮，出现“通信故障恢复策略”设定窗口，使用默认设置即可。

（6）单击“下一步”按钮，显示所要安装的设备信息，请检查各项设置是否正确，确认无误后，单击“完成”按钮，完成设备的配置。

2）串口通信参数设置

双击“设备/COM1”，弹出“设置串口”对话框，设置串口 COM1 的通信参数：波特率选“9600”，奇偶校验选“偶校验”，数据位选“7”，停止位选“1”，通信方式选“RS232”，如图 11-14 所示。

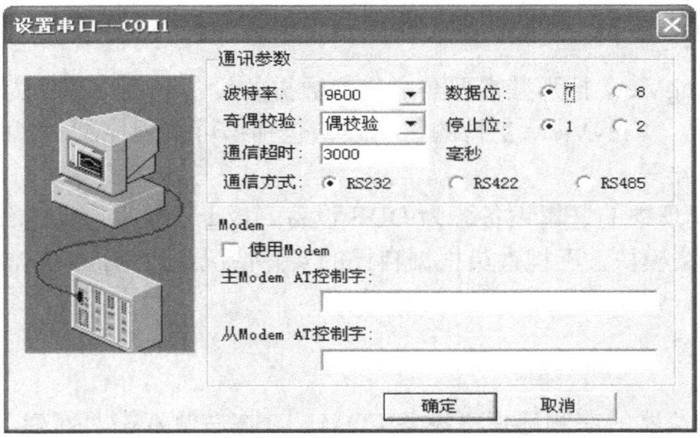

图 11-14　设置串口 COM1

设置完毕，单击“确定”按钮，就完成了对 COM1 的通信参数配置，保证组态王与 PLC 的通信能够正常进行。

注意：设置的参数必须与 PLC 设置的一致，否则不能正常通信。

3）PLC 通信测试

选择新建的串口设备“PLC”，单击右键，出现一弹出式下拉菜单，选择“测试 PLC”项，出现“串口设备测试”对话框，观察设备参数与通信参数是否正确，若正确，选择“设备测试”选项卡。

寄存器选择 D，再添加数字 100，即选择“D100”，数据类型选择“SHORT”，单击“添加”按钮，D100 进入采集列表。

给线路中模拟量输入 1 通道输入温度电压信号，单击“串口设备测试”对话框中的“读取”命令（单击后按钮文字变为“停止”），寄存器 D100 的变量值为一整型数字量，如“435”，如图 11-15 所示。

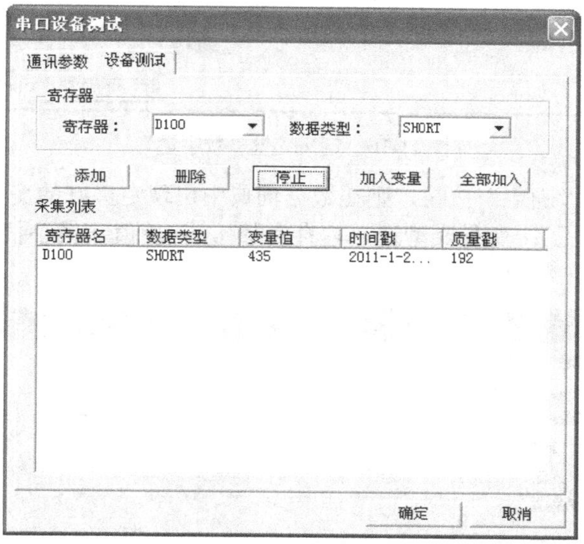

图 11-15　PLC 寄存器测试

因为 0～200℃对应电压值 1～5V，0～10V 对应数字量值 0～2000，那么 1～5V 对应数字量值 200～1000，因此 0～200℃对应数字量值 200～1000，那么数字量 435 对应的温度值为 58.75℃。

4. 定义变量

定义变量在工程浏览器“数据库/数据词典”中进行。数据库是组态王最核心的部分。在组态王运行时，工业现场的生产状况要以动画的形式反映在屏幕上，同时工程人员在计算机前发布的指令也要迅速送达生产现场，所有这一切都是以实时数据库为中介环节，数据库是联系上位机和下位机的桥梁。

在数据库中存放的是变量的当前值，变量包括系统变量和用户定义的变量。变量的集合形象地称为“数据词典”，数据词典记录了所有用户可使用的数据变量的详细信息。

在工程浏览器的左侧树形菜单中选择“数据库/数据词典”，在右侧双击“新建”，弹出“定义变量”对话框。

（1）定义变量“数字量”：变量类型选“I/O 整数”，初始值、最小值和最小原始值设为“0”，最大值和最大原始值设为“2000”，连接设备选“plc”，寄存器设置为“D100”，数据类型选“SHORT”，读写属性选“只读”，如图 11-16 所示。

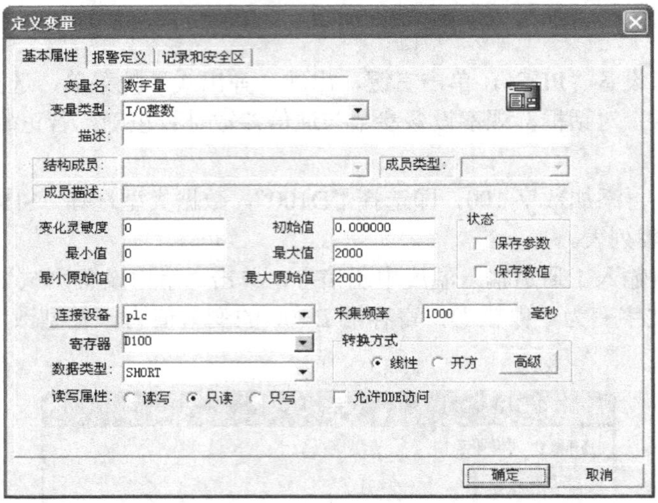

图 11-16　定义变量“数字量”

定义完成后，单击“确定”按钮，则在数据词典中出现定义好的变量“数字量”。

（2）定义变量“电压”：变量类型选“内存实数”，初始值、最小值设为“0”，最大值设为“10”，如图 11-17 所示。

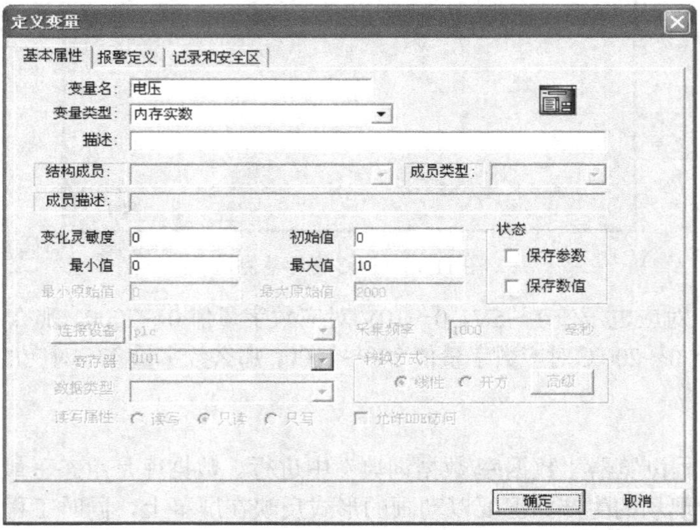

图 11-17　定义变量“电压”

定义完成后，单击“确定”按钮，则在数据词典中出现定义好的变量“电压”。

（3）定义变量“温度值”：变量类型选“内存实数”，初始值设为“0”，最大值设为“200”。

（4）定义变量“上限灯”和“下限灯”：变量类型选“内存离散”，初始值选“关”，如图 11-18 所示。

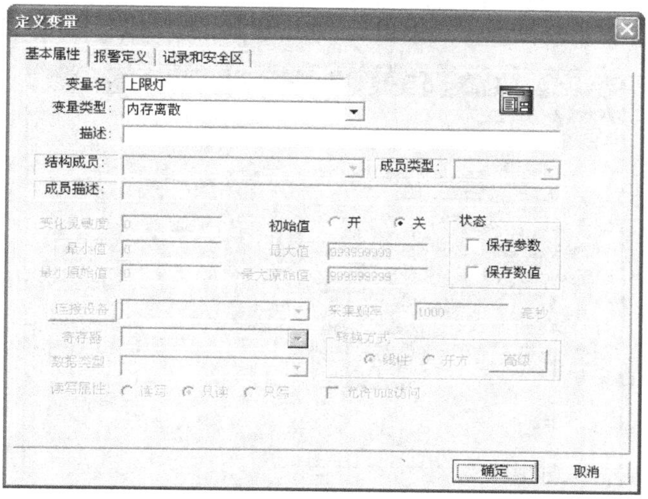

图 11-18　定义变量“上限灯”

5. 建立动画连接

进入画面开发系统，双击画面中图形对象，将定义好的变量与相应对象连接起来。

1）建立当前温度值显示文本对象动画连接

双击画面中当前温度值显示文本对象“000”，出现“动画连接”对话框，单击“模拟值输出”按钮，则弹出“模拟值输出连接”对话框，将其中的表达式设置为“\\本站点\\温度值”，整数位数设为“2”，小数位数设为“1”，单击“确定”按钮返回到“动画连接”对话框，再次单击“确定”按钮，动画连接设置完成，如图 11-19 所示。

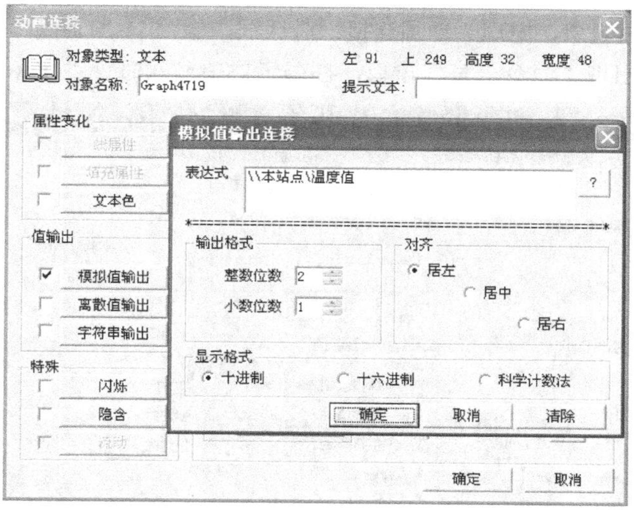

图 11-19　当前温度值显示文本对象动画连接

2）建立实时趋势曲线对象的动画连接

双击画面中实时趋势曲线对象。在“曲线定义”选项卡中，单击曲线 1 表达式文本框右边的“？”号，选择已定义好的变量“温度值”，并设置其他参数值，如图 11-20 所示。

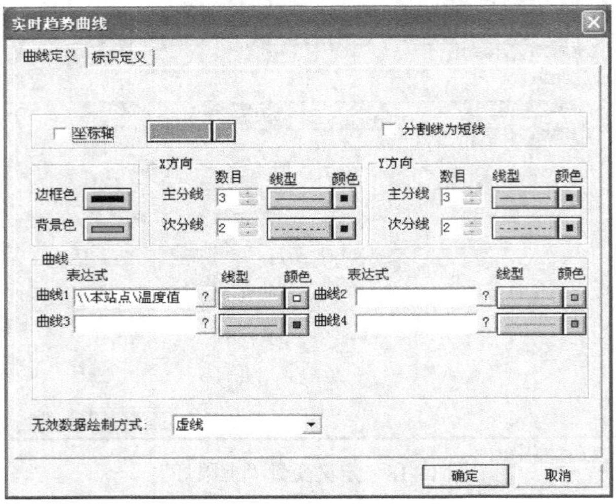

图 11-20　实时趋势曲线对象动画连接

在“标识定义”选项卡中，数值轴最大值设为“200”，数值格式选“实际值”，时间轴长度设为“2”分钟。

3）建立指示灯对象动画连接

双击画面中指示灯对象，出现“指示灯向导”对话框。单击变量名（离散量）右边的“？”号，选择已定义好的变量，如“上限灯”或“下限灯”，并设置颜色。

4）建立按钮对象的动画连接

双击“关闭”按钮对象，出现“动画连接”对话框，如图 11-21 所示。单击命令语言连接中的“弹起时”按钮，出现“命令语言”窗口，在编辑栏中输入命令“exit(0);”。

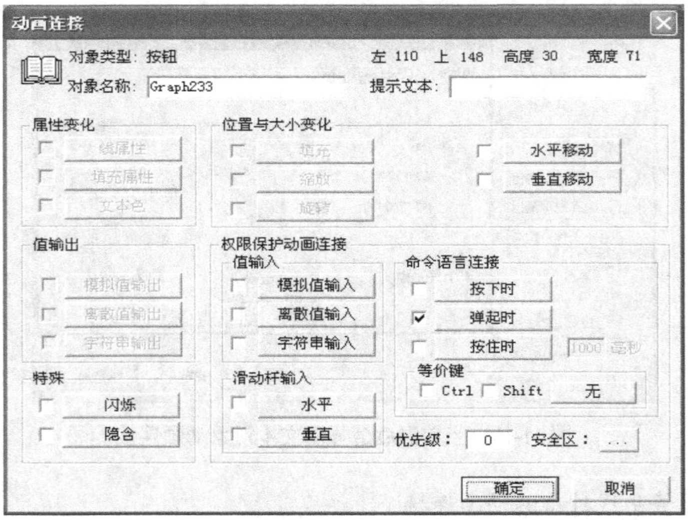

图 11-21　关闭按钮的动画连接设置

单击“确定”按钮，返回到“动画连接”对话框，再单击“确定”按钮，则完成“关闭”按钮的动画连接。程序运行时，单击“关闭”按钮，程序停止运行并退出。

6. 编写命令语言

在工程浏览器左侧树形菜单中双击命令语言“应用程序命令语言”项，出现“应用程序命令语言”编辑对话框，单击“运行时”，将循环执行时间设定为 200ms，然后在命令语言编辑框中输入程序，如图 11-22 所示。然后单击“确定”按钮，完成命令语言的输入。

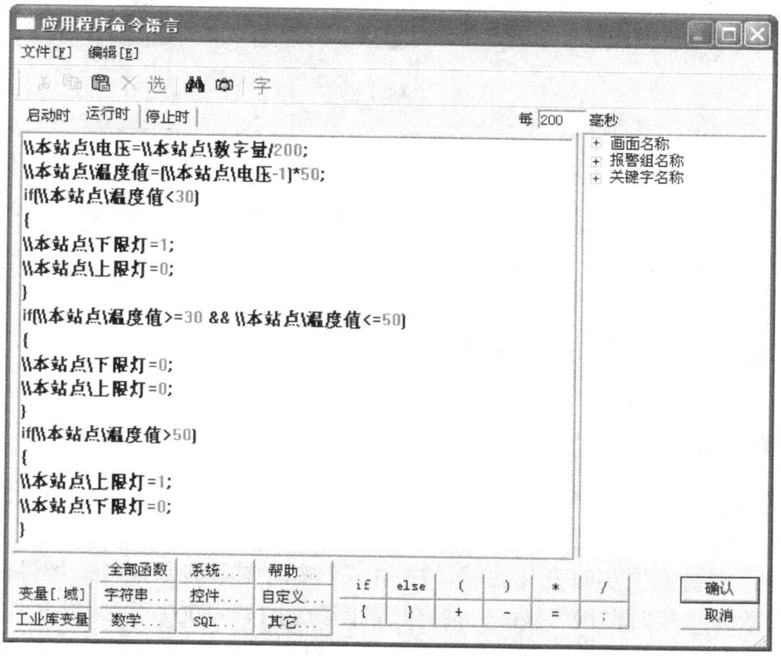

图 11-22 编写命令语言

7. 调试与运行

（1）画面存储：画面设计完成后，在开发系统“文件”菜单中执行“全部存”命令将设计的画面和程序全部存储。

注意：在开发系统中，对画面所做的任何改变必须存储，所做的改变才有效，即在画面运行系统中才能运行我们所做的工作。

（2）配置主画面：在工程浏览器中，点击快捷工具栏上的“运行”按钮，出现“运行系统设置”对话框。单击“主画面配置”选项卡，选中制作的图形画面名称“温度检测”，单击“确定”按钮即将其配置成主画面。

（3）程序运行：在工程浏览器中，单击快捷工具栏上的“VIEW”按钮或在开发系统中执行“文件”→“切换到 view”命令，启动运行系统。

PC 读取并显示三菱 PLC 检测的温度值，绘制温度变化曲线。当测量温度小于 30℃时，程序界面下限指示灯为红色，PLC 的 Y0 端口置位；当测量温度大于或等于 30℃且小于或等于 50℃时，程序界面上、下限指示灯均为绿色，Y0 和 Y1 端口复位；当测量温度大于 50℃时，程序界面上限指示灯为红色，Y1 端口置位。程序运行界面如图 11-23 所示。

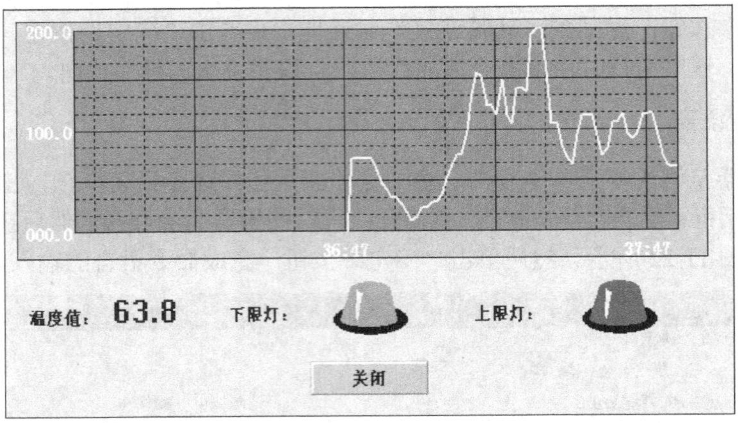

图 11-23　运行界面

在应用工程的开发环境中建立的图形画面只有在运行系统（TouchView）中才能运行。运行系统从控制设备中采集数据，并保存在实时数据库中。

11.2.7　PC 端 LabVIEW 程序设计

1. 程序前面板设计

（1）为了以数字形式显示测量温度值，添加一个数值显示控件：控件→新式→数值→数值显示控件，将标签改为“温度值:”。

（2）为了显示测量温度实时变化曲线，添加一个实时图形显示控件：控件→新式→图形→波形图，将标签改为“实时曲线”，将 Y 轴标尺范围改为 11～100。

（3）为了显示温度超限报警状态，添加两个指示灯控件：控件→新式→布尔→圆形指示灯，将标签分别改为“上限指示灯”、“下限指示灯”。

（4）为了获得串行端口号，添加一个串口资源检测控件：控件→新式→I/O→VISA 资源名称；单击控件箭头，选择串口号，如“COM1”或“ASRL1:”。

设计的程序前面板如图 11-24 所示。

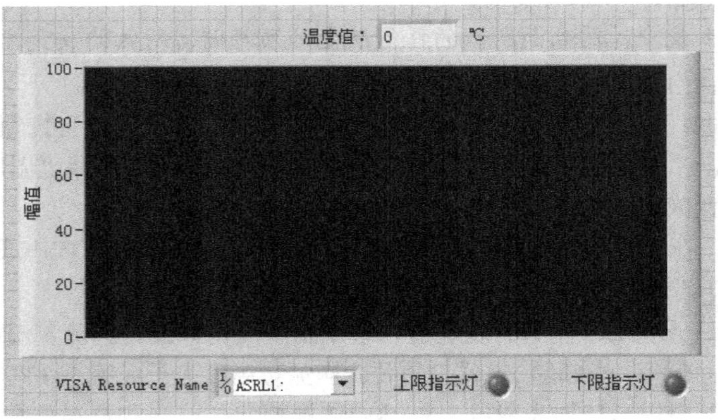

图 11-24　程序前面板

2. 框图程序设计

1）串口初始化框图程序

（1）添加一个顺序结构：函数→编程→结构→层叠式顺序结构。

将其帧设置为4个（序号为0～3）。设置方法：选中层叠式顺序结构上边框，单击右键，执行在后面添加帧选项3次。

（2）为了设置通信参数，在顺序结构 Frame 0 中添加一个串口配置函数：函数→仪器 I/O→串口→VISA 配置串口。

（3）为了设置通信参数值，在顺序结构 Frame0 中添加4个数值常量：函数→编程→数值→数值常量，值分别为9600（波特率）、7（数据位）、2（校验位，偶校验）、10（停止位1，注意这里的设定值为10）。

（4）将 VISA 资源名称函数的输出端口与串口配置函数的输入端口 VISA 资源名称相连。

（5）将数值常量9600、7、2、10分别与 VISA 配置串口函数的输入端口波特率、数据比特、奇偶、停止位相连。

连接好的框图程序如图11-25所示。

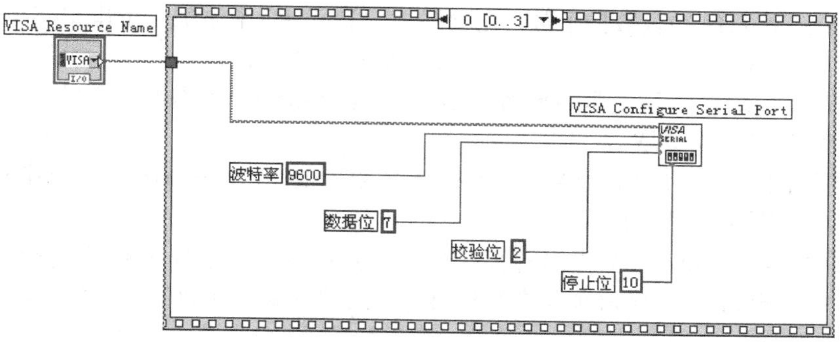

图11-25 串口初始化框图程序

2）发送指令框图程序

（1）为了发送指令到串口，在顺序结构 Frame1 中添加一个串口写入函数：函数→仪器 I/O→串口→VISA 写入。

（2）在顺序结构 Frame1 中添加数组常量：函数→编程→数组→数组常量，标签为“读指令”。

再往数组常量中添加数值常量，设置为11个，将其数据格式设置为十六进制，方法为：选中数组常量中的数值常量，单击右键，执行格式与精度选项，在出现的对话框中，从格式与精度选项中选择十六进制，单击“OK”按钮确定。

将11个数值常量的值分别改为02、30、31、30、43、38、30、32、03、37、31（即读 PLC 寄存器 D100 中的数据指令）。

（3）在顺序结构 Frame1 中添加字节数组转字符串函数：函数→编程→字符串→字符串/数组/路径转换→字节数组至字符串转换。

（4）将 VISA 资源名称函数的输出端口与 VISA 写入函数的输入端口 VISA 资源名称相连。

（5）将数组常量（标签为“读指令”）的输出端口与字节数组至字符串转换函数的输入端口无符号字节数组相连。

(6)将字节数组至字符串转换函数的输出端口字符串与 VISA 写入函数的输入端口写入缓冲区相连。

连接好的框图程序如图 11-26 所示。

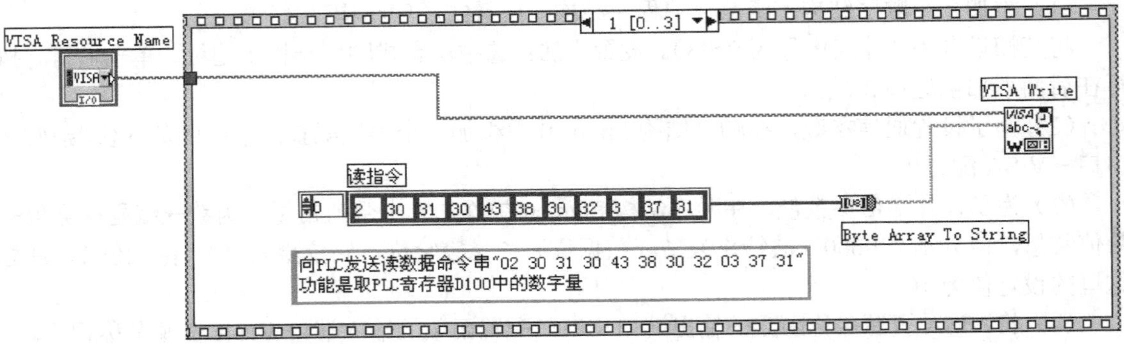

图 11-26　发送指令框图程序

3）接收数据框图程序

（1）为了获得串口缓冲区数据个数，在顺序结构 Frame 2 中添加一个串口字节数函数：函数→仪器 I/O→串口→VISA 串口字节数，标签为“Property Node”。

（2）为了从串口缓冲区获取返回数据，在顺序结构 Frame 2 中添加一个串口读取函数：函数→仪器 I/O→串口→VISA 读取。

（3）在顺序结构 Frame2 中添加字符串转字节数组函数：函数→编程→字符串→字符串/数组/路径转换→字符串至字节数组转换。

（4）在顺序结构 Frame2 中添加 4 个索引数组函数：函数→编程→数组→索引数组。

（5）在顺序结构 Frame2 中添加 4 个数值常量：函数→编程→数值→数值常量，值分别为 1、2、3、4。

（6）将 VISA 资源名称函数的输出端口与 VISA 读取函数的输入端口 VISA 资源名称相连；将 VISA 资源名称函数的输出端口与串口字节数函数的输入端口引用相连。

（7）将串口字节数函数的输出端口 Number of bytes at Serial port 与 VISA 读取函数的输入端口字节总数相连。

（8）将 VISA 读取函数的输出端口读取缓冲区与字符串至字节数组转换函数的输入端口字符串相连。

（9）将字符串至字节数组转换函数的输出端口无符号字节数组分别与 4 个索引数组函数的输入端口数组相连。

（10）将数值常量（值为 1、2、3、4）分别与索引数组函数的输入端口索引相连。

（11）添加一个数值常量：函数→编程→数值→数值常量，选中该常量，单击右键，选择“属性”项，出现“数值常量”属性对话框，选择格式与精度，选择十六进制，确定后输入“30”。减 30 的作用是将读取的 ASCII 值转换为十六进制。

（12）再添加如下功能函数并连线：将十六进制电压值转换为十进制数（PLC 寄存器中的数字量值），然后除以 200 就是 1 通道的十进制电压值，然后根据电压 u 与温度 t 的数学关系（$t=(u-1)*50$）就得到温度值。

连接好的框图程序如图 11-27 所示。

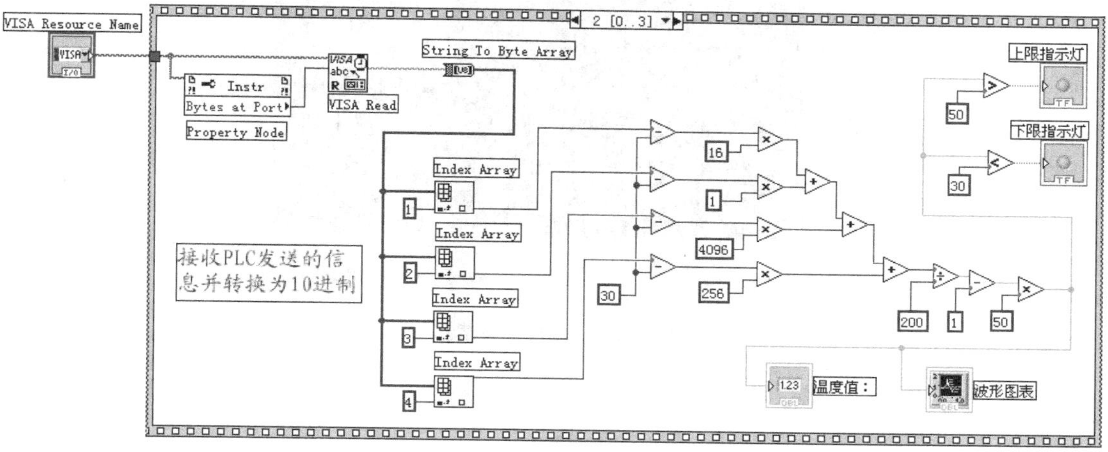

图 11-27　接收数据框图程序

4）延时框图程序

（1）为了以一定的周期读取 PLC 的返回数据，在顺序结构 Frame3 中添加一个时钟函数：函数→编程→定时→等待下一个整数倍毫秒。

（2）在顺序结构 Frame3 中添加一个数值常量：函数→编程→数值→数值常量，将值改为 500（时钟频率值）。

（3）将数值常量（值为 500）与等待下一个整数倍毫秒函数的输入端口毫秒倍数相连。

连接好的框图程序如图 11-28 所示。

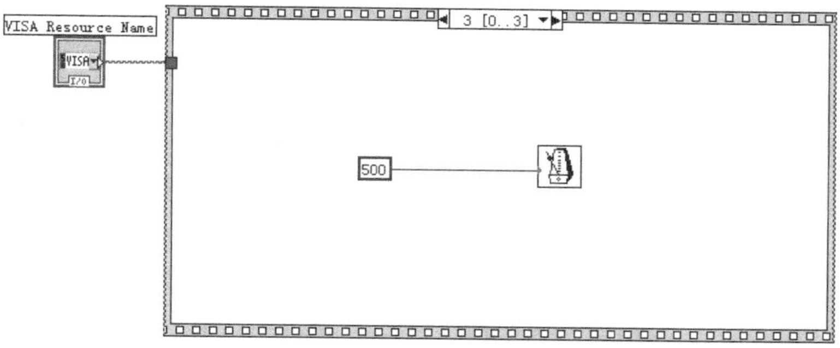

图 11-28　延时框图程序

3. 运行程序

程序设计、调试完毕，单击快捷工具栏中的“连续运行”按钮，运行程序。

PC 读取并显示三菱 PLC 检测的温度值，绘制温度变化曲线。当测量温度小于 30℃时，程序界面下限指示灯为红色，PLC 的 Y0 端口置位；当测量温度大于 50℃时，程序界面上限指示灯为红色，Y1 端口置位。

程序运行界面如图 11-29 所示。

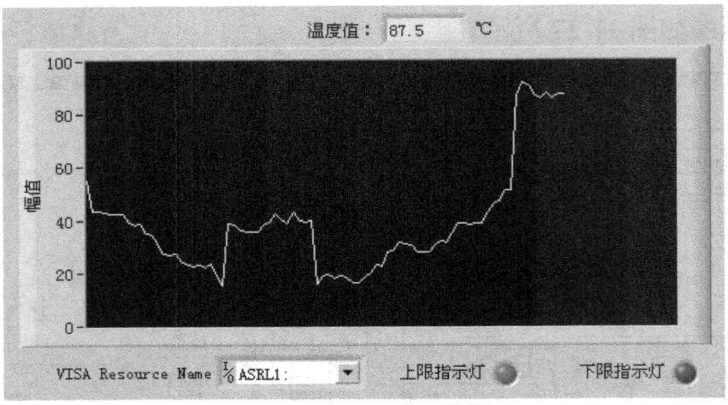

图 11-29　程序运行界面

第 12 章　西门子 PLC 与 PC 通信之温度检测

许多来自工业现场的检测信号都是模拟信号，如温度、液位、压力等，通常都是将现场待检测的物理量通过传感器或变送器转换为电压或电流信号。

本章通过西门子模拟量扩展模块 EM235 实现 PLC 温度检测，并将检测到的温度值通过通信电缆传送给上位计算机显示与处理。

12.1　西门子 PLC 温度检测

12.1.1　设计任务

采用 STEP 7-Micro/WIN 编程软件编写 PLC 程序，实现西门子 S7-200 PLC 温度检测。当测量温度小于 30℃时，Q0.0 端口置位；当测量温度大于或等于 30℃且小于或等于 50℃时，Q0.0 和 Q0.1 端口复位；当测量温度大于 50℃时，Q0.1 端口置位。

12.1.2　线路连接

西门子 S7-200 PLC 与模拟量输入模块 EM235 构成的温度测控系统如图 12-1 所示。

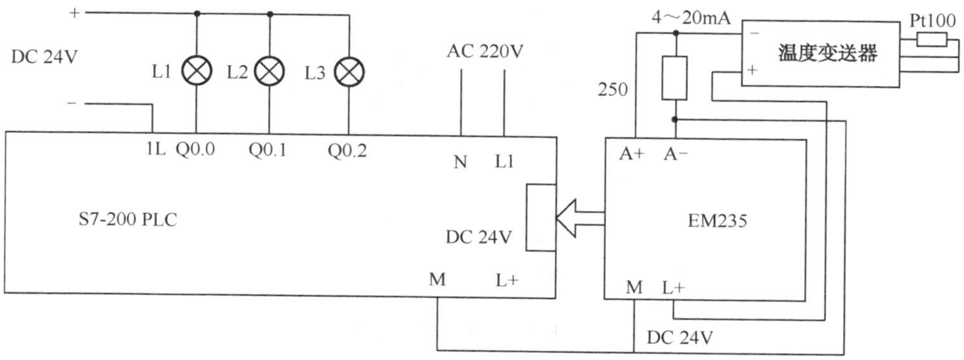

图 12-1　S7-200 PLC 温度测控系统

将 EM235 与 PLC 主机通过扁平电缆相连，温度传感器 Pt100 接到温度变送器输入端，温度变送器输入范围是 0～200℃，输出为 4～200mA，经过 250Ω电阻将电流信号转换为 1～5V 电压信号输入到 EM235 的模拟量输入 1 通道（CH1）输入端口 A+和 A-。

PLC 主机输出端口 Q0.0、Q0.1、Q0.2 接指示灯。

EM235 扩展模块的电源是 DC 24V，这个电源一定要外接而不可就近接 PLC 本身输出的 DC 24V 电源，但两者一定要共地。EM235 空闲的输入端口一定要用导线短接以免干扰信号窜入，即将 RB、B+、B−短接，将 RC、C+、C−短接，将 RD、D+、D−短接。

为避免共模电压，须将主机 M 端、扩展模块 M 端和所有信号负端连接 。在 DIP 开关设置中，将开关 SW1 和 SW6 设置为 ON，其他设置为 OFF，表示电压单极性输入，范围是 0～5V。

12.1.3　PLC 端温度检测程序设计

为了保证 S7-200 PLC 能够正常与 PC 进行温度检测，需要在 PLC 中运行一段程序。可采用两种设计思路。

思路 1：将采集到的电压数字量值（在寄存器 AIW0 中）送给寄存器 VW100。当 VW100 中的值小于 10240（代表 30℃），Q0.0 端口置位；当 VW100 中的值大于或等于 10240（代表 30℃）且小于或等于 12800（代表 50℃），Q0.0 和 Q0.1 端口复位；当 VW100 中的值大于 12800（代表 50℃），Q0.1 端口置位。

上位机程序读取寄存器 VW100 的数字量值，然后根据温度与数字量值的对应关系计算出温度测量值。

温度与数字量值的换算关系：0～200℃对应电压值 1～5V，0～5V 对应数字量值 0～32000，那么 1～5V 对应数字量值 6400～32000，因此 0～200℃对应数字量值 6400～32000。

PLC 程序如图 12-2 所示。

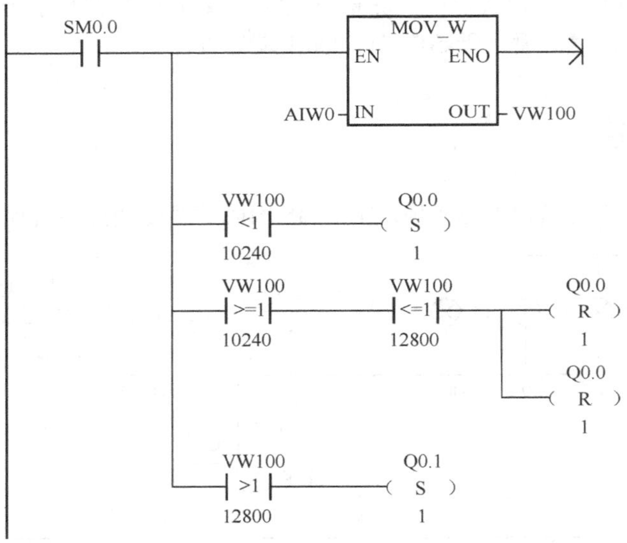

图 12-2　PLC 温度测控程序思路 1

思路 2：将采集到的电压数字量值（在寄存器 AIW0 中）送给寄存器 VD0，该数字量值除以 6400 就是采集的电压值（0～5V 对应 0～32000），再送给寄存器 VD100。

当 VD100 中的值小于 1.6（1.6V 代表 30℃），Q0.0 端口置位；当 VD100 中的值大于或等于 1.6（代表 30℃）且小于或等于 2（2.0V 代表 50℃），Q0.0 和 Q0.1 端口复位；当 VD100 中的值大于 2（代表 50℃），Q0.1 端口置位。PLC 程序如图 12-3 所示。

上位机程序读取寄存器 VD100 的值，然后根据温度与电压值的对应关系计算出温度测量值（0～200℃对应电压值 1～5V）。

思路 3：将采集到的电压数字量值（在寄存器 AIW0 中）送给寄存器 VD0，该数字量值除以 6400 就是采集的电压值（0～5V 对应 0～32000），送给寄存器 VD4。该电压值减 1 乘以 50 就是采集的温度值（0～200℃对应电压值 1～5V），送给寄存器 VD100。

当 VD100 中的值小于 30（代表 30℃），Q0.0 端口置位；当 VD100 中的值大于或等于 30（代表 30℃）且小于或等于 50（代表 50℃），Q0.0 和 Q0.1 端口复位；当 VD100 中的值大于 50（代表 50℃），Q0.1 端口置位。

PLC 程序如图 12-4 所示。

上位机程序读取寄存器 VW100 的值，就是温度测量值。

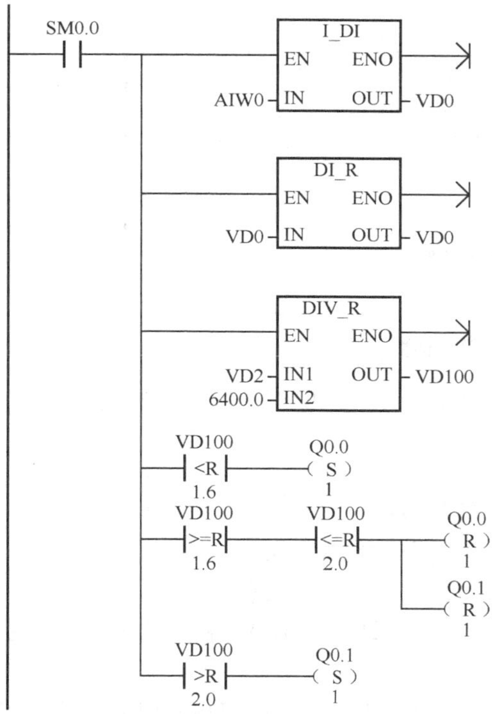

图 12-3 PLC 温度测控程序思路 2

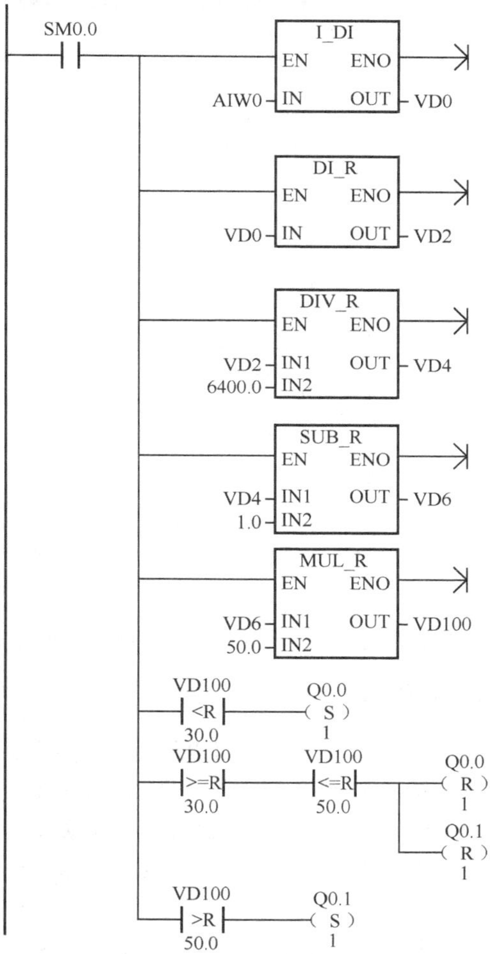

图 12-4 PLC 温度测控程序思路 3

本章采用思路 1，也就是由上位机程序将反映温度的数字量值转换为温度实际值。

12.1.4 PLC 程序下载与监控

1. 程序下载

PLC 端程序编写完成后需将其下载到 PLC 才能正常运行。其步骤如下：

（1）接通 PLC 主机电源，将 RUN/STOP 转换开关置于 STOP 位置。

（2）运行 STEP 7-Micro/WIN 编程软件，打开温度测控程序。

（3）执行菜单“File”→“Download...”命令，打开“Download”对话框，单击“Download”按钮，即开始下载程序，如图 12-5 所示。

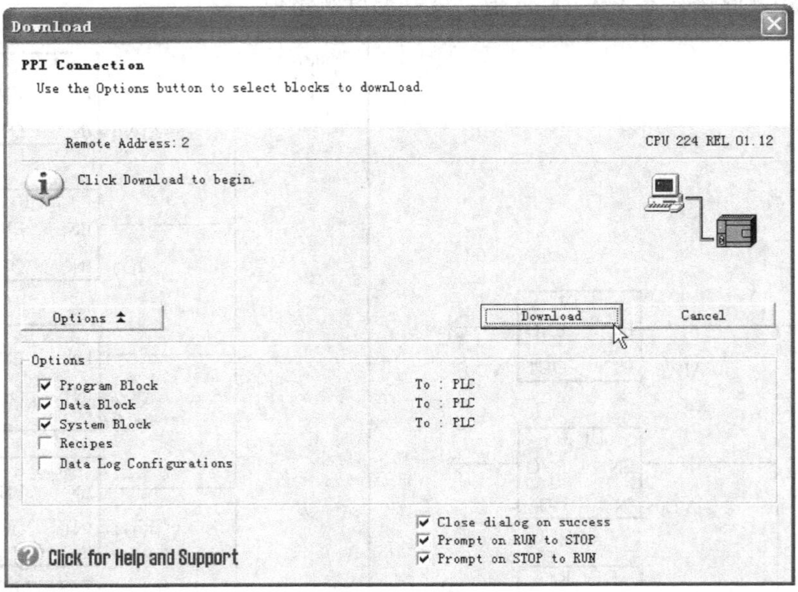

图 12-5 程序下载对话框

（4）程序下载完毕将 RUN/STOP 转换开关置于 RUN 位置，即可进行温度的采集。

2. 程序监控

PLC 端程序写入后，可以进行实时监控。其步骤如下：

（1）接通 PLC 主机电源，将 RUN/STOP 转换开关置于 RUN 位置。

（2）运行 STEP 7-Micro/WIN 编程软件，打开温度测控程序并下载。

（3）执行菜单“Debug”→“Start Program Status”命令，即可开始监控程序的运行，如图 12-6 所示。

寄存器 VW100 右边的黄色数字如 17833 就是模拟量输入 1 通道的电压实时采集值（数字量形式，根据 0～5V 对应 0～32000，换算后的电压实际值为 2.786V，与万用表测量值相同），再根据 0～200℃对应电压值 1～5V，换算后的温度测量值为 89.32℃，改变测量温度，该数值随着改变。

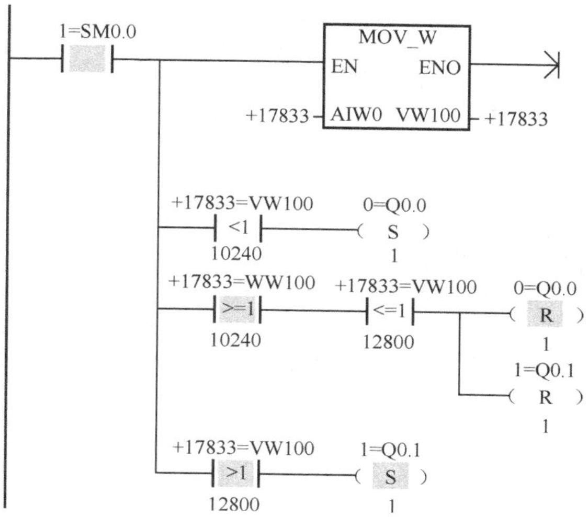

图 12-6　PLC 程序监控

当 VW100 中的值小于 10240（代表 30℃），Q0.0 端口置位；当 VW100 中的值大于或等于 10240（代表 30℃）且小于或等于 12800（代表 50℃），Q0.0 和 Q0.1 端口复位；当 VW100 中的值大于 12800（代表 50℃），Q0.1 端口置位。

（4）监控完毕，执行菜单“Debug”→“Stop Program Status”命令，即可停止监控程序的运行。

注意：必须停止监控，否则影响上位机程序的运行。

12.2　西门子 PLC 与 PC 通信实现温度检测

西门子 PLC 与 PC 通信实现温度测控，在程序设计上涉及两个部分的内容：一是 PLC 端数据采集、控制和通信程序；二是 PC 端通信和功能程序。

12.2.1　设计任务

同时采用 VB、VC++、组态王和 LabVIEW 软件编写程序，实现 PC 与西门子 S7-200 PLC 数据通信。要求：

（1）读取并显示西门子 PLC 检测的温度值，绘制温度变化曲线。

（2）当测量温度小于 30℃时，下限指示灯为红色；当测量温度大于或等于 30℃且小于或等于 50℃时，上、下限指示灯均为绿色；当测量温度大于 50℃时，上限指示灯为红色。

12.2.2　线路连接

将西门子 S7-200 PLC 的编程口通过 PC/PPI 编程电缆与 PC 的串口 COM1 连接起来，组成温度检测系统，如图 12-7 所示。

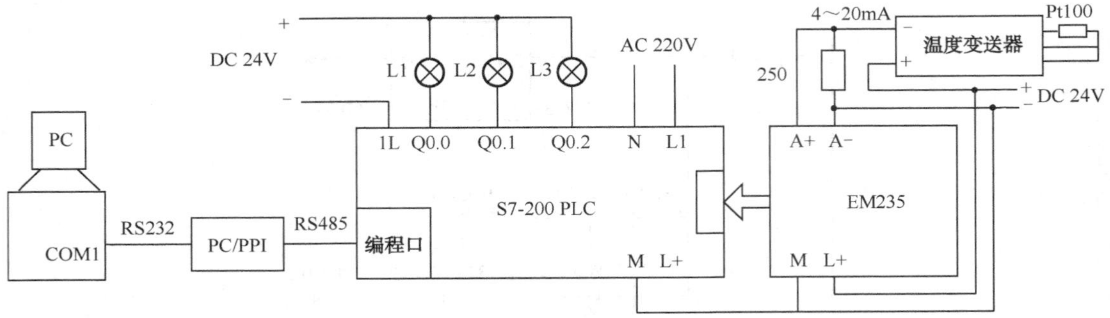

图 12-7　PC 与 S7-200 PLC 通信实现温度检测

12.2.3　串口通信调试

打开“串口调试助手”程序，首先设置串口号 COM1、波特率 9600、校验位 EVEN（偶校验）、数据位 8、停止位 1 等参数（注意：设置的参数必须与 PLC 设置的一致），选择“十六进制显示”和“十六进制发送”，打开串口。

本例向 S7-200 PLC 发送指令“68 1B 1B 68 02 00 6C 32 01 00 00 00 00 00 0E 00 00 04 01 12 0A 10 04 00 01 00 01 84 00 03 20 8D 16”，单击“手动发送”按钮，读取寄存器 VW100 中的数据。如果 PC 与 PLC 串口通信正常，接收区显示返回的数据串“E5”，如图 12-8 所示。

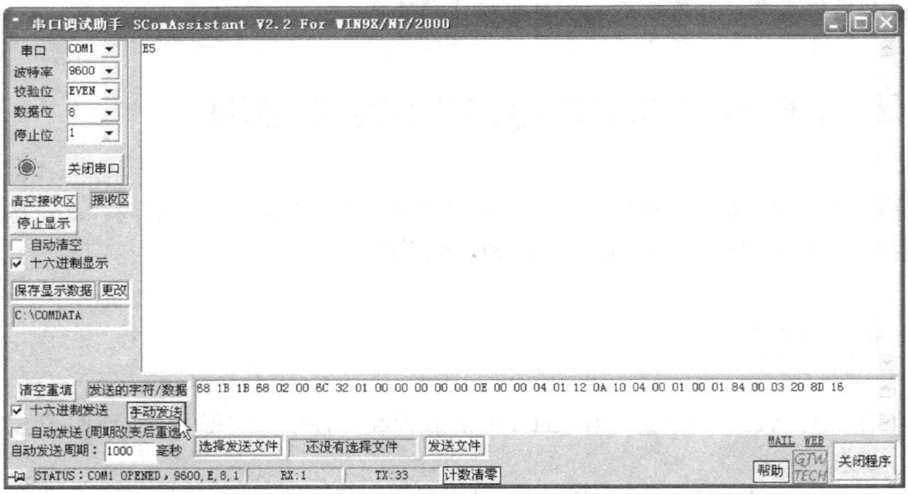

图 12-8　西门子 PLC 模拟输入串口调试 1

再发送确认指令“10 02 00 5C 5E 16”，PLC 返回数据如“68 17 17 68 00 02 08 32 03 00 00 00 00 00 02 00 06 00 00 04 01 FF 04 00 10 45 A1 45 16”，如图 12-9 所示，其中第 25 字节“45”和第 26 字节“A1”反映了输入电压值。将“45 A1”转换为十进制 17825（与 STEP 7-Micro/WIN 编程软件寄存器 VW100 中的监控值相同），该值除以 6400 就是采集的电压值 2.785V（与万用表测量值相同）；再根据 0～200℃对应电压值 1～5V，换算后的温度测量值为 89.26℃。

注意： *发送两次指令时，串口调试助手程序始终要保持在所有程序界面的前面。*

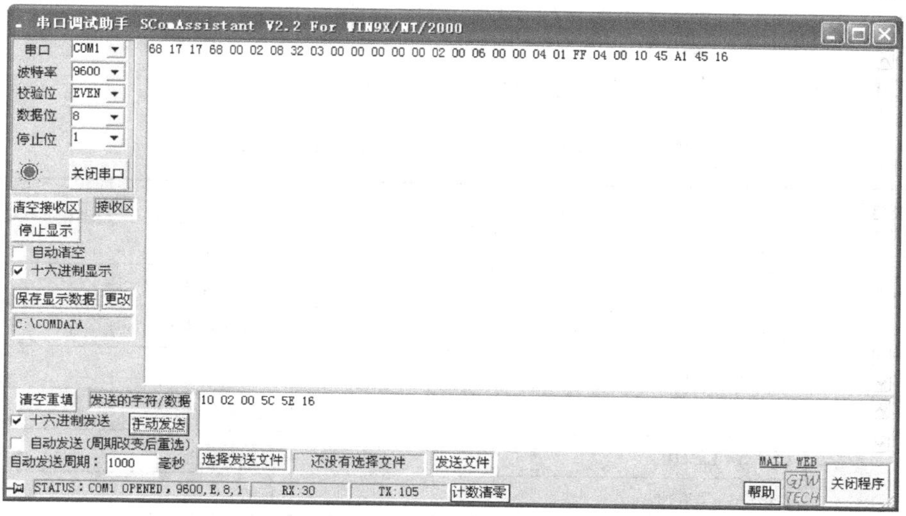

图 12-9　西门子 PLC 模拟输入串口调试 2

12.2.4　PC 端 VB 程序设计详解

1. 程序界面设计

1）添加控件

（1）为了实现 PC 与 PLC 串口通信，添加一个 MSComm 通信控件。
（2）为了实现连续检测，添加一个 Timer 时钟控件。
（3）为了显示检测温度值，添加一个 TextBox 文本框控件。
（4）为了绘制温度变化曲线，添加一个 PictureBox 图形控件。
（5）为了显示温度上、下限报警状态，添加两个 Shape 形状控件。
（6）为了表示文本框和形状控件的作用，添加 4 个 Label 标签控件。
（7）为了执行关闭程序命令，添加一个 CommandButton 按钮控件。
设计的程序界面如图 12-10 所示。

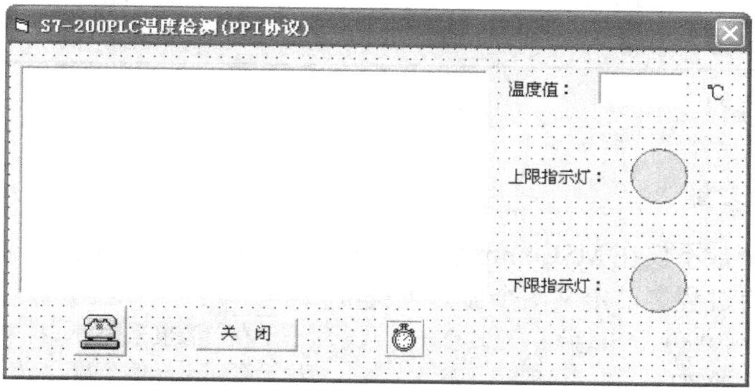

图 12-10　程序设计界面

2）属性设置

程序窗体、控件对象的主要属性设置如表 12-1 所示。

表 12-1　程序窗体、控件对象的主要属性设置

控件类型	主要属性	功　能
Form	(名称) = Form1	窗体控件
	BorderStyle = 3	运行时窗体固定大小
	Caption = S7-200 PLC 温度检测(PPI 协议)	窗体标题栏显示程序名称
TextBox	(名称) = Tdata	文本框控件
	Text 为空	显示温度值
Label	(名称) = Label1	标签控件
	Caption =温度值：	标签
Label	(名称) = Label3	标签控件
	Caption = ℃	标签
Shape	(名称) = alarm1	形状控件，下限报警指示
	FillStyle = 0-Solid	填充样式，实线
	Shape = 7-Circle	圆形
Shape	(名称) = alarm2	形状控件，上限报警指示
	FillStyle = 0-Solid	填充样式，实线
	Shape = 7-Circle	圆形
Picture	(名称) = Picture1	图形控件，绘制曲线
	BackColor 设为白色	背景色
Timer	(名称) = Timer1	时钟控件，实现自动发送指令
	Enabled = True	时钟初始可用
	Interval = 500	设置检测周期（毫秒）
MSComm	(名称) = MSComm1	串口通信控件
	在程序中设置	串口参数设置
CommandButton	(名称) = Cmdquit	按钮控件
	Caption = 关闭	关闭程序命令

2. 程序设计详解

1）定义窗体级变量

温度值及采样个数不仅在 MSComm 事件过程中读取显示使用，还用于绘图和报警过程，因此需要在本窗体所有过程之前定义两个窗体级变量。

```
Dim datatemp(1000) As Single          //用于存储温度采样值
Dim num As Integer                    //用于存储采样值个数
```

2）串口初始化

程序运行后，要实现 PC 与 PLC 串口通信，首先要进行串口初始化，包括设置端口号、通信参数（波特率、校验位、数据位、停止位）、收/发数据类型、打开串口等，这些程序在 Form_Load() 事件过程中编写。

（1）PC 与西门子 PLC 串口通信使用 COM1。利用 MSComm 控件的 CommPort 属性来设置端口号。

```
MSComm1.CommPort = 1
```

（2）PC 与西门子 PLC 的通信参数必须一致，即波特率 9600、偶校验、数据位 8、停止位 1。利用 MSComm 控件的 Settings 属性来设置通信参数。

```
MSComm1.Settings = "9600,E,8,1"
```

（3）发送的指令与接收的数据都是十六进制编码数据，即二进制数据流，需要将 MSComm 控件的 InputMode 属性值设为 1，即：

```
MSComm1.InputMode =1
```

如果发送与接收的是字符串文本数据，InputMode 属性值设为 0（详见第 4～5 章实例）。

（4）如果接收数据时使用事件方式，还需增加下面语句，当接收缓冲区收到字符时都会使 MSComm 控件触发 OnComm 事件。

```
MSComm1.RThreshold = 1                    //设置并返回要接收的字符数
MSComm1.SThreshold = 1                    //设置并返回发送缓冲区中允许的最小字符数
```

（5）在 Windows 环境下，串口是系统资源的一部分，应用程序要使用串口进行通信，必须在使用之前向操作系统提出资源申请要求即打开串口。

```
MSComm1.PortOpen = True
```

3）发送读指令

PC 每隔一定时间（由 Timer 控件的 Interval 属性决定）向 S7-200 PLC 发送指令“68 1B 1B 68 02 00 6C 32 01 00 00 00 00 00 0E 00 00 04 01 12 0A 10 04 00 01 00 01 84 00 03 20 8D 16”，功能是取寄存器 VW100 中的数据。使用 MSComm 控件的 Output 属性发送指令。

```
Private Sub Timer1_Timer()
  Dim temp As String
  Dim n As Integer
  Dim arr() As Byte
  bz = bz + 1                                  //bz 为全局变量，起延时作用
  If bz = 1 Then
    temp = "681B1B6802006C320100000000000E00000401120A1004000100018400003208D16"
    n = Len(temp) \ 2 - 1
    For i = 0 To n
      arr(i) = Val("&H" & Mid(temp, i * 2 + 1, 2))
    Next i
    MSComm1.Output = arr                       //发送读指令
  End If
  ⋮
End Sub
```

4）读取 PLC 返回数据“E5”，并发送确认指令

发送读指令成功后，PLC 返回数据“E5”。使用 MSComm 控件的 Input 属性读取返回数据，将接收的数据赋给字节型数组变量 Inbyte。一旦接收到数据“E5”，发送确认指令“10 02 00 5C 5E 16”。

```
Private Sub Timer1_Timer()
  ⋮
  Dim Inbyte() As Byte
  Dim temp1 As String
  Dim arr1() As Byte
  Dim n1 As Integer
  If bz = 2 Then
    Inbyte = MSComm1.Input                        //读取返回数据串“E5”
    temp1 = "1002005C5E16"
    n1 = Len(temp1) \ 2 - 1
    For i = 0 To n1
      arr1(i) = Val("&H" & Mid(temp1, i * 2 + 1, 2))
    Next i
    If Hex(Inbyte(0)) = "E5" Then
      MSComm1.Output = arr1                       //发送确认指令
    End If
  End If
  ⋮
End Sub
```

5）获取反映电压的数字量值

确认指令发出后，PLC 返回包含检测电压的数据串，其中第 25 和第 26 字节反映电压值，为十六进制形式，将其转换为十进制就是反映电压的数字量值。根据数字量值与电压实际值之间的换算关系得到电压实际值。

```
Private Sub Timer1_Timer()
  ⋮
  Dim Inbyte1() As Byte
  Dim buffer As String                            //存储返回数据串
  Dim data(10) As String                          //存储电压值十六进制各位
  Dim datan As Long                               //存储电压值的数字量形式
  Dim dataV As Single                             //存储电压实际值
  If bz = 3 Then
    //读取返回数据串
    Inbyte1 = MSComm1.Input
    //显示电压值的十六进制数
    T16.Text = Hex(Inbyte1(25)) & Hex(Inbyte1(26))
    //取电压十六进制值各位
    If Len(Hex(Inbyte1(25))) = 1 Then
      data(1) = "0"
      data(2) = Mid(Hex(Inbyte1(25)), 1, 1)
    Else
      data(1) = Mid(Hex(Inbyte1(25)), 1, 1)
```

```
            data(2) = Mid(Hex(Inbyte1(25)), 2, 1)
        End If
        If Len(Hex(Inbyte1(26))) = 1 Then
            data(3) = "0"
            data(4) = Mid(Hex(Inbyte1(26)), 1, 1)
        Else
            data(3) = Mid(Hex(Inbyte1(26)), 1, 1)
            data(4) = Mid(Hex(Inbyte1(26)), 2, 1)
        End If
        //使用进制转换公式将十六进制数转换为十进制数，得到电压的数字量值
        datan = Val("&H" & data(1)) * (16 ^ 3) + Val("&H" & data(2)) * (16 ^ 2) + Val("&H" & data(3)) * (16
^ 1) + Val("&H" & data(4)) * (16 ^ 0)
    ⋮
    End Sub
```

6）获取并显示测量温度值

根据西门子 S7-200 PLC 模拟量输入模块 EM235 的输出特性，数字量值 0～32000 对应电压值 0～5V，因此得到的数字量值 datan 除以 6400 即为反映温度的电压值。

因为温度变送器的测温范围是 0～200℃，输出 4～20mA 电流信号，经过 250Ω电阻转换为 1～5V 电压信号送入 PLC 的模拟量输入 1 通道。输入电压与检测温度是线性关系。

得到温度值后再调用报警控制过程子程序和绘图过程子程序。

```
Private Sub Timer1_Timer()
  ⋮
  If bz = 3 Then
      ⋮
      dataV = datan / 6400                          //数字量值转换为电压值
      datatemp(num) = (dataV - 1) * 50              //将电压值换算为温度值
      Tdata.Text = Format(datatemp(num), "0.00")    //显示温度值，保留两位小数
      Call alarm                                    //调用报警过程
      num = num + 1                                 //每读取 1 个温度值，采样个数进行累加
      Call draw                                     //调用绘曲线过程
      bz = 0
  End If
End Sub
```

7）超温报警控制指示

为了显示 PLC 测量温度值超过上限或低于下限报警值的状态，在程序界面中通过形状控件（指示灯）的颜色变化来反映，在线路中通过指示灯的亮灭来反映。

本例测量温度小于 30℃时下限指示灯亮，程序界面中下限指示灯为红色；大于 50℃时上限指示灯亮，程序界面中下限指示灯为红色；在二者之间时，上、下限指示灯均为绿色。

```
Sub alarm()
  If datatemp(num) < 30 Then
     alarm1.FillColor = QBColor(12)                //下限指示灯为红色
  End If
  If datatemp(num) >= 30 And datatemp(num) <= 50 Then
```

```
            alarm1.FillColor = QBColor(10)              //下限指示灯为绿色
            alarm2.FillColor = QBColor(10)              //上限指示灯为绿色
        End If
        If datatemp(num) > 50 Then
            alarm2.FillColor = QBColor(12)              //上限指示灯为红色
        End If
    End Sub
```

8）绘制温度实时变化曲线

为了实时显示测量温度变化过程，需要绘制数据曲线，在 draw()过程中实现。

```
    Private Sub draw()
        Picture1.Cls                                    //清除曲线
        Picture1.DrawWidth = 1                          //线条宽度
        Picture1.BackColor = QBColor(15)                //背景白色
        Picture1.Scale (0, 100)-(200, 0)                //绘制曲线的坐标系，最大可显示 100℃，200 个数据
        For i = 1 To num - 1
            X1 = (i - 1): Y1 = datatemp(i - 1)          //坐标值(X1,Y1)
            X2 = i: Y2 = datatemp(i)                    //坐标值(X2,Y2)
            Picture1.Line (X1, Y1)-(X2, Y2), QBColor(0) //将 (X1,Y1)和(X2,Y2) 连线，黑色
        Next i
    End Sub
```

9）退出程序

通信完成后必须释放资源即关闭串口。

```
    Private Sub Cmdquit_Click()
        MSComm1.PortOpen = False                        //关闭通信端口
        Unload Me                                       //卸载窗体
    End Sub
```

3. 系统运行测试

程序设计、调试完毕，运行程序。

PC 读取并显示西门子 PLC 检测的温度值，绘制温度变化曲线。当测量温度小于 30℃时，程序界面下限指示灯为红色，PLC 的 Q0.0 端口置位；当测量温度大于或等于 30℃且小于或等于 50℃时，程序界面上、下限指示灯均为绿色，PLC 的 Q0.0 和 Q0.1 端口复位；当测量温度大于 50℃时，程序界面上限指示灯为红色，PLC 的 Q0.1 端口置位。

程序运行界面如图 12-11 所示。

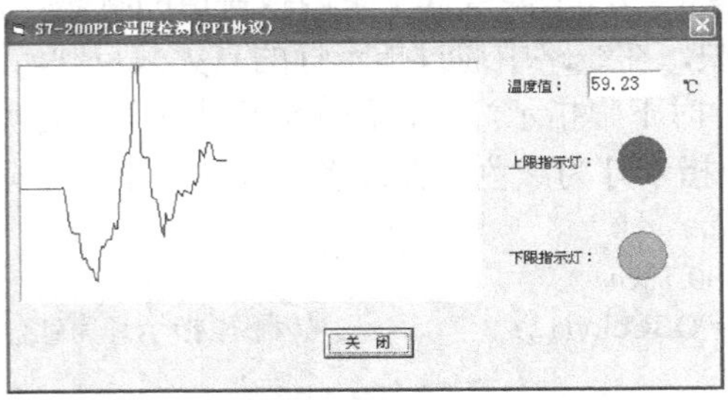

图 12-11　程序运行界面

12.2.5 PC 端 VC++程序设计详解

1. 程序界面设计

1）添加控件

（1）为了实现 PC 与 PLC 串口通信，添加一个 MSComm 通信控件。
（2）为了绘制温度变化曲线，添加一个 Picture 控件。
（3）为了显示检测温度值，添加一个 EditBox 编辑框控件。
（4）为了显示温度上、下限报警状态，添加两个 Picture 控件。
（5）为了表示编辑框和 Picture 控件的作用，添加 4 个 StaticText 静态文本控件。
（6）为了执行关闭程序命令，添加一个 Button 命令按钮控件。

2）属性设置

程序窗体、控件对象的主要属性设置如表 12-2 所示。

表 12-2 程序窗体、控件对象的主要属性设置

控件类型	主要属性	功能
Dialog	ID：IDD_TEMP_DIALOG	对话框控件，控件标识
	Caption：S7-200 PLC 温度检测(PPI 协议)	对话框标题栏显示程序名称
Picture	ID：IDC_PICTURE	图形控件，绘制温度曲线
	Color：White	背景色设为白色
EditBox	ID：IDC_EDIT1	编辑框控件，显示温度值
	Member variable name：m_temp	CString 型成员变量，与控件相互映射
StaticText	ID：IDC_STATIC	静态文本控件，控件标识
	Caption：温度值：	静态文本内容，显示编辑框作用
StaticText	ID：IDC_STATIC	静态文本控件，控件标识
	Caption ：℃	静态文本内容，显示温度单位
StaticText	ID：IDC_STATIC	静态文本控件，控件标识
	Caption ：上限指示灯	静态文本内容，显示 Picture 控件作用
StaticText	ID：IDC_STATIC	静态文本控件，控件标识
	Caption ：下限指示灯	静态文本内容，显示 Picture 控件作用
Picture	ID：IDC_STATIC1	图形控件，上限报警指示
	Color：Gray	背景色设为灰色
Picture	ID：IDC_STATIC2	图形控件，下限报警指示
	Color：Gray	背景色设为灰色
MSComm	ID：IDC_MSCOMM1	串口通信控件
	Member variable name：m_Comm	CMSComm 型成员变量，与控件相互映射
	其他属性在程序中设置	串口参数设置

续表

控件类型	主要属性	功能
Button	ID：IDC_BUTTON1	按钮控件
	Caption：关闭	关闭程序命令

程序设计界面如图 12-12 所示。

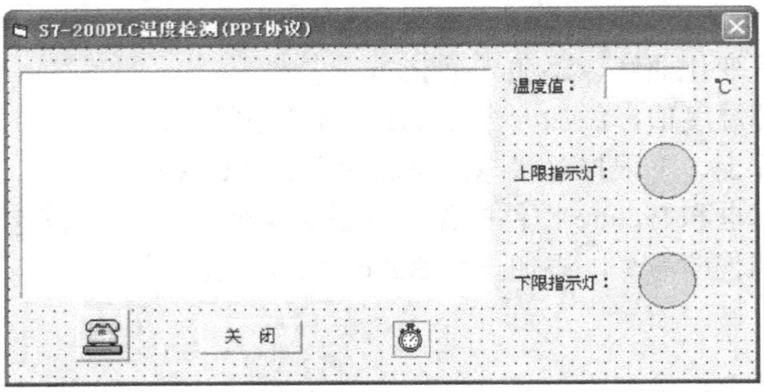

图 12-12　程序设计界面

2. 程序设计详解

1）定义全局变量

温度值及采样个数等不仅在 MSComm 事件过程中读取显示使用，还用于绘图和报警过程，因此需要在本窗体所有过程之前定义 3 个全局变量。

```
float datatemp[1000];          //用于存储温度采样值
int num;                       //用于存储采样值个数
int bz;                        //状态标识
```

2）串口初始化

程序运行后，要实现 PC 与 PLC 串口通信，首先要进行串口初始化，包括设置端口号、通信参数(波特率、校验位、数据位、停止位)、收/发数据类型、打开串口等，这些程序在 OnInitDialog() 函数中编写。

（1）PC 与西门子 PLC 串口通信使用 COM1。利用 MSComm 控件的 SetCommPort 方法来设置端口号。

```
m_Comm.SetCommPort(1)
```

（2）PC 与西门子 PLC 的通信参数必须一致，即波特率 9600、偶校验、数据位 8、停止位 1。利用 MSComm 控件的 SetSettings 方法来设置通信参数。

```
m_Comm.SetSettings("9600,e,8,1")
```

（3）接收与发送的数据以二进制方式读写，需要将 MSComm 控件的 InputMode 属性值设为 1，用 SetInputMode 方法来实现。

```
m_Comm.SetInputMode(1)
```

如果接收与发送的数据以文本方式读写，则将 InputMode 属性值设为 0。

（4）如果接收数据时使用事件方式，还需增加下面语句，当接收缓冲区收到字符时都会使 MSComm 控件触发 OnComm 事件。

```
        m_Comm.SetRThreshold(1)          //参数 1 表示当串口接收缓冲区中有多于或等于 1 个字符时将触发
                                         //OnComm 事件
        m_Comm.SetSThreshold(1)          //参数 1 表示当串口发送缓冲区中少于 1 个字符时将触发 OnComm
                                         //事件
```

（5）在 Windows 环境下，串口是系统资源的一部分，应用程序要使用串口进行通信，必须在使用之前向操作系统提出资源申请要求即打开串口。

```
        m_Comm.SetPortOpen(TRUE)
```

3）设置 Timer 计时器

在本程序中，PC 要周期性地向 S7-200 PLC 发送读数据命令串，因此在程序开发时需要用到 Timer 计时器，Timer 的属性设置在 OnInitDialog()函数中完成。

```
        SetTimer(1,200,NULL)             //激活计时器 1，时间间隔为 200ms
```

4）发送读指令

PC 每隔一定时间（由 Timer 计时器的 Interval 属性决定，本例为 200ms）向 S7-200 PLC 发送指令“68 1B 1B 68 02 00 6C 32 01 00 00 00 00 00 0E 00 00 04 01 12 0A 10 04 00 01 00 01 84 00 03 20 8D 16”，功能是取寄存器 VW100 中的数据。使用 MSComm 控件的 SetOutput 方法发送指令。

```
void CTempDlg::OnTimer(UINT nIDEvent)
{
    UpdateData(TRUE);               //将控件里的值传给变量
    BYTE hexdata[33],hexdata1[6];
    CByteArray send,send1;          //定义动态字节数组，存放要发送的数据
    VARIANT data;                   //定义 VARIANT 类型变量，用于接收数据
    COleSafeArray data1;
    CString strtemp,buffer;         //存放返回的数据串
    LONG len,i;
    BYTE Inbyte[2048],temp;
    float datan;
    bz=bz+1;                        //bz 为全局变量，标识不同状态
    if(bz==1)
    {
        hexdata[0]=0x68;      hexdata[1]=0x1B;
        hexdata[2]=0x1B;      hexdata[3]=0x68;
        hexdata[4]=0x02;      hexdata[5]=0x00;
        hexdata[6]=0x6C;      hexdata[7]=0x32;
        hexdata[8]=0x01;      hexdata[9]=0x00;
        hexdata[10]=0x00;     hexdata[11]=0x00;
        hexdata[12]=0x00;     hexdata[13]=0x00;
        hexdata[14]=0x0E;     hexdata[15]=0x00;
        hexdata[16]=0x00;     hexdata[17]=0x04;
        hexdata[18]=0x01;     hexdata[19]=0x12;
        hexdata[20]=0x0A;     hexdata[21]=0x10;
        hexdata[22]=0x04;     hexdata[23]=0x00;
        hexdata[24]=0x01;     hexdata[25]=0x00;
```

```
        hexdata[26]=0x01;      hexdata[27]=0x84;
        hexdata[28]=0x00;      hexdata[29]=0x03;
        hexdata[30]=0x20;      hexdata[31]=0x8D;
        hexdata[32]=0x16;
        for(int i=0;i<33;i++)
            send.Add(hexdata[i]);                     //将读指令存放到 send
        m_Comm.SetOutput(COleVariant(send));          //将读指令转换为 VARIANT 类型后通过串口
                                                      //发送出去
    }
    ⋮
}
```

5）读取 PLC 返回数据“E5”，并发送确认指令

发送读指令成功后，PLC 返回数据“E5”。使用 MSComm 控件的 GetInput 方法读取返回数据，将接收的数据赋给字符串变量 buffer。一旦接收到数据“E5”，发送确认指令“10 02 00 5C 5E 16”。

```
void CTempDlg::OnTimer(UINT nIDEvent)
{
    ⋮
    if(bz==2)
    {
        data=m_Comm.GetInput();                       //读缓冲区
        data1=data;                                   //VARIANT 型变量转换为 ColeSafeArray 型变量
        len=data1.GetOneDimSize();                    //得到有效数据长度
        for(i=0;i<len;i++)
        data1.GetElement(&i,Inbyte+i);                //转换为 BYTE 型数组
        for(i=0;i<len;i++)                            //将数组转换为 Cstring 型变量
        {
            temp=*(char*)(Inbyte+i);                  //字符型
            strtemp.Format("%02X",temp);              //将字符送入临时变量 strtemp 存放
            buffer+=strtemp;                          //加入接收字符串
        }
        //PLC 返回数据“E5”后，确认写入命令，发送以下数据“10 02 00 5C 5E 16”
        if(buffer.Mid(0,2)=="E5")
        {
            hexdata1[0]=0x10;
            hexdata1[1]=0x02;
            hexdata1[2]=0x00;
            hexdata1[3]=0x5C;
            hexdata1[4]=0x5E;
            hexdata1[5]=0x16;
            CByteArray send1;
            for(int i=0;i<6;i++)
            {
                send1.Add(hexdata1[i]);               //将确认指令存放到 send1
            }
```

```
            m_Comm.SetOutput(COleVariant(send1)); //将确认指令转换为 VARIANT 类型后通过串
                                                   //口发送出去
        }
    }
    ⋮
}
```

6）获取反映电压的数字量值

确认指令发出后，PLC 返回包含检测电压的数据串，其中第 25 和第 26 字节反映电压值，为十六进制形式，将其转换为十进制就是反映电压的数字量值。根据数字量值与电压实际值之间的换算关系得到电压实际值。

```
void CTempDlg::OnTimer(UINT nIDEvent)
{
    ⋮
    if(bz==3)
    {
        data=m_Comm.GetInput();                    //读缓冲区
        data1=data;                                //VARIANT 型变量转换为 ColeSafeArray 型变量
        len=data1.GetOneDimSize();                 //得到有效数据长度
        for(i=0;i<len;i++)
            data1.GetElement(&i,Inbyte+i);         //转换为 BYTE 型数组
        for(i=0;i<len;i++)                         //将数组转换为 Cstring 型变量
        {
            temp=*(char*)(Inbyte+i);               //字符型
            strtemp.Format("%02X",temp);           //将字符送入临时变量 strtemp 存放
            buffer+=strtemp;                       //加入接收字符串
        }
        datan=(float)(HexChar(buffer[50])*16*16*16+HexChar(buffer[51])*16*16+HexChar(buffer
[52])*16+HexChar(buffer[53]));
                                                   //使用进制转换公式将十六进制数转换为十进
                                                   //制数，得到电压的数字量值
        ⋮
    }
    UpdateData(false);                             //将变量值传给控件显示
}
```

7）读取并显示测量温度值

根据西门子 S7-200 PLC 模拟量输入模块 EM235 的输出特性，数字量值 0～32000 对应电压值 0～5V，因此得到的数字量值 datan 除以 6400 即为反映温度的电压值。

因为温度变送器的测温范围是 0～200℃，输出 4～20mA 电流信号，经过 250Ω电阻转换为 1～5V 电压信号送入 PLC 的模拟量输入 1 通道。输入电压与检测温度是线性关系。

得到温度值后再调用报警控制过程子程序和绘图过程子程序。

```
void CTempDlg::OnTimer(UINT nIDEvent)
{
    ⋮
    if(datan>6400)
```

```
    {
        datatemp[num]=(datan/6400-1)*50;              //计算温度值
        m_temp.Format("%0.2f",datatemp[num]);         //显示温度值
        alarm();                                      //调用报警函数
        num=num+1;                                    //采样个数加 1
        ondraw();                                     //调用绘图函数，绘制温度曲线
    }
    bz=0;                                             //回到初始状态
```

8）超温报警控制指示

为了显示 PLC 测量温度值超过上限或低于下限报警值的状态，在程序界面中通过形状控件（指示灯）的颜色变化来反映，在线路中通过指示灯的亮灭来反映。

本例测量温度小于 30℃时下限指示灯亮，程序界面中下限指示灯为红色；大于 50℃时上限指示灯亮，程序界面中下限指示灯为红色；在二者之间时，上、下限指示灯均为绿色。

```
void CTempDlg::alarm()
{
    if(datatemp[num]<30)
    {
        state(IDC_STATIC2,0x00000FF0);            //下限指示灯为红色
        state(IDC_STATIC1,0x0000FF00);            //上限指示灯为绿色
    }
    if((datatemp[num]>=30) && (datatemp[num]<=50))
    {
        state(IDC_STATIC2,0x0000FF00);            //下限指示灯为绿色
        state(IDC_STATIC1,0x0000FF00);            //上限指示灯为绿色
    }
    if(datatemp[num]>50)
    {
        state(IDC_STATIC1,0x00000FF0);            //上限指示灯为红色
        state(IDC_STATIC2,0x0000FF00);            //下限指示灯为绿色
    }
}
```

9）绘制指示灯

为了显示上、下限报警状态，需要绘制信号指示灯并可改变信号灯的颜色，在 state 函数中实现。

```
void CMxmtDlg::state(int xID, int color)
{
    CRect conRect;                                //定义矩形对象
    CWnd *pWnd=GetDlgItem(xID);                   //获取 Picture 控件指针
    CDC *pDC=pWnd->GetDC();                       //得到其设备上下文
    ::GetClientRect(pWnd->m_hWnd,conRect);        //获得当前窗口的客户区大小
    CBrush NewBrush((COLORREF)color);             //定义画刷，填充指示灯图形内部，填充颜色
                                                  //为 color 色
    CBrush *pOldBrush=pDC->SelectObject(&NewBrush);      //选择新画刷，同时将原画刷指针
                                                         //返回给 pOldBrush
```

```
    pDC->SetViewportOrg(conRect.right/2,conRect.bottom/2);        //设置视区坐标原点，为 Picture 控
                                                                  //件的中心位置
    pDC->Ellipse(-16,-16,16,16);                      //在 Picture 控件的中心位置画半径为 16 的圆，
                                                      //用来表示指示灯
    pDC->SelectObject(pOldBrush);                     //选择旧画刷，还原为原来的画刷
    pWnd->ReleaseDC(pDC);                             //释放设备上下文
}
```

10）绘制温度实时变化曲线

为了实时显示测量温度变化过程，需要绘制数据曲线，在 ondraw()函数中实现。

```
void CTempDlg::ondraw()
{
    int k=num-1;
    CWnd* pWnd=GetDlgItem(IDC_PICTURE);               //获取 Picture 控件指针
    CRect   rect;                                     //定义矩形对象
    pWnd->GetClientRect(rect);                        //获得当前窗口的客户区大小
    CDC* pDC=pWnd->GetDC();                           //得到其设备上下文
    CPen* pNewPen=new CPen;                           //定义画笔
    pNewPen->CreatePen(PS_SOLID,2,RGB(255,0,0));      //创建红色实线画笔
    CPen* pOldPen=pDC->SelectObject(pNewPen);         //选择新画笔,同时将原画笔指针返回给 pOldPen
    if(k>=1)
    {
        pDC->MoveTo((k-1),rect.bottom-(int)(2*datatemp[k-1]));   //将画笔移动到下一段画线的起点
        pDC->LineTo(k,rect.bottom-(int)(2*datatemp[k]));         //在两点之间画线
        pDC->SelectObject(pOldPen);                              //选择旧画笔，还原为原来的画笔
    }
    else
    {
        pDC->MoveTo(k,rect.bottom-(int)(2*datatemp[0]));         //将画笔移动到起始点位置
        pDC->LineTo(k,rect.bottom-(int)(2*datatemp[0]));
    }
   if(k>=rect.right-5)                                           //如果将要绘制到 Picture 控件尽
                                                                 //头，则重新开始绘制曲线
    {
        num=0;
        pDC->MoveTo(0,rect.bottom-(int)(2*datatemp[k]));
    }
    Delete   pNewPen;                                            //删除画笔
}
```

11）退出程序

通信完成后必须释放资源即关闭串口。

```
void CTempDlg::OnButton1()
{
    KillTimer(1);   //关闭计时器 Timer1
    m_Comm.SetPortOpen(false);   //关闭串口
```

```
        CDialog::OnCancel();
    }
```

3. 系统运行测试

程序设计、调试完毕，运行程序。

PC 读取并显示西门子 PLC 检测的温度值，绘制温度变化曲线。当测量温度小于 30℃时，程序界面下限指示灯为红色，PLC 的 Q0.0 端口置位；当测量温度大于或等于 30℃且小于或等于 50℃时，程序界面上、下限指示灯均为绿色，PLC 的 Q0.0 和 Q0.1 端口复位；当测量温度大于 50℃时，程序界面上限指示灯为红色，PLC 的 Q0.1 端口置位。

程序运行界面如图 12-13 所示。

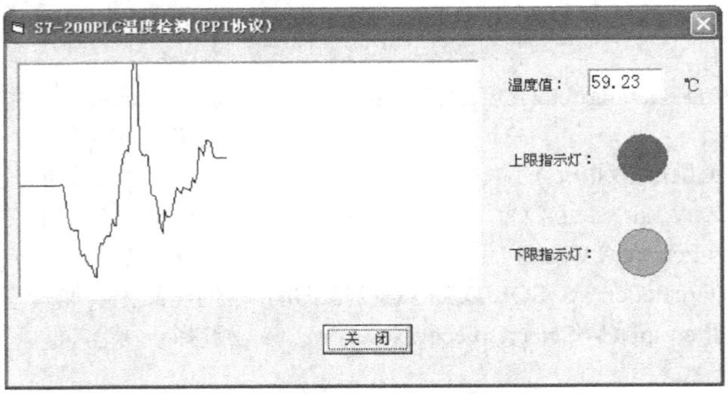

图 12-13 程序运行界面

12.2.6 PC 端监控组态程序设计

1. 建立新的工程项目

工程名称：PCPLC。

工程描述：利用组态王和西门子 S7-200 PLC 实现温度监控。

2. 制作图形画面

在工程浏览器左侧树形菜单中选择“文件/画面”，在右侧视图中双击“新建”，出现“画面”属性对话框，输入画面名称“PC 与 PLC 温度监控”，设置画面位置、大小等，然后单击“确定”按钮，进入组态王开发系统。

通过图库和工具箱为图形画面添加 3 个指示灯对象、5 个文本对象、1 个实时曲线控件，如图 12-14 所示。

3. 定义串口设备

1）添加设备

在组态王工程浏览器的左侧选择“设备/COM1”，在右侧双击“新建”，运行“设备配置向导”。

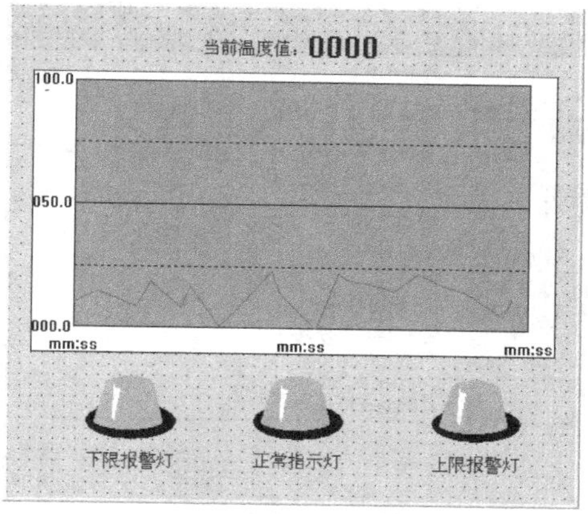

图 12-14　温度监控画面

（1）选择：PLC→西门子→S7-200→PPI，如图 12-15 所示。

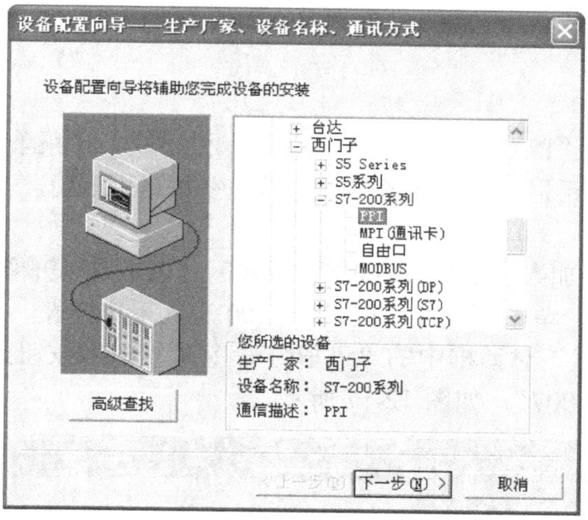

图 12-15　设备配置向导

（2）单击“下一步”按钮，给要安装的设备指定唯一的逻辑名称，如“PLC”（任意取）。

（3）单击“下一步”按钮，选择串口号，如“COM1”（须与 PLC 在 PC 上使用的串口号一致）。

（4）单击“下一步”按钮，为要安装的 PLC 指定地址，如“2”（注意，这个地址应该与 PLC 通信参数设置程序中设定的地址相同）。

（5）单击“下一步”按钮，出现“通信故障恢复策略”设定窗口，使用默认设置即可。

（6）单击“下一步”按钮，显示所要安装的设备信息，请检查各项设置是否正确，确认无误后，单击“完成”按钮，完成设备的配置。

2）串口通信参数设置

双击“设备/COM1”，弹出“设置串口”对话框，设置串口 COM1 的通信参数：波特率选“9600”，奇偶校验选“偶校验”，数据位选“8”，停止位选“1”，通信方式选“RS232”，如图 12-16 所示。

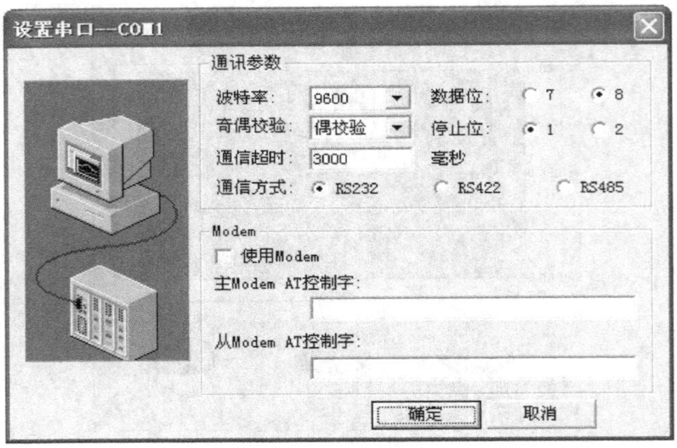

图 12-16　设置串口

设置完毕，单击“确定”按钮，就完成了对 COM1 的通信参数配置，保证 COM1 同 PLC 的通信能够正常进行。

3）PLC 通信测试

选择新建的串口设备“PLC”，单击右键，出现一弹出式下拉菜单，选择“测试 PLC”项，出现“串口设备测试”对话框，观察设备参数与通信参数是否正确，若正确，选择“设备测试”选项卡。

寄存器选择 V，再添加数字 100，即选择“V100”（PLC 采集的温度值存在该寄存器中），数据类型选择“SHORT”，单击“添加”按钮，V100 进入采集列表。

单击“串口设备测试”对话框中的“读取”命令（单击后按钮文字变为“停止”），寄存器 V100 的变量值为“14007”，如图 12-17 所示。

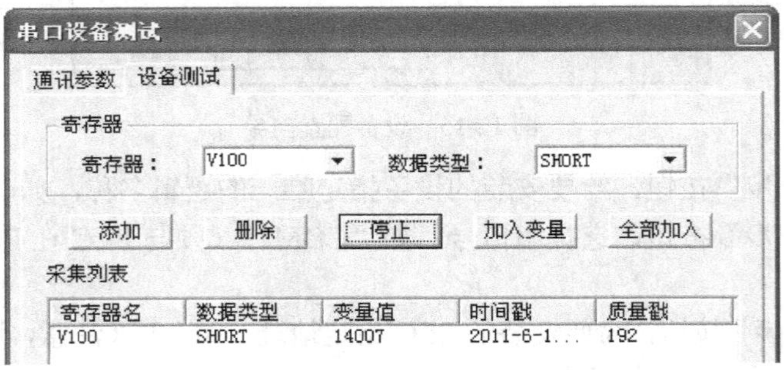

图 12-17　串口设备测试

因为 0～200℃对应电压值 1～5V，0～5V 对应数字量值 0～32000，那么 1～5V 对应数字量值 6400～32000，因此 0～200℃对应数字量值 6400～32000，那么 14007 对应的温度值为 59.4℃。

4. 定义变量

在工程浏览器的左侧树形菜单中选择“数据库/数据词典”，在右侧双击“新建”，弹出“定义变量”对话框。

（1）定义变量“测量温度 1”：变量类型选“I/O 实数”，初始值设为“0”，最小值和最小原始值设为“0”，最大值和最大原始值设为“32000”，连接设备选“PLC”，寄存器选“V”，输入

“100”，数据类型选“SHORT”，读写属性选“只读”，采集频率设为“200”，如图 12-18 所示。

变量“测量温度 1”中存的是温度的数字量值。

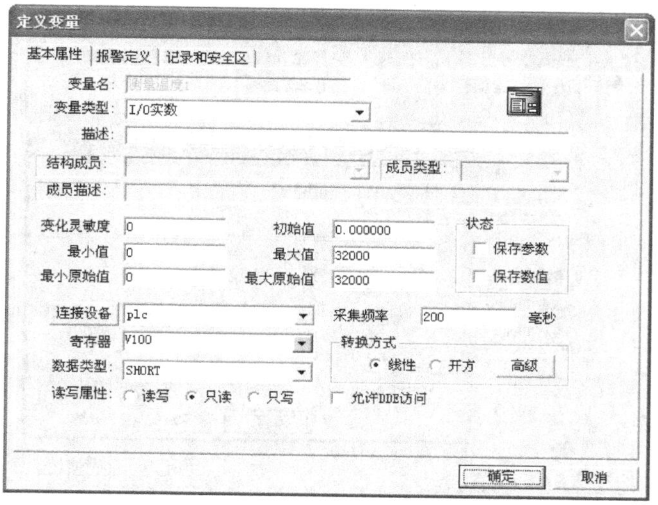

图 12-18　定义变量“测量温度 1”

（2）定义变量“测量温度 2”：变量类型选“内存实数”，初始值设为“0”，最大值设为“200”。

（3）定义变量“上限灯”：变量类型选“内存离散”，初始值选“关”，如图 12-19 所示。

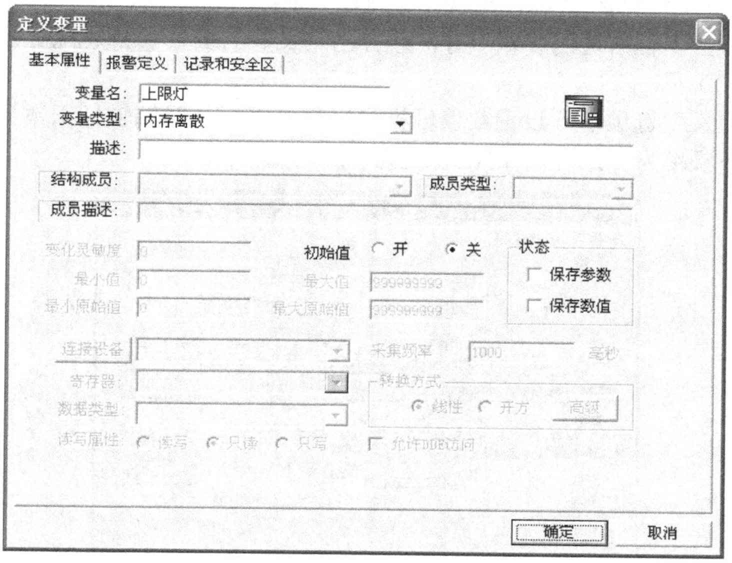

图 12-19　定义变量“上限灯”

变量“下限灯”、“正常灯”的定义与“上限灯”一样。

5. 动画连接

1）建立当前温度值显示文本对象动画连接

双击画面中当前温度值显示文本对象“000”，出现“动画连接”对话框，将“模拟值输出”

属性与变量“测量温度2”连接，输出格式：整数位数设为“2”，小数位数设为“1”，如图12-20所示。

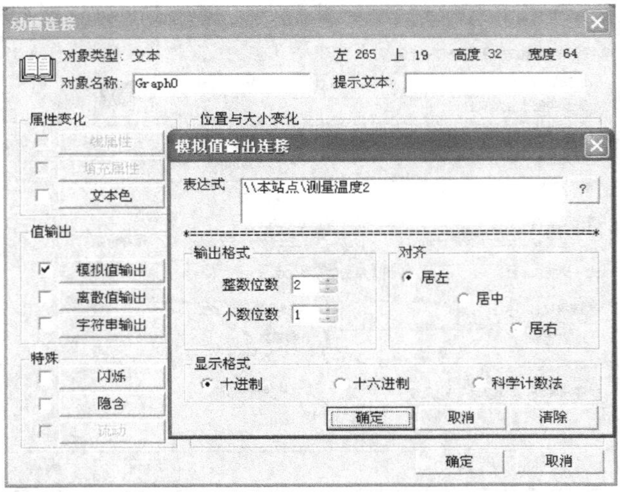

图12-20　当前温度测量值显示文本对象动画连接

2）建立实时趋势曲线对象的动画连接

双击画面中实时趋势曲线对象，出现“实时趋势曲线”对话框。在“曲线定义”选项卡中，单击曲线1表达式文本框右边的“？”号，选择已定义好的变量“测量温度2”，并设置其他参数值，如图12-21所示。

进入“标识定义”选项卡，设置数值轴标识数目为“5”，时间轴标识数目为“3”，格式为“分”、“秒”，更新频率为“1”秒，时间长度为“5”分钟。

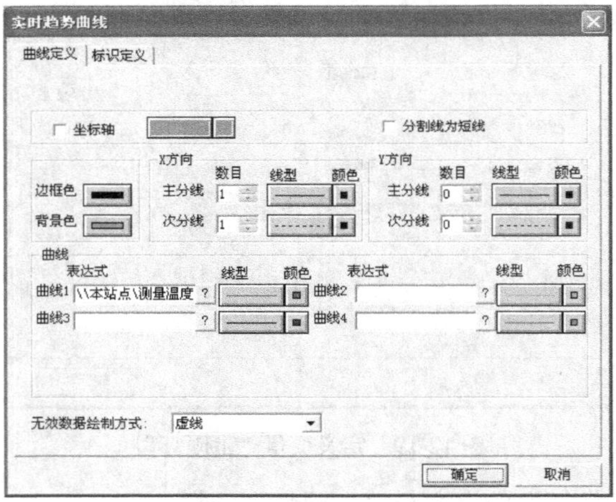

图12-21　实时趋势曲线对象动画连接

3）建立指示灯对象动画连接

双击画面中指示灯对象，出现“指示灯向导”对话框。单击变量名（离散量）右边的“？”号，选择已定义好的变量，如“上限灯”，并设置颜色。

类似地建立下限指示灯、正常指示灯对象动画连接。

6. 编写命令语言

进入工程浏览器，在左侧树形菜单中选择“命令语言/应用程序命令语言”，双击，进入“应用程序命令语言”对话框，在“运行时”选项卡中输入控制程序，如图 12-22 所示。

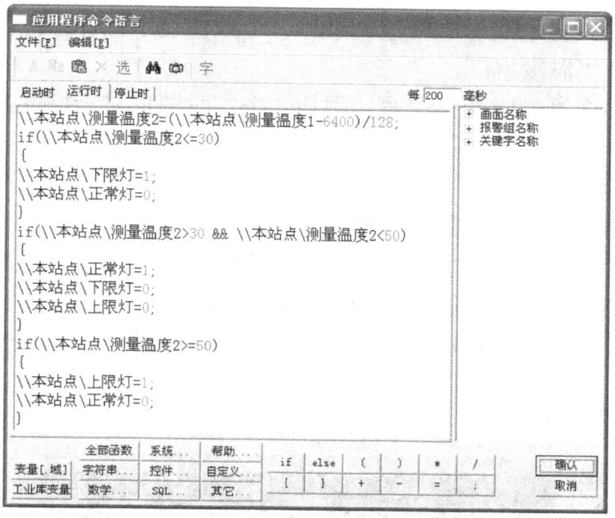

图 12-22　编写控制程序

7. 调试与运行

将设计的画面和程序全部存储并配置成主画面，启动运行系统。

给 Pt100 传感器加热，观察 PLC 和程序画面变化情况。

当测量温度小于 30℃时，PLC 主机 Q0.0 端口置 1，灯 L1 亮；当测量温度大于 30℃而小于 50℃时，Q0.1 端口置 1，灯 L2 亮；当测量温度大于 50℃时，Q0.2 端口置 1，灯 L3 亮。

画面中显示 PLC 检测的温度值，并绘制实时变化曲线。当测量温度小于 30℃时，下限指示灯变色；当测量温度大于 30℃而小于 50℃时，正常指示灯变色；当测量温度大于 50℃时，上限指示灯变色。

程序运行画面如图 12-23 所示。

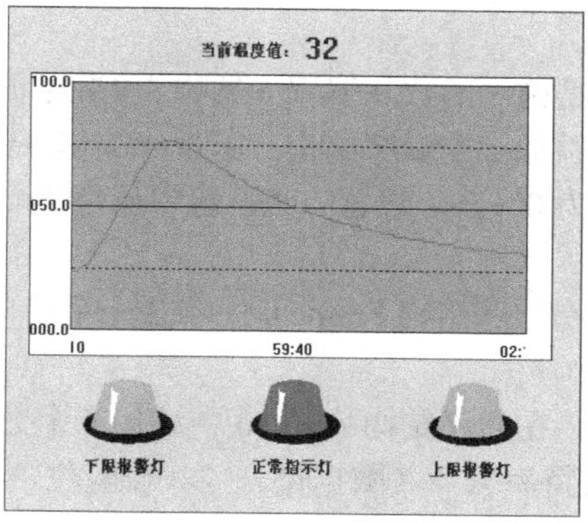

图 12-23　运行画面

12.2.7 PC 端 LabVIEW 程序设计

1. 程序前面板设计

（1）为了以数字形式显示测量温度值，添加一个数值显示控件：控件→新式→数值→数值显示控件，将标签改为“温度值：”。

（2）为了显示测量温度实时变化曲线，添加一个实时图形显示控件：控件→新式→图形→波形图，将标签改为“实时曲线”，将 Y 轴标尺范围改为 1～100。

（3）为了显示温度超限状态，添加两个指示灯控件：控件→新式→布尔→圆形指示灯，将标签分别改为“上限指示灯”、“下限指示灯”。

（4）为了获得串行端口号，添加一个串口资源检测控件：控件→新式→I/O→VISA 资源名称；单击控件箭头，选择串口号，如“COM1”或“ASRL1:”。

（5）为了执行关闭程序命令，添加一个停止按钮控件：控件→新式→布尔→停止按钮，标题为“停止”。

设计的程序前面板如图 12-24 所示。

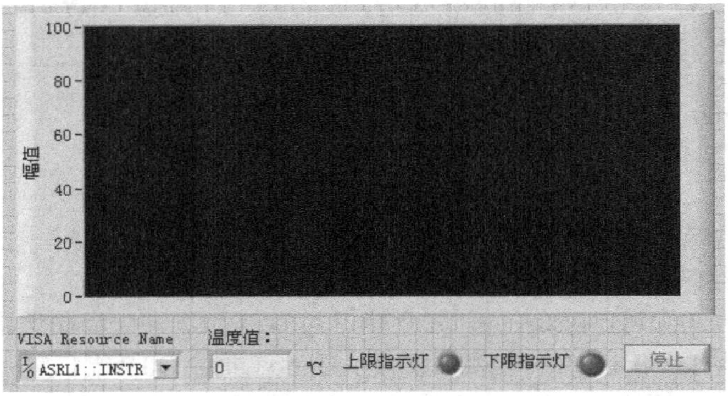

图 12-24　程序前面板

2. 框图程序设计

1）串口初始化框图程序

（1）添加一个 While 循环结构：函数→编程→结构→While 循环。

（2）在 While 循环结构中添加一个顺序结构：函数→编程→结构→层叠式顺序结构。

将其帧设置为 6 个（序号为 0～5）。设置方法：选中层叠式顺序结构上边框，单击右键，执行在后面添加帧选项 5 次。

（3）为了设置通信参数，在顺序结构 Frame 0 中添加一个串口配置函数：函数→仪器 I/O→串口→VISA 配置串口。

（4）为了设置通信参数值，在顺序结构 Frame0 中添加 4 个数值常量：函数→编程→数值→数值常量，值分别为 9600（波特率）、8（数据位）、2（校验位，偶校验）、10（停止位 1，注意这里的设定值为 10）。

（5）将 VISA 资源名称函数的输出端口与串口配置函数的输入端口 VISA 资源名称相连。

（6）将数值常量 9600、8、2、10 分别与 VISA 配置串口函数的输入端口波特率、数据比特、奇偶、停止位相连。

连接好的框图程序如图 12-25 所示。

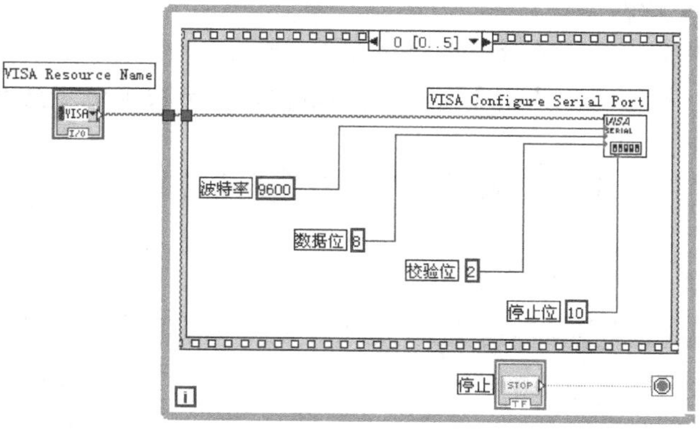

图 12-25　串口初始化框图程序

2）延时框图程序

（1）为了以一定的周期读取 PLC 的温度测量数据，在顺序结构 Frame1 中添加一个时钟函数：函数→编程→定时→等待下一个整数倍毫秒。

（2）在顺序结构 Frame1 中添加一个数值常量：函数→编程→数值→数值常量，将值改为 1000（时钟频率值）。

（3）将数值常量（值为 1000）与等待下一个整数倍毫秒函数的输入端口毫秒倍数相连。

连接好的框图程序如图 12-26 所示。

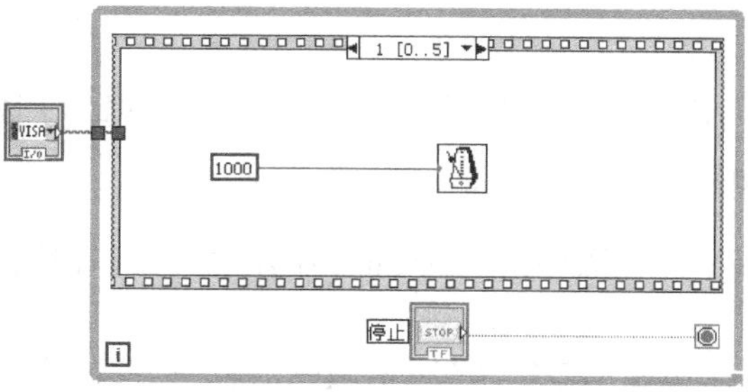

图 12-26　延时框图程序

3）发送读指令框图程序

（1）为了发送指令到串口，在顺序结构 Frame2 中添加一个串口写入函数：函数→仪器 I/O→串口→VISA 写入。

（2）在顺序结构 Frame2 中添加数组常量：函数→编程→数组→数组常量，标签为“读指令”。

再往数组常量中添加数值常量，设置为 33 个，将其数据格式设置为十六进制，方法为：选中数组常量中的数值常量，单击右键，执行格式与精度选项，在出现的对话框中，从格式与精度选项中选择十六进制，单击“OK”按钮确定。

将 33 个数值常量的值分别改为 68、1B、1B、68、02、00、6C、32、01、00、00、00、00、00、0E、00、00、04、01、12、0A、10、04、00、01、00、01、84、00、03、20、8D、16（即读 PLC 寄存器 VW100 中的数据指令）。

（3）在顺序结构 Frame2 中添加字节数组转字符串函数：函数→编程→字符串→字符串/数组/路径转换→字节数组至字符串转换。

（4）将 VISA 资源名称函数的输出端口与 VISA 写入函数的输入端口 VISA 资源名称相连。

（5）将数组常量（标签为“读指令”）的输出端口与字节数组至字符串转换函数的输入端口无符号字节数组相连。

（6）将字节数组至字符串转换函数的输出端口字符串与 VISA 写入函数的输入端口写入缓冲区相连。

连接好的框图程序如图 12-27 所示。

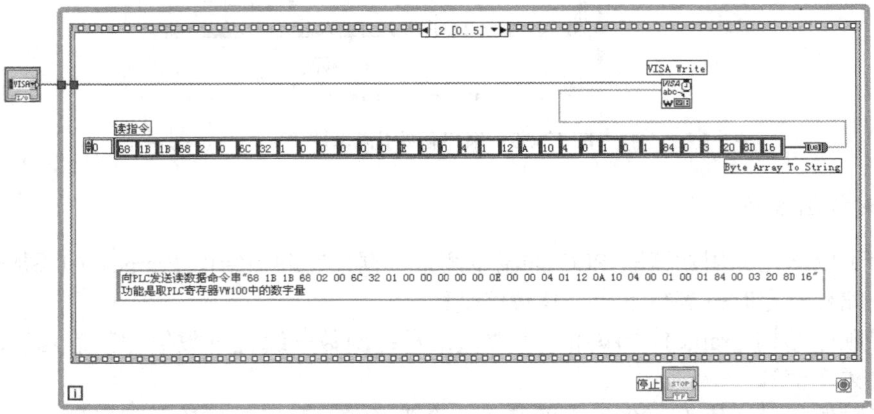

图 12-27　发送读指令框图程序

4）延时框图程序

在顺序结构 Frame3 中添加一个时钟函数和一个数值常量（值为 1000），并将二者连接起来。

5）发送确认指令框图程序

（1）为了发送指令到串口，在顺序结构 Frame4 中添加一个串口写入函数：函数→仪器 I/O→串口→VISA 写入。

（2）在顺序结构 Frame4 中添加数组常量：函数→编程→数组→数组常量，标签为“读指令”。

再往数组常量中添加数值常量，设置为 6 个，将其数据格式设置为十六进制，方法为：选中数组常量中的数值常量，单击右键，执行格式与精度选项，在出现的对话框中，从格式与精度选项中选择十六进制，单击“OK”按钮确定。将 6 个数值常量的值分别改为 10、02、00、5C、5E、16。

（3）在顺序结构 Frame4 中添加字节数组转字符串函数：函数→编程→字符串→字符串/数组/路径转换→字节数组至字符串转换。

（4）将 VISA 资源名称函数的输出端口与 VISA 写入函数的输入端口 VISA 资源名称相连。

（5）将数组常量的输出端口与字节数组至字符串转换函数的输入端口无符号字节数组相连。

（6）将字节数组至字符串转换函数的输出端口字符串与 VISA 写入函数的输入端口写入缓

冲区相连。

连接好的框图程序如图 12-28 所示。

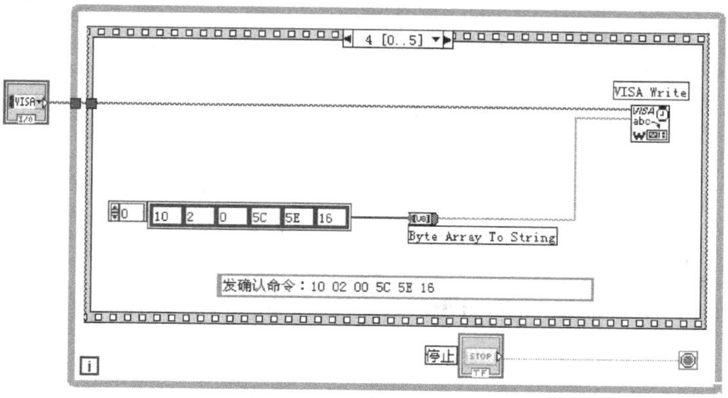

图 12-28　发送确认指令框图程序

6）接收数据框图程序

（1）为了获得串口缓冲区数据个数，在顺序结构 Frame5 中添加一个串口字节数函数：函数→仪器 I/O→串口→VISA 串口字节数，标签为“Property Node”。

（2）在顺序结构 Frame5 中添加一个串口读取函数：函数→仪器 I/O→串口→VISA 读取。

（3）在顺序结构 Frame5 中添加字符串转字节数组函数：函数→编程→字符串→字符串/数组/路径转换→字符串至字节数组转换。

（4）在顺序结构 Frame5 中添加两个索引数组函数：函数→编程→数组→索引数组。

（5）在顺序结构 Frame5 中添加两个数值常量：函数→编程→数值→数值常量，值分别为 25 和 26。

（6）将 VISA 资源名称函数的输出端口与 VISA 读取函数的输入端口 VISA 资源名称相连；将 VISA 资源名称函数的输出端口与串口字节数函数的输入端口引用相连。

（7）将串口字节数函数的输出端口 Number of bytes at Serial port 与 VISA 读取函数的输入端口字节总数相连。

（8）将 VISA 读取函数的输出端口读取缓冲区与字符串至字节数组转换函数的输入端口字符串相连。

（9）将字符串至字节数组转换函数的输出端口无符号字节数组分别与两个索引数组函数的输入端口数组相连。

（10）将数值常量（值为 25、26）分别与索引数组函数的输入端口索引相连。

（11）再添加其他功能函数并连线：将读取的十六进制数据值转换为十进制数（PLC 寄存器中的数字量值），然后除以 6400 就是 1 通道的十进制电压值，然后根据电压 u 与温度 t 的数学关系（$t=(u-1)*50$）就得到温度值。

连接好的框图程序如图 12-29 所示。

3．运行程序

程序设计、调试完毕，单击快捷工具栏中的“连续运行”按钮，运行程序。

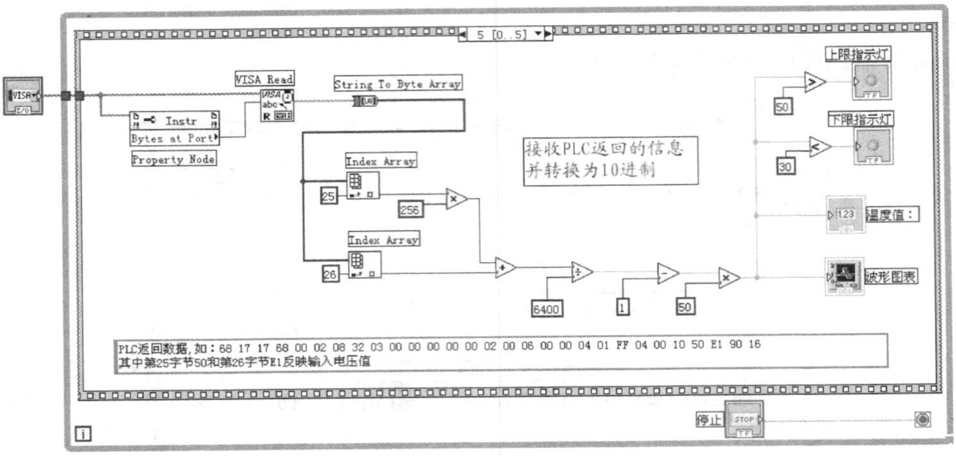

图 12-29　接收数据框图程序

PC 读取并显示西门子 PLC 检测的温度值，绘制温度变化曲线。当测量温度小于 30℃时，程序界面下限指示灯为红色，PLC 的 Q0.0 端口置位；当测量温度大于 50℃时，程序界面上限指示灯为红色，PLC 的 Q0.1 端口置位。（初始化显示数值时需要一定时间。）

程序运行界面如图 12-30 所示。

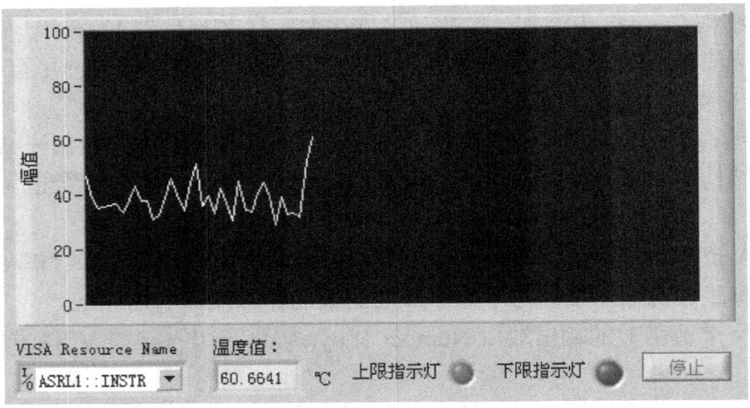

图 12-30　程序运行界面

参 考 文 献

[1] 李金城. PLC 模拟量与通信控制应用实践[M]. 北京：电子工业出版社，2011.

[2] 廖常初等. PLC 编程及应用[M]. 北京：机械工业出版社，2008.

[3] 龚仲华等.三菱 FX/Q 系列 PLC 应用技术[M]. 北京：人民邮电出版社，2006.

[4] 宋伯生. PLC 编程实用指南[M]. 北京：机械工业出版社，2008.

[5] 田敏等.Visual C++数据采集与串口通信测控应用实战[M]. 北京：人民邮电出版社，2010.

[6] 李江全等.Visual Basic 数据采集与串口通信测控应用实战[M]. 北京：人民邮电出版社，2010.

[7] 吉顺平.西门子 PLC 与工业网路技术[M]. 北京：机械工业出版社，2008.

[8] 向晓汉等.西门子 PLC 高级应用实例精解[M]. 北京：机械工业出版社，2010.

[9] 李江全等.工业控制计算机典型应用系统编程实践[M]. 北京：电子工业出版社，2012.

[10] 曹卫彬等.虚拟仪器典型测控系统编程实践[M]. 北京：电子工业出版社，2012.

读者调查及投稿

1．您觉得这本书怎么样？有什么不足？还能有什么改进？

2．您在哪个行业？从事什么工作？需要什么方面的图书？

3．您有无写作意向？愿意编写哪方面图书？

4．其他

说明：

（1）此表可以填写后撕下寄回给我们。

地址：北京市万寿路 173 信箱（1017 室）　陈韦凯（收）　邮编：100036

（2）也可以将意见和投稿信息通过电子邮件联系：bjcwk@163.com　联系人：陈编辑

欢迎您的反馈和投稿！